Mechatronik

Horst Czichos

Mechatronik

Grundlagen und Anwendungen technischer Systeme

4., überarbeitete und erweiterte Auflage

Horst Czichos
Berlin, Deutschland

ISBN 978-3-658-26293-8 ISBN 978-3-658-26294-5 (eBook)
https://doi.org/10.1007/978-3-658-26294-5

Die Deutsche Nationalbibliothek verzeichnet diese Publikation in der Deutschen Nationalbibliografie; detaillierte bibliografische Daten sind im Internet über http://dnb.d-nb.de abrufbar.

Springer Vieweg

Verantwortlich im Verlag: Thomas Zipsner

Springer Vieweg ist ein Imprint der eingetragenen Gesellschaft Springer Fachmedien Wiesbaden GmbH und ist ein Teil von Springer Nature
Die Anschrift der Gesellschaft ist: Abraham-Lincoln-Str. 46, 65189 Wiesbaden, Germany

Vorwort zur 4. Auflage

Die Mechatronik ist mit der Kombination von Mechanik – Elektronik – Informatik in Verbindung mit Sensorik und Aktorik für Regelung und Steuerung heute eine grundlegende interdisziplinäre Ingenieurwissenschaft. Das Mechatronik-Buch ist ein *Kompendium* – ein kurzes Lehrbuch und Nachschlagewerk für Studierende und Ingenieure aller Technikbereiche.

Die Konzeption des Buches habe ich in der ersten Auflage (Juli 2006) wie folgt beschrieben: *Das Buch verfolgt das Ziel einer ganzheitlichen Darstellung der Mechatronik. Es führt Teilbereiche verschiedener Ingenieurdisziplinen und der Physik integrierend im systemtechnischen Rahmen zusammen. Einbezogen sind Erkenntnisse aus der Tätigkeit als Physiker und Ingenieur in der fachübergreifenden Forschung und Lehre.*

Um eine übersichtliche, knappe Darstellung zu erzielen, wurden die Textpassagen kurz gehalten und die jeweils wichtigsten Informationen als „Wort-Bild-Graphik-Kombinationen" in den Abbildungen des Buches konzentriert. Das Buch kann sowohl beim Bachelor-Studium (Grundlagen-Kapitel plus studiengangorientierte Anwendungs-Kapitel) als auch beim Master-Studium (gesamtes Buch) verwendet werden. Für berufliche Anwendungen gibt das Buch kompakte Grundlagen-Zusammenstellungen und Beispiele zum Stand der Technik in einer zum Nachschlagen geeigneten Form.

Die Anwendungsbereiche der Mechatronik haben sich in den letzten Jahren durch die innovativen Möglichkeiten der Digitalisierung und des Internets erheblich erweitert. Die aktuelle Auflage des Buches wurde daher durch den Buchteil III *Mechatronik und Internet-Kommunikation* mit zwei neuen Kapiteln erweitert:

- *Cyber-physische Systeme* mit den Abschnitten:
  - Das Prinzip Cyber-physischer Systeme,
  - Objektidentifikation durch RFID-Technologie,
  - Sensorik und Digitalisierung,
  - Beispiel: CPS in der Gefahrgutlogistik.

- *Industrie 4.0* mit den Abschnitten:
  - Die technologische Konzeption von Industrie 4.0,
  - Anwendungsbereiche.

Wie bei den vorhergehenden Auflagen des Buches danke ich Herrn Thomas Zipsner, Springer Vieweg, für anregend-konstruktive Gespräche und Frau Imke Zander für die sorgfältige redaktionelle Betreuung.

Berlin, März 2019 Horst Czichos

Vorwort zur 3. Auflage

Die Mechatronik ist mit der systemtechnischen Kombination von Mechanik – Elektronik – Informatik in Verbindung mit Sensorik und Aktorik für Regelung und Steuerung heute eine grundlegende interdisziplinäre Ingenieurwissenschaft für alle Bereiche der Technik.

Das Mechatronik-Buch ist ein *Kompendium* für Studierende und Ingenieure aller Technikbereiche. Es führt historisch getrennt entstandene physikalische und technologische Elemente – systemtechnisch bewertet – zusammen. Die Konzeption des Buches und die Besonderheiten der interdisziplinären Darstellung sind im Vorwort der ersten Auflage (Seite VII) und in den Anmerkungen zum Buch (Seite XI) erläutert.

Das Mechatronik-Buch vermittelt kompaktes Grundlagenwissen, unterstützt den Dialog zwischen den in der Mechatronik zusammenfließenden Einzeldisziplinen und illustriert das breite Anwendungsspektrum mechatronischer Systeme. Sie entstehen als Innovationen häufig an den Schnittstellen von Disziplinen.

Die aktuelle Auflage des Mechatronik-Buches wurde in den Grundlagen vertieft und in den Anwendungen erweitert. Die folgenden Stichworte geben eine Übersicht über neu aufgenommene Themenfelder:

- Metrologische und messtechnische Grundlagen der Sensorik,
- Sensorbasierte Cyber-physische Systeme,
- Funktionssicherheit und Strukturintegrität technischer Systeme,
- Zustandsüberwachung von Maschinen,
- Nano-Interface-Technologie zur Erhöhung der Speicherkapazität von Computern,
- Monitoring der baulichen Infrastruktur.

Für die zahlreichen konstruktiven Kommentare und Hinweise zur Vertiefung und Erweiterung des Inhalts dieses Buches sowie zur Bild- und Textgestaltung danke ich sehr herzlich – insbesondere Dr. Rosemarie Helmerich, BAM (Bauliche Infrastruktur), Dir. und Prof. Dr. Robert Wynands, PTB (Metrologische Grundlagen), Prof. Dr. Frank Talke UCSD USA (Computertechnik) und Prof. Dr. Alexander Reinefeld ZIB (Technische Informatik).

Ebenso herzlich gilt mein Dank Herrn Thomas Zipsner und Frau Imke Zander, Lektorat Maschinenbau Springer Vieweg, für die wiederum ausgezeichnete Zusammenarbeit.

Berlin, März 2015 Horst Czichos

Vorwort der 1. Auflage

Die Mechatronik betrifft heute die gesamte Technik. Ein Wissenschaftsmagazin formulierte dies so: *Vom Synonym für komplexe Regelkreisläufe, in denen elektronische Schaltungen oder datenverarbeitende Systeme mechanische Vorgänge steuern, hat sich die Mechatronik in den letzten 30 Jahren zu einer handfesten „Zukunftswissenschaft" gewandelt.*

Dieses Buch ist ein *Kompendium* – ein kurzes Lehrbuch und Nachschlagewerk. Es verfolgt das Ziel einer ganzheitlichen Darstellung der Mechatronik und führt dazu Teilbereiche verschiedener Ingenieurdisziplinen und der Physik integrierend und teilweise vereinfachend im systemtechnischen Rahmen zusammen. Einbezogen sind Erkenntnisse aus der Tätigkeit als Physiker und Ingenieur in der fachübergreifenden Forschung und Lehre sowie interdisziplinäre Beiträge aus Wissenschaft und Industrie, wofür ich besonders folgenden Kolleginnen und Kollegen herzlich danke:

- Grundlagen: Dr. G. Bachmann, VDI-Technologiezentrum: *Nanotechnologie;* Prof. Dr. M. Kochsiek, Dir. u. Prof. Dr. R. Schwartz, PTB: *Messen mechanischer Größen, Kraftmess- und Wägetechnik,* Dr. Anita Schmidt, BAM: *Messunsicherheit;* Dr. M. Koch, Uni Stuttgart: *Grenzwertbeurteilungen;* Dr. W. Hässelbarth, BAM: *Referenzmaterialien, Referenzverfahren;* Dr. K. Dobler, Dr. E. Zabler, BOSCH: *Sensorik;* Dr. J. Goebbels, BAM: *Computertomographie;* Dr. W. Habel, BAM: *Faseroptik-Sensoren*; Dr. H. Sturm, BAM: *Rasterkraftmikroskopie;* Dr. W. Daum, BAM: *Embedded Sensors;* Dr. M. Golze, BAM: Qualitäts *management.*
- Anwendungen: Prof. Dr. W. Gärtner, Dipl. Ing. R. Neumann, TFH Berlin: *Fotokamera;* Prof. Dr. F. Talke, University of California, San Diego: *Audio-Video-Computertechnik;* H. Petri, Dr. R. Herrtwich, Dr. W. Enkelmann: DaimlerChrysler: Fahr*zeugtechnik;* Prof. Dr. R. Tränkler, Institut für Mess- und Automatisierungstechnik, UniBW München: *Gebäudetechnik, Sensorik, Aktorik;* Dr. Christiane Maierhofer, Dr. W. Rücker, Dr. H. Wiggenhauser, BAM: *ZfP Baulicher Anlagen.*

Das Buch ist mit der Einteilung in *Grundlagen* und *Anwendungen* modular gegliedert und kann je nach Interesse – *Informieren, Lernen, Anwenden* – vielfach genutzt werden.

Um eine übersichtliche, knappe Darstellung zu erzielen wurden die Textpassagen kurz gehalten und die jeweils wichtigsten Informationen als „Wort-Bild-Graphik-Kombinationen" in den Abbildungen des Buches konzentriert. Studenten können das Buch sowohl beim Bachelor-Studium (Grundlagen-Kapitel plus studiengangorientierte Anwendungs-Kapitel) als auch beim Diplom- bzw. Master-Studium (gesamtes Buch) verwenden. Die Bilder können dabei als zusammenfassende Repetitoriums-Unterlagen dienen. Für berufliche Anwendungen gibt das Buch kompakte Grundlagen-Zusammenstellungen und Beispiele zum Stand der Technik in einer zum Nachschlagen geeigneten Form.

Für die Realisierung des Buches in der Reihe *Viewegs Fachbücher der Technik* und die hilfreichen Hinweise zur Gliederung und Gestaltung danke ich Herrn Ewald Schmitt und Herrn Thomas Zipsner vom Vieweg Verlag.

Berlin, Juli 2006 Horst Czichos

Anmerkungen zum Buch

Die Mechatronik ist eine interdisziplinäre Ingenieurwissenschaft und führt historisch getrennt entstandene physikalische und technologische Elemente systemtechnisch bewertet zusammen. Um gemäß der im Vorwort erläuterten Konzeption eine „ganzheitliche Textgestaltung" zu erzielen, musste bei der Schreibweise von den Formelzeichen-Konventionen der Einzeldisziplinen – die sich ja unabhängig voneinander entwickelt hatten – abgewichen werden.

Auf die Problematik unterschiedlicher Terminologien in den Einzeldisziplinen der Natur- und Ingenieurwissenschaften hat bereits Feynman aufmerksam gemacht. Er schreibt in seinen Feyman Lectures: *The difficulties of science are to a large extent the difficulties of notations, the units, and all the other artificialities which are invented by man not by nature. For example, in the electrical literature, the symbol j is commonly used instead of the symbol i to denote the imaginary unit* $\sqrt{-1}$*. Electrical engineers insist that they cannot use what everyone else in the world uses for imaginary numbers because i must be the electrical current.*

Für das interdisziplinäre Gebiet der Mechatronik lässt sich die Schwierigkeit einer einheitlichen Schreibweise von Systemparametern in Text, Formeln und Graphiken durch ein einfaches Beispiel verdeutlichen. In der Elektrotechnik ist es üblich, zeitunabhängige Größen mit Großbuchstaben und Zeitfunktionen mit Kleinbuchstaben zu kennzeichnen, also z. B. Gleichspannung und Gleichstrom mit U und I sowie Wechselspannung und Wechselstrom mit u und i. In der Technischen Mechanik ist dagegen diese Unterscheidung unüblich. So bezeichnen dort beispielsweise die Großbuchstaben F und M die mechanischen Größen Kraft und Moment, während die Kleinbuchstaben f und m Frequenz und Masse kennzeichnen. Damit kann eine Zeitabhängigkeit von Kraft F oder Moment M nicht durch die Kleinbuchstaben f oder m ausgedrückt werden; außerdem können alle vier Größen zeitunabhängig oder zeitabhängig sein. Mechatronische Systeme enthalten nun sowohl elektrische als auch mechanische Größen, sodass hier die elegante Methode der Kennzeichnung der Zeitabhängigkeit von Systemparametern durch Groß- und Kleinschreibung von Formelgrößen nicht durchgängig anwendbar ist. Ähnlich schwierig ist es, die in Einzeldisziplinen üblichen konventionellen Schreibweisen von Skalaren, Vektoren, komplexen Größen oder regelungstechnischen Variablen im

Zeitbereich, Bildbereich, Zustandsraum (z. B. **Fettdruck,** *Kursivschrift*, Unterstreichungen, ∧-Zusatzsymbole, Frakturschrift) im gesamten Buchtext einheitlich zu gestalten. Da es also für das interdisziplinäre Gebiet der Mechatronik kaum möglich ist, einen einheitlichen „Formelzeichen-Katalog" aufzustellen, sind in diesem Buch die Bezeichnungen und Formelzeichen pragmatisch jeweils direkt den Formeln oder Bildern zugeordnet und dort definiert.

Inhaltsverzeichnis

Teil I
Grundlagen

1 Technik und Mechatronik – eine Übersicht

Technik bezeichnet die Gesamtheit der von Menschen geschaffenen, nutzorientierten Gegenstände und Systeme sowie die zugehörige Forschung, Entwicklung, Herstellung und Anwendung. Technische Systeme haben die Aufgabe, Material, Energie und Information für Technik, Wirtschaft und Gesellschaft nutzbar zu machen. Technische Systeme sind nach der Systemtheorie durch ihre *Funktion* und die sie tragende *Struktur* gekennzeichnet, siehe Abb. 1.1.

Mechatronische Systeme sind technische Systeme, die auf dem Zusammenwirken von Mechanik, Elektronik und Informatik basieren. Der Begriff *Mechatronik* wurde Ende der 1960er Jahre in Japan geprägt und hat sich in der Technik weltweit eingeführt:

- The term mechatronics denotes an interdisciplinary field of engineering, including mechanics, electronics, controls, and computer engineering. Virtually every newly designed engineering product is a mechatronic system. (MECHATRONICS, International Edition of Higher Education, McGraw-Hill, 2003).
- Die Mechatronik ist ein interdisziplinäres Gebiet der Ingenieurwissenschaften, das auf Maschinenbau, Elektrotechnik und Informatik aufbaut. Im Vordergrund steht die Ergänzung und Erweiterung mechanischer Systeme durch Sensoren und Mikrorechner zur Realisierung teilintelligenter Produkte und Systeme. (BROCKHAUS ENZYKLOPÄDIE, Leipzig, 2000).

Das Aufgabengebiet der Mechatronik in der Technik betrifft heute technische Erzeugnisse und Konstruktionen, deren geometrische Dimensionen mehr als 10 Größenordnungen umfassen. Beispiele der Mechatronik in der Makrotechnik, der Mikrotechnik und der Nanotechnik zeigt Abb. 1.2.

H. Czichos, *Mechatronik*, https://doi.org/10.1007/978-3-658-26294-5_1

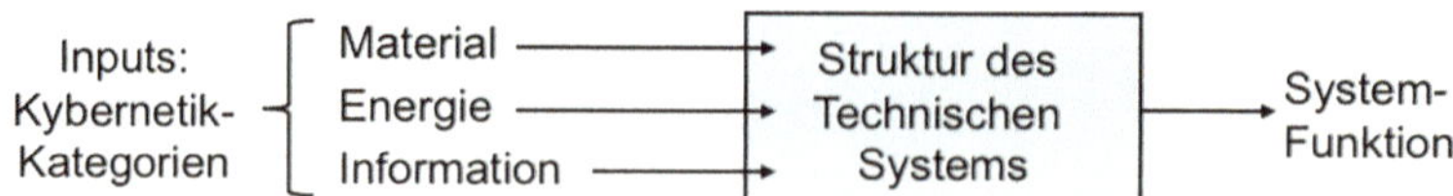

Abb. 1.1 Darstellung des Prinzips Technischer Systeme

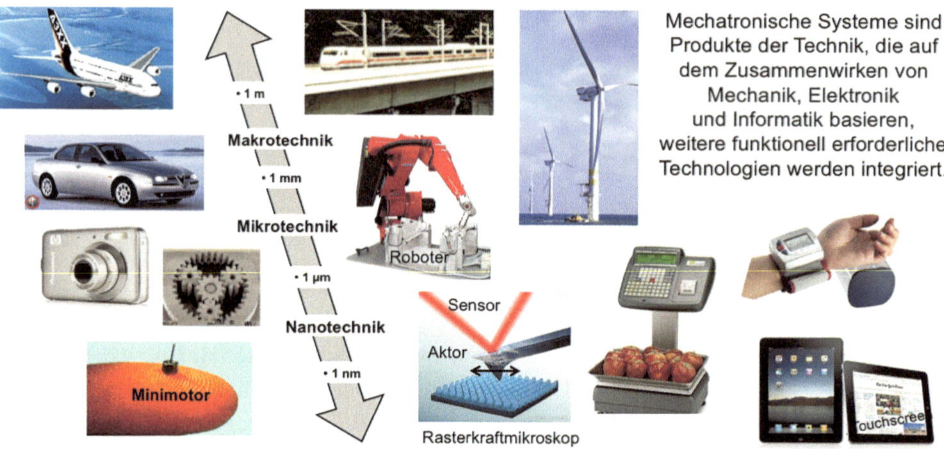

Abb. 1.2 Dimensionsbereiche der heutigen Technik: Makrotechnik, Mikrotechnik, Nanotechnik

Makrotechnik ist die Technik von Maschinen, technischen Anlagen und der technischen Infrastruktur. Kennzeichnend für die Mechatronik ist die Erweiterung der klassischen Elektromechanik durch Computertechnik, Informatik und Internetnutzung. Die Mechatronik ermöglicht rechnergesteuerte Energie-, Material- und Signalflüsse und ist damit von grundlegender Bedeutung für Technikbereiche wie Produktionstechnik, Energietechnik (insbesondere Windkraftanlagen), Automatisierungstechnik, Robotik, Logistik, Verkehrstechnik (Flug-, Schienen- und Fahrzeugtechnik) sowie die sich in der Entwicklung befindende Elektromobilität.

Mikrotechnik ist das Gebiet der Gerätetechnik und der Mikrosystemtechnik. Ein Mikrosystem vereint mit Mikro-Fertigungstechnik und miniaturisierter Aufbau- und Verbindungstechnik Funktionalitäten aus Mikromechanik, Mikrofluidik, Mikroelektronik, Mikromagnetik, Mikrooptik. Die mechatronische Gerätetechnik nutzt Elemente der Mikrosystemtechnik und arbeitet mit Mikrosensoren und Mikroaktoren. Beispiele sind Digitalkameras, Haushaltsgeräte, Multifunktionale Smartphones, CD/DVD-Player, Computer-Festplattenlaufwerke, Elektronische Waagen, Medizingeräte.

Nanotechnik nutzt nanoskalige Effekte der Physik, Chemie und Materialwissenschaften. Die Nanowissenschaft wurde 1960 durch Richard Feynman (Physik-Nobelpreisträger 1965)

begründet. Eigenschaften von Nano-Objekten sind: a) Quantenmechanisches Verhalten b) spezifische Volumen/Oberfläche-Relation c) veränderte Nano/Makro-Stoffkenndaten. Ein Beispiel der nano-mechatronischen Gerätetechnik ist das Rasterkraftmikroskop. Es ermöglicht durch mechatronische Sensorik und Piezo-Aktorik die Darstellung von Materialoberflächen im atomaren Maßstab und die Bestimmung nanoskaliger Kräfte, z. B. zur Optimierung magnetischer Datenspeicher und elektronischer Mikrochips.

1.1 Das Prinzip Mechatronischer Systeme

Mechatronische Systeme basieren auf dem systemtechnischen Zusammenwirken von Mechanik, Elektronik und Informatik. Sie haben eine mechanische Grundstruktur, die je nach geforderter Funktionalität – gekennzeichnet durch Eingangsgrößen und Ausgangsgrößen – mit mechanischen, elektronischen, magnetischen, thermischen, optischen und weiteren funktionell erforderlichen Bauelementen verknüpft ist.

Sensoren ermitteln funktionsrelevante Messgrößen und führen sie, umgewandelt in elektrische Führungsgrößen, Prozessoren zu. Die Prozessoren erzeugen zusammen mit Aktoren Stellgrößen für die Regelung oder Steuerung zur Optimierung der Funktionalität des Systems.

Eine Übersicht über das Prinzip mechatronischer Systeme gibt Abb. 1.3. Im oberen Teil sind die grundlegenden Module für den Aufbau mechatronischer Systeme genannt. Der mittlere Teil zeigt das prinzipielle Blockschaltbild. Im unteren Teil ist der Regelkreis (Wirkungsplan) für das Zusammenwirken von Sensoren und Aktoren in mechatronischen Systemen dargestellt. Die Einzelheiten der Regelungstechnik in der Mechatronik werden in Kap. 4 beschrieben. Die Sensorik wird in Kap. 5 und die Aktorik in Kap. 6 behandelt.

1.2 Mechatronik als Wissenschafts- und Technikgebiet

Aus der Definition der Mechatronik geht hervor, dass sie mehrere Fachdisziplinen in sich vereinigt und damit das Ziel eines „ganzheitlichen" Wissenschafts- und Technikgebiets verfolgt. Der Begriff „Ganzheit" hat als methodischer Begriff im 20. Jahrhundert in vielen Wissenschaften Eingang gefunden. Ganzheit ist etwas, das nicht durch einzelne Eigenschaften seiner Bestandteile, sondern erst durch deren gefügehaften Zusammenhang (Struktur) bestimmt ist. Die Ganzheit ist mehr als die Summe der Teile, die selbst nur aus dem Ganzen heraus zu verstehen sind. In ihrer Methodik folgt die Mechatronik in der Technik damit in gewisser Weise Entwicklungen, die auch in anderen Wissenschaftsgebieten stattgefunden haben.

In der Physik erfolgte die historische Entwicklung der einzelnen Teilbereiche etwa in folgender Reihenfolge: Mechanik – Optik – Wärmelehre – Elektromagnetismus – Atom- und Quantenphysik. Eine neuartige ganzheitliche Physik-Didaktik hatte Richard Feynman Anfang der 1960er Jahre in seinen *Feynman Lectures on Physics* entwickelt.

- **Aufbau mechatronischer Systeme**
  - Mechanische Grundstruktur
  - Mechatronische Bauelemente
  - Sensoren zur Erfassung funktionsrelevanter Messgrößen
  - Prozessoren mit Algorhythmen zur Signalverarbeitung.
  - Aktoren mit Stellgrößen für Regelung und Steuerung
- **Blockschaltbild**

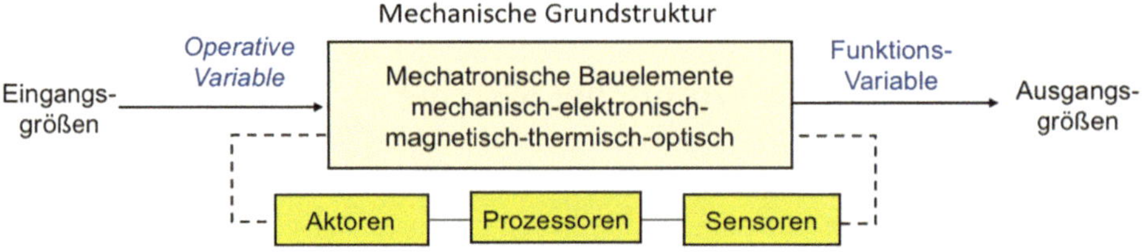

- **Regelkreis für das Zusammenwirken von Sensorik, Prozessorik und Aktorik**

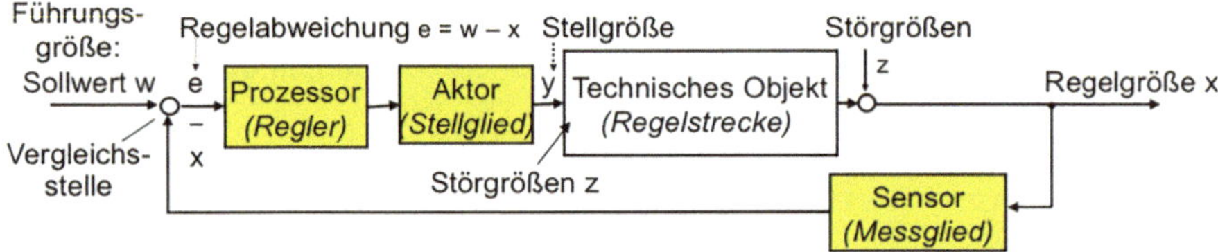

Abb. 1.3 Das Prinzip Mechatronischer Systeme

Mit einer integralen Konzeption betrachtete er Analogien von Mechanik und Elektromagnetismus und simulierte die Fahrdynamik eines Automobils mit einem mechanisch-elektrischen „Computational Modeling“.

Auch in der Technik entstanden zunächst einzelne Teilbereiche: Maschinenbau – Feinmechanik & Optik – Wärmetechnik und Energietechnik – Elektrotechnik und Elektronik – Mikro- und Nanotechnik. Nachdem sich Maschinenbau und Elektrotechnik durch die Erfindungen von Elektromotor und Generator (Siemens 1866) zur „Elektromechanik“ vereinigt hatten, entwickelte sich Ende der 1960er Jahre durch die Integration mit Elektronik, Computertechnik und Informatik das interdisziplinäre Technikgebiet der Mechatronik.

Einen Überblick über die Teilgebiete, die in ihrer Gesamtheit die Physik und die Technik bilden, gibt Abb. 1.4.

Parallel zur Entwicklung der Mechatronik entstand ab den 1970er Jahren das INTERNET als globales System der Informations- und Kommunikationstechnik (IuK). Seit Anfang der 1990er Jahre gibt es Bestrebungen, dieses IuK-Netz zu einem INTERNET DER DINGE *(Internet of things, IoT)* auszubauen. Ziel ist es, mit Sensoren (embedded sensors) Zustandsinformation über reale Objekte *(things)* zu gewinnen und in Kommunikation mit dem Internet sog. *Cyber-physische Systeme* (CPS) zu entwickeln, (griechisch *kybernesis:* Steuerung). CPS benutzen sensorische Elemente der Mechatronik, die

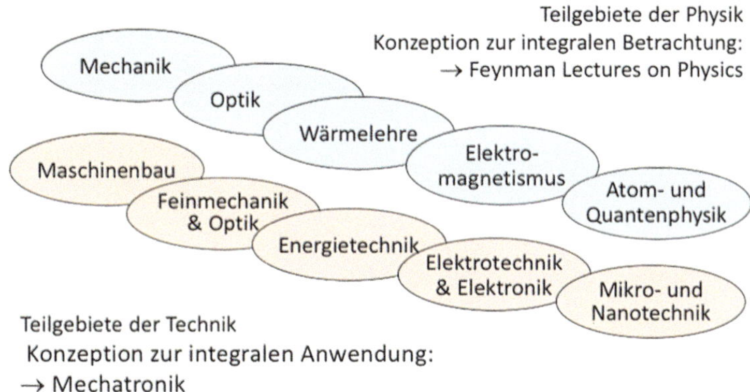

Abb. 1.4 Darstellung der Teilgebiete der Physik und der Technik in integraler Betrachtung

physikalische Daten erfassen und über digitale Netze mittels Aktoren auf Produktions-, Logistik- und Engineeringprozesse einwirken, wobei sie über multimodale Mensch-Maschine-Schnittstellen verfügen.

Insgesamt kann die Entwicklung der heutigen Technik in folgenden Phasen gesehen werden:

1. Phase: INDUSTRIELLE REVOLUTION durch Entwicklung mechanischer Technologien mit Hilfe von Dampfmaschinen (James Watt, 1769) und mechanischer Automatisierungstechnik (z. B. Webstuhl, 1785)
2. Phase: ELEKTROMECHANIK durch Vereinigung von mechanischen mit elektrischen Technologien (Elektromotor, Generator, Siemens 1866)
3. Phase: MECHATRONIK durch systemtechnische Kombination der Elektromechanik mit Elektronik, Computertechnik und Informatik (1960er Jahre)
4. Phase: CYBER-PHYSISCHE SYSTEME (CPS) im Verbund von Mechatronik und Internet-Kommunikation (Entwicklungsprojekt Industrie 4.0).

Die Mechatronik ist im Zusammenwirken mit den Möglichkeiten der Digitalisierung und des Internets grundlegender Bestandteil zukunftsorientierter technologischer Entwicklungen, für die 2011 die Bezeichnung *Industrie 4.0* (www.plattform-i40.de) geprägt wurde.

2 Technische Systeme

> In der Technik ist heute anstelle der schlecht abgrenzbaren Ausdrücke Maschine, Gerät, Apparat als allgemeiner Begriff das **Technische System** gewählt worden. Es ist durch die Funktion gekennzeichnet, Stoff (Material), Energie und/oder Information umzuwandeln, zu transportieren und/oder zu speichern. Es ist stofflich-konkret und besteht aus Werkstoffen mit definierten Eigenschaften, die aus der Verfahrenstechnik hervorgehen. Von der Form her ist es ein räumliches Gebilde und setzt sich aus Bauteilen zusammen, die Gestaltgebung erfolgt in der Fertigungstechnik (Der Brockhaus, Leipzig, 2000).

Technische Systeme können dementsprechend eingeteilt werden in:

- Materialbasierte technische Systeme.
  - Aufgabe: Stoffe gewinnen, bearbeiten, transportieren, etc.
  - Beispiel: Produktionsanlage, Transportsystem.
- Energiebasierte technische Systeme.
  - Aufgabe: Energie umwandeln, verteilen, nutzen, etc.
  - Beispiel: Generator, Antriebssystem.
- Informationsbasierte technische Systeme.
  - Aufgabe: Informationen generieren, übertragen, darstellen, etc.
  - Beispiel: DVD-Player, Smartphone.

2.1 Systemtechnische Grundlagen

Technische Systeme sind nach der Systemtheorie durch ihre F*unktion* und die sie tragende *Struktur* gekennzeichnet, siehe Abb. 2.1.

- Die **Systemstruktur** besteht aus interaktiven Systemelementen (Bauelementen). Sie wird durch eine virtuelle, zweckmäßig definierte Systemgrenze von der Umgebung

H. Czichos, *Mechatronik,* https://doi.org/10.1007/978-3-658-26294-5_2

• Ein *System* ist ein Gebilde, das durch *Funktion* und *Struktur* verbunden ist und durch eine Systemgrenze von seiner Umgebung virtuell abgegrenzt werden kann.
• Die *Systemfunktion* besteht in der Überführung operativer Eingangsgrößen in funktionelle Ausgangsgrößen, sie wird getragen von der Struktur des Systems.
• Die *Systemstruktur* besteht aus der Gesamtheit der Systemelemente, ihren Eigenschaften und Wechselwirkungen.

Systemstruktur: S = { A, P, R }, mit
A: Systemelemente
$A = \{ a_1, a_2, \ldots, a_n \}$,
(n Anzahl der Elemente)
P: Eigenschaften der Elemente
$P = \{ P(a_i) \}$
R: Wechselwirkungen der Elemente
$R = \{ R(a_i, a_j) \}$
Systemfunktion: $\{ X \} \rightarrow \{ Y \}$
X: Eingangsgrößen
Y: Ausgangsgrößen

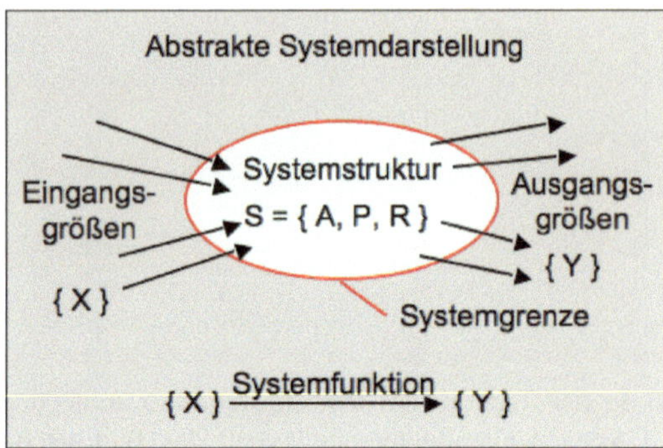

Abb. 2.1 Definition und Kennzeichen technischer Systeme

abgegrenzt, um die Systemelemente mit ihren Eigenschaften und Wechselwirkungen (Interaktionen) beschreiben zu können.

- Die für die **Systemfunktion** erforderlichen Eingangsgrößen (Inputs) werden von der Systemstruktur aufgenommen und über Interaktionen der Systemelemente in Ausgangsgrößen (Outputs) überführt. Die Systemfunktion wird beschrieben durch Input/Output-Beziehungen zwischen operativen Eingangsgrößen und funktionellen Ausgangsgrößen.
- Jeder Input und Output kann den kybernetischen Grundkategorien Stoffe (Material), Energie, Information zugeordnet werden.

Die aufgabengemäße Systemfunktion bildet die Rahmenbedingung für die zu gestaltende Systemstruktur. Es gilt die Regel *structure follows function* (Peter Drucker).

Die Anwendung der systemtechnischen Beschreibung ist in Abb. 2.2 an einfachen „Zwei-Element-Systemen" eines mechanischen Getriebes und eines elektrischen Transformators dargestellt.

Nach der Erläuterung der elementaren Systembegriffe in Abb. 2.2 illustriert Abb. 2.3 die Gesamtdarstellung eines technischen Systems am Beispiel eines Industrieroboters. Die Strukturbegriffe kennzeichnen die Roboterstruktur und bilden die Grundlage für die Konstruktion und die Montage der Roboterelemente. Die Funktionsbegriffe benennen die operativen Parameter für Antrieb, Regelung und die funktionellen Parameter des Greifens oder des Bearbeiten, die Details sind in Kap. 8 (Robotik) beschrieben.

Bei der Systembeschreibung in Abb. 2.1 sind wichtige Aspekte realer technischer Systeme noch nicht dargestellt. Dies betrifft mögliche Veränderungen von Bauteileigenschaften durch die mit der Funktionserfüllung verbundenen statischen und dynamischen Beanspruchungen und mögliche Umwelteinflüsse. Die aufgabenspezifisch gestaltete

System-Charakteristika	Mechanisches System: Getriebe	Elektrisches System: Transformator
System-Piktogramm	a_1 a_2	Spulensystem Sp_1, Sp_2
Systemstruktur A Elemente	a_1 Antriebsrad a_2 Abtriebsrad	Sp_1 Primärspule Sp_2 Sekundärspule
P Eigenschaften $P(a_1)$, $P(a_2)$	Verzahnungsarten Teilkreise, Module, etc	Spulenarten Windungszahlen, etc.
R Wechselwirkungen $R(a_1,a_2)$	Tribologischer Kontakt Traktion, Reibung, etc.	Induktive Kopplung Wirbelstromverluste, etc.
Systemfunktion X Eingangsgrößen	Eingangsdrehmoment M_1 Eingangsdrehzahl n_1	Eingangsspannung U_1 Eingangsstrom I_1
Y Ausgangsgrößen	Ausgangsdrehmoment M_2 Ausgangsdrehzahl n_2	Ausgangsspannung U_2 Ausgangsstrom I_2
Funktionalität	$(M_1, n_1) \longrightarrow (M_2, n_2)$	$(U_1, I_1) \longrightarrow (U_2, I_2)$

Abb. 2.2 Die elementaren Merkmale technischer Systeme, erläutert an einfachen Beispielen

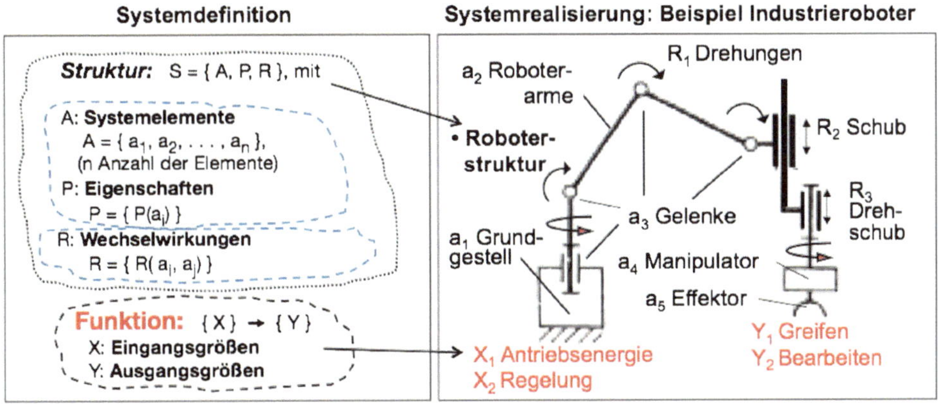

Abb. 2.3 Industrieroboter als Beispiel eines technischen Systems

Systemfunktion und die sie tragenden Systemstruktur können im Betrieb negativ beeinflusst werden durch:

- Störeinflüsse:
  - mechanische Vibrationen, impulsförmige Stoß- oder Prallvorgänge,
  - elektromagnetische Störfelder, Einstreuungen, Spannungs-/Stromspitzen,
  - thermische Einflüsse, Temperaturschwankungen,
  - atmosphärische und klimatische Einflüsse, wie Feuchte, Gaskontaminationen.

Systemfunktion: {X} → {Y}

- Eingangsgrößen: {X} Operative Größen; {H} Hilfsgrößen, {Z} Störgrößen
- Ausgangsgrößen: {Y} Funktionsgrößen; {V} Verlustgrößen

Grundkategorien von Eingangs- und Ausgangsgrößen:

• Stoffe (Materie) • Energie • Information

Systemstruktur S = { A, P, R }: Träger der Systemfunktion

A: Systemelemente

$A = \{ a_1, a_2, \ldots, a_n \}$,
(n Anzahl der Elemente)

P: Eigenschaften der Elemente

$P = \{ P(a_i) \}$

R: Wechselwirkungen der Elemente

$R = \{ R(a_i, a_j) \}$

Operative Größen {X} und Hilfsgrößen {H} haben funktionelle Aufgaben;

Störgrößen {Z} und Dissipationseffekte {Diss}

z.B. bezüglich
• Stoffen (z.B. Verschleiß),
• Energie (z.B. Reibung),
• Information (z.B.A/D-Fehler)

können die Systemfunktion und auch die originäre Struktur S eines technischen Systems beeinflussen und verändern
→ ΔS = f(Z, Diss)

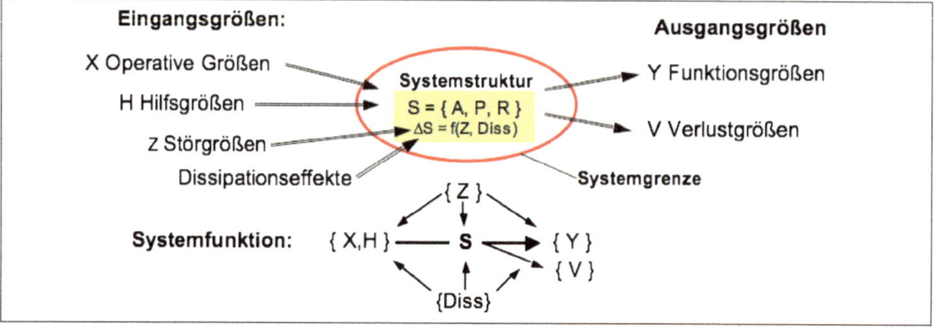

Abb. 2.4 Allgemeine Darstellung eines Technischen Systems mit Berücksichtigung von Störeinflüssen und Dissipationseffekten

- Dissipationseffekte, worunter hier unerwünschte Veränderung von Systemelementen oder Systemparametern durch irreversible Prozesse verstanden werden, wie z. B.
  - Reibung, d. h. Umwandlung mechanischer Bewegungsenergie in Wärme,
  - Verschleiß, d. h. Stoff- und Formänderungen von Systemelementen,
  - Signal-Informationsverluste bei Analog-Digital-Umwandlungen.

Diese Einflüsse müssen bei der Gestaltung, der Auslegung und dem Betrieb konkreter technischer Systeme natürlich system- und anwendungsspezifisch berücksichtigt werden. Eine allgemeine Systemdarstellung mit der Berücksichtigung von Störeinflüssen und Dissipationseffekten gibt Abb. 2.4. Die Fragen der „Funktionssicherheit" und der „Strukturintegrität" technischer Systeme werden in Abschn. 2.5 behandelt.

2.2 Funktion technischer Systeme

Die Funktion technischer Systeme besteht in der Überführung von Eingangsgrößen in aufgabenspezifisch erforderliche Ausgangsgrößen. Als *Prozess* wird die Gesamtheit der systeminternen Vorgänge bezeichnet, durch die Material, Energie und Information umgeformt, transportiert oder gespeichert wird. Abb. 2.5 stellt die Systemfunktion am Modell eines technischen Systems mit Energieflüssen dar.

Für die Darstellung von Systemfunktionen werden häufig Systemelemente als „Black Box" betrachtet und darauf die aus der Elektrotechnik bekannte „Vierpoldarstellung" in verallgemeinerter Form angewandt. An den Input- und Output-Schnittstellen eines Vierpols kann man stets zwei „Klemmenpaare" unterscheiden: Potenzialdifferenz und Strom. Sie können in allgemeiner, energieartunabhängiger Bezeichnung als *effort* $\varepsilon(t)$ und *flow* $\phi(t)$ bezeichnet werden. Für Systemelemente mit Energieflüssen E ist die übertragene Leistung $P = dE/dt =$ Potenzialdifferenz $\varepsilon(t)$ · Strom $\phi(t)$. Abb. 2.6 zeigt diese Zusammenhänge für mechanische, elektrische, magnetische, hydraulische und thermische Systemelemente.

Mit den generalisierten Systemgrößen können Systemanalogien Mechanik – Elektrik – Thermik – Fluidik dargestellt werden, siehe Abb. 2.7. Für jeden Bereich sind die konstitutiven Größen und die domänenspezifische Leistungsgleichung aufgeführt. Außerdem sind die jeweiligen Effort-Flow-Relationen in einer Analogie zum Ohm'schen Gesetz (Effort $U =$ Widerstand $R \cdot$ Flow I) hinzugefügt, da bei jeden Flow ein Bewegungswiderstand auftritt.

Im unteren Teil von Abb. 2.7 sind der generalisierte Leistungsfluss $P =$ Effort $\varepsilon \cdot$ Flow ϕ und die spezifischen Leistungsgleichungen der einzelnen Domänen genannt.

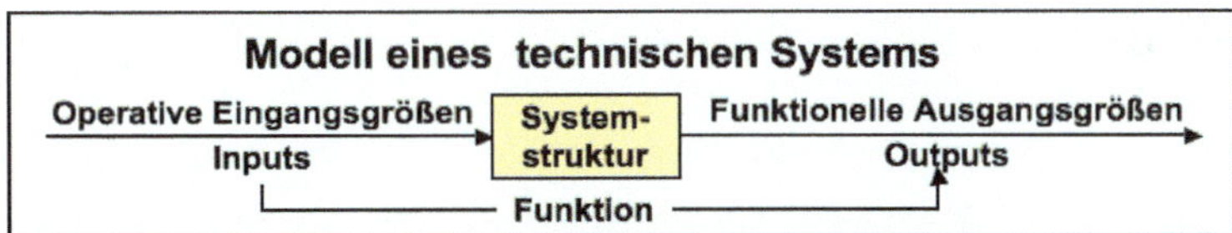

Wichtige Kennzeichen der Funktion technischer Systeme sind Zusammenhänge zwischen operativen Eingangsgrößen und funktionellen Nutzgrößen. Für das Beispiel von Energieflüssen (E) durch technische Systeme gelten folgende Zusammenhänge zwischen Nutzleistung P und charakteristischen operativen Variablen:

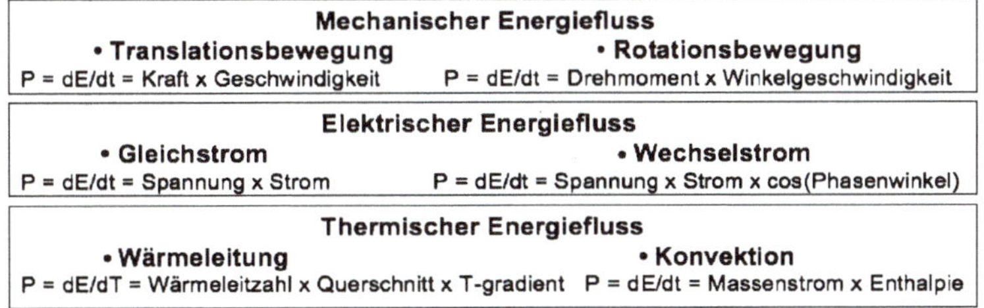

Abb. 2.5 Beispiel der Darstellung von Systemfunktionen

- Potentialdifferenz (Effort) ε(t): Prozessgrößen zwischen *Klemmen* eines Vierpols
- Strom (Flow) ϕ(t): Prozessgrößen, die an *Klemmen* hinein- oder herausfließen

Strom ϕ_1 → ϕ_2
Potential-differenz ε_1 ε_2

Konstitutive Größen
ε : Effort; ϕ : Flow
Leistung $P = dE / dt$; $P = \varepsilon \cdot \phi$

System	Effort ε	Flow ϕ
• Mechanisch, Translation	Kraft F	Geschwindigkeit v
• Mechanisch, Rotation	Drehmoment M	Winkelgeschwindigkeit ω
• Elektrisch	Spannung U	Strom I
• Magnetisch	Durchflutung Θ	Magnetfluss ϕ
• Hydraulisch	Druckdifferenz p	Volumenstrom $\dot{V}$
• Thermisch	Temperatur T	Entropiestrom $\dot{Q}$

Abb. 2.6 Funktionsgrößen technischer Systeme: effort und flow

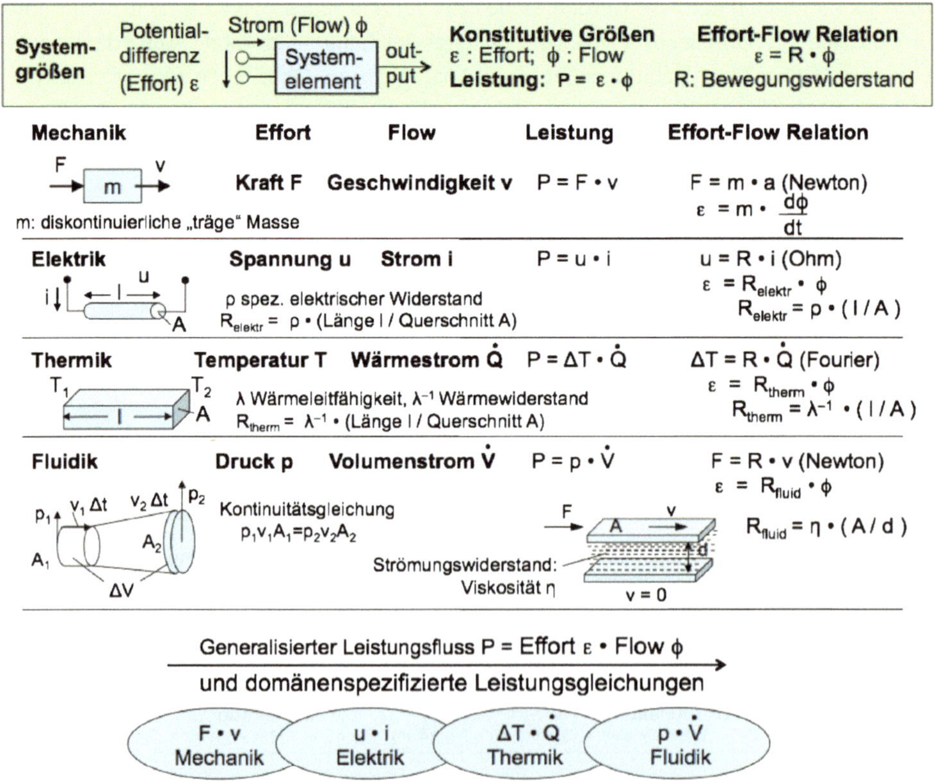

Abb. 2.7 Systemanalogien Mechanik – Elektrik – Thermik – Fluidik, generalisierter Leistungsfluss und domänenspezifizierte Leistungsgleichungen

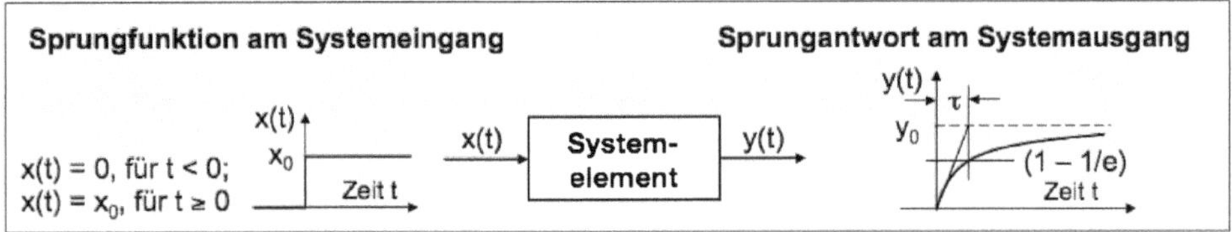

Ein dynamisches Systemelement 1. Ordnung, in das eine Signal-Sprungfunktion x(t) eingeleitet wird, lässt sich durch die DGL 1. Ordnung $\tau\, dy(t)/dt + y(t) = y_0$ beschreiben. Die DGL hat die Lösung $y(t) = c_0 + c_1 \exp(-t/\tau)$ mit der Zeitkonstanten τ. Die Signal-Sprungantwort ist damit $y(t) = y_0(1 - \exp(-t/\tau))$. Die Tangente der Signal-Sprungantwort am Ursprung schneidet die Asymptote zur Zeit $t = \tau$. Dort hat das Ausgangssignal $(1-1/e) = 63{,}2\%$ des Endwertes erreicht.

Die Signalübertragung des Systems ist gekennzeichnet durch einen dynamischen Fehler δ des Ausgangssignals: $\delta = (\text{Ist} - \text{Soll})/\text{Soll} = -\exp(-t/\tau)$. Das Ist-Signal nähert sich asymptotisch dem idealen Soll-Signal. Nach der Zeit $t = 2\tau$ ist $\delta \approx 10\%$ und nach der Zeit $t = 5\tau$ ist $\delta < 1\%$.

Abb. 2.8 Signalübertragung von Systemelementen: Sprungfunktion am Systemeingang und Sprungantwort am Systemausgang

Signalübertragungsverhalten

Zu den wichtigsten funktionellen Eigenschaften eines technischen Systems gehören die Beziehungen zwischen Eingangs- und Ausgangsgrößen, die *Input/Output-Relationen.* Zur Beschreibung des Signalübertragungsverhaltens von Systemelementen verwendet man als Eingangssignale bestimmte *Testfunktionen,* die sich einfach realisieren lassen, beobachtet das sich ergebende Ausgangssignal und kennzeichnet es durch *Übergangsfunktionen.* Die am häufigsten verwendete Kennzeichnungsmöglichkeit des dynamischen Signalübertragungsverhaltens durch eine Sprungfunktion illustriert Abb. 2.8.

Wenn das Ausgangssignal zeitunabhängig ist spricht man von einem stationären Zustand. Im stationären Zustand wird der Zusammenhang zwischen den Eingangsgröße u eines Systemelements und der Ausgangsgröße v mathematisch durch den funktionalen Zusammenhang $v = f(u)$ gekennzeichnet und durch eine u-v-*Kennlinie* graphisch dargestellt.

Der dynamische (zeitabhängige) Zusammenhang zwischen der Eingangsgröße eines Systemelements und der Ausgangsgröße wird beschrieben durch:

- *Frequenzgang*und *Ortskurve:* Kennzeichnung der bei Übertragung eines Eingangssignals $u(t) = u_0 \cos \omega t$ (u_0 Anfangsamplitude, ω Kreisfrequenz) sich ergebenden Ausgangsamplitude v und der Phasenverschiebung φ im eingeschwungenen Zustand. Die Ortskurvendarstellung erfolgt häufig in der komplexen Ebene mit kartesischen Real(Re)-Imaginärteil(Im)-Koordinaten bzw. Polarkoordinaten mit der Zeigerlänge $A = v(\omega)/u$ und dem Winkel φ (Quadrantenvorzeichen beachten).
- *Bode-Diagramm:* Frequenzkennlinien in logarithmischer Darstellung.

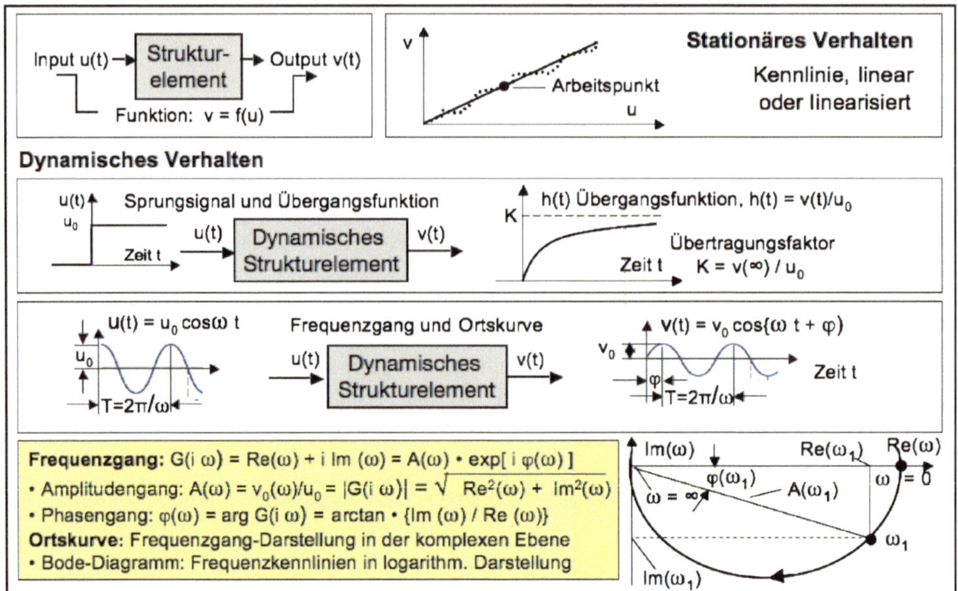

Abb. 2.9 Kennzeichnung stationärer und dynamischer Eigenschaften technischer Systeme

Diese Darstellungsarten sind aus der Elektrotechnik wohlbekannt; eine zusammenfassende Übersicht mit kennzeichnenden Stichworten bei Verwendung des Symbols i für die imaginäre Einheit $\sqrt{-1}$ gibt Abb. 2.9.

2.3 Struktur technischer Systeme

Die elementaren Strukturen technischer Systeme lassen sich in abstrakter, vereinfachender Darstellung gemäß Abb. 2.10 in die folgenden Kategorien einteilen:

- Quellen,
- Speicher,
- Übertrager,
- Wandler,
- Senken.

Neben der *Mehrpol-Darstellung* der Strukturelemente als Blockschaltbilder ist im unteren Teil von Abb. 2.11 die *Bondgraph-Darstellung* wiedergegeben. Sie ist eine graphische Kennzeichnung von Mehrpol-Strukturelementen mit Energieübertragung und beschreibt durch einen *Energie-Bond* in Form eines Halbpfeils mit Nennung des jeweiligen effort/flow-Paares die Richtung des Energiestromes (Ein Beispiel der Bondgraphdarstellung zeigt Abb. 2.13).

Beispiele der elementaren Strukturelemente technischer Systeme mit unterschiedlichen Energieformen gibt Abb. 2.11.

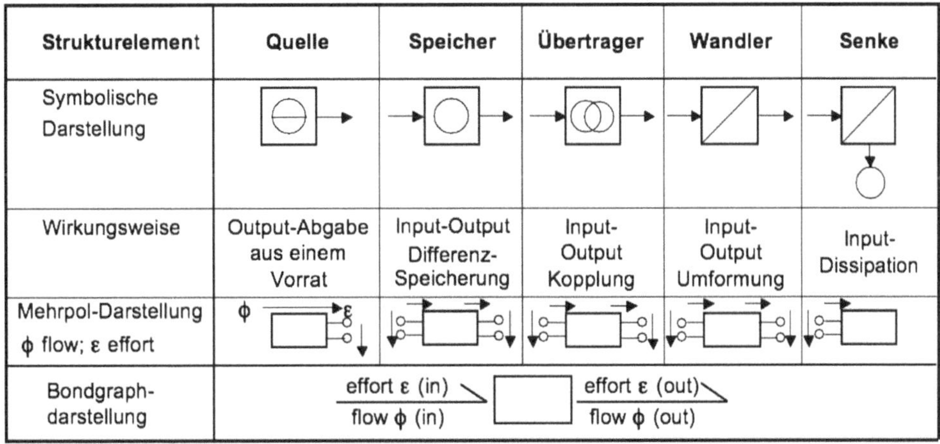

Strukturelement	Quelle	Speicher	Übertrager	Wandler	Senke
Symbolische Darstellung					
Wirkungsweise	Output-Abgabe aus einem Vorrat	Input-Output Differenz-Speicherung	Input-Output Kopplung	Input-Output Umformung	Input-Dissipation
Mehrpol-Darstellung ϕ flow; ε effort	ϕ ε				
Bondgraph-darstellung	effort ε (in) / flow ϕ (in)			effort ε (out) / flow ϕ (out)	

Abb. 2.10 Klassifikation der elementaren Strukturelemente technischer Systeme

Energieform	Quelle	Speicher	Übertrager	Wandler	Senke
Mechanisch F Kraft s Weg v Geschwindigkeit E Energie	• Wasser-Staubecken-energie • Windenergie	• Feder F= ks F= k ∫ vdt, E=ks²/2 • Bewegte Masse m F= ma, E= mv²/2	• Hebel • Gelenk • Getriebe • Fluidstrom	• Kolben im Zylinder • Strömung • Tragflügel-Profil	• Dämpfer • Reibung
Thermisch T Temperatur	• Sonnenenergie • Erdwärme	• Wärmespeicher $E= mc_pT$	• Wärmeleitung • Strahlung	• Peltier-Element	• Kalte Umgebung
Thermo-dynamisch	• Verbrennung • Exothermik	• Gas- oder Dampf-Volumen	• Verdampfung • Kondensation	• Verdichtung • Expansion	• Drosselung
Elektrisch U Spannung I Strom Q=dI/dt Ladung E Energie	• Akkumulator • Elektrische Netze • Sender	• Kondensator C= Q/U, E= CU²/2 • Induktivität L= U/(dI/dt), E= LI²/2	• Elektrische Leitung • Transformator	• Piezoaktor • Elektromotor • Generator	• Widerstand R Verlust-leistung P=RI² • Wirbelstrom
Chemisch	• Exotherme Reaktion	• Akkumulator	• Materiestrom	• Chemische Reaktion	• Endotherme Reaktion

Abb. 2.11 Elementare Strukturelemente technischer Systeme: Beispiele mit unterschiedlichen Energieformen

Kombination von Systemelementen zu System-Modulen

System-Module entstehen durch das „Zusammenschalten" mehrerer elementarer Strukturelemente und ihrer zugehörigen Input/Output-Funktionsgrößen. Ein einfaches Beispiel eines elektro-mechanischen Moduls, gebildet aus der Kombination einer Quelle (Batterie) mit einem Wandler (Motor) und einem Übertrager (Getriebe) zeigt Abb. 2.12. Der untere Teil illustriert die Bondgraph-Darstellung des Wandlers.

Die elementaren Möglichkeiten des Zusammenfügens von Systemelementen zu Modulen sind die in Abb. 2.13 dargestellten, aus der Elektrotechnik bekannten Parallel- und Reihenschaltungen.

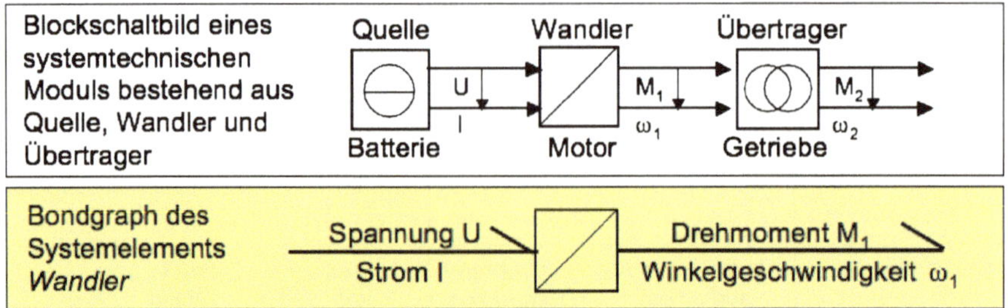

Abb. 2.12 Beispiel der Kombination von Strukturelementen zu einem System-Modul

Technische Systeme entstehen durch die Kopplung von Prozesselementen.
Betrachtet werden Prozesselemente, durch deren Verbindungsstelle ein Energiestrom $P = dE/dt = \text{effort} \cdot \text{flow} = \varepsilon \cdot \phi$ strömt
Verbindungsstellen zwischen Anschlüssen (Polen) werden *Knoten* genannt,
Verbindungen zwischen zwei Knoten bilden einen *Zweig.*

Parallelschaltung	Reihenschaltung
Es gilt: $\varepsilon = \varepsilon_1 = \varepsilon_2$ (zwischen Knoten A und B)	Es gilt: $\phi = \phi_1$ (am Knoten A)
$\phi_3 - \phi_1 - \phi_2 = 0$ (am Knoten A)	$\phi = \phi_2$ (am Knoten B)
$-\phi_3 + \phi_1 + \phi_2 = 0$ (am Knoten B)	$\varepsilon_3 = \varepsilon_1 + \varepsilon_2$ (zwischen Knoten A und B)
$\Rightarrow \sum \phi = 0$ Knotengleichung	$\Rightarrow \sum \varepsilon = 0$ Umlaufgleichung

Abb. 2.13 Elementare Verschaltungsarten von System- oder Prozesselementen

Die grundlegenden Regeln der Zusammenschaltung elektrischer Prozesselemente sind die Kirchhoff'schen Regeln. In Verallgemeinerung dieser Gleichungen können für technische Systeme allgemeine Bilanzgleichungen in Form von Kontinuitätsgleichungen und Kompatibilitätsgleichungen aufgestellt werden, siehe Abb. 2.14.

2.4 Systemeigenschaften

Die Eigenschaften technischer Systeme werden durch ihre Funktion und die sie tragende Systemstruktur bestimmt. Wie in der allgemeinen Systembeschreibung von Abb. 2.4 zusammenfassend dargestellt, sind dabei sowohl die Nutzfunktion als auch Störgrößen und Dissipationseffekte zu beachten. Die technischen Systemeigenschaften können durch die folgende Begriffe der wesentlichen Merkmale stichwortartig beschrieben werden:

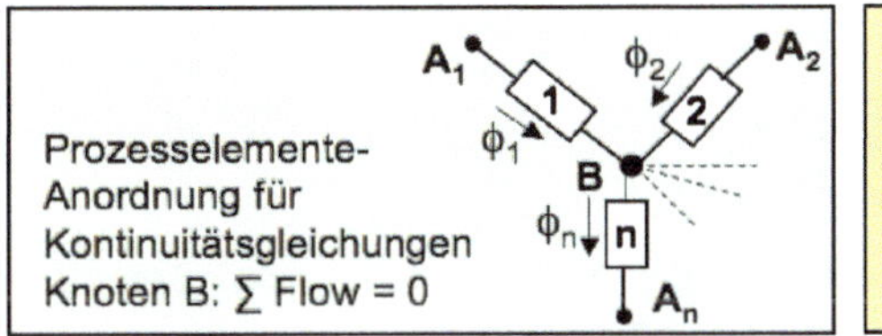

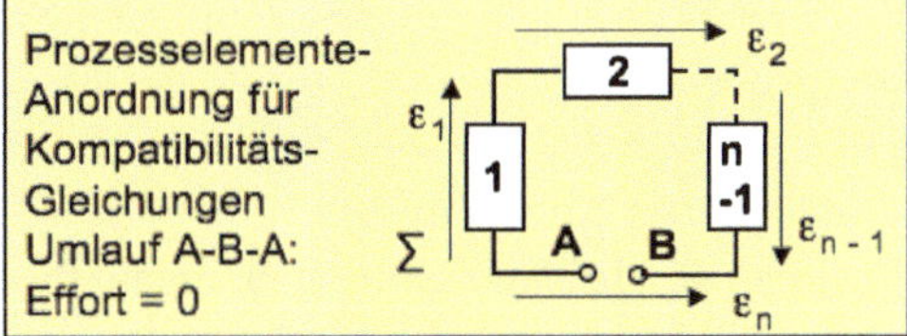

System	Kontinuitätsgleichung	Kompatibilitätsgleichung
Elektrisch	$\sum I = 0$ Knoten-Gleichung	$\sum U = 0$ Umlauf-Gleichung
Magnetisch	$\sum \Phi = 0$ Magnetflussbilanz	$\sum \Theta = 0$ Durchflutungskompatibilität
Hydraulisch	$\sum \dot{V} = 0$ Volumenstrombilanz	$\sum p = 0$ Druckkompatibilität
Thermisch	$\sum \dot{Q} = 0$ Wärmestrombilanz	$\sum T = 0$ Temperaturkompatibilität

Abb. 2.14 Bilanzgleichungen technischer Systeme

- Determiniertheit: bestimmbare oder zufallsbedingte (stochastische) Systeme,
- Komplexität: Art, Zahl der Systemelemente, Vielfalt ihrer Wechselwirkungen,
- Dynamik: stationäres oder dynamisches Verhalten des Systems,
- Wechselwirkung mit der Systemumgebung: geschlossene oder offene Systeme,
- Stabilität: Reaktion eines Systems auf Störungen von außen.

Das Systemverhalten kann dabei folgende Merkmale aufweisen:

- linear – nichtlinear,
- diskret (zeit- oder zustandsdiskret) – kontinuierlich,
- zeitvariant (Systemverhalten ändert sich mit der Zeit) – zeitinvariant,
- geregelt oder ungeregelt,
- adaptiv (anpassend),
- autonom (unabhängig) von äußerer Steuerung.

Technische Systeme werden für Aufgaben aus Technik, Wirtschaft, Gesellschaft geschaffen und müssen dafür allgemein wichtige Systemeigenschaften aufweisen, dazu gehören insbesondere:

Funktionalität
Die Funktionalität eines technischen Systems besteht darin, unter bestimmten Bedingungen erstrebte Wirkungen herbei zu führen, dabei ist die technische Effizienz – das Verhältnis von Output zu Input – z. B. der energetische Wirkungsgrad, die Stoffausnutzung oder die Produktivität, zu maximieren. Die Funktion technischer Systeme wird von der Struktur

des Systems getragen. Die Systemstruktur ist durch Konstruktion, Design und Produktion geeignet zu gestalten.

Qualität und Konformität

Qualität ist die Beschaffenheit eines Produktes oder Systems bezüglich seiner Eignung, bestimmungsgemäße Funktionen sowie festgelegte und vorausgesetzte Regeln zu erfüllen. Qualitätsaspekte können nicht nachträglich in technische Produkte „hineingeprüft" werden. Die Qualität technischer Systeme ist durch ein *Total Quality Management* zu gewährleisten (Qualitätsmanagementnorm ISO 9001).

Konformität ist die Übereinstimmung mit vorgegeben Normen und Beschaffenheitsregeln. Erzeugnisse dürfen in der Europäischen Union erst dann in den Verkehr gebracht werden, wenn der Hersteller durch eine Konformitätserklärung oder die Konformitätsbescheinigung einer unabhängigen Prüfstelle *(conformity assessment)* nachgewiesen hat, dass die grundlegenden Anforderungen der betreffenden EG-Richtlinien erfüllt sind. Das Konformitätsbewertungssystem ist verbunden mit internationalen Normen für die Qualitätssicherung (Normenreihe EN ISO 9000) und für Anforderungen, denen die für die Qualitätssicherung zuständigen Stellen genügen müssen, z. B. durch Akkreditierung. Zuständig in Deutschland ist die Deutsche Akkreditierungsstelle DAkkS (www.dakks.de).

Wirtschaftlichkeit

Technische Entscheidungen unterliegen wegen der grundsätzlichen Knappheit der Ressourcen, die für Herstellung und Nutzen technischer Systeme erforderlich sind, dem Gebot der Sparsamkeit. Das ökonomische Prinzip verlangt, das Verhältnis von Nutzen zu Aufwand zu maximieren, das heißt, einen bestimmten Nutzen mit möglichst geringem Aufwand, bzw. mit einem bestimmten Aufwand einen möglichst hohen Nutzen zu erreichen.

Umweltverträglichkeit

Menschliches Leben ist auf die Technik angewiesen, und jede Technik greift in Naturverhältnisse ein. Hieraus ergibt sich die Verantwortung des Menschen für den Schutz der Umwelt und der Ressourcen. Dabei kann und muss er technische Mittel einsetzen. Geboten ist der sparsame Umgang mit natürlichen Ressourcen: Energiesparen; rohstoffsparendes Konstruieren und Fertigen; Recycling; Verlängerung der Lebensdauer von Produkten; Minimierung von Emissionen, Immissionen und Abfallmengen durch Abwasser- und Abgasreinigung; Abfallverwertung. Versäumnisse können die Lebensmöglichkeiten späterer Generationen einschränken; irreversible Umweltschäden sind zu vermeiden.

2.5 Funktionssicherheit und Strukturintegrität technischer Systeme

Sicherheit bei der Anwendung und Nutzung technischer Systeme bedeutet die Abwesenheit von Gefahren für Leben oder Gesundheit. Wegen der Fehlbarkeit der Menschen, der Möglichkeit technischen Versagens und der begrenzten Beherrschbarkeit von

Naturvorgängen gibt es keine absolute Sicherheit. Das Risiko, das mit einem bestimmten technischen Vorgang oder Zustand verbunden ist, wird zusammenfassend durch eine Wahrscheinlichkeitsaussage beschrieben, die a) die zu erwartenden Häufigkeit des Eintritts eines zum Schaden führenden Ereignisses und b) das beim Ereigniseintritt zu erwartende Schadensausmaß berücksichtigt (DIN VDI 31000).

Technische Sicherheit bedeutet, dass die komplementäre Größe, das „Risiko" – gekennzeichnet durch das Produkt von Schadenswahrscheinlichkeit und Schadensausmaß – unter einem vertretbaren Grenzrisiko bleibt.

Das Versagen eines technischen Systems oder eines seiner Teile wird deutsch als *Ausfall* und international als *failure* bezeichnet: the termination of the ability of an item to perform a required function (ISO 13372:2004).

Ausfälle können entstehen, wenn die Belastung (z. B. durch eine mechanische Spannung σ_B) die Belastbarkeit (z. B. die Festigkeit σ_F) eines Bauteils übersteigt. Die technische Zuverlässigkeit ist eine stochastische Größe. Sie kann empirisch durch die experimentelle Ermittlung der Ausfallhäufigkeit ermittelt werden.

Die Ausfallwahrscheinlichkeit lässt sich dann in einem *Interferenzmodell* als Schnittmenge der Häufigkeitsverteilungen von Belastung und Belastbarkeit graphisch darstellen, siehe Abb. 2.15. **Technische Sicherheit** kann in dem Interferenzmodell durch den Abstand zwischen Belastung und Belastbarkeit gekennzeichnet werden.

Technische Zuverlässigkeit ist die Eigenschaft eines Bauteils oder eines technischen Systems für eine bestimmte Gebrauchsdauer („Lebensdauer") funktionstüchtig zu bleiben. Die Zuverlässigkeit ist definiert als die Wahrscheinlichkeit, dass ein Bauteil oder ein technisches System seine bestimmungsgemäße Funktion für eine bestimmte Gebrauchsdauer unter den gegebenen Funktions- und Beanspruchungsbedingungen ausfallfrei, d. h. ohne Versagen erfüllt. Die Versagensmechanismen lassen sich in zwei grundlegende Klassen einteilen:

- Überbeanspruchung: Überschreiten der allgemeinen „Materialfestigkeit" durch einen plötzlichen Anstieg der mechanischen, elektrischen oder thermischen Beanspruchung. Beispiele: mechanischer Stabilitätsverlust durch Knicken, Zusammenbrechen elektronischer

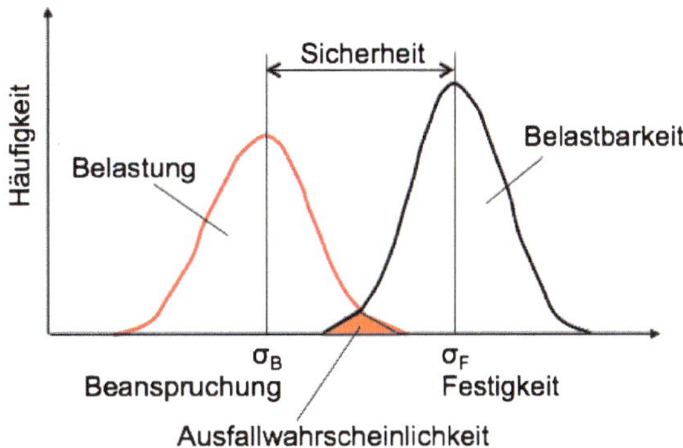

Abb. 2.15 Interferenzmodell zur Kennzeichnung von Sicherheit und Ausfallwahrscheinlichkeit

Schaltungen durch Ladungsdurchschläge, Änderung von Materialeigenschaften bei Überschreiten der Glasübergangstemperatur.

- Degradation: voranschreitender Prozess der Schädigungsakkumulation in Werkstoffen, der zur Minderung von Leistungsmerkmalen und Schwächung der Belastbarkeit führt. Beispiele der Degradation von Metallen: Rissbildung und Risswachstum, Kriechen, Verschleiß, Korrosion. Beispiele der Degradation von Kunststoffen: Versprödung, mangelhafte UV- bzw. Lichtbeständigkeit.

Die Einflüsse der Versagensmechanismen auf die technische Sicherheit und Zuverlässigkeit eines Bauteils sind in Abb. 2.16 in einem dynamischen Interferenzmodell dargestellt.

Das dynamische Interferenzmodell bezieht sich auf die technische Zuverlässigkeit eines Bauteils. Die Systemzuverlässigkeit hängt natürlich von der Zuverlässigkeit aller Systemkomponenten ab. Wenn die Systemstruktur durch eine serielle Kombination der Systembauelemente modelliert werden kann, lässt sich nach den Regeln der Wahrscheinlichkeitsrechnung die Systemzuverlässigkeit als Produkt der Bauteilzuverlässigkeiten ausdrücken. Dies bedeutet, dass die Systemzuverlässigkeit mit der Anzahl der Systemkomponenten abnimmt und dass die schlechteste Bauteilzuverlässigkeit die Systemzuverlässigkeit bestimmt. Für eine hohe Systemzuverlässigkeit muss die Zuverlässigkeit der einzelnen Systemkomponenten verbessert werden.

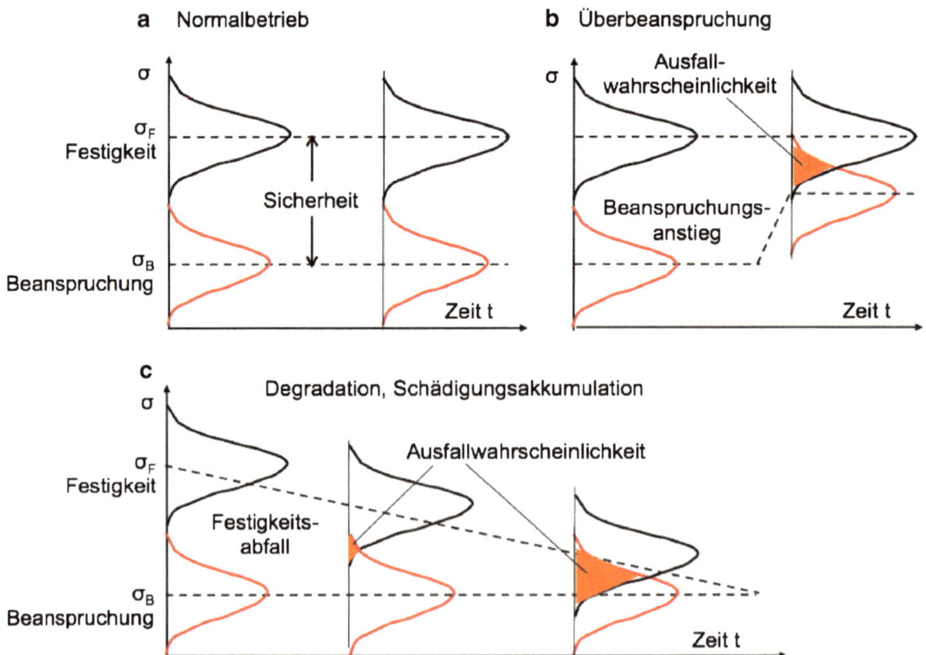

Abb. 2.16 Dynamisches Interferenzmodell zur Kennzeichnung von Sicherheit und Ausfallwahrscheinlichkeit

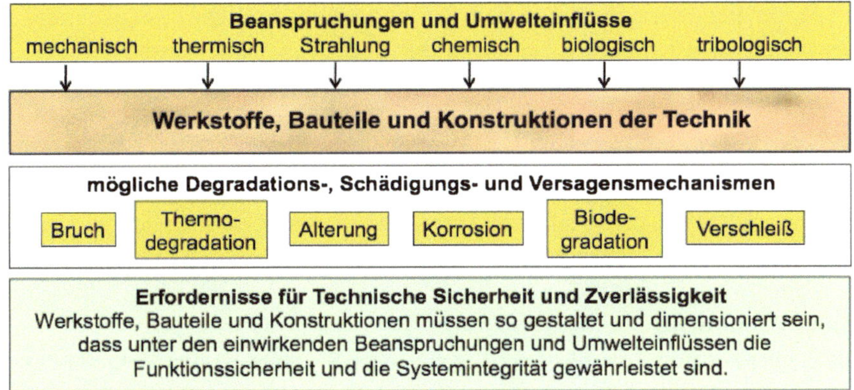

Abb. 2.17 Erfordernisse für Sicherheit und Zuverlässigkeit technischer Systeme

Die Zuverlässigkeitsbetrachtungen zeigen, dass die Zuverlässigkeit technischer Systeme sowohl von der inneren Systemstruktur als auch von den äußeren Beanspruchungsbedingungen und deren statistischer Streuung abhängt. Abb. 2.17 gibt eine vereinfachende Übersicht über die auf Werkstoffe, Bauteile und Konstruktionen der Technik einwirkenden Beanspruchungen und Umwelteinflüsse, bezeichnet die möglichen Degradations-, Schädigungs- und Versagensmechanismen und nennt die grundlegenden Erfordernisse für Sicherheit und Zuverlässigkeit technischer Systeme.

2.6 Technische Diagnostik und Condition Monitoring

Die Methoden zur Analyse relevanter Parameter für Sicherheit und Zuverlässigkeit technischer Systeme werden international unter dem Begriff „Technical Diagnostics" zusammengefasst. Die Zustandsüberwachung technischer Systeme wird als „Condition Monitoring" bezeichnet.

Die technische Diagnostik ist detailliert im Handbook of Technical Diagnostics (Springer 2013) mit folgender Gliederung dargestellt, siehe Tab. 2.1.

A Methoden und Techniken für die Diagnostik und Zustandsüberwachung,
B Technische Diagnostik von Maschinen und Anlagen,
C Strukturüberwachung und Funktionsüberwachung.

Die Methoden der technischen Diagnostik reichen von der Spannungs- und Dehnungsanalyse (Stress and Strain Determination) über die Radiologie und Computertomografie bis hin zur Mikrostrukturanalyse. Als „Nondestructive Evaluation" wird die Zerstörungsfreie Prüfung (ZfP) bezeichnet. Die wichtigsten ZfP-Verfahren für die Zustandsüberwachung sind die Ultraschallsensorik, das Wirbelstromverfahren und die Radiographie (siehe Abschn. 7.4 Zustandsüberwachung von Maschinen).

Die Anwendungsbereiche der in Tab. 2.1 zusammengestellten Prinzipien und Methoden der technischen Diagnostik umfassen die *Machinery Diagnostics* (Tab. 2.1, B) und die Zustandsüberwachung der technischen Infrastruktur (Tab. 2.1, C): Bauwerke, Brücken, Pipelines, Elektrizitätswerke, Stromnetze, Windenergieanlagen, Bahnsysteme. Die Technische Diagnostik bietet damit heute ein wichtiges Instrumentarium für die Strukturintegrität (structural health) und die Funktionssicherheit (performance) von Maschinen und technischen Anlagen. Anwendungen im Maschinenbau und in der baulichen Infrastruktur sind in den Kap. 7 und 14 dargestellt.

Condition Monitoring

Für die Sicherheit und Zuverlässigkeit technischer Systeme ist die Methode des *Condition Monitoring* (Zustandsüberwachung) entwickelt worden. Condition Monitoring dient der Erkennung eines *faults* (Fehlzustand) in einem technischen System: *the condition of an item that occurs when one of its components or assemblies degrades or exhibits abnormal behaviour* (ISO 13372:2004).

Aufgabe der Zustandsüberwachung ist es, in technischen Systemen einen *Fehlzustand* a) zu detektieren, b) zu lokalisieren, c) nach Art, Gefährlichkeit, Zeitverhalten

Tab. 2.1 Grundlagen und Anwendungen der technischen Diagnostik

Technical Diagnostics	**Principles, Methods, Application** (Handbook Chapters)
A **Methods and Techniques for Diagnostics and Monitoring**	Overview of Diagnostics and Monitoring Methods and Techniques Stress and Strain Determination Modal Analysis Vibration Analysis Acoustic Emission Nondestructive Evaluation Infrared Thermography Industrial Radiology Computed Tomography Embedded Sensors Micro-Diagnostics Surface Chemical Analysis Subsurface Microstructural Analysis
B **Technical Diagnostics of Machines and Plants**	Principles and Concepts of Technical Failure Analysis Failure Analysis: Case Studies Machinery Diagnostics
C **Structural Health Monitoring and Performance Control**	Principles, Concepts and Assessment of Structural Health Monitoring Buildings Bridges Pipelines Electrical Power Stations and Transmission Networks OffshoreWind Structures Railway Systems Guidelines to Structural Health

zu charakterisieren und d) frühzeitig vor Ausfall (z. B. Verlust der Tragfähigkeit) zu warnen. Aus systemtechnischer Sicht hat die Zustandsüberwachung zwei Aufgaben:

- Funktionsüberwachung (performance control) der operativen Funktionsparameter technischer Systeme durch Sensorik und Regelungstechnik zur Gewährleistung der *Funktionssicherheit.*
- Strukturüberwachung (structural health monitoring) mit strukturintegrierter Sensorik (embedded sensors) zur Gewährleistung der *Strukturintegrität.*

Die Methodik der Zustandsüberwachung ist anhand der Prinzipdarstellung technischer Systeme in Abb. 2.18 stichwortartig beschrieben.

Abb. 2.19 illustriert das Prinzip der Zustandsüberwachung technischer Systeme. Mit Sensorik und Zerstörungsfreier Prüfung (ZfP) werden funktionelle und strukturelle Systemparameter erfasst und ein Soll-Ist-Vergleich des jeweiligen Systemzustands vorgenommen. Mit systemspezifischen Auswertungs- und Beurteilungsmethoden können Maßnahmen zur Funktionssicherheit und der Strukturintegrität getroffen werden. Die Anwendung des Condition Monitoring ist im Abschn. 7.4 *Zustandsüberwachung von Maschinen* dargestellt.

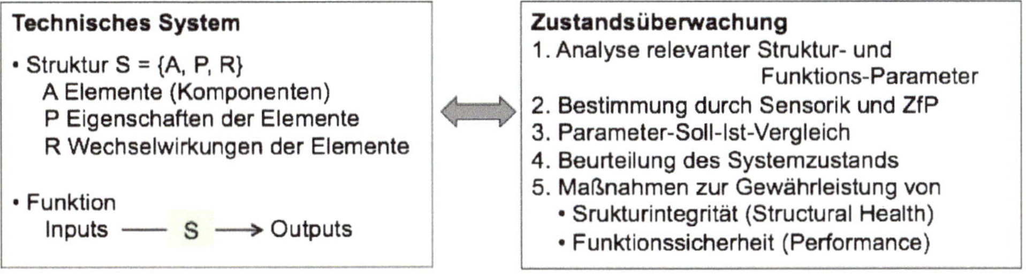

Abb. 2.18 Technisches System und Zustandsüberwachung

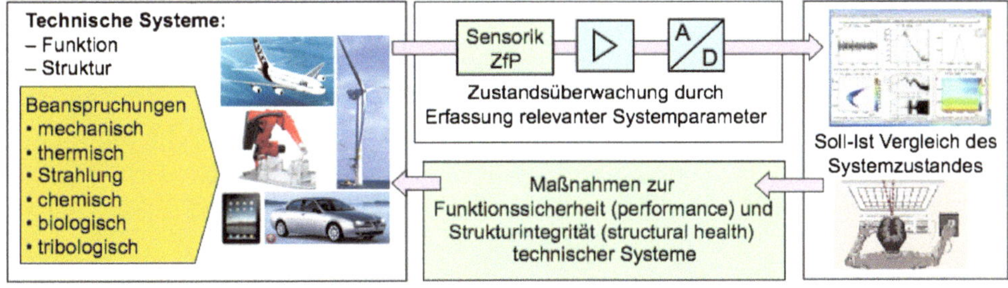

Abb. 2.19 Methodik der Zustandsüberwachung technischer Systeme

Mechatronische Systeme

3

Mechatronische Systeme sind technische Systeme, die auf dem Zusammenwirken von Mechanik, Elektronik und Informatik basieren.

Aufbau mechatronischer Systeme
Mechatronische Systeme haben eine mechanische Grundstruktur, die je nach geforderter Funktionalität – gekennzeichnet durch Eingangsgrößen und Ausgangsgrößen – mit mechanischen, elektronischen, magnetischen, thermischen, optischen und weiteren funktionell erforderlichen Bauelementen verknüpft ist, siehe Abb. 3.1. Sensoren ermitteln funktionsrelevante Messgrößen und führen sie, umgewandelt in elektrische Führungsgrößen, Prozessoren zu. Die Prozessoren erzeugen zusammen mit Aktoren Stellgrößen für die Regelung oder Steuerung zur Optimierung der Funktionalität des Systems.

3.1 Modellbildung

Mit Modellbildungen werden mechatronische Systeme in ihren funktionellen und strukturellen Aspekten klassifiziert und ihr Verhalten untersucht. Jede Modellbildung muss infolge der Komplexität realer technischer Systeme vereinfachende Annahmen treffen und besitzt auch nur eine begrenzte Gültigkeit. Eine Modellierung ist daher häufig nur auf Baugruppen oder Module mechatronischer Systeme anwendbar.

Die *funktionsorientierte Methodik* modelliert Input-Output-Relationen mit den Grundgleichungen:

- Bilanzgleichungen, z. B. für gespeicherte Massen, Energien, Impulse,
- Konstitutive Gleichungen, z. B. physikalisch-chemische Zustandsgleichungen,
- Phänomenologische Gleichungen, z. B. Gleichungen für Prozesse (Wärmeleitung),

H. Czichos, *Mechatronik,* https://doi.org/10.1007/978-3-658-26294-5_3

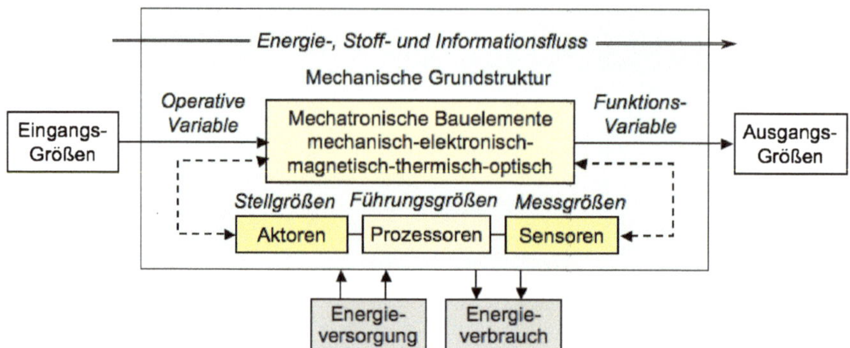

Abb. 3.1 Übersicht über den grundsätzlichen Aufbau mechatronischer Systeme

- Entropiebilanzgleichungen, z. B. wenn mehrere irreversible Vorgänge stattfinden,
- Verknüpfungsgleichungen, z. B. Verschaltungsgleichungen für Prozesselemente.

Die *strukturorientierte Methodik* modelliert strukturelle Prozesselemente mit den Kategorien:

- Quellen: Output-Abgabe aus einem Vorrat, z. B.: Akkumulator, Öl/Gas-Brenner Speicher: Input-Output Differenz-Speicherung, z. B. Feder, Kondensator, Tank,
- Senken: Input-Dissipation, z. B. Dämpfer, Reibung, elektrischer Widerstand, hydraulische Drossel,
- Übertrager: Input-Output-Kopplung, z. B. Getriebe, Transformator, Wärmeübertrager, Druckübersetzer,
- Wandler: Input-Output-Umformung, z. B. Generator, Elektromotor, Verbrennungsmotor, Elektromagnet, Ventilator, Pumpe.

Das Verhalten von Systemen kann auf unterschiedliche Weise gekennzeichnet werden: es kann durch physikalische Gesetzmäßigkeiten beschrieben, an Hand von Messungen ermittelt oder in mathematischen Modellen dargestellt werden. Man unterscheidet bei Systemen gewöhnlich zwischen dem dynamischen (zeitabhängigen) und dem statischen oder stationären Verhalten. Zur Klassifikation der Modellbildung mechatronischer Systeme dienen die in Abb. 3.2 erläuterten Begriffe

- Linearität,
- Strukturparameter,
- Zeitabhängigkeit,
- Arbeitsweise,
- Determiniertheit,
- Parametervielfalt.

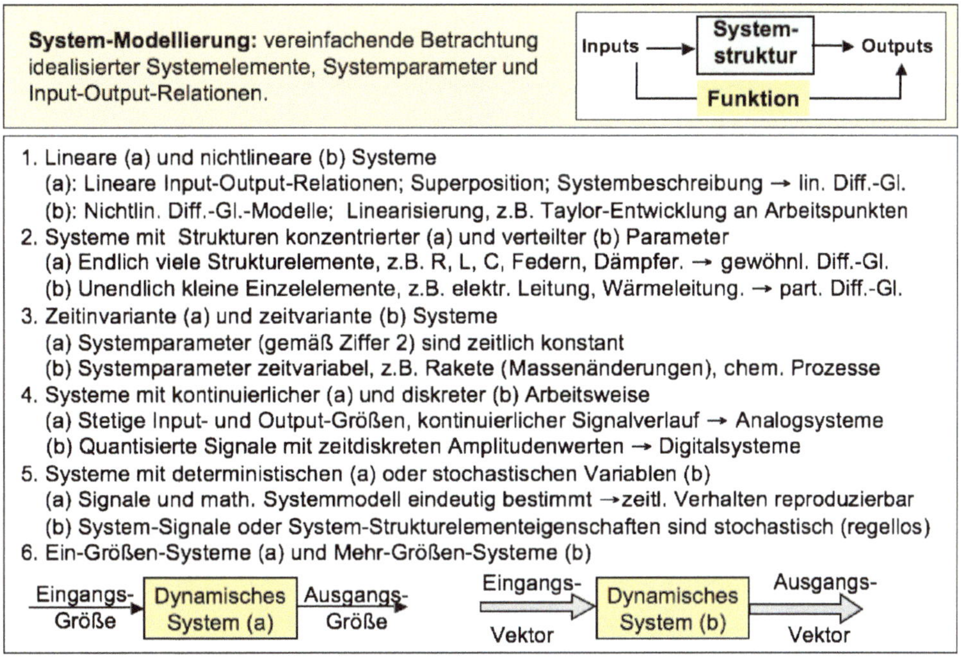

System-Modellierung: vereinfachende Betrachtung idealisierter Systemelemente, Systemparameter und Input-Output-Relationen.

Inputs → System-struktur → Outputs
Funktion

1. Lineare (a) und nichtlineare (b) Systeme
   (a): Lineare Input-Output-Relationen; Superposition; Systembeschreibung → lin. Diff.-Gl.
   (b): Nichtlin. Diff.-Gl.-Modelle; Linearisierung, z.B. Taylor-Entwicklung an Arbeitspunkten
2. Systeme mit Strukturen konzentrierter (a) und verteilter (b) Parameter
   (a) Endlich viele Strukturelemente, z.B. R, L, C, Federn, Dämpfer. → gewöhnl. Diff.-Gl.
   (b) Unendlich kleine Einzelelemente, z.B. elektr. Leitung, Wärmeleitung. → part. Diff.-Gl.
3. Zeitinvariante (a) und zeitvariante (b) Systeme
   (a) Systemparameter (gemäß Ziffer 2) sind zeitlich konstant
   (b) Systemparameter zeitvariabel, z.B. Rakete (Massenänderungen), chem. Prozesse
4. Systeme mit kontinuierlicher (a) und diskreter (b) Arbeitsweise
   (a) Stetige Input- und Output-Größen, kontinuierlicher Signalverlauf → Analogsysteme
   (b) Quantisierte Signale mit zeitdiskreten Amplitudenwerten → Digitalsysteme
5. Systeme mit deterministischen (a) oder stochastischen Variablen (b)
   (a) Signale und math. Systemmodell eindeutig bestimmt →zeitl. Verhalten reproduzierbar
   (b) System-Signale oder System-Strukturelementeigenschaften sind stochastisch (regellos)
6. Ein-Größen-Systeme (a) und Mehr-Größen-Systeme (b)

Eingangs-Größe → Dynamisches System (a) → Ausgangs-Größe

Eingangs-Vektor ⇒ Dynamisches System (b) ⇒ Ausgangs-Vektor

Abb. 3.2 Modellierungsklassen mechatronischer Systeme

3.2 Mechanik in mechatronischen Systemen

Die Mechanik bildet in der Mechatronik mit der *Kinematik, Kinetik* und *Dynamik* die Grundlage für die Realisierung von Bewegungen, Kräften und mechanischen Energieflüssen. Die strukturmechanische Funktionsfähigkeit technischer Systeme erfordert, dass die äußere Beanspruchung eines Bauteils in allen Belastungssituationen kleiner sein muss als die Tragfähigkeit. Durch Festigkeitsbetrachtungen sind zulässige Belastungen, erforderliche Bauteilabmessungen, geeignete Werkstoffe und die Sicherheit gegen Versagen zu gewährleisten. Für die Modellbildung der Mechanik mechatronischer Systeme gibt Abb. 3.3 eine elementare Zusammenstellung in knappster Form.

Für die Modellierung mechanischer Module mechatronischer Systeme sind die Elemente *Feder, Dämpfer, Masse* von besonderer Bedeutung. Operative Variable sind Kraft F, Translation x, Geschwindigkeit v, siehe Abb. 3.4.

Schwingungen

Die Funktionsvariablen mechatronischer Systeme können zeitperiodischen Veränderungen – allgemein als Schwingungen bezeichnet – unterworfen sein, ihre fundamentale Kennzeichen sind am Beispiel mechanischer Schwingungen in den Abb. 3.5 und 3.6 dargestellt.

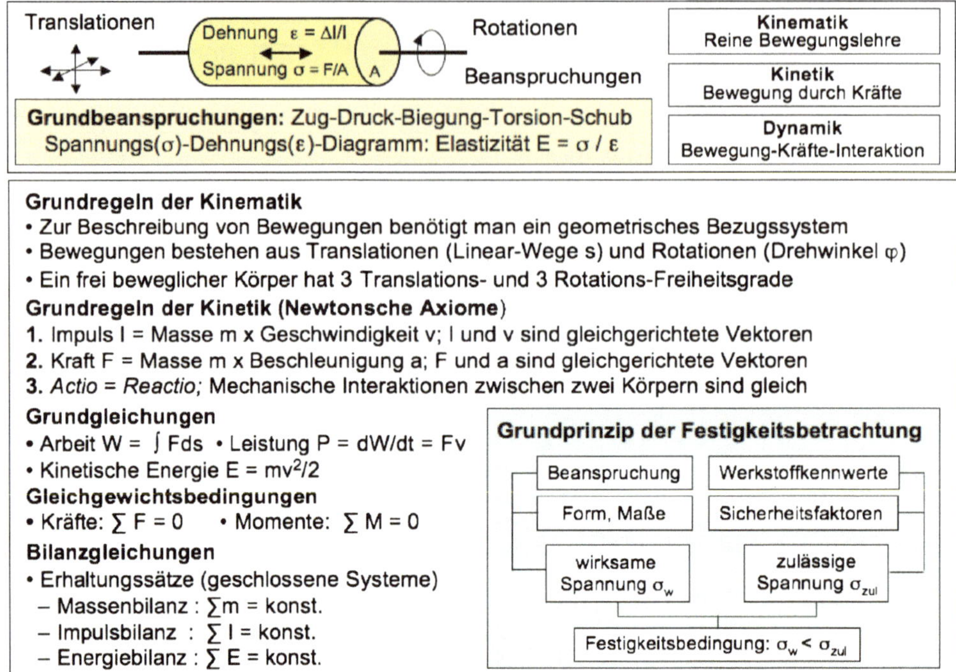

Translation		Rotation	
s	Weg	φ	Drehwinkel
$v = ds/dt$	Geschwindigkeit	$\omega = d\varphi/dt$	Winkelgeschwindigkeit
$a = dv/dt$	Beschleunigung	$\Omega = d\omega/dt$	Winkelbeschleunigung
m	Masse	Θ	Trägheitsmoment
F	Kraft	M	Drehmoment
$I = m\,v$	Impuls	$L = \Theta\,\omega$	Drehimpuls
$F = m\,a$	Kräftesatz	$M = \Theta d\omega/dt$	Momentensatz
$E = mv^2/2$	kinetische Energie	$E = \Theta\omega^2/2$	kinetische Energie
$W = \int Fds$	Arbeit	$W = \int Md\varphi$	Arbeit
$P = F\,v$	Leistung	$P = M\omega$	Leistung

Abb. 3.3 Grundlagen für die Modellbildung der Mechanik in mechatronischen Systemen

Dynamik

Als Dynamik bezeichnet man allgemein die Wechselwirkungen von Bewegungen und Kräften. Der Begriff schließt die Kinetik und die Statik mit ein. Die Strukturdynamik befasst sich mit der Dynamik und dem Schwingungsverhalten der Strukturelemente von Systemen. Die Dynamik des einfachen mechanischen Moduls illustriert Abb. 3.7.

Feder k	Dämpfer d	Masse m
Elastizität, *Speicher*	Widerstand, *Senke*	Trägheit, *Speicher*
F_k → x	F_d → dx/dt = v	F_m → d^2x/dt^2
$F_k = k \cdot x = k \int v dt$	$F_d = d \cdot v$	$F_m = m \cdot dv/dt$
Kraft folgt durch Integration von v	Kraft ist proportional zu v	Kraft folgt durch Differentiation von v
Verformungsenergie $E = ½ (k \cdot x^2)$	Verlustleistung $P = d \cdot v^2$	Kinetische Energie $E = ½ (m \cdot v^2)$

Abb. 3.4 Feder, Dämpfer, Masse: wichtige mechanische Modellelemente in der Mechatronik

Schwingungen sind zeitperiodische Vorgänge

- **Signalarten**
  determinierte Signale: (a) periodisch → harmonisch (Sinus) oder → allgemein periodisch
  (b) nicht periodisch → z.B. Sprungfunktion oder → Stoßfunktion
  stochastische Signale → statistische Zufallsvariable
- **Kinematik:** *Freie Schwingungen:* Translation oder Rotation, ein oder mehrere Freiheitsgrade,
  → lineare oder nichtlineare homogene, gewöhnliche Differentialgleichungen (DGL)
- **Kinetik:** *Erzwungene Schwingungen:* Externe Anregung eines schwingungsfähigen Systems,
  → inhomogene DGL
  Selbsterregte Schwingungen: Schwingungsanregung aus Energiespeicher
  Parametererregte Schwingungen: Anregung durch zeitabhängige Systemparameter

Beschreibung freier Schwingungen mit einem Freiheitsgrad (1-F Schwinger)

Differentialgleichung: $m\ddot{q} + d\dot{q} + kq = 0$, m Trägheit, d Dämpfung, k Steifigkeit
Ungedämpfte freie Schwingungen:
$\ddot{q} + \omega_0^2 q = 0$, $\omega_0 = \sqrt{k/m}$: Eigenkreisfrequenz
Die Lösung lautet q(t) = Amplitude · cos(ω_0 + Phase φ).
Bei Schwingungen mit Dämpfung, Dämpfungsmaß $D = d/ 2m\,\omega_0$,
ergibt sich die Differentialgleichung $\ddot{q} + 2D\,\omega_0\dot{q} + \omega_0^2 q = 0$
zur Beschreibung von Systemen 2. Ordnung mit konzentrierten Parametern.

k d m q

Abb. 3.5 Die grundlegenden Kennzeichen von Schwingungen

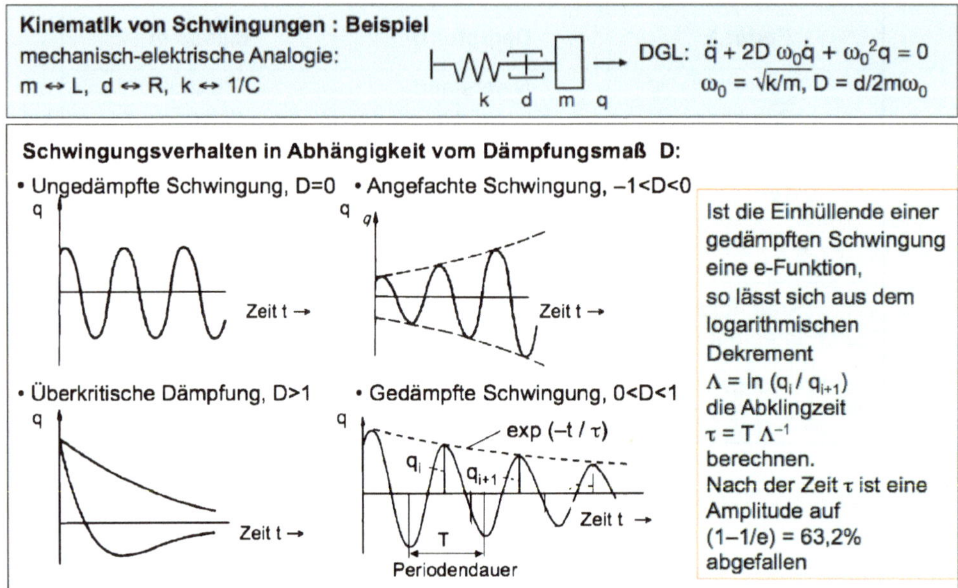

Abb. 3.6 Kinematik von Schwingungen

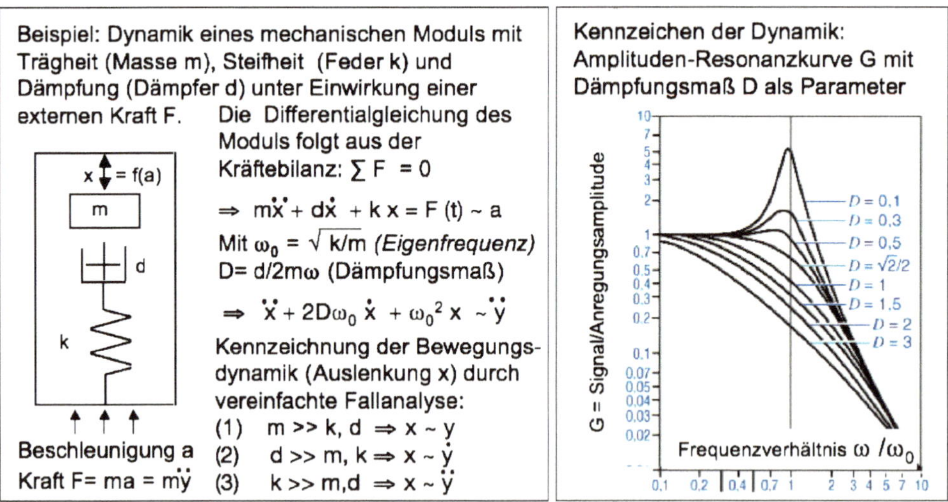

Abb. 3.7 Kennzeichen der Dynamik eines einfachen mechanischen Moduls, Beispiel

3.3 Elektronik in mechatronischen Systemen

Die Elektronik ist sowohl anteiliger Namensgeber als auch wichtiger integraler Bestandteil der Mechatronik. Die meisten mechatronischen Systeme enthalten elektronische Komponenten, die in vielen Fällen zu elektronischen Modulen zusammengeschaltet

Passive Elemente
• **Widerstände R**: Proportionalität von Spannung U (effort) und durchfließendem Strom I (flow). Ohmsches Gesetz $U = R \cdot I$; allgemein: $U = Z \cdot I$, mit Z Impedanz $Z = R + j\omega L + 1/j\omega C$ ($j = \sqrt{-1}$; $\omega = 2\pi f$, f Frequenz; L Induktivität; C Kapazität)
• **Kapazitäten C** speichern elektr. Ladung Q proportional zur Spannung $Q = C \cdot U$,
• **Induktivitäten L**: $U = L \cdot dI/dt$. Eine Spule (Induktivität L und Windungszahl N) speichert einen magnetischen Fluss Φ proportional zum durchfließenden elektrischen Strom $I = dQ/dt$. Es gilt $N \cdot \Phi = L \cdot I$.

Kapazität C	Widerstand R	Induktivität L
Elektrisches Feld, *Speicher*	Ohmsche Verluste, *Senke*	Magnetisches Feld, *Speicher*
$U_C = Q/C = 1/C \int I \cdot dt$	$U_R = R \cdot I = R \cdot dQ/dt$	$U_L = L \cdot dI/dt$
Spannung folgt durch Integration von I	Spannung ist proportional zu I	Spannung folgt durch Differentiation von I
Elektrische Energie $E = ½ (C \cdot U^2)$	Verlustleistung $P = R \cdot I^2$	Magnetische Energie $E = ½ (L \cdot I^2)$

Dioden leiten Strom bevorzugt in einer Richtung (Durchlassrichtung).

Transistoren sind dreipolige Komponenten mit Verstärkungs- oder Schaltfunktion
• Bipolartransistoren können als zwei gegeneinander geschaltete Dioden mit den drei Elektroden Basis, Emitter und Kollektor betrachtet werden.
• Feldeffekttransistoren (FET) arbeiten mit zwischen Quelle und Senke fließenden Strömen (n-Typ: Elektronen, p-Typ: Löcher), gesteuert durch elektrische Felder.

Thyristoren sind Leistungselektronik-Schalter, bestehend aus drei aufeinander folgenden pn-Übergängen: Ströme I: 1 bis 2000 A; Spannungen U bis 5000 V.

Integrierte Schaltkreise (IC) vereinen photolithographisch planar erzeugte Elemente elektronischer Schaltungen – wie Transistoren, Dioden, Kondensatoren, Widerstände, Induktivitäten – auf einem Halbleiter-Chip (meist Siliziumelektronik).

Operationsverstärker, ursprünglich entwickelt für mathematische Analogrechner-Operationen, bestehen prinzipiell aus mindestens drei gleichspannungsgekoppelten Verstärkerstufen: Differenzverstärker, Spannungsverstärker, Stromverstärker.

Abb. 3.8 Grundlagen für die Modellbildung der Elektronik in mechatronischen Systemen

sind. Für die Mechatronik werden auch anwendungsspezifische Chips, die ASICS (Application Specific Integrated Circuits) entwickelt, siehe Abschn. 6.6. Die für die Mechatronik wichtigsten Kategorien der Elektronik und elementare Modellierungselemente sind in Abb. 3.8 in knappster Form zusammenfassend aufgeführt.

Elektronische Bauelemente und Module werden in mechatronischen Systemen sowohl als *Analogtechnik* in Schaltkreisen mit wert- und zeitkontinuierlichen Prozessgrößen als auch als *Digitaltechnik* in integrierten Schaltkreisen (IC) eingesetzt. Die für die Funktion mechatronischer Systeme erforderlichen Informations- und Signalflüsse werden heute meist digitalisiert, wobei mittels ICs umfangreiche Datenmengen zu speichern und zu verarbeiten sind. Die meisten Schaltkreise werden in CMOS-Technologie (Complementary Metal Oxide Semiconductor) aufgebaut. Die Schaltungstechnik basiert auf Paaren jeweils eines p- und eines n-leitenden MOSFET (Metal Oxide Semiconductor Field

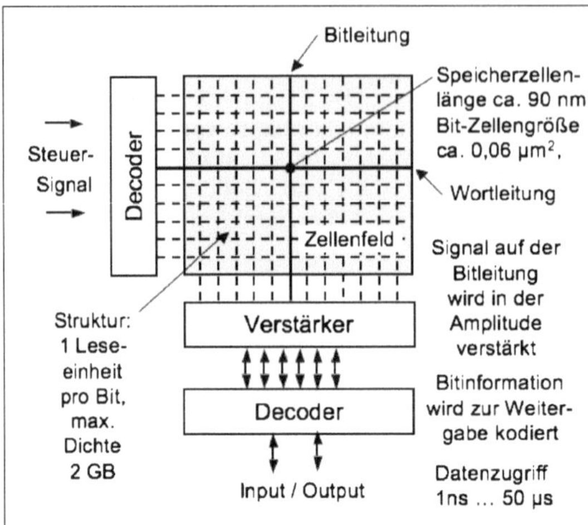

• **DRAM** (Dynamic Random Access Memories) speichern Bits als *flüchtige*, zyklisch aufzufrischende elektrische Ladungen in Kondensatoren und lesen über Transistoren aus. Schreib- und Lesegeschwindigkeit: 10 … 50 ns.
• **SRAM** (Static Random Access Memories) speichern Bits als *nicht-flüchtige* Information über Schalterkombinationen von sechs bzw. vier Transistoren. Schreib- und Lesegeschwindigkeit: 2 … 60 ns.
• **FLASH-Speicher** sind EEPROMs (Electrical Erasable Programmable Read Only Memories) mit detektierbaren Transistoren als Bit-Speicherzellen. Schreibgeschwindigkeit: 10 µs/Byte Lesegeschwindigkeit: 60 … 110 ns

Abb. 3.9 Aufbauprinzip und typische Ausführungsarten von Halbleiterspeichern

Effect Transistor). Wird eine Spannung an das Paar angelegt, sperrt immer ein MOSFET des Paares. Der Integrationsgrad von ICs reicht von SSI (Small Scale Integration) mit etwa 100 Funktionselementen pro Chip (ca. $3\,mm^2$ Fläche) bis zu VLSI (Very Large Scale Integration) mit bis zu 1 Mio. Funktionselemente pro Chip (ca. $30\,mm^2$ Fläche).

Halbleiterspeicher

Speicher nutzen physikalische Effekte, die binäre ja/nein- oder logisch1/logisch0-Zu-stände (z. B. leitend/nichtleitend oder geladen/ungeladen) eindeutig erzeugen und erkennen lassen. Eine Ja/Nein-Informationseinheit heißt *Bit* (Binary Digit). Eine Zusammenfassung von Bits, die zusammenfassend verarbeitet werden kann, nennt man *Wort.* Acht Bits werden als Byte bezeichnet. Halbleiterspeicher (Semiconductor Memories) bestehen aus Speicherzellen, die in einer Matrixstruktur angeordnet sind. Jede Speicherzelle kann einzeln adressiert werden und speichert ein Bit. Grundzüge der Halbleiterspeichertechnik sind in Abb. 3.9 dargestellt.

Magnetoelektronik

Als Magnetoelektronik wird die Änderung elektrischer Materialeigenschaften durch magnetische Felder bezeichnet. Magnetoelektronische Materialien, Bauelemente und Sensoren werden heute in mechatronischen Systemen eingesetzt, die von Computer-Schreib/Leseköpfen (vgl. Kap. 12, Abb. 12.2) bis zur berührungslos arbeitenden Automobilsensorik reichen (vgl. Kap. 13, Abb. 13.9). Die elementare „mechano-magneto-elektronische Funktionskette“ für die Anwendung der Magnetoelektronik in der Mechatronik lässt sich vereinfacht wie folgt darstellen:

Mechanische Prozessgröße (MP) z.B. Weg, Geschwindigkeit, Druck → Beeinflussung eines magnetischen Feldes H durch MP → H = f (MP) → **Magneto-elektronik**
↓
Elektrische Messgröße (EM) EM = f (H) = f (MP) → Kennzeichnung, Steuerung, Regelung von MP durch EM → (zurück zu MP)

Wichtige Effekte der Magnetoelektronik für Anwendungen in der Mechatronik sind:

- *Hall-Effekt* und *Gauß-Effekt* → Sensorik, siehe Abschn. 5.4.1, Abb. 5.49,
- *AMR, Anisotropic Magnetic Resistance* → Sensorik, siehe. Abschn. 5.4.1, Abb. 5.46,
- *GMR(Giant Magneto Resistance) Effekt* → Sensorik, siehe. Abschn. 5.7, Abb. 5.82.

Der GMR-Riesenmagneto-Widerstandseffekt (Physik-Nobelpreis 2007, P. Grünberg und A. Fert) ist ein quantenmechanischer Resonanzeffekt in dünnen, abwechselnd ferromagnetischen und nichtmagnetischen Sandwichstrukturen. Er ist gekennzeichnet durch eine – sensorisch mit hoher Empfindlichkeit nutzbaren – Änderung des elektrischen Widerstandes unter dem Einfluss eines Magnetfeldes, siehe Abb. 3.10. Durch Anwendung der GMR-Magnetoelektronik konnte ab 1998 die Leistungsfähigkeit des mechatronischen Systems *Computer-Festplattenlaufwerk* (siehe Kap. 12) erheblich gesteigert und die Speicherdichte auf ca. 17 Gbit/cm^2 erhöht werden.

Optoelektronik
Die Anwendung der Optoelektronik – Kombination von Optik und Elektronik unter Nutzung des *äußeren* und *inneren lichtelektrischen Effektes* – für funktionelle Aufgaben mechatronischer Systeme bietet den Vorteil, die besonderen Eigenschaften des Lichtes anwenden zu können. Die Physik kennzeichnet sichtbares Licht als optische Strahlung im Wellenlängenbereich von 380 bis 780 nm, der zwischen dem Ultraviolett (UV)- und dem Infrarot (IR)-Bereich des elektromagnetischen Spektrums liegt. Licht kann als elektromagnetische Welle oder als ein Strom von Teilchen (Photonen oder Lichtquanten), der durch die Quantenmechanik beschrieben wird, angesehen werden. *Optoelektronische Komponenten* formen optische Energie in elektrische Energie (Empfänger) bzw. elektrische Energie in optische Energie (Sender) um. Die opto-elektronischen Wandlereffekte können durch mechanische Strukturelemente beeinflusst und damit die Optoelektronik für Aufgaben der Mechatronik genutzt werden. Die elementare „mechano-opto-elektronische

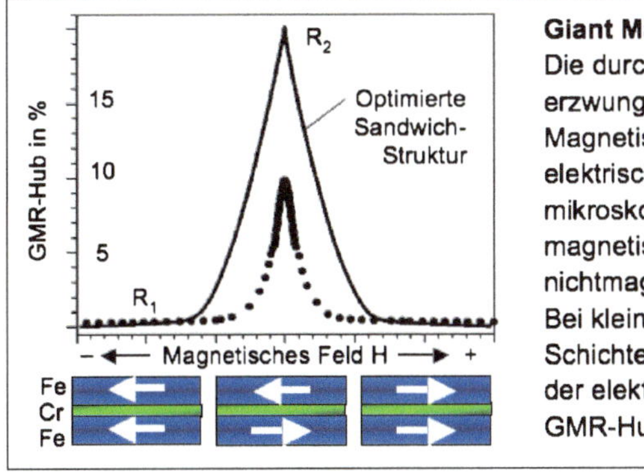

Giant Magneto Resistance (GMR)
Die durch ein großes äußeres Magnetfeld erzwungene parallele Ausrichtung der Magnetisierung ergibt einen geringen elektrischen Widerstand R_1 eines mikroskopischen Sandwichs aus zwei magnetischen Fe-Schichten und einer nichtmagnetischen Cr-Zwischenschicht. Bei kleinen Feldern bleiben die Fe-Schichten antiparallel ausgerichtet und der elektrische Widerstand R_2 ist hoch.
GMR-Hub = $(R_2 - R_1) / R_1 = \Delta R / R_1$

Abb. 3.10 Prinzipdarstellung des Riesenmagnetowiderstandeffektes GMR

Funktionskette" zur berührungslosen Sensorik mechanischer Strukturelemente oder zur Steuerung und Regelung von Prozessgrößen (vgl. Kap. 4) lässt sich vereinfacht wie folgt darstellen:

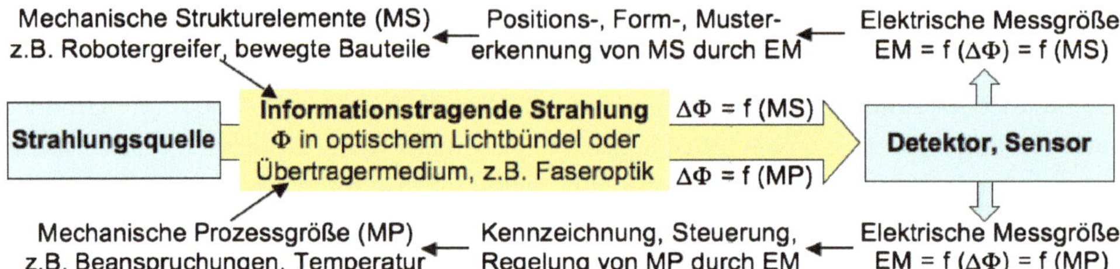

Eine Übersicht über Strahlungsquellen sowie Detektoren und Sensoren gibt Abb. 3.11.

Von den in Abb. 3.11 übersichtsmäßig dargestellten Bauelementen der Optoelektronik haben Laser den breitesten Anwendungsbereich als integrierte Bestandteile mechatronischer Systeme. Die Physik des Lasers basiert bekanntlich auf dem Bohr'schen Atommodell und

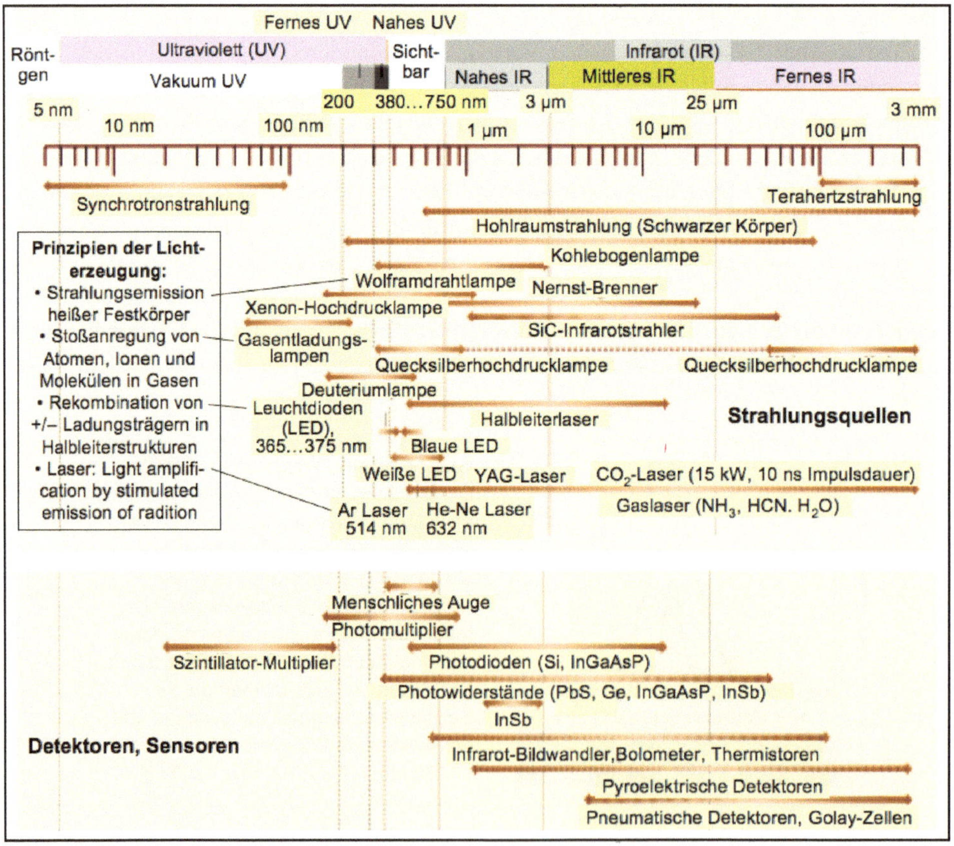

Abb. 3.11 Übersicht über Strahlungsquellen, Sensoren und Detektoren der Optoelektronik

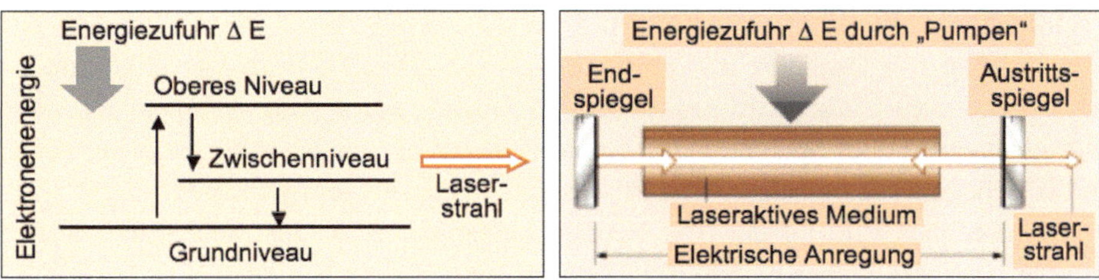

Abb. 3.12 Prinzip eines Lasers (Light amplification by stimulated emission of radiation)

der Lichtquantentheorie von Einstein. Physikalische Voraussetzung für die Lichtausstrahlung aus Materie ist, dass durch Zufuhr von Energie ΔE, z. B. durch thermische, elektrische oder optische Anregung, ein Elektron von einem Grundniveau im Bohr'schen Atommodell auf ein energetisch höheres Niveau übergeht. Beim Rückgang auf das Elektronen-Grundniveau wird ein Photon gemäß $\Delta E = h \cdot \nu$ ausgestrahlt (h: Planck'sches Wirkungsquantum, ν: Frequenz). Das physikalische Laserprinzip in der einfachsten Art und den elementaren Aufbau eines Lasers zeigt Abb. 3.12.

Laser-Strahlung ist grundsätzlich einfarbig (monochromatisch), eng gebündelt und sehr intensiv. Es können Lichtpulse von 10^{-15} s Dauer (Femtosekunden-Laser) erzeugt werden. Andererseits sind Leistungsdichten bis zu 10^{15} W/cm^2, lokale Temperaturen von mehreren 1000 °C und Materialverdampfung möglich. Anwendungsbeispiele der Lasertechnik in mechatronischen Systemen reichen von der berührungslosen optischen Sensorik (Kap. 5) und MOEMS (Micro Opto-Electrical-Mechanical Systems) für Positionierungsaufgaben (Abschn. 8.1), bis hin zu Strahltechniken für die Mikro/Nano-Produktion und die Lithographie (Abschn. 9.2) sowie dem mechano-optischen Auslesen von Datenspeichern in der Audio/Video-Technik (Kap. 11). Weitere Anwendungsbeispiele der Optoelektronik: Automatisierungstechnik (Lichtschranken, Positionierung), Nachrichtentechnik (Lichtwellenleiter-Transfer, Optokoppler), Signal-, Zeichen-, Symbolanzeigetechnik (LED-Displays).

3.4 Informatik in mechatronischen Systemen

Die Informatik ist neben Mechanik und Elektronik der dritte grundlegende, in die Mechatronik integrierte Technologiebereich. Werkzeuge der Informatik sind Rechner (Computer). Sie verarbeiten Informationen mithilfe einer programmierbaren Rechenvorschrift (Algorithmus) und können in der Mechatronik mit ihrer Universalität und leichten Programmierbarkeit als logische Fortsetzung der Elektronik angesehen werden. Computer stehen neben der Sensorik im Vordergrund bei der Erweiterung und Ergänzung mechanischer Systeme zu teilintelligenten Produkten und Systemen, (siehe Kap. 1). Von universeller Anwendbarkeit sind Computer mit der Von-Neumann-Rechnerarchitektur. Der *Technologieführer* (Springer 2006) kennzeichnet sie nach dem gegenwärtigen Erkenntnisstand der theoretischen Informatik als *Universalrechner, die im Prinzip jedes Problem lösen können, das überhaupt von einer Maschine lösbar ist.*

Rechnerfunktion und Rechnerstruktur

Die Funktion von Rechnern als *informationsverarbeitende Systeme* ist nicht durch ihre Bauart festgelegt ist, sondern basiert auf dem Zusammenwirken geeigneter Programme und genügend großer Speicher. Da heutige Rechner nur binäre Informationen speichern und verarbeiten, müssen Daten und Programme in dieser Form vorliegen.

Mikrorechner, die mit der Von-Neumann-Architektur in der Mechatronik vielfältig eingesetzt werden, haben gemäß Abb. 3.13 folgende Komponenten:

- *Rechenwerk* (Arithmetic Logic Unit, ALU): Es führt die grundlegenden Rechenoperationen und logischen Verknüpfungen aus.
- *Leitwerk* (Control Unit): Es liest jeweils einen Befehl aus dem Speicher, dekodiert ihn und sendet die entsprechenden Steuersignale an das Rechen-, Speicher- und Ein/Ausgabewerk. Programme bestehen aus Maschinenbefehlen, die sequenziell ebenfalls im Speicher abgelegt sind. Man unterscheidet zwischen arithmetisch/logischen Befehlen, Transportbefehlen und Sprungbefehlen.
- *Speicherwerk* (Memory): Es hat nummerierte Zellen gleicher Größe (üblicherweise 8 Bit) und speichert Daten und Programme in DRAM-Speichern, vgl. Abb. 3.9.
- Prozessor (Central Processing Unit, CPU): Integration von Rechen- und Leitwerk auf einem Chip, häufig auch zusammen mit *Caches,* schnellen Zwischenspeichern in SRAM-Technologie, vgl. Abb. 3.9.
- *Ein/Ausgabewerk* (I/O Unit): Es steuert die Peripheriegeräte. Dazu zählen Bild schirm, Tastatur und Maus sowie Hintergrundspeicher und Netzanbindung.
- *Komponenten-Verbindungssystem* (Bidirectional Universal Switch, BUS).

Neben ihren funktionalen Eigenschaften werden Rechner nach folgenden Merkmalen kategorisiert: *Leistung* (Speicherkapazität, Antwortzeit, Durchsatz), *Zuverlässigkeit*

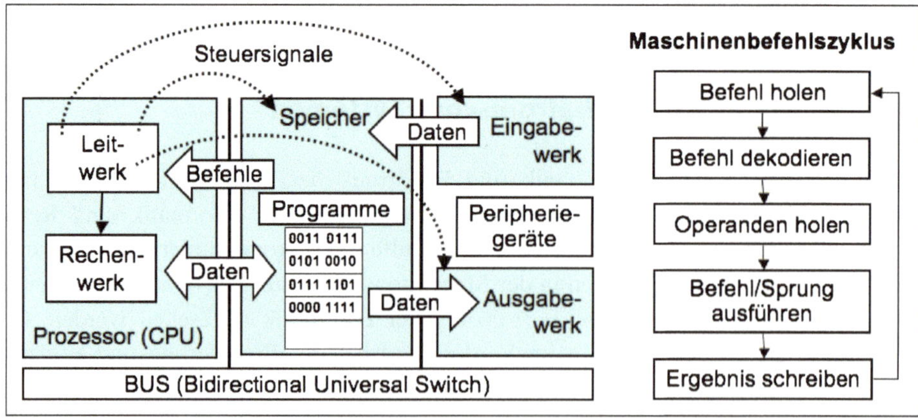

Abb. 3.13 Aufbau eines Rechners mit Von-Neumann-Architektur

(Verfügbarkeit, Überlebenswahrscheinlichkeit), *Stromverbrauch* (Watt), *Sicherheit* (Vertraulichkeit, Integrität), *Kosten* (Anschaffungs-, Betrieb-, Stilllegungskosten).

Eingebettete Systeme, Mikrocontroller

In der Mechatronik werden Mikrorechner heute meist als *Mikrocontroller* direkt in mechatronische Systeme integriert *(Embedded Systems)*. Ein Mikrocontroller enthält mindestens die CPU-Funktion, Festwert-Langzeitspeicher als ROM (Read Only Memory) oder EPROM (Erasable Programmable Read Only Memory), Eingabe- und Ausgabe-Fähigkeit (I/O) und Schreib/Lese-Speicher (RAM) auf einem Chip. Im Unterschied zum Mikrorechner arbeitet der Mikrocontroller mit einem fest vorgegebenen Programm. Der Maschinencode wird im Programmspeicher abgelegt und bleibt dort dauerhaft gespeichert. Die CPU greift über das BUS-System auf diese Komponente zu, liest die als Zahlenwerte verschlüsselten Befehle ein und führt sie aus. In mechatronischen Systemen verarbeiten Mikrocontroller im Allgemeinen Sensorsignale und steuern Aktoren. Die für die Mechatronik besonders wichtige *Sensor-Aktor-Prozessorik* wird in Abschn. 6.6 behandelt.

Softwaretechnik

Softwaretechnik ist die praktische Anwendung wissenschaftlicher Erkenntnisse auf den Entwurf und die Konstruktion von Computerprogrammen, verbunden mit der Dokumentation, die zur Entwicklung, Benutzung und Wartung der Programme erforderlich ist. Grundlegend für die Softwaretechnik und Softwareerstellung sind die anzuwendenden *Algorithmen.* Ein Algorithmus ist eine vollständig festgelegte endliche Folge von Vorschriften, nach denen aus zulässigen Eingangsdaten eines Systems die zu einer Aufgabenlösung erforderlichen Ausgangsdaten erzeugt werden. Zu den wichtigsten Algorithmen bzw. Algorithmenklassen gehören die Sortieralgorithmen, Suchalgorithmen, rekursive Algorithmen, Graphenalgorithmen, kryptographische, genetische und numerische Algorithmen. Zur Formulierung von Algorithmen bedient man sich *Programmier sprachen:*

- *Maschinensprachen* sind die direkt auf einem Prozessor ausführbaren binären Zahlencodes, sie werden in binärer 0-1-Form eingegeben.
- *Assembleranweisungen* ersetzen Zahlencodes durch einprägsame Abkürzungen (Mnemonics), die vor der Ausführung von einem Übersetzerprogramm, dem *Assembler,* in sequenzielle Maschinenbefehle für den Rechner umgesetzt werden.
- *Höhere Programmiersprachen,* (wie z. B. die ursprünglich zur Programmierung des Betriebssystems Unix entwickelte Sprache C und ihre Nachfolger C++ und Java) bieten die Möglichkeit zur Formulierung parallel ablaufender Algorithmen, sie müssen zu ihrer Ausführung im Rechner durch *Compiler* übersetzt werden.

Die Softwareerstellung *(Software Engineering)* gliedert sich in die folgenden Phasen: 1) Problemanalyse, 2) Entwurf, 3) Implementierung, 4) Test, 5) Wartung.

- Beim *Wasserfall-Modell* laufen die Entwicklungsphasen strikt sequenziell ab. Jede Phase produziert ein Dokument, das zum Ausgangspunkt der nächsten Phase wird (Lebenszyklus des Softwaresystems).
- Beim *Prototyping-Modell* werden bereits bei der Problemanalyse oder beim Entwurf sog. Prototypen entwickelt, d. h. vereinfachte Vorversionen des Softwareprodukts, an denen man frühzeitig die Erfüllung der Anforderungen sowie die Eignung von Entwurfsentscheidungen überprüfen kann.
- Das *Spiralmodell* vereinigt Wasserfall-Modell und Prototyping und bezieht auch eine Risikoanalyse mit ein. Die Entwicklung eines Softwaresystems vollzieht sich dabei in spiralförmigen Zyklen, wobei in jedem Zyklus ein Prototyp entwickelt wird, an dem die Anforderungen überprüft und die verbleibenden Risiken für die weitere Entwicklung analysiert werden.

Standardnotation für die Erprobung von Softwaremodellen vor der Implementierung ist die *Unified Modeling Language* (UML), eine Sammlung von Diagrammarten (z. B. Klassendiagramme, Sequenzdiagramme, Zustandsdiagramme), mit denen man verschiedene Sichtweisen auf ein (objektorientiertes) Softwaresystem darstellen kann. Die *Entwicklungsdokumentation* umfasst alle Dokumente, die bei der Entwicklung der Software angefallen sind, also Anforderungsdefinition, Entwurfsdokumente, Testprotokolle und sonstige Wartungsunterlagen sowie die Implementierungsbeschreibung. Ein wichtiger Teil der Implementierungsbeschreibung ist die Spezifikation der *Modulschnittstellen* (engl.: API, application programming interface). Die Mensch-Maschine-Kommunikation ist in einer psychologisch und ergonomisch möglichst günstigen Weise zu gestalten *(Software-Ergonomie)*.

Software ist traditionell als Unikat entwickelt worden. Heute stellt der „Produktlinienansatz" des Software Engineering einen systematischen Ansatz für die Wiederverwendbarkeit von Software mit gemeinsamen „Quellcodes" dar. Diese architekturorientierte Software-Entwicklungsmethodik orientiert sich an dem Funktionsmodell des technischen Systems, auf das die Software angewendet werden soll. Die Methodik umfasst fünf grundlegende Vorgehensschritte und wird am Beispiel des mechatronischen Systems Fahrzeug/Fahrer/Umwelt (siehe Abb. 3.14; vgl. Kap. 13 Fahrzeugtechnik) illustriert: 1) Modellierung und Simulation der Software-Funktionen sowie des Fahrzeugs, Fahrers und der Umwelt auf dem Rechner, 2) Rapid-Prototyping der Software-Funktionen im realen Fahrzeug, 3) Implementierung der Software-Funktionen auf einem Netzwerk von Steuergeräten, 4) Integration und Test der Steuergeräte mit Laborfahrzeugen und Prüfständen, 5) Test und Kalibrierung der Software-Funktionen der Steuergeräte im Fahrzeug.

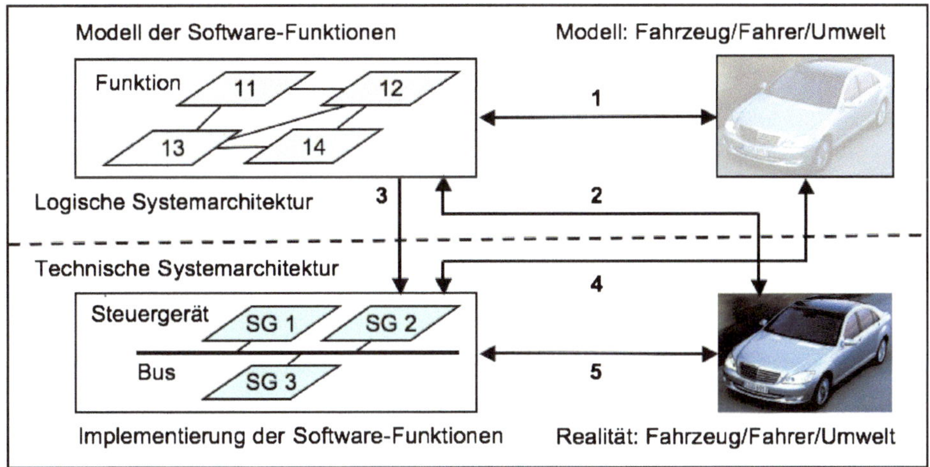

Abb. 3.14 Die Methodik der modellbasierten Entwicklung von Software-Funktionen, illustriert am Beispiel des mechatronischen Systems Kraftfahrzeug

3.5 Beschreibung mechatronischer Systeme

Die Beschreibung mechatronischer Systeme erfordert das Zusammenfügen mathematischer Modelle, die ursprünglich separat für einzelne Ingenieurdisziplinen, insbesondere die Technische Mechanik und die Elektrotechnik, entwickelt wurden.

3.5.1 Modellierungsgrundlagen aus der Physik

Die interdisziplinäre Beschreibung mechatronischer Systeme kann auf Feynmans *Analogs in Physics* aufbauen. Feynman hatte die vereinheitlichende Beschreibung elektrischer und mechanischer Systeme physikalisch wie folgt begründet, Abb. 3.15:

> We can study electrical and mechanical systems by the **principle that the same equations have the same solutions.** In an electrical circuit with a coil of inductance L and a voltage U, the electrical current I depends on the voltage according to the relation $U = LdI/dt$. This equation has the same form as Newton's law of motion. The rate of doing work on the inductance is voltage times current, and in the mechanical system it is force times velocity. Therefore, in the case of energy, the equations not only correspond mathematically, but also have the same physical meaning as well.

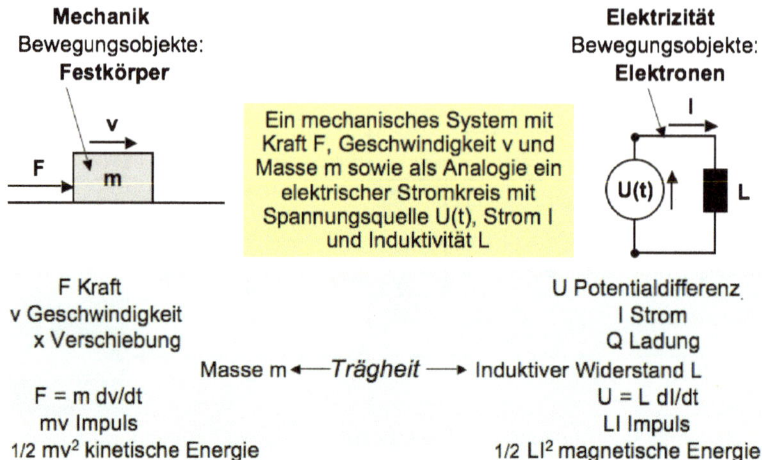

Abb. 3.15 Analogien zwischen einfachen physikalischen Systemen

3.5.2 Zeitbereich

Für die Modellierung mechatronischer Systeme werden häufig einzelne Strukturelemente zusammengeschaltet und ihre Input/Output-Relationen – gekennzeichnet durch Differentialgleichungen (DGL) – und das dynamische Systemverhalten im Zeitbereich (Originalbereich) betrachtet. Die wesentlichen Aspekte sind in Abb. 3.16 am Beispiel eines verallgemeinerten Systemmoduls mit den Elementen *Trägheit, Dämpfung, Steifheit,* der aus einer Analogiebetrachtung einfacher mechanischer und elektrischer Module resultiert, dargestellt.

3.5.3 Bildbereich

Die Beschreibung mechatronischer Systeme durch modellierende mathematische Gleichungen kann auch in einem „Bildbereich" erfolgen. Diese Modellierung geht davon aus, dass mathematische Funktionen von einem Original- in einen Bildbereich transformiert, dort einfacher gelöst und die Lösung wieder in den Originalbereich zurück transformiert werden können. Einfaches Beispiel: Logarithmenrechnen.

$y = x^n$ —Transformation in Bildbereich→ $\log y = n \cdot \log x$ —Rücktransformation in Originalbereich→ $y = \mathrm{INV}(n \log x)$

Potenzieraufaufgabe im Originalbereich → *Multiplizieraufgabe* und Lösung im Bildbereich

a

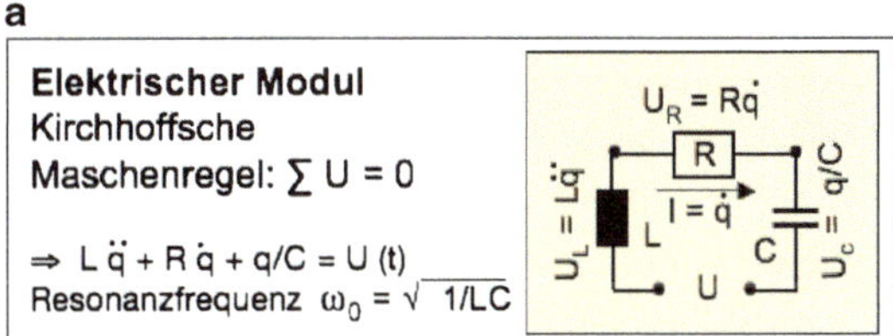

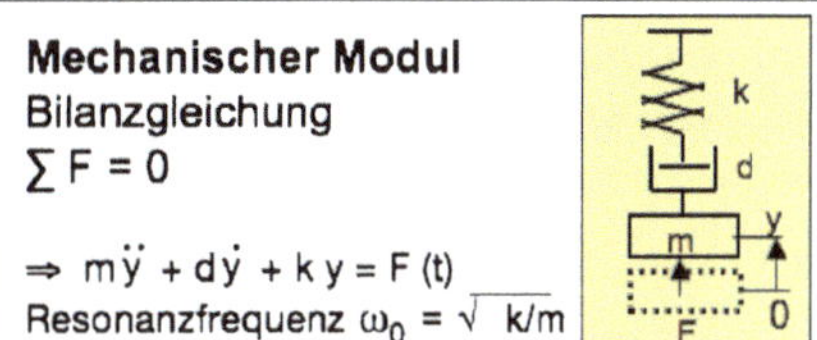

Kenngrößen	Elektrischer Modul	Mechanischer Modul
Input (*effort* E)	Spannung U	Kraft F
Output (Wirkung)	Ladung q	Position y
Trägheit (*inertia I*)	Induktivität L	Masse m
Dämpfung (Δ)	Widerstand R	Dämpfungskonstante d
Steifheit	(Kapazität) $^{-1}$ 1/C	Federkonstante k
Resonanzfrequenz	$\omega_0^2 = 1/LC$	$\omega_0^2 = k/m$
Periode	$t_0 = 2\pi\sqrt{LC}$	$t_0 = 2\pi\sqrt{m/k}$
Trägheitsmaß	$\gamma = R/L$ $\quad\gamma = \Delta / I$	$\gamma = d/m$
Dämpfungsmaß	$D = R/2L\omega_0$ $\quad D = \gamma / 2\omega_0$	$D = d/2m\omega_0$

Aus der Analogiebetrachtung ergibt sich mit der Systemausgangsgröße q folgende DGL zur Beschreibung einfacher mechatronischer Module:

$$\ddot{q} + \gamma\dot{q} + \omega_0^2 q = U/L = E/I$$

$$\ddot{q} + 2D\omega_0\dot{q} + \omega_0^2 q = F/m = E/I$$

In verallgemeinerter Form:

$$\ddot{q} = E/I - \gamma\dot{q} - \omega_0^2 q$$

$$\ddot{q} = E/I - 2D\omega_0\dot{q} - \omega_0^2 q$$

Signalfluss- oder Blockschaltbilddarstellung

Der Zusammenhang zwischen der Systemausgangsgröße q und den Systemparametern Effort/Trägheit sowie Dämpfung und Eigenfrequenz kann als Signalfluss- oder Blockschaltbild dargestellt werden

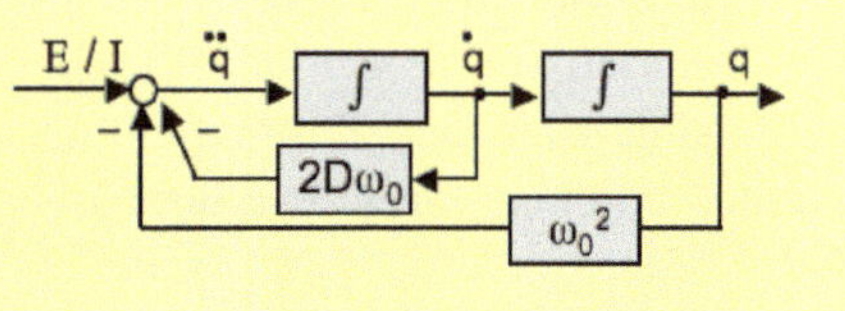

b

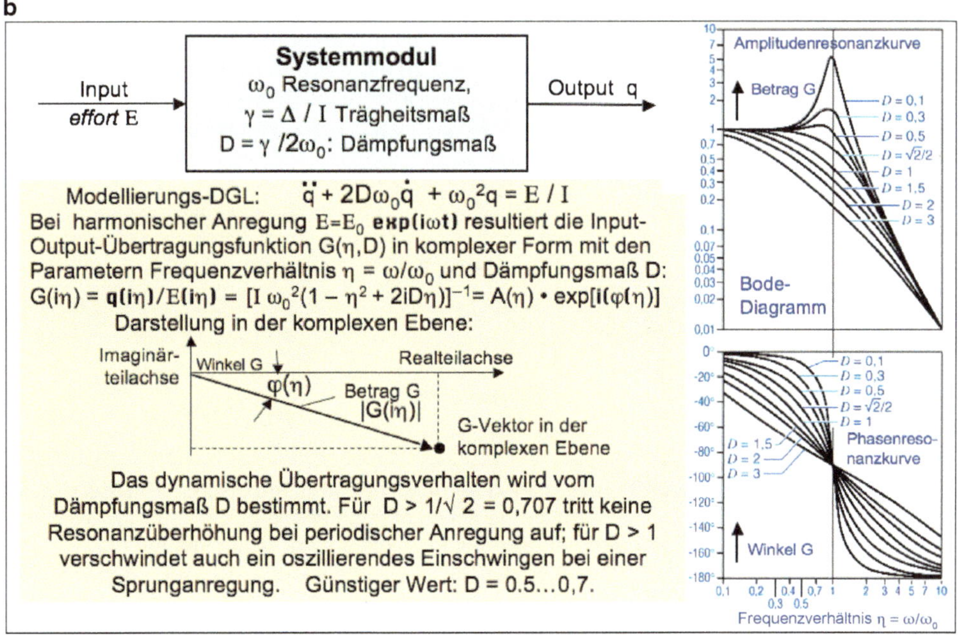

Abb. 3.16 Modellierung von Modulen mit den Komponenten *Trägheit, Dämpfung, Steifheit.* **a** Beschreibung im Zeitbereich, **b** Übertragungsverhalten

Für mechatronische Systeme, die durch Differentialgleichungen modelliert werden können, benötigt man Funktionaltransformationen zwischen dem Originalbereich (Zeitbereich) und einem für die Lösung günstigen Bildbereich. Hierfür ist eine Modifizierung der Fourier-Transformation, die Laplace-Transformation, geeignet. Sie überführt gemäß der Methodik von Abb. 3.17 eine gegebene Funktion f(t) vom reellen Zeitbereich (t = Zeit) in eine Funktion F(s) im komplexen Bildbereich (Frequenzbereich).

Die Laplace-Transformation bildet reellwertige Originalfunktionen auf komplexwertige Bildfunktionen ab, dabei entsprechen der Differentiation und Integration im reellen Originalbereich einfache algebraische Operationen im Bildbereich. Die Algebraisierung bewirkt, dass gewöhnliche Differentialgleichungen im Originalbereich auf algebraische Gleichungen im Bildbereich abgebildet werden.

Im Zusammenhang mit der Beschreibung von Systemen im Bildbereich mittels Laplace-Transformation sind aus der Elektrotechnik die bereits in Abschn. 2.2 erwähnten Methoden der Kennzeichnung des Systemverhaltens durch den *Frequenzgang* und die *Ortskurvendarstellung* bekannt, siehe Abb. 3.18.

Ein Vorteil von Systemmodellierungen mittels Übertragungsfunktionen besteht darin, dass damit auch das Zusammenschalten von Systemmodulen in Form von Reihen-, Parallel- und Kreisstrukturen beschrieben werden kann, siehe Abb. 3.19.

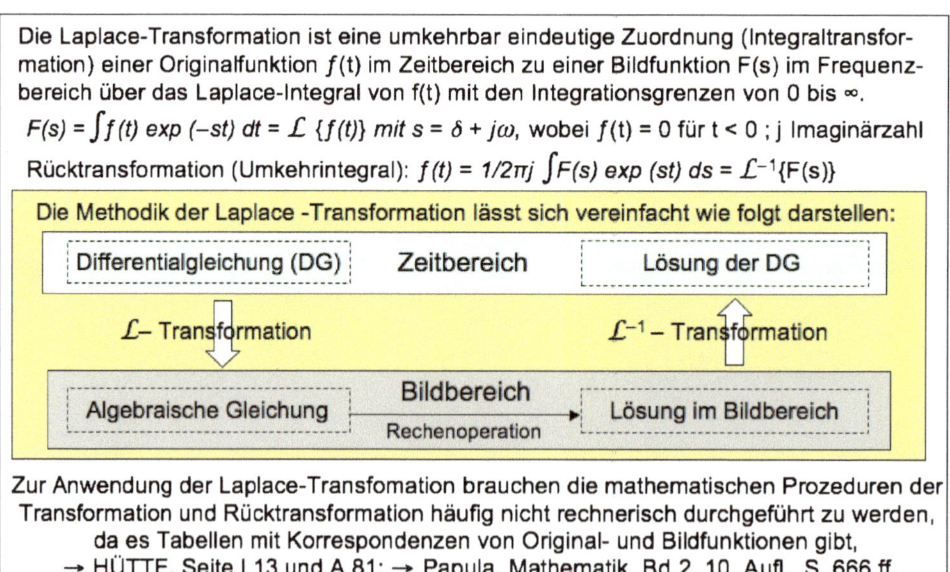

Abb. 3.17 Die Methodik der Laplace-Transformation: Lösung eines mathematischen Problems durch Transformation vom „Originalbereich" in einen „Bildbereich" und Rücktransformation

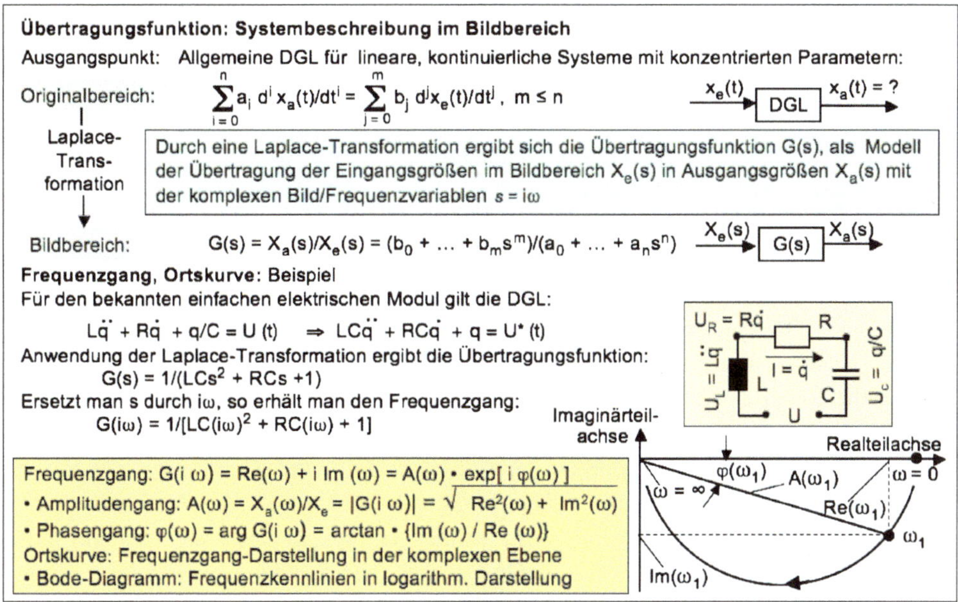

Abb. 3.18 Beschreibungsmöglichkeiten für mechatronische Systeme im Bildbereich

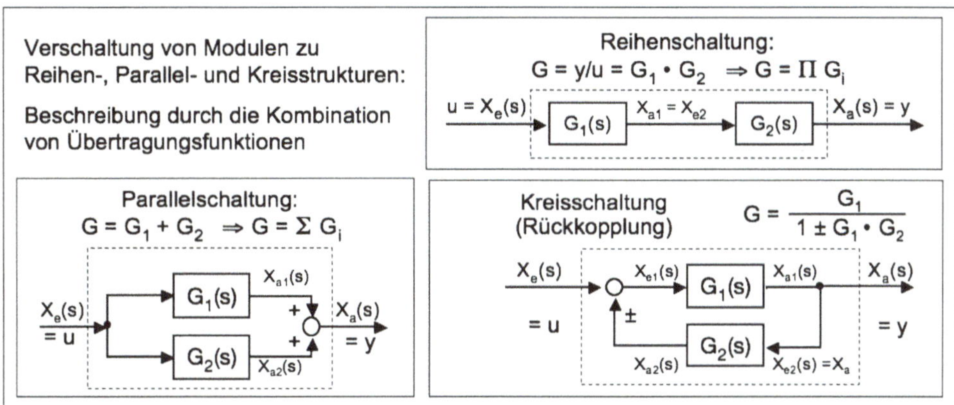

Abb. 3.19 Modulverschaltungen unter Anwendung von Übertragungsfunktionen

3.5.4 Zustandsraum

Die Beschreibungsmöglichkeiten mechatronischer Systeme können noch durch eine *Zustandsraumdarstellung* erweitert werden. Damit stehen für die Modellbildung mehrere Methoden zur Verfügung:

- *Zeitbereich:* Modellierung mit Differentialgleichungen, Testfunktionen (z. B. harmonische Anregung, Sprungfunktion), Blockschaltbildern, Mehrpoldiagrammen, Bondgraphen, Signalflussplänen,
- *Bildbereich:* Modellierung mit Laplace-Transformation, Übertragungsfunktion, Darstellung von Amplituden- und Frequenzgang,
- *Zustandsraumdarstellung:* Modellierung mit Vektor/Matrix-Gleichungen.

Eine vergleichende Übersicht über die Beschreibungsmöglichkeiten mechatronischer Systeme im Zeitbereich, Bildbereich und Zustandsraum geben die folgenden Darstellungen am Beispiel des wohlbekannten elektronischen RLC-Moduls, Abb. 3.20.

Die **Zustandsraumdarstellung** ist insbesondere für die im nächsten Kapitel behandelte Regelungstechnik in der Mechatronik von Bedeutung, sie ist in DIN 19226 wie folgt gekennzeichnet: *Wird bei einem Übertragungsglied die Zuordnung der Ausgangsgrößen zu den Eingangsgrößen durch ein System von Differentialgleichungen und gewöhnlichen Gleichungen beschrieben, so lässt sich dieses durch die Einführung von Zustandsgrößen als Zwischengrößen in Zustandsgleichungen umformen, die ein System von Differentialgleichungen jeweils 1. Ordnung und ein System gewöhnlicher Gleichungen sind.*

Der **Zustandsraum** ist ein mathematischer Raum, der von den zeitlich veränderlichen Variablen eines dynamischen Systems und ihren zeitlichen Ableitungen aufgespannt wird, siehe Abb. 3.21. Bei der Zustandsraumdarstellung werden die Einzelzustände eines

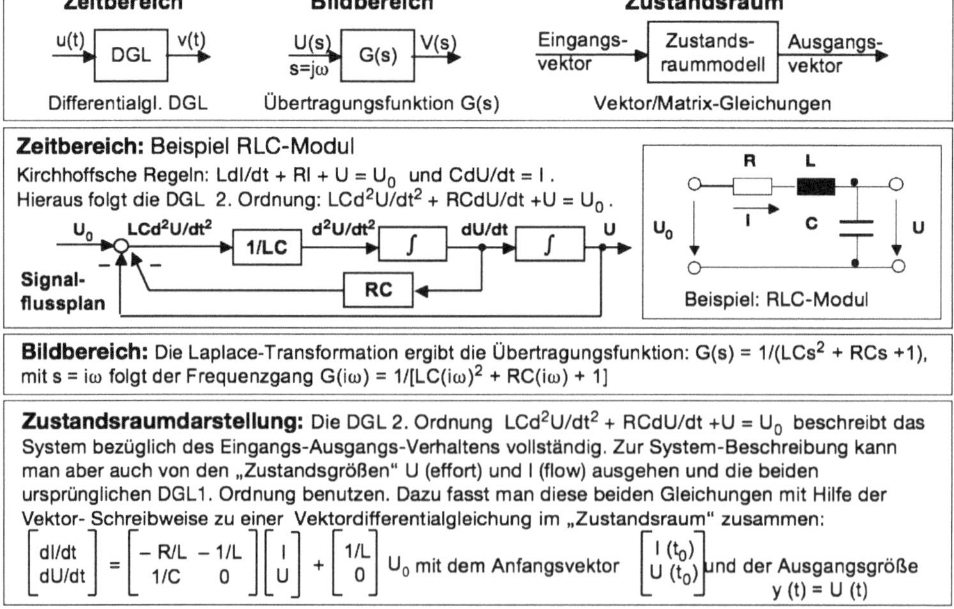

Abb. 3.20 Beschreibungsmöglichkeiten mechatronischer Module, Beispiel

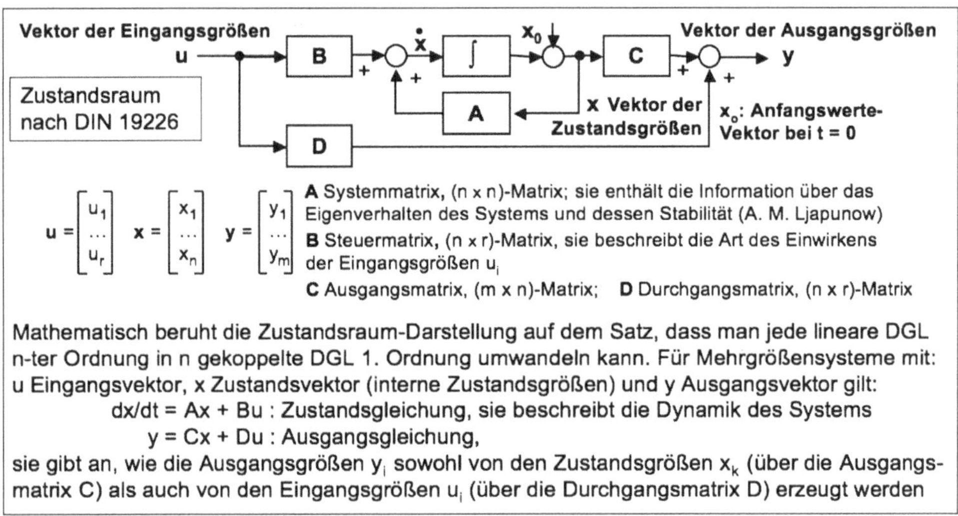

Abb. 3.21 Modellbildung mechatronischer Systeme: Zustandsraumdarstellung

Systems zu einem Zustandsvektor zusammengefasst und als Ortsvektor im (zwei- oder mehrdimensionalem) Zustandsraum interpretiert. Es lässt sich mathematisch zeigen, dass die Punkte des Zustandsraums das System eindeutig charakterisieren. Die zeitliche Entwicklung eines Systems wird durch Kurven im Zustandsraum, den „Trajektorien" dargestellt. Die Zustandsraumdarstellung bietet die Möglichkeit, den inneren Zustand eines Systems durch eine „Systemmatrix" (Matrix A in Abb. 3.21) beschreiben zu können, während Systembeschreibungen im Bildbereich mittels Übertragungsfunktion G (ebenso wie Sprunganregungs-Sprungantwort-Relationen im Zeitbereich) nur das funktionelle Eingangs-Ausgangsverhalten eines Systems, nicht jedoch das Verhalten der innere Systemstruktur kennzeichnen. Die Zustandsraumdarstellung ermöglicht die gleichzeitige Modellierung der System-*Funktion* und der System-*Struktur.* Damit kann auch die Stabilität technischer Systeme in einer mathematisch *ganzheitlichen Betrachtung* modelliert werden.

3.6 Gestaltung mechatronischer Systeme

Die Gestaltungsmethodik mechatronischer Systeme muss infolge der Komplexität der Mechatronik – wie die in Abschn. 3.1 behandelte Modellierungsmethodik – von vereinfachenden Annahmen ausgehen und hat insbesondere Folgendes zu berücksichtigen:

- die allgemeine Konstruktionssystematik für die Entwicklung technischer Produkte unter Berücksichtigung der interdisziplinären Natur mechatronischer Systeme,
- die – ausgehend von der aufgabespezifischen Funktion – optimal in Hard- und Software zu gestaltenden Systemstruktur und die erforderlichen Produktionsmittel.

Wie in der Übersicht über den grundsätzlichen Aufbau mechatronischer Systeme in Abb. 3.1 dargestellt, lösen mechatronische Systeme interdisziplinäre Aufgaben der Technik durch Sensorik, Aktorik und Prozessorik im systemtechnischen Zusammenwirken mechanischer und nicht-mechanischer Bauelemente sowie modularer Baugruppen. Ausgangspunkt für die Erstellung einer systemtechnischen Gestaltungsmethodik ist die Prinzipdarstellung eines mechatronischen Systems, siehe Abb. 3.22.

In Abb. 3.22 sind die allgemeinen Merkmale mechatronischer Systeme vereinfachend in die folgenden elementaren Gruppen eingeteilt: a) Funktions-Größen und b) Strukturelemente.

Zur Gestaltung eines mechatronischen Systems sind gemäß dieser vereinfachenden Modellierung die *Funktionsgrößen* entsprechend der konkret vorgegebenen Aufgabenstellung in einem *Pflichtenheft* zu spezifizieren und die *Struktur-Elemente* durch Anwendung der bekannten Methoden der *Konstruktionssystematik* zu realisieren.

3.6.1 Systemtechnische Gestaltungsgrundlagen

Grundlage für die systemtechnische Gestaltungsmethodik ist die in Abb. 3.23 nochmals wiedergegebene allgemeine Darstellung eines technischen Systems (vgl. Abb. 2.1) Ausgehend von dem Leitsatz *Structure follows function* ergeben sich daraus die im unteren Teil von Abb. 3.23 aufgeführten vier prinzipiellen Vorgehensschritte der Gestaltungsmethodik mechatronischer Systeme.

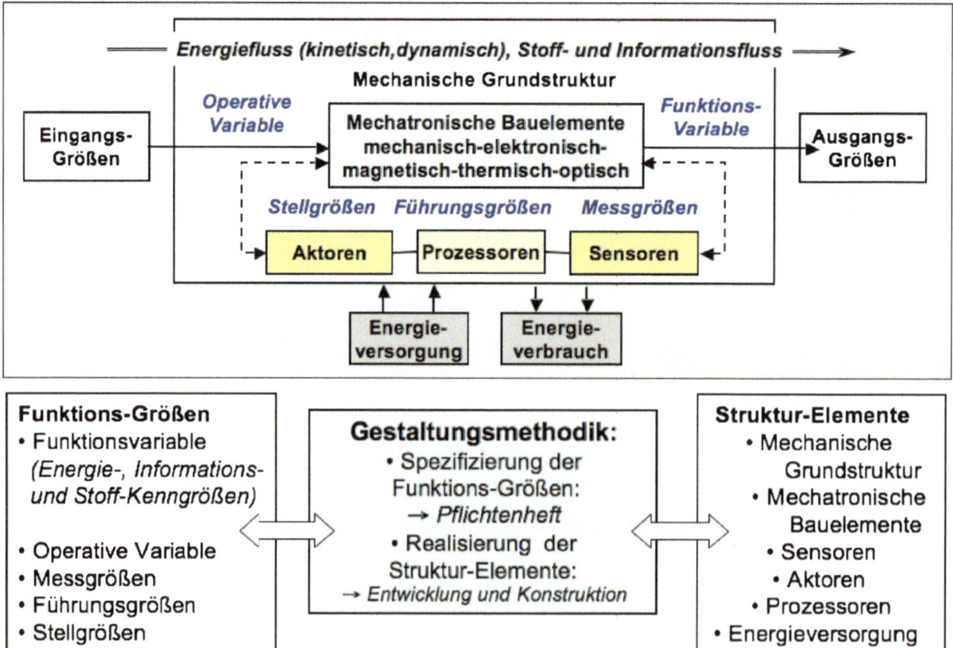

Abb. 3.22 Prinzipdarstellung eines mechatronischen Systems: Ausgangspunkt zur Gestaltung

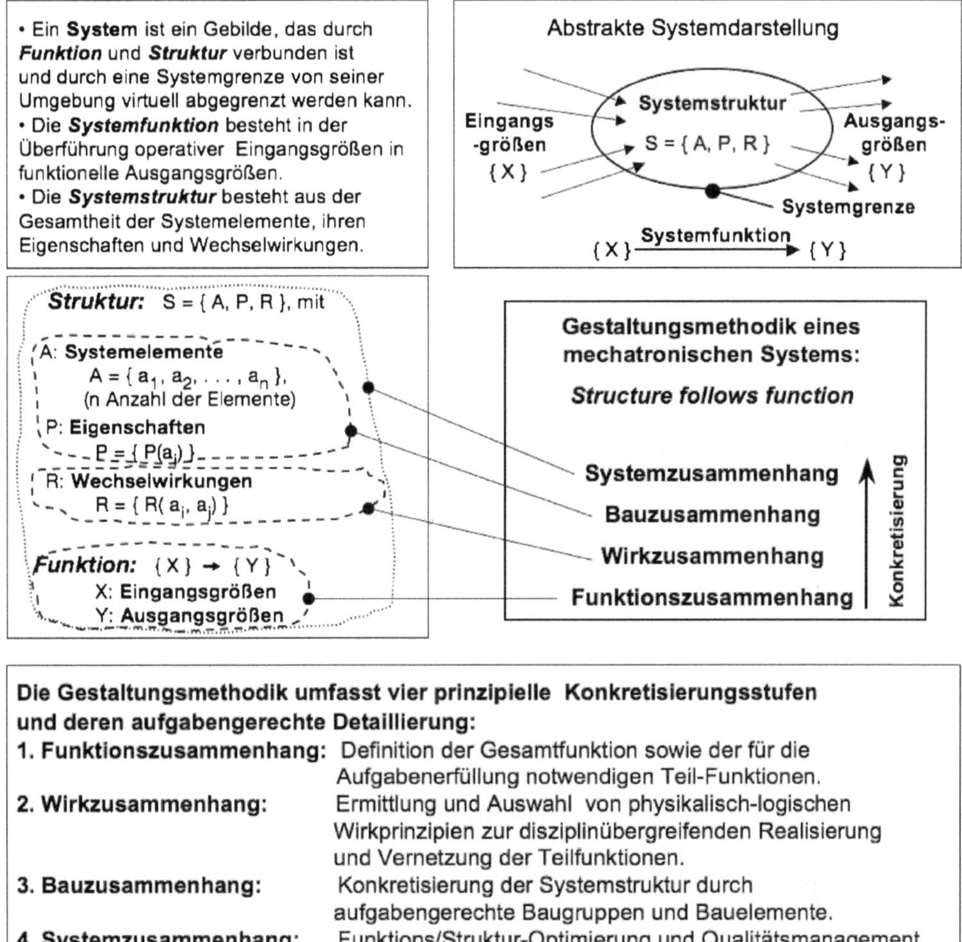

Die Gestaltungsmethodik umfasst vier prinzipielle Konkretisierungsstufen und deren aufgabengerechte Detaillierung:

1. Funktionszusammenhang:	Definition der Gesamtfunktion sowie der für die Aufgabenerfüllung notwendigen Teil-Funktionen.
2. Wirkzusammenhang:	Ermittlung und Auswahl von physikalisch-logischen Wirkprinzipien zur disziplinübergreifenden Realisierung und Vernetzung der Teilfunktionen.
3. Bauzusammenhang:	Konkretisierung der Systemstruktur durch aufgabengerechte Baugruppen und Bauelemente.
4. Systemzusammenhang:	Funktions/Struktur-Optimierung und Qualitätsmanagement des Gesamtsystem unter Beachtung von Mensch/System/Umwelt-Wechselwirkungen.

Abb. 3.23 Gestaltung mechatronischer Systeme: die allgemeine Systemdefinition und die abstrakte Systemdarstellung sowie die daraus entwickelte Gestaltungsmethodik unter Verwendung von Begriffen aus der Konstruktionssystematik

3.6.2 Funktionszusammenhang

Im ersten Schritt der Gestaltung eines mechatronischen Systems ist dessen aufgabenspezifische Funktion umfassend und präzise zu definieren. Die *Gesamtfunktion* kennzeichnet die zu erfüllende System-Gesamtaufgabe. *Teilfunktionen* sind Aufgliederungen einfacher zu lösender Teilaufgaben. Der *Funktionsplan* ist deren Verknüpfung durch physikalische und logische Wirkprinzipien. Abb. 3.24 illustriert die grundlegenden Aspekte des Funktionszusammenhangs in allgemeiner Form.

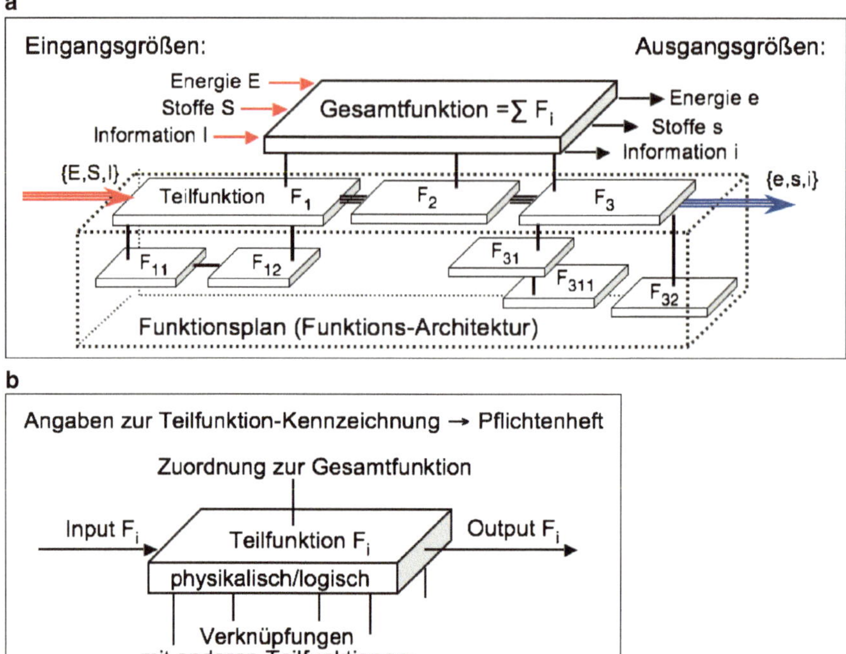

Abb. 3.24 Funktionszusammenhang: Funktionsplan der Gesamtfunktion (**a**) und Angaben zur Kennzeichnung von Teilfunktionen (**b**)

Die gestalterische Aufgliederung der Gesamtfunktion eines mechatronischen Systems in lösbare Teilfunktionen geht aus von allgemein anwendbaren Funktionen; Beispiele sind in der Tab. 3.1 genannt. Für Steuerungsfunktionen werden häufig logische Funktionen (Boole), z. B. UND, ODER, NAND, NOR verwendet (vgl. Abb. 4.12).

Der Funktionszusammenhang mechatronischer Systeme beinhaltet stets ein Zusammenwirken von Energie, Stoffen, Information und ihrer funktionellen Variablen entsprechend der allgemeinen Übersicht von Abb. 3.25.

3.6.3 Wirkzusammenhang

Der zweite Schritt bei der Gestaltung eines mechatronischen Systems besteht darin, die im ersten Schritt festgelegten Teilfunktionen des Funktionszusammenhangs durch Wirkzusammenhänge, d. h. physikalisch-technische Effekte und deren geometrisch-stoffliche Merkmale zu realisieren. Abb. 3.26 nennt Beispiele von Wirkprinzipien.

Wirkprinzipien können gemäß Abb. 3.27 nach der physikalischen Natur ihrer Eingangs- und Ausgangsgrößen in *Übertrager-* und *Wandlerprinzipien* eingeteilt werden. Besonders wichtige Wandler sind Sensoren und Aktoren (vgl. Kap. 5 und 6).

Tab. 3.1 Allgemein anwendbare Funktion zur Kennzeichnung von Teilfunktionen

Merkmal	Allgemein anwendbare Funktion	Symbol	Funktionsmerkmal	Beispiele
Art	Wandeln	E → A	Art, Erscheinungsform E und A unterschiedlich	El. Motor, El. Magnet Generator, Lüfter
Größe	Ändern – Vergrößern		A > E	Hebel, Getriebe Transformator Kompressor
	Ändern – Verkleinern		A < E	
Anzahl	Verknüpfen – Bündeln		Anzahl (A) < Anzahl (E)	Mehrweggetriebe Elektr. Kabelbaum Fluid-Ventil
	Verknüpfen – Verzweigen		Anzahl (A) > Anzahl (E)	
Ort	Leiten – Führen		Ort von A ≠ Ort von E	Führung, Gelenk Lichtleiter, Rohrleiter Schaltkreis, Bremse
	Leiten – Sperren		Ort von A = Ort von E	
Zeit	Speichern		Zeitpunkt von A ≠ Zeitpunkt von E	Schwungrad, Elektr. Batterie, CD, DVD

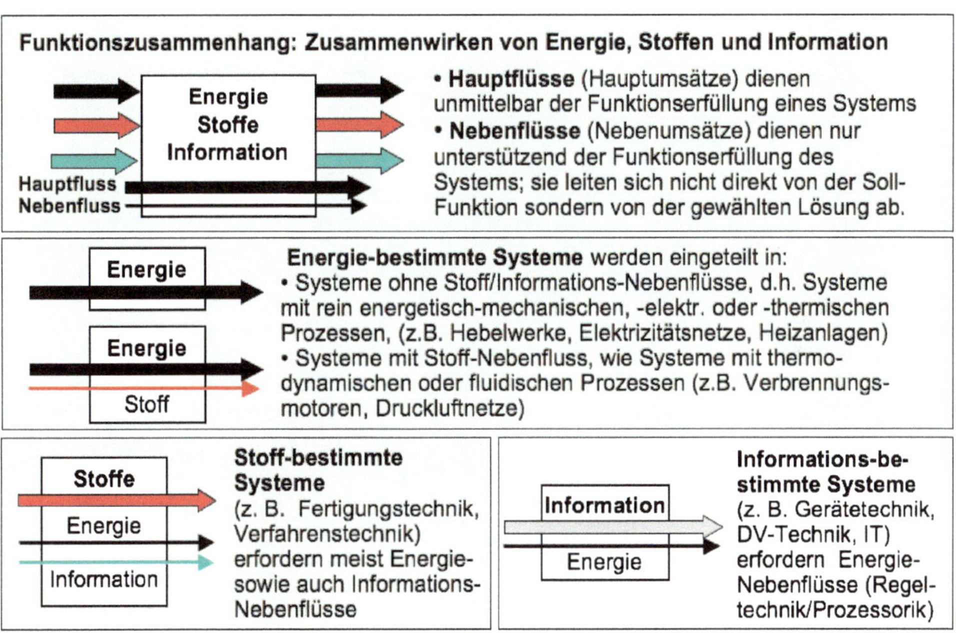

Abb. 3.25 Funktionszusammenhang: Haupt- und Nebenflüsse nach kybernetischen Kategorien

Die abstrakte Beschreibung des *Funktionszusammenhangs* und des *Wirkzusammenhangs* wird in Abb. 3.28 exemplarisch am Beispiel der Positionierung eines Radarspiegels konkretisiert (Detaildarstellung: siehe Abb. 4.13 und 4.14).

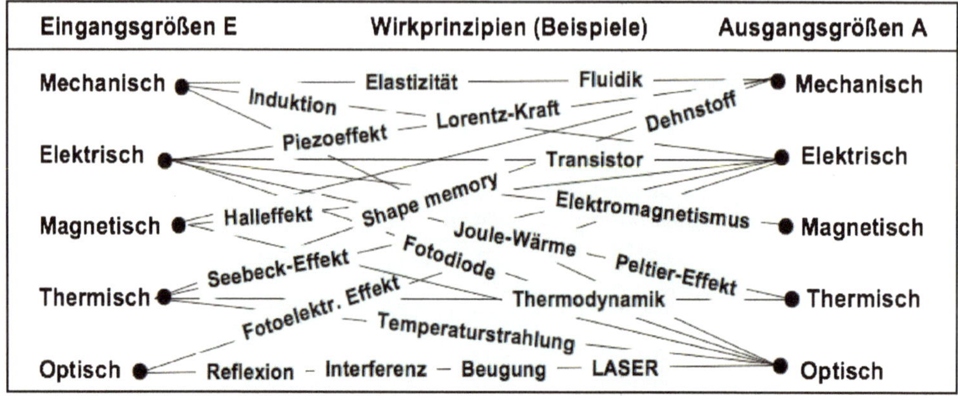

Abb. 3.26 Wirkprinzipien für die Umwandlung von Eingangsgrößen in Ausgangsgrößen

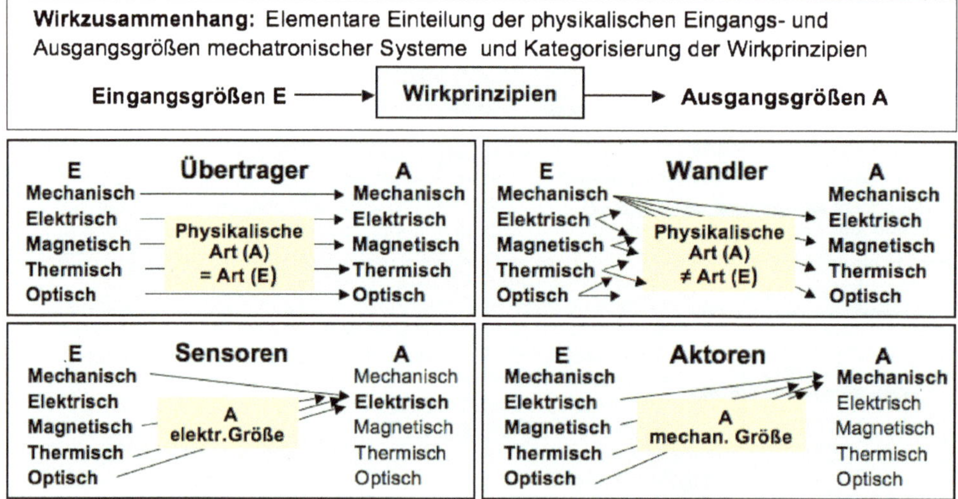

Abb. 3.27 Übersicht über die Klassifikation von Wirkprinzipien und ihre technische Realisierung

3.6.4 Bauzusammenhang

Im dritten Gestaltungsschritt ist der Bauzusammenhang, d. h. die konstruktive Struktur des Systems festzulegen. Abb. 3.29 gibt dazu eine allgemeine Übersicht. Mechanische Bauelemente müssen die strukturmechanische Funktionalität gewährleisten und Aufgaben der Kinematik, Kinetik und Dynamik realisieren (vgl. Abschn. 3.2). Elektronische, magnetische, thermische und optische Bauelemente sind aufgabengerecht für die nicht-mechanischen Teilfunktionen des Funktionszusammenhangs auszulegen.

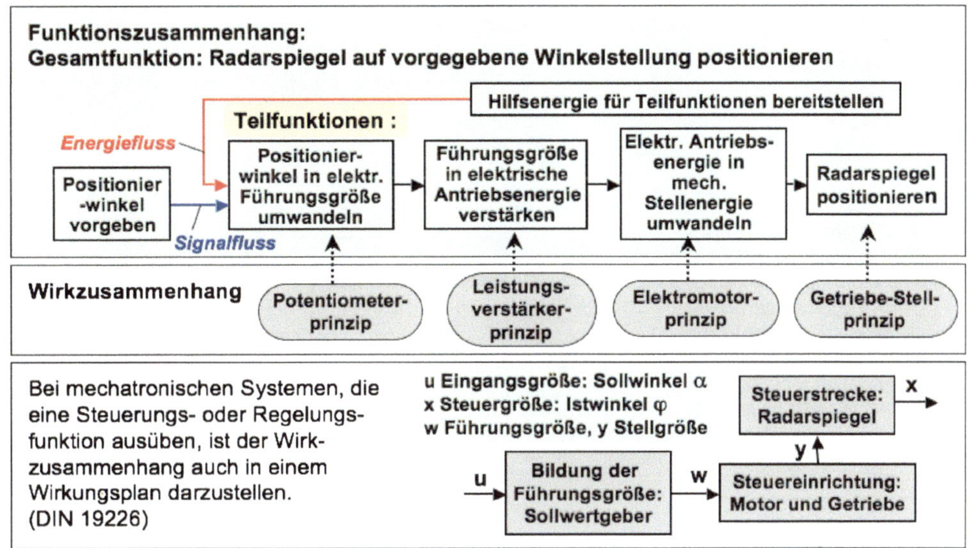

Abb. 3.28 Funktionszusammenhang und Wirkzusammenhang: technisches Beispiel

Werkstoffe für die Bauteile technischer Systeme

Für die Bauteile technischer Systeme werden Materialien mit unterschiedlichen Eigenschaftsprofilen benötigt. Bei *Strukturwerkstoffen* stehen die mechanisch-thermischen Eigenschaften wie z.B. Festigkeit, Korrosions- und Verschleißbeständigkeit, im Vordergrund. *Funktionswerkstoffe* sind Materialien, die besondere funktionelle Eigenschaften, z.B. physikalischer und chemischer Art, für technische Bauteile, wie optische Gläser, Halbleiter, Magnetwerkstoffe, nutzen. Grunderfordernis für die technische Funktion ist, dass Festigkeit und Beständigkeit der Bauteile qualitativ und quantitativ äußeren Beanspruchungen (mechanisch, tribologisch, thermisch, elektrochemisch, elektromagnetisch, biologisch) widerstehen, damit die technische Funktion erfüllt ist und kein Versagen auftritt. Für die Bauteile technischer Systeme werden „Ingenieurwerkstoffe" aus folgenden Materialklassen verwendet:

- *Naturstoffe:* Bei den als Werkstoff verwendeten Naturstoffen wird unterschieden zwischen mineralischen Naturstoffen (z.B. Marmor, Granit, Sandstein; Glimmer, Saphir, Rubin, Diamant) und organischen Naturstoffen (z.B. Holz, Kautschuk, Naturfasern). Die Eigenschaften vieler mineralischer Naturstoffe, z.B. hohe Härte und gute chemische Beständigkeit, werden geprägt durch starke Hauptvalenzbindungen und stabile Kristallgitterstrukturen. Die organischen Naturstoffe weisen meist komplexe Strukturen mit richtungsabhängigen Eigenschaften auf.
- *Metalle:* Sie besitzen eine Mikrostruktur mit frei beweglichen Elektronen *(Elektronengas)*. Die Atomrümpfe werden durch das Elektronengas zusammengehalten. Die freien Valenzelektronen des Elektronengases sind die Ursache für die hohe elektrische und

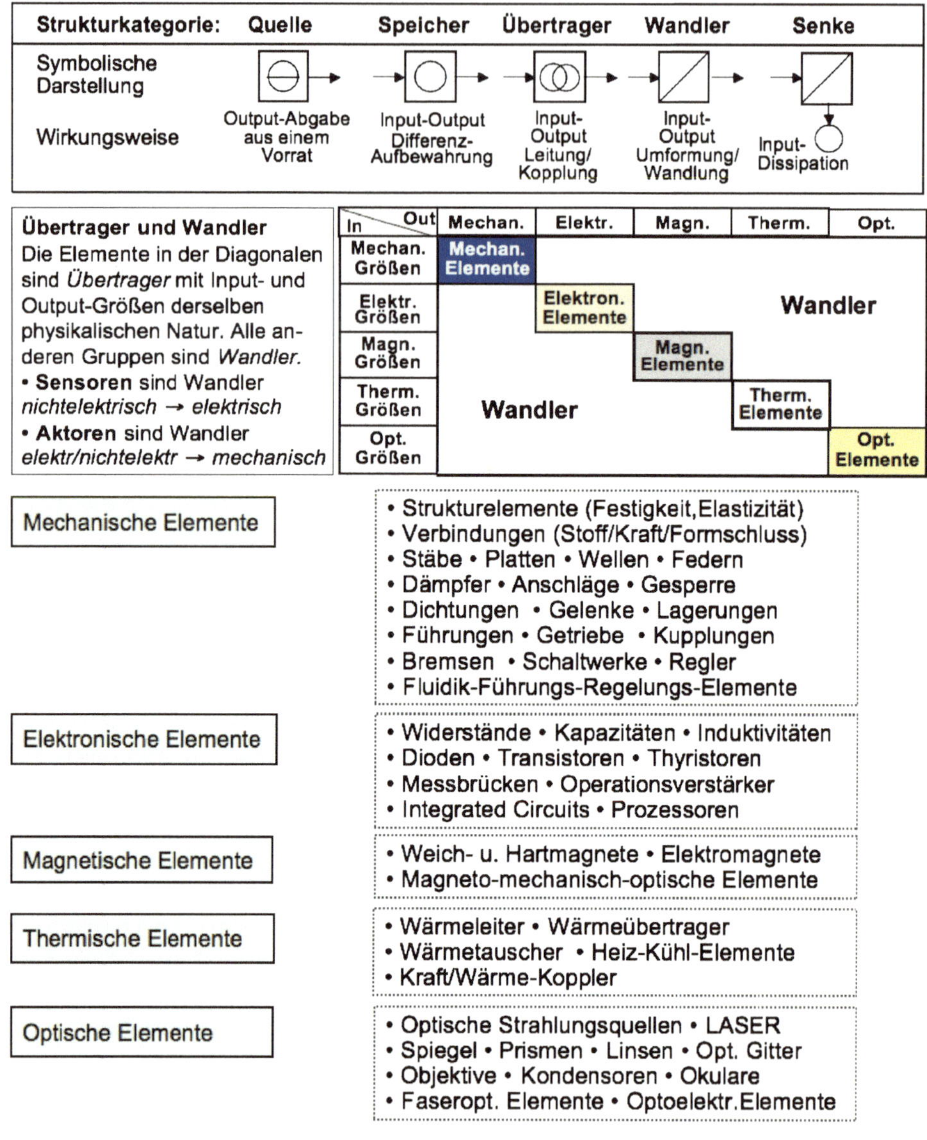

Abb. 3.29 Module und Elemente für die Gestaltung des Bauzusammenhangs

thermische Leitfähigkeit sowie den Glanz der Metalle. Die metallische Bindung – als Wechselwirkung zwischen der Gesamtheit der Atomrümpfe und dem Elektronengas – wird durch eine Verschiebung der Atomrümpfe nicht wesentlich beeinflusst. Hierauf beruht die gute Verformbarkeit der Metalle. Die Metalle bilden in der Technik die wichtigste Gruppe der Konstruktions- oder Strukturwerkstoffe, bei denen es vor allem auf die mechanischen Eigenschaften ankommt.

- *Halbleiter:* Eine Übergangsstellung zwischen den Metallen und den anorganisch-nicht-metallischen Stoffen nehmen die Halbleiter ein. Ihre wichtigsten Vertreter sind die Elemente Silizium und Germanium mit kovalenter Bindung und Diamantstruktur sowie die ähnlich aufgebauten Halbleiter Galliumarsenid (GaAs) und Indiumantimonid (InSb). In den am absoluten Nullpunkt nicht leitenden Halbleitern können durch thermische Energie oder durch Dotierung mit Fremdatomen einzelne Bindungselektronen freigesetzt werden und als Leitungselektronen zur elektrischen Leitfähigkeit beitragen. Halbleiter stellen wichtige Funktionswerkstoffe für die Elektronik dar.
- *Anorganisch-nichtmetallische Stoffe:* Die Atome werden durch kovalente Bindung und Ionenbindung zusammengehalten. Aufgrund fehlender freier Valenzelektronen sind sie grundsätzlich schlechte Leiter für Elektrizität und Wärme. Da die Bindungsenergien erheblich höher sind als bei der metallischen Bindung, zeichnen sich anorganisch-nichtmetallische Stoffe, wie z. B. Keramik, durch hohe Härten und Schmelztemperaturen aus. Eine plastische Verformung wie bei Metallen ist analog nicht begründbar, da bereits bei der Verschiebung der atomaren Bestandteile um einen Gitterabstand theoretisch eine Kation-Anion-Bindung in eine Kation-Kation- oder Anion-Anion-Abstoßung umgewandelt der eine gerichtete kovalente Bindung aufgebrochen werden muss.
- *Organische Stoffe:* Organische Stoffe, deren technisch wichtigste Vertreter die Polymerwerkstoffe sind, bestehen aus Makromolekülen, die im Allgemeinen Kohlenstoff in kovalenter Bindung mit sich selbst und einigen Elementen niedriger Ordnungszahl enthalten. Deren Kettenmoleküle sind untereinander durch (schwache) zwischenmolekulare Bindungen verknüpft, woraus niedrige Schmelztemperaturen resultieren (Thermoplaste). Sie können auch chemisch miteinander vernetzt sein und sind dann unlöslich und unschmelzbar (Elastomere, Duroplaste).
- *Verbundwerkstoffe:* Sie werden mit dem Ziel, Struktur- oder Funktionswerkstoffe mit besonderen Eigenschaften zu erhalten, als Kombination mehrerer Phasen oder Werkstoffkomponenten in bestimmter geometrisch abgrenzbarer Form aufgebaut, z. B. in Form von Dispersionen oder Faserverbundwerkstoffen.

Gestaltung des Bauzusammenhangs

Für die Gestaltung des Bauzusammenhangs gelten die bekannten konstruktiven Grundregeln *Eindeutigkeit, Einfachheit, Sicherheit* mit den Stichworten:

- *beanspruchungsgerecht (Statik, Dynamik, Korrosion, Verschleiß),*
- *formgebungsgerecht,*
- *fertigungsgerecht,*
- *verbindungsgerecht (Passungen),*
- *normgerecht,*
- *ergonomiegerecht,*
- *transport- und verpackungsgerecht,*
- *recyclinggerecht.*

Funktionszusammenhang: Messung und Anzeige der Zeit in einer Armbanduhr

• **Wirkzusammenhang** mechanisch
• **Bauzusammenhang** Unruh-Spiralschwinger, Anker, Gang-Räderwerk, Zeigerwerk

• **Wirkzusammenhang** mechatronisch
• **Bauzusammenhang** Quarz-Schwinger, LED- oder Flüssigkristall-Anzeige

• **Wirkzusammenhang** mechano/mechatronisch
• **Bauzusammenhang** Hybrid-Struktur mit analoger und digitaler Anzeige

Abb. 3.30 Funktionszusammenhang und unterschiedliche Wirkzusammenhänge, Beispiel

Bei der Planung und Konstruktion des Bauzusammenhangs ist zu beachten, dass eine vorgegebene Funktion durch unterschiedliche Wirkzusammenhänge realisiert werden kann. Ein für einen ganzen Wirtschaftszweig wichtiges Beispiel zeigt Abb. 3.30.

3.6.5 Systemzusammenhang

Der vierte Schritt zur Gestaltung mechatronischer Systeme betrifft Systemzusammenhang, Optimierung und Qualitätsmanagement des Gesamtsystems, Abb. 3.31.

Die Kennzeichnung des Systemzusammenhangs nach Abb. 3.24 macht deutlich, dass Anwendung und Gebrauch technischer Systeme die Beachtung von Mensch/System/-Umwelt-Wechselwirkungen *(Anthropotechnik)* erfordern. Die Methoden und Einrichtungen für das gezielte Einwirken des Menschen auf technische Prozesse sind in DIN 19222 *Leittechnik* zusammengestellt. Abb. 3.32 gibt dazu eine allgemeine Übersicht.

3.7 Entwicklungsmethodik Mechatronik

Für die Gestaltung mechatronischer Systeme sind infolge des funktionell erforderlichen interdisziplinären Zusammenwirkens von Mechanik, Elektronik und Informatik folgende Aspekte der Entwicklungsmethodik zu betonen:

Systemzusammenhang
Generelle Gestaltungsregeln:

- Funktion erfüllen
- Sicherheit gewährleisten
- Ergonomie beachten
- Fertigung vereinfachen
- Montage erleichtern
- Qualität sicherstellen
- Transport ermöglichen
- Gebrauch verbessern
- Instandhaltung helfen
- Recycling anstreben
- Kosten minimieren

Stoffe
Energie
Information
Technisches Gebilde
Zweck-Funktion
Einwirkungen
Rückwirkungen und Nebenwirkungen
Wirkungen auf Dritte und die Umgebung
Störwirkungen aus der Umgebung
Mensch
Technisches System

Abb. 3.31 Generelle Aspekte der Gestaltung des Systemzusammenhangs

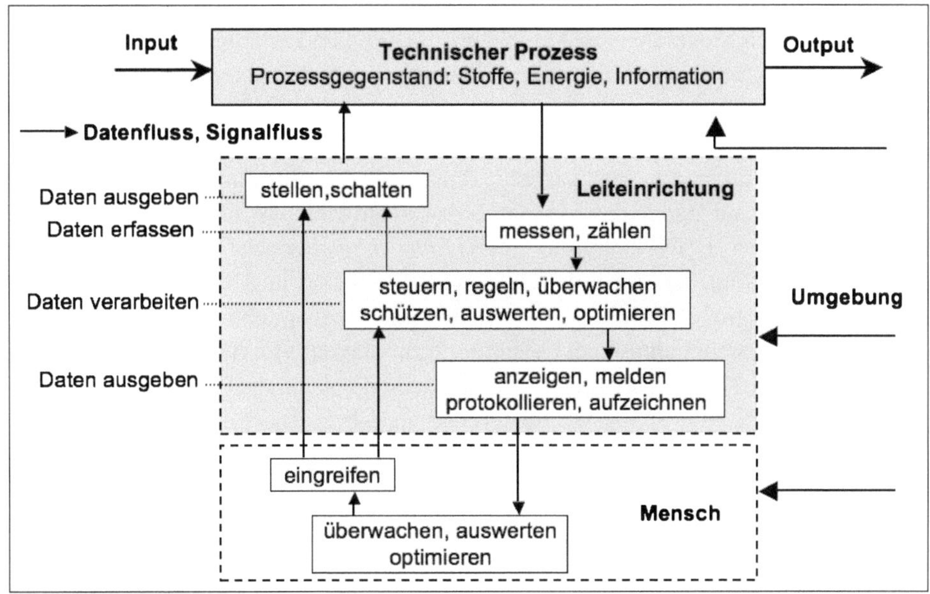

Abb. 3.32 Leittechnik: Prozessführung technischer Systeme durch den Menschen

- *Auslegungskonzeption:* Die Auslegung eines mechatronischen Systems geht von der zu erfüllenden Funktion unter Berücksichtigung energetischer Aspekte der Wandlung mechanischer, elektrischer, thermischer oder chemischer Energie in die benötigte Energieform aus. Dem schließt sich die funktionelle Verknüpfung der Informationsflüsse durch analoge Komponenten oder Mikrorechner sowie die Entwicklung von Kontrollalgorithmen an.

- *Systemaufbau:* Die systemtechnisch basierte konstruktive Gestaltung der Systemstruktur hat bereits im Entwicklungsprozess die interdisziplinäre Verknüpfung mechanischer mit elektronischen und anderen funktionellen Baugruppen und deren Wechselwirkungen zu berücksichtigen, sodass diese Module eine funktionelle Einheit bilden. Steuerung und Regelung des Energieflusses sowie des Gesamtprozesses müssen aufgrund der Komplexität technischer Systeme eine hohe Flexibilität aufweisen. Dies erfordert, dass die messtechnische Erfassung von Prozess- und Störgrößen möglichst vollständig durch Sensoren gesichert ist sowie eine intelligente Informationsverarbeitung erfolgt.
- System*optimierung:* Das methodische Vorgehen der Mechatronik beim Systementwurf beruht auf der gleichzeitigen Optimierung und gegenseitigen Abstimmung der Systemmodule, um statt der bloßen Addition von Einzelfunktionen durch gezielte Verlagerung von Teilaufgaben in funktionell optimierte Systemkomponenten verbesserte Eigenschaften des Gesamtsystems zu erzielen. Wesentlich für die Gestaltung mechatronischer Systeme ist die Einbeziehung von Informatik-Komponenten, die anhand von Messdaten, z. B. Energiefluss, Aktorzustand, Prozessdaten, mittels geeigneter Software durch Steuerung von Aktoren eine flexible und intelligente Anpassung an die bestimmungsgemäße Funktion des mechatronischen Systems ermöglichen.

Entwicklungskonzeption

Die logische Abfolge der wesentlichen Teilschritte bei der Entwicklung mechatronischer Systeme kann durch das aus der Softwareentwicklung übernommene *V-Modell* dargestellt werden (VDI-Richtlinie 2206 *Entwicklungsmethodik für mechatronische Systeme).* Die Grundzüge der Entwicklungsmethodik sind in Abb. 3.33 dargestellt, einbezogen wurden die im vorhergehenden Abschnitt behandelten vier konzeptionellen Teilschritte der systemtechnischen Gestaltungsgrundlagen (vgl. Abb. 3.23).

Die in Abb. 3.33 skizzierte Entwicklungsmethodik kennzeichnet das systematische, fallweise aufgabenspezifisch zu modifizierende Vorgehen, das von den Anforderungen zu der Konkretisierung eines mechatronischen Systems (Produkt) führt.

- *Anforderungen:* Ausgangspunkt bildet ein konkreter Entwicklungsauftrag. Die Aufgabenstellung wurde präzisiert und in Form von Anforderungen beschrieben. Diese Anforderungen bilden zugleich den Maßstab, anhand dessen das spätere Produkt zu bewerten ist.
- *Systementwurf:* Ziel ist die Festlegung eines domänenübergreifenden Lösungskonzepts, das unter den Gesichtspunkten des Funktionszusammenhangs und des Wirkzusammenhangs die wesentlichen physikalischen und logischen Wirkungsweisen des zukünftigen Produktes beschreibt. Hierzu wird die Gesamtfunktion eines Systems in wesentliche Teilfunktionen zerlegt (siehe Abb. 3.24 und 3.25). Diesen Teilfunktionen werden geeignete Wirkprinzipien bzw. Lösungselemente zugeordnet (siehe Abb. 3.26 und 3.27), und die Funktionserfüllung wird im Systemzusammenhang geprüft.

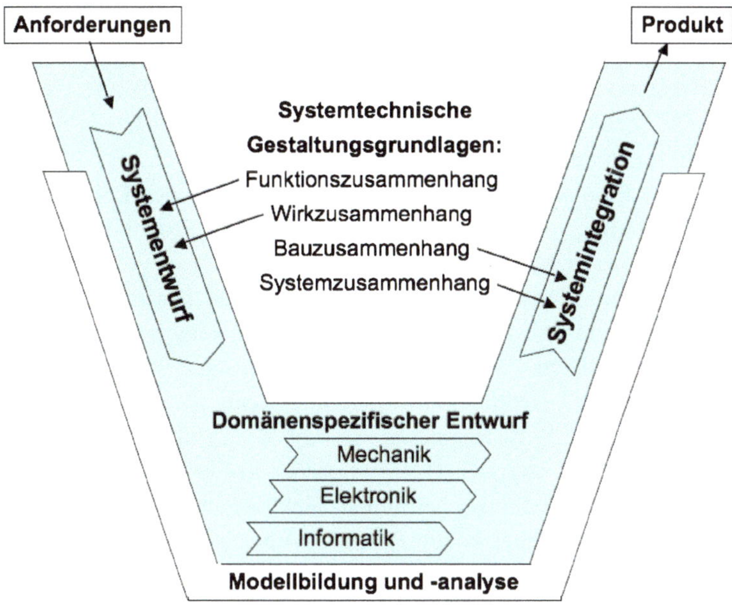

Abb. 3.33 Modell der Entwicklungsmethodik für mechatronische Systeme (V-Modell)

- *Domänenspezifischer Entwurf:* Auf der Basis des Systementwurfs mit Funktionszusammenhang und Wirkzusammenhang erfolgt die weitere Konkretisierung meist getrennt in den beteiligten hauptsächlichen Domänen. Grundlegende Aspekte der Mechanik, Elektronik und Informatik in mechatronischen Systemen wurden übersichtsmäßig in den Abschnitten 3.2 bis 3.4 zusammengestellt. Detaillierte Auslegungen und Berechnungen sind nötig, um insbesondere bei kritischen Funktionen die Funktionserfüllung sicherzustellen.
- *Systemintegration:* Die Ergebnisse aus den einzelnen Domänen werden unter Realisierung des Bauzusammenhangs (siehe Abb. 3.29) und des Systemzusammenhangs (siehe Abb. 3.31) integriert und systemische Eigenschaftsabsicherungen (Verifikation, Validierung) vorgenommen. Hauptsachliche Integrationsarten:
  - *Integration verteilter Komponenten:* Komponenten wie Aktoren, Sensoren und Leistungsstellglieder werden über Signal- und Energieflüsse miteinander verbunden. Die Verarbeitung der Energieflüsse erfolgt mit Hilfe von Verkabelung und Steckverbinder, die der Signale über Kommunikationssysteme (z. B. Sensor-Aktor-Bus, Feldbus etc.), siehe Abschn. 6.6 *Sensor-Aktor-Prozessorik.*
  - *Räumliche Integration:* Die Komponenten werden räumlich integriert und bilden eine komplexe Funktionseinheit, z. B. Integration der Elemente eines Positioniersystems in einem Gehäuse (Sollwertgeber, Regler, Leistungsverstärker, Motor, Getriebe, Winkelsensor, Stellachse, siehe das Beispiel in Abb. 4.14). Unerwünschte

Wechselwirkungen infolge hoher Integrationsdichte (Erwärmung, Streufelder, Spannungsspitzen) sind zu berücksichtigen und elektronische Komponenten an das Einsatzumfeld (Temperatur, Feuchte, Schwingungen) anzupassen; ggf. sind zusätzliche Maßnahmen (Kapselung, Kühlung) erforderlich, um System-Funktion, -Zuverlässigkeit und -Sicherheit zu gewährleisten.

- *Integration von Produkt und Produktionssystem:* Die für den Produktentwurf gültige Integrationsforderung muss auch an den Entwurf von Produktionssystemen gestellt werden, dies bedingt u. a.:
  - Fertigungs- und Montageprozesse, mit denen mechanische, elektronische und informationstechnische Komponenten systemisch integriert werden. Mechatronische Produktionstechnologien sind daher in analoger Weise wie mechatronische Produkte durch zahlreiche Schnittstellen und Wechselwirkungen geprägt und müssen frühzeitig in die Entwurfsphasen von Abb. 3.23 einbezogen werden.
  - Die funktionale und räumliche Integration der Komponenten im Produkt erfordert auch eine integrierte, die mechanischen, elektrischen und die anderen funktionellen Eigenschaften einbeziehende Prüftechnik nach der Montage. Diese Form der mechatronischen Qualitätssicherung hat für die Erschließung der wirtschaftlichen Potenziale mechatronischer Produkte eine hohe Bedeutung.

Entwicklungswerkzeuge

Der Entwurf mechatronischer Systeme gemäß Abb. 3.33 erfordert den Einsatz vielfältiger Entwicklungswerkzeuge, die sich in folgende Hauptklassen gliedern lassen:

- *Anforderungsbeschreibung:* Die Anforderungen an das zu entwickelnde System werden in Form von Forderungen und Wünschen konkretisiert und in der Anforderungsliste bzw. im Lastenheft meist in textueller Form und in Checklisten dokumentiert (Anforderungsmanagement, Requirement Engineering).
- *Funktionsmodellierung:* Ziel der Funktionsmodellierung ist es, die Entwurfsaufgabe auf lösungsneutraler Ebene zu formulieren und in einer Funktionsarchitektur darzustellen, siehe Abb. 3.24 und 3.25. Mit „Systems-Engineering-Werkzeugen" – z. B. *MATLAB/SIMULINK* mit regelungstechnischen Blockschaltbildsystemen – werden Soll- und Fehlverhalten analysiert und spezifiziert sowie Untersuchungen zur Kompatibilität von Funktionen und Einflussanalysen durchgeführt.
- *CAD-Werkzeuge:* CAD-Systeme ermöglichen die Modellierung der Gestalt des zukünftigen Produkts. Durch die Auswahl geeigneter Wirkprinzipien und Lösungselemente sowie die Bestimmung der Geometrie-, Technologie- und Werkstoffparameter wird die Gestalt zunehmend konkretisiert (Grobdimensionierung). Hierfür stellt das CAD-System Abmessungen und ableitbare Größen zur Verfügung. Ergebnis des domänenspezifischen Entwurfs ist ein vollständiges CAD-Modell des Produkts und seiner Komponenten, das neben geometrischen Informationen (Abmessungen, Toleranzen etc.) auch Strukturinformationen (Baustruktur, Stücklisten) und Fertigungsinformationen umfasst.

- *FEM-Werkzeuge:* Für detaillierte Analysen von Feldproblemen im Bereich der Strukturmechanik und Strukturdynamik, Elektromagnetik, Fluiddynamik, Akustik oder von Temperaturfeldern kommt die Finite Elemente Methode (FEM) zum Einsatz. Dazu wird das betrachtete Kontinuum durch eine endliche (finite) Anzahl kleiner Elemente diskretisiert. Untersucht werden kann beispielsweise, wie sich ein Bauteil unter statischer Last verformt und wo Spannungen auftreten (z. B. zum Festigkeitsnachweis); aber auch Analysen dynamischer und nichtlinearer Vorgänge können durchgeführt werden (z. B. Schwingungsanalyse, Crash-Analyse).
- *MKS-Werkzeuge:* Die Simulation von Mehrkörpersystemen (MKS) wird eingesetzt, um das Bewegungsverhalten komplexer Systeme zu untersuchen, die aus einer Vielzahl gekoppelter beweglicher Teile bestehen. Das Anwendungsspektrum reicht von der Überprüfung des Bewegungsverhaltens einzelner, aus wenigen Bauteilen bestehender Baugruppen über die Identifikation von Kollisionsproblemen durch Bauteilbewegungen bis hin zum Bewegungsverhalten eines Gesamtsystems. Ferner können mittels MKS-Simulation Kräfte und Momente bestimmt werden, die durch Bewegungen auf das System einwirken.

Sobald bei einer Mechatronik-Entwicklung Systementwurf und zugehörige Komponentenentwürfe vorliegen, wird zur Verifikation bzw. Validierung eine HIL (Hardware-in-the-loop) Umgebung aufgebaut, die der zu testenden Komponente bzw. dem zu testenden System die reale Umgebung durch eine Echtzeitsimulation simuliert. Die *Embedded Software* – eingeteilt in Betriebssystemsoftware (wie Laufzeitsteuerung und Hardwaretreiber) und Anwendersoftware – bestimmt die Funktionen der durch Mikroprozessoren gesteuerten Systemmodule, mit denen die im folgenden Kapitel behandelte Regelung und Steuerung mechatronischer Systeme durchgeführt wird.

4 Regelung und Steuerung

Die Wissenschaftsgebiete *Regelung* und *Steuerung* sind heute Teilgebiete der *Kybernetik,* einer formalen fachübergreifenden Wissenschaft, die sich mit der mathematischen Beschreibung und modellartigen Erklärung dynamischer (komplexer) Systeme befasst und damit auch von grundlegender Bedeutung für die Mechatronik ist. Im Hinblick auf technische Anwendungen können die Regelungstechnik und die Steuerungstechnik in einer allgemeinen Übersicht wie folgt beschrieben werden:

Regelung

- Die Regelungstechnik hat die Aufgabe, in technischen Systemen funktionelle Größen (Regelgrößen) trotz des Einflusses äußerer Störungen (Störgrößen) konstant zu halten oder den zeitlichen Verlauf vorgegebener Sollgrößen (Führungsgrößen) möglichst genau nachzuführen.
- Die Regelungstechnik arbeitet mit dem Prinzip der Rückführung *(feed-back),* wofür die Prozess- und Störgrößen durch *Sensoren* zu erfassen sind.
- Die Regelungstechnik führt die Vielfalt geregelter technischer Systeme auf die Grundform des Regelkreises mit zwei Baugliedern zurück:
  - die *Regelstrecke,* die von der vorgegebenen technischen Anlage gebildet wird, und
  - den *Regler*, der das Zeitverhalten der Strecke kontrolliert und auf sie korrigierend einwirkt.
- Bindeglied zwischen Regler und Regelstrecke ist das *Stellglied (Aktor),* das je nach Steuersignal unmittelbar den zu regulierenden Stoff-, Energie- oder Informationsstrom beeinflusst.

H. Czichos, *Mechatronik,* https://doi.org/10.1007/978-3-658-26294-5_4

Steuerung

- Die Steuerungstechnik hat die Aufgabe, Ausgangsgrößen technischer Systeme entsprechend vorgegebenen Eingangsgrößen zu beeinflussen.
- Im Unterschied zur Regelung (Regelungstechnik) ist der Wirkungsweg nicht in sich geschlossen, das heißt, der Erfolg des Steuerns wird nicht durch Rückkopplung zurückgeführt.
- Steuerungen lassen sich unterscheiden nach
  - Signalart: analoge, digitale, binäre Steuerung,
  - Hilfsenergie der Steuereinrichtung: pneumatisch, hydraulisch, elektrisch,
  - zu steuernder Größe: Mengensteuerung, Drehzahlsteuerung,
  - Stellglied-Bauelementen: z. B. Transistor-, Relais-, Ventilsteuerung,
  - Steuerungsprozess-Führungsweise: Folge- und Programmsteuerung.
- Bei der speicherprogrammierbaren Steuerung (SPS) sind die Steuerungsfunktionen als Programme in einem Speicher enthalten; die Programmabarbeitung erfolgt mittels elektronischer Schaltungen.

4.1 Prinzipien der Regelung und Steuerung

Die einleitend beschriebenen Merkmale der Regelungstechnik und Steuerungstechnik sowie ihre Unterschiede sind in Abb. 4.1 in einer vergleichenden Übersicht dargestellt.

Die Signalflüsse der Regelungs- und Steuerungstechnik werden in Blockschaltbildern dargestellt, die als *Signalflusspläne* oder *Wirkungspläne* (DIN 19 226) bezeichnet werden. Abb. 4.2 zeigt die *Wirkungspläne* der Regelung und der Steuerung und Abb. 4.3 gibt eine Übersicht über die in Blockschaltbildern verwendeten Symbole.

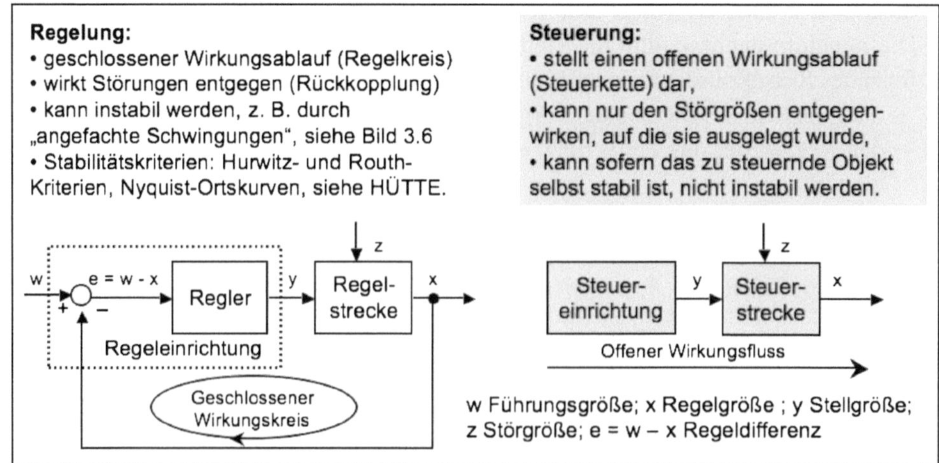

Abb. 4.1 Die elementaren Merkmale und Unterschiede der Regelung und Steuerung

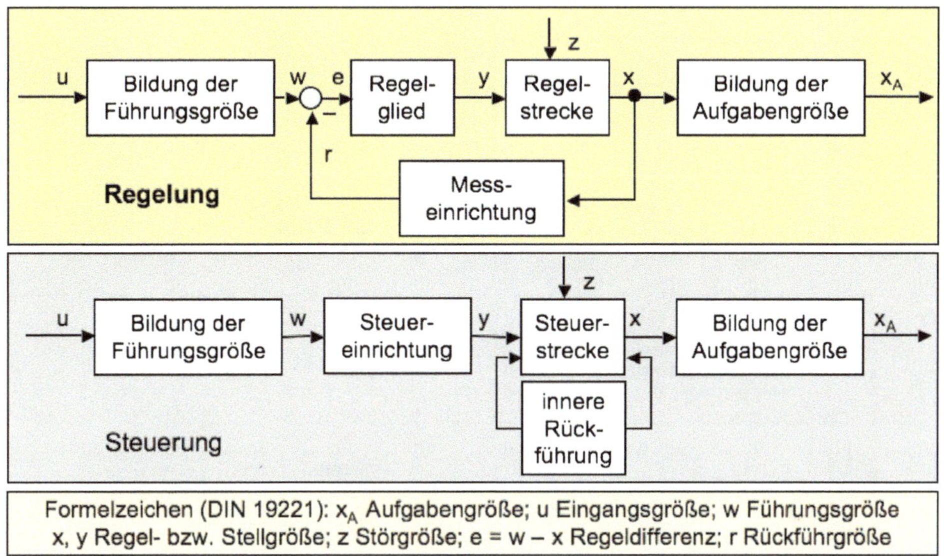

Abb. 4.2 Wirkungspläne der Regelung und Steuerung technischer Systeme

Benennung	Symbol	Mathematische Operation
Verzweigungspunkt	X_1, X_2, X_3	$X_3 = X_2 = X_1$
Summenpunkt	X_1 +, ±, X_2, X_3	$X_3 = X_1 \pm X_2$
Multiplikationsstelle	X_1, X_2, M, X_3	$X_3 = X_1 \cdot X_2$
Divisionsstelle	X_1, X_2, D, X_3	$X_3 = X_1 / X_2$
Lineare Operation	X_1, L, X_2	$X_2 = L\,(X_1)$
Nichtlineare Operation	X_1, N, X_2	$X_2 = N\,(X_1)$

Abb. 4.3 Signalverknüpfungen und Symbole in Blockschaltbilddarstellungen

Die Prinzipien der Steuerung und der Regelung sind in Abb. 4.4 am Beispiel einer Temperatursteuerung und einer Temperaturregelung illustriert.

Das Prinzip der Steuerung ist in Abb. 4.4a dargestellt. Steuergröße ist die Temperatur T. Sie wird an einem Sollwertgeber voreingestellt. Die Steuereinrichtung führt über einen Motor und ein Ventil den zum Erreichen der vorgegebenen Temperatur erforderlichen Wärmestrom dem Temperaturaggregat gemäß der Wärmestrom/Temperatur-Kennlinie zu. Wie aus dem Blockschaltbild hervorgeht, wird die Temperatur T nur durch die Sollwertvorgabe gesteuert. Äußere Störgrößen, z. B. durch Öffnen eines Fensters oder durch starke Sonneneinstrahlung können nicht berücksichtigt werden.

a

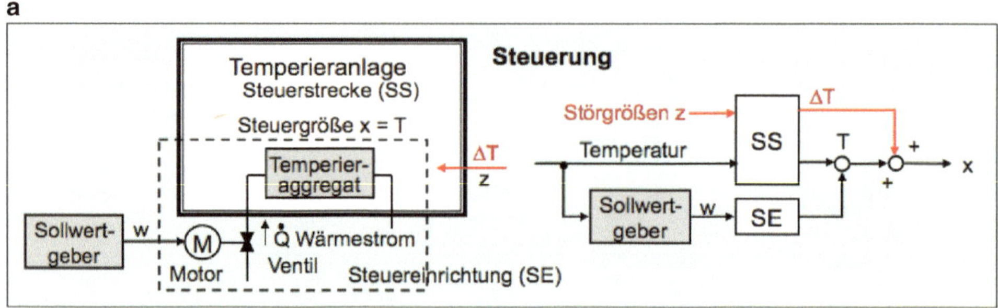

b

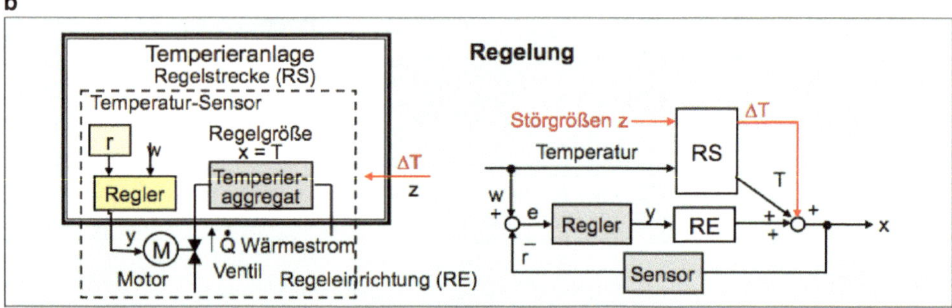

Abb. 4.4 Steuerung (**a**) und Regelung (**b**): Anwendungsbeispiel

Das Prinzip der Regelung illustriert Abb. 4.4b. Hier wird die Ist-Temperatur mit einem Sensor gemessen und mit dem eingestellten Temperatur-Sollwert verglichen. Weicht der Istwert vom Sollwert ab, wird über einen Regler, der die Abweichung verarbeitet, der Wärmestrom verändert. Sämtliche Störungen ΔT werden vom Regler berücksichtigt und möglichst beseitigt. Anhand der Blockschaltbilder erkennt man wiederum den offenen der Steuerung (Steuerkette) und den geschlossenen Wirkungsablauf der Regelung (Regelkreis).

Regeltechnische Systeme können mit *analogen* und *diskreten* Signalflüssen arbeiten. Die elementaren Kennzeichen analoger und zeitdiskreter Systeme zeigt Abb. 4.5. Die Prinzipdarstellung analoger Operationen illustriert das Blockschaltbild-Beispiel. Bei einer digitalen Regelung (DDC direct digital control) werden analoge Werte der Regeldifferenz $e = w - y$ periodisch (Abtastzeit T) in digitale Werte einer Zahlenfolge e(kT) umgewandelt. Der Prozessrechner als Regler berechnet nach einem Regelalgorithmus (RA) die Folge der Stellsignalwerte u(kT) aus den Werten der Zahlenfolge e(kT). Die berechneten diskreten Stellgrößen u(kT) werden vom DA-Umsetzer (Halteglied) in analoge Signale einer Treppenfunktion Y(kT) mit der Abtastperiode kT umgewandelt. Es resultiert eine *diskrete Systemdarstellung,* mit Zahlenfolgen-Signalen.

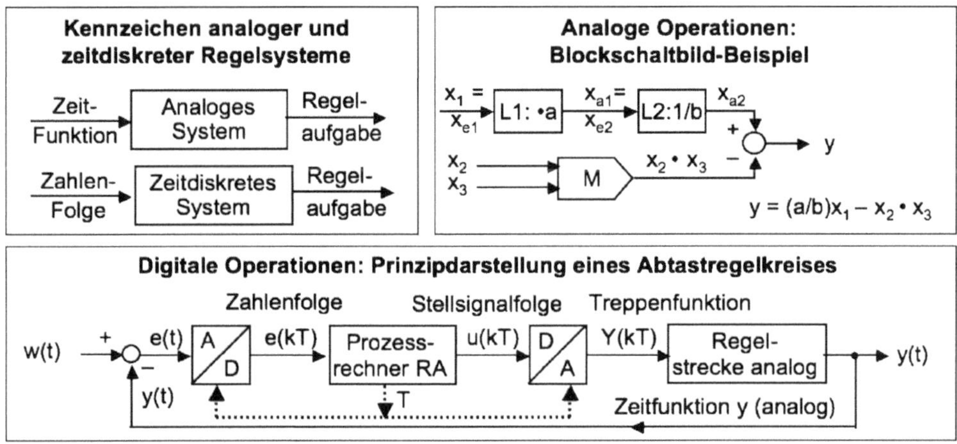

Abb. 4.5 Beispiele regeltechnischer analoger und digitaler Operationen

4.2 Regelfunktionen und Regler-Module

Das funktionale Verhalten von Reglern ist mathematisch beschreibbar und normativ festgelegt. Die elementaren Regelfunktionen und Regler-Module zeigen die folgenden Abbildungen in Text-Bild-Graphik Kombinationen:

- Genormte Darstellungen der Regelungstechnik und Steuerungstechnik zeigt Abb. 4.6.
- Ausführungsbeispiele des einfachen P-Reglers sind in Abb. 4.7 dargestellt.
- Eine Übersicht über die elementaren Regler-Module (P, I, D, PID) gibt Abb. 4.8.

Der anwendungstechnisch wichtigste Regler ist der PID-Regler. Sein prinzipieller Aufbau ist in der Blockschaltbilddarstellung von Abb. 4.9 für eine Regelgröße x und eine Stellgröße y als Ausgangsgröße schematisch vereinfacht dargestellt. Die Eingangsgröße des PID-Reglers, die Regeldifferenz $e = w - x$, wird durch einen Vergleich von Führungsgröße w und Regelgröße x gebildet und in drei Zweige des Proportional-, Integral- und Differenzialanteils eingeleitet. Nach Durchführung der jeweiligen mathematischen Operationen resultiert durch Überlagerung die Stellgröße y.

Für technische Anwendungen gibt es Regler in folgenden Klassen:

- *Kompaktregler,* die über Regelalgorithmen, z. B. für Positions-, Druck- oder Temperaturregelung verfügen, wobei die Parameter meist durch Selbstoptimierung ermittelt und automatisch als Standardwerte übernommen werden.
- *Prozessregler,* die neben Regelalgorithmen auch mit anderen Funktionen, wie z. B. Visualisierung, ausgestattet sind und in die Bedienoberfläche eines Prozessleitsystems eingebunden werden können.

- *Universalregler,* die mit gleichen Funktionen wie Prozessregler ausgestattet sind.
- *Spezialregler,* die für einzelne Technik- oder Industriebereiche, wie z. B. Wägetechnik oder für spezielle Regelungsaufgaben, wie z. B. Motorregelung ausgelegt und optimiert sind.

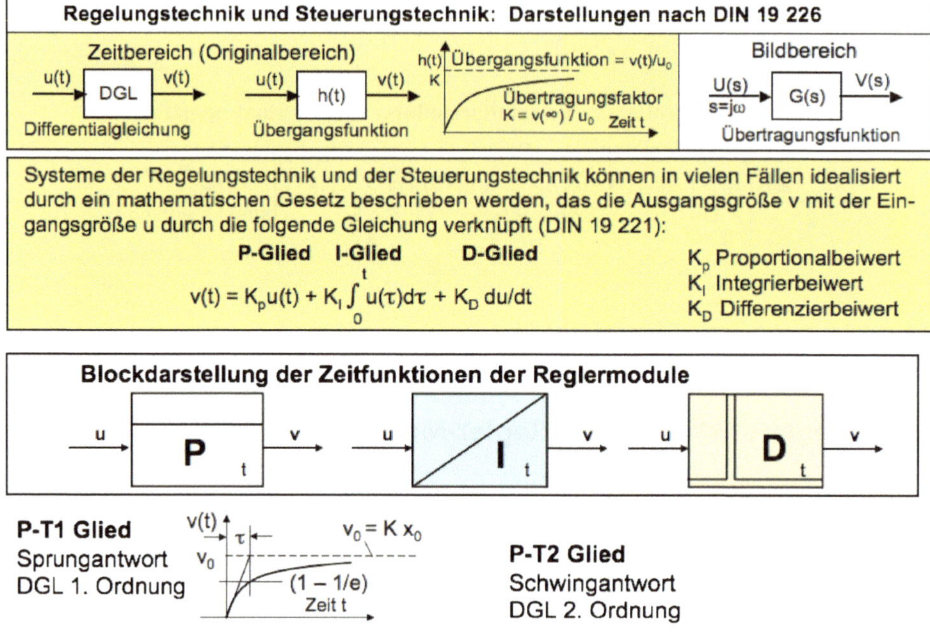

Abb. 4.6 Regelungstechnische Funktionen und Regler-Grundmodule

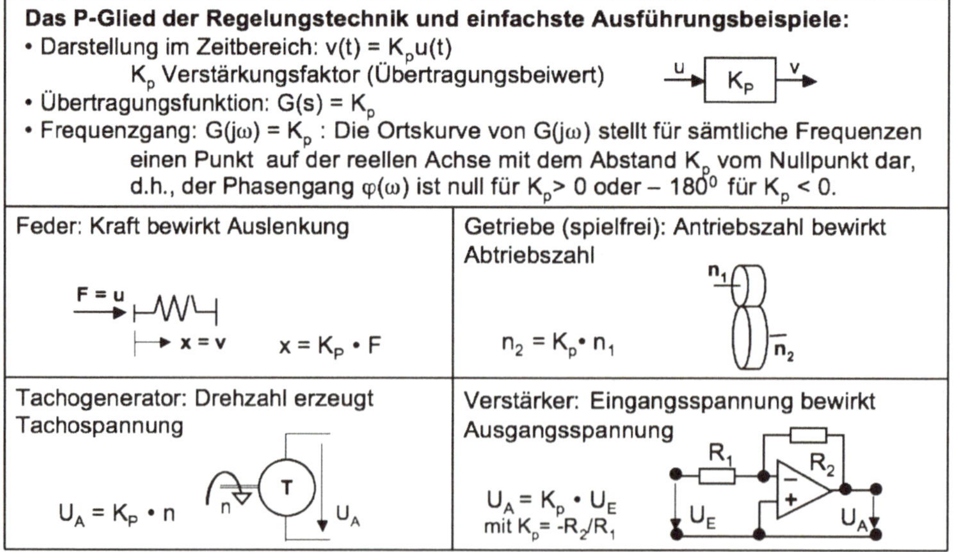

Abb. 4.7 Der einfache P-Regler: Kennzeichen und Realisierungsbeispiele für mechanische, elektromechanische und elektronische Module

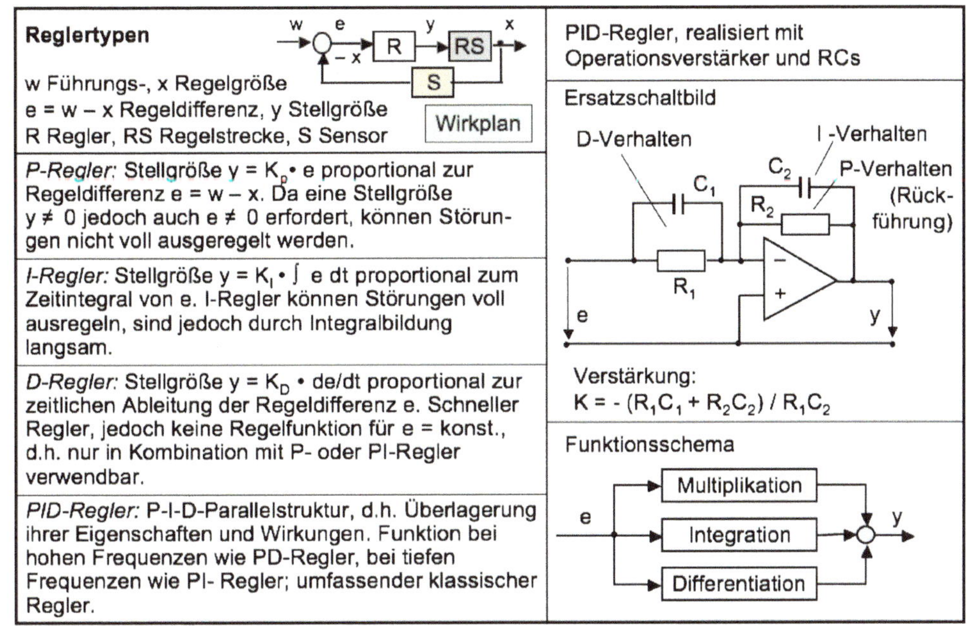

Abb. 4.8 Übersicht über die elementaren Reglertypen (P, I, D, PID) und ihre Kennzeichen

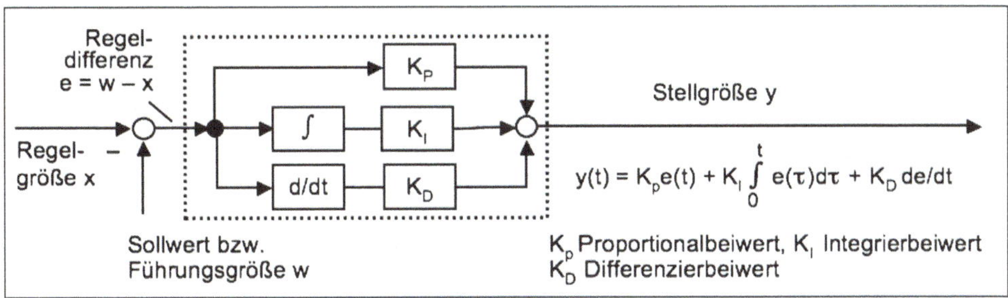

Abb. 4.9 Blockschaltbilddarstellung eines PID-Reglers

4.3 Mehrgrößen-Regelung

In technischen Systemen sind häufig mehrere Größen zu regeln, die zugehörige Regelungstechnik wird als *Mehrgrößen-Regelung* bezeichnet. Ein Mehrgrößensystem (multivariable Regelstrecke) ist ein System mit mehreren Ausgangs- bzw. Regelgrößen, die jeweils von mehreren Eingangs- bzw. Stellgrößen beeinflusst werden.

Von besonderer Bedeutung bei der Mehrgrößenregelung sind Fragen der Stabilität, und zwar im Wesentlichen auf Grund der Kopplungen von Einzelregelkreisen. Derartige regelungstechnische Aufgaben treten häufig in der Verfahrenstechnik und in Fluidiksystemen auf. Dabei ist die *Durchflussmessung* z. B. in der verfahrenstechnischen Industrie eine wesentliche Grundlage der *Prozessautomatisierung*. Der Durchfluss eines Fluids in einer gefüllten Rohrleitung ist die durch den Querschnitt fließende Stoffmenge (Volumendurchfluss oder Massendurchfluss). Die Sensorik der Mehrgrößen-Regelung in der Fluidik basiert auf der Kontinuitätsgleichung für den Durchfluss und der Bernoulli-Gleichung. Abb. 4.10 zeigt ein Zweigrößen-Regelsystem (Durchfluss- und Druckregelung) und das Funktionsprinzip eines Bernoulli-Durchfluss-Sensors. Man erkennt dabei zwei Regelkreise, die durch die gekoppelten Regelstrecken miteinander verbunden sind.

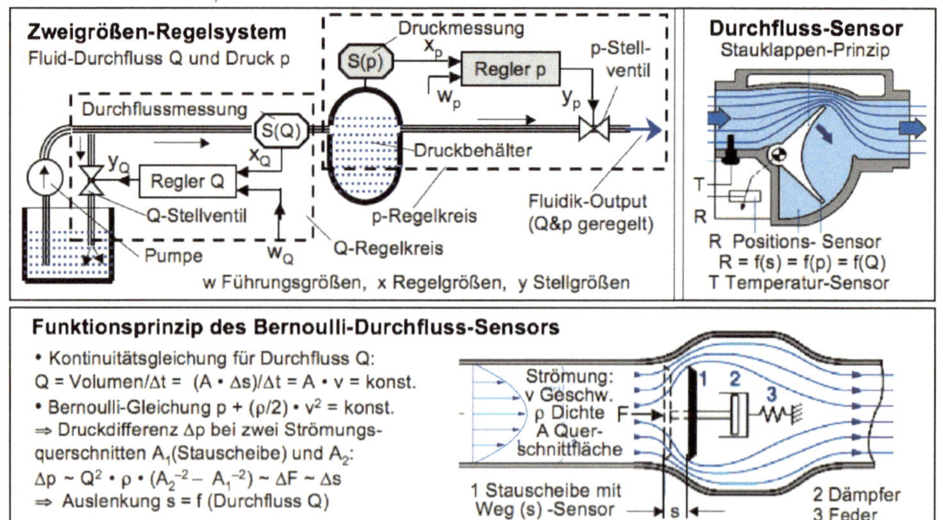

Abb. 4.10 Fluidik-Regelsystem: Beispiel einer Zwei-Größen-Regelung für Durchfluss und Druck

4.4 Binäre Steuerungstechnik

Die binäre Steuerungstechnik steuert technische Prozesse durch Binärsignale, Signale, die entweder den Zustand „0" oder „1" annehmen können und verarbeitet sie mit Verknüpfungs-, Zeit- und Speichergliedern zu binären Ausgangssignalen. Jede binäre Steuerung kann durch einen *Mealy-Automaten* beschrieben werden, Abb. 4.11a.

Bei diesem automatentheoretischen Modell resultiert der Ausgangsvektor Y aus dem Signal-Eingangsvektor U und den in der Steuerungseinrichtung gespeicherten Zuständen des Zustandsvektors X. Die Funktionen F(U,X) und G(U,X) stellen kombinatorische Verknüpfungen dar. Abb. 4.11b zeigt den Aufbau und die Elemente einer binären Steuereinrichtung. Der Eingangsvektor setzt sich aus Signalen zusammen, die von den Bedienelementen erzeugt werden und den Signalen der den Prozess messtechnisch erfassenden Sensoren. Der Ausgangsvektor steuert die Anzeigeelemente und die Aktoren (Stellglieder) mit deren Hilfe der Prozess gesteuert wird.

Abb. 4.12 gibt eine stichwortartige Übersicht über die Einteilung und die Funktion binärer Steuerungen. Theoretische Grundlagen sind die auf der Booleschen Aussagelogik aufbauende Theorie der kombinatorischen Schaltungen und Modellvorstellungen der Automatentheorie sequenzieller Schaltungen.

- *Verbindungsprogrammierbare Steuerungen* arbeiten elektromechanisch (z. B. Schütz- oder Relaistechnik), pneumatisch (Fluidik) oder elektronisch.
- *Speicherprogrammierbare Steuerungen* realisieren Steuerfunktionen durch in Speichern abgelegte Programme. Eine normierte Plattform für die SPS-Programmiersprachen (meist Multitasking und Echtzeit-Software) ist IEC 61131-3.
- *Ablaufsteuerungen* folgen festgelegten schrittweisen Abläufen, bei dem jeder Schritt einen Aktionssteil und eine Weiterschaltbedingung enthält. Das Weiterschalten auf den nächsten Schritt erfolgt immer dann, wenn die aktuelle Weiterschaltbedingung erfüllt ist.
- *Verknüpfungssteuerungen* ordnen im Sinn boolescher Verknüpfungen den Signalzuständen von Eingangsgrößen, Zwischenspeichern und Zeitgliedern Zustandsbelegungen der Ausgangssignale zu.

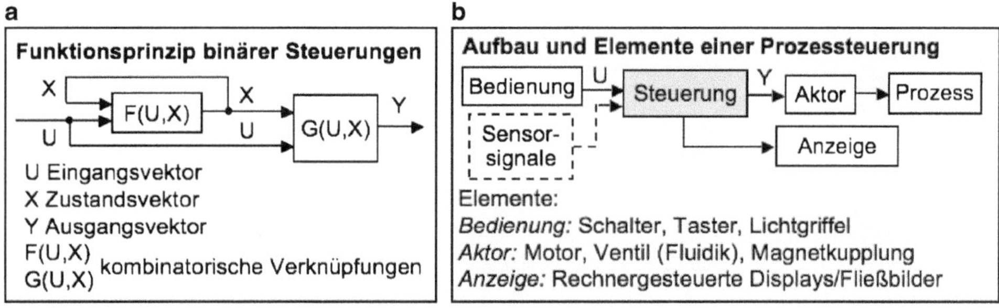

Abb. 4.11 Binäre Steuerungen: Funktionsprinzip (**a**) und Anwendungskonfiguration (**b**)

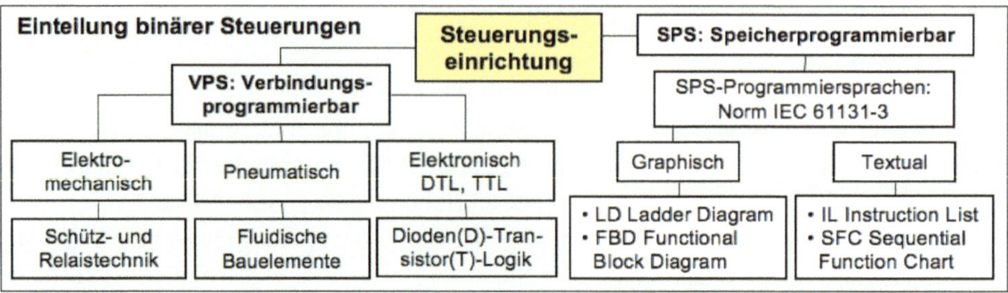

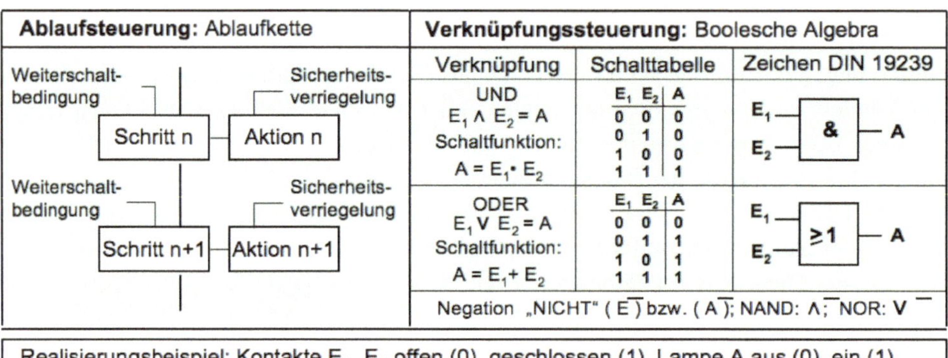

Realisierungsbeispiel: Kontakte E_1, E_2 offen (0), geschlossen (1). Lampe A aus (0), ein (1)

UND-Funktion (Konjunktion) Reihenschaltung	E_1 E_2 A	ODER-Funktion (Disjunktion) Parallelschaltung	E_1 E_2 A

Abb. 4.12 Binäre Steuerungen: Einteilung und Funktionsarten

4.5 Steuerung und Regelung mit Mechatronik

Die Prinzipien der Mechatronik finden vielfältige Anwendungen in der Steuerungs- und Regelungstechnik: Funktionsgrößen werden gemessen, mit operativen Führungsgrößenverglichen und mittels geeigneter mechatronischer Module beeinflusst. Der Wirkungsablauf in mechatronischen Systemen kann sowohl in Steuerketten als auch in Regelkreisen erfolgen. Die Anwendung mechatronischer Prinzipien in der Steuerungs- und Regelungstechnik wird am klassischen Beispiel der Positionierung eines Radarspiegels erläutert.

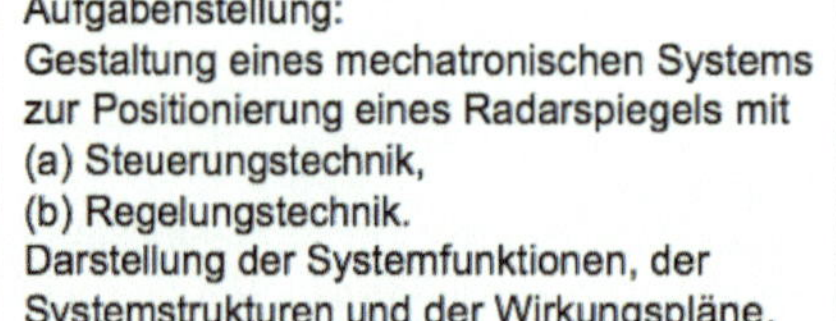

Aufgabenstellung:
Gestaltung eines mechatronischen Systems zur Positionierung eines Radarspiegels mit
(a) Steuerungstechnik,
(b) Regelungstechnik.
Darstellung der Systemfunktionen, der Systemstrukturen und der Wirkungspläne.

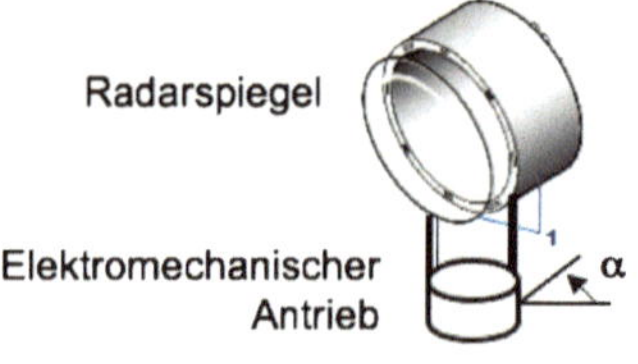

Steuerung

Die steuerungstechnische Realisierung des mechatronischen Systems zur Radarspiegelpositionierung zeigt Abb. 4.13. Nach der zu steuernden Größe handelt es sich um eine Drehwinkelsteuerung. Das System hat einen offenen Wirkungsablauf. Es ist stabil, kann aber Störeinflüssen (z. B. Windmomenten) nicht entgegenwirken. Blockschaltbildartig dargestellt und stichwortartig beschrieben sind alle Graphiken und Kenndaten, die dieses mechatronische System kennzeichnen:

- Funktion,
- Struktur,
- Wirkungsplan,
- Steuerdiagramm,
- Bauzusammenhang.

Regelung

Die regelungstechnische Lösung der Radarwinkelpositionierung ist in Abb. 4.14 dargestellt. Die Positionierung erfolgt in einem Regelkreis, dessen Stabilität mit geeigneten Kriterien zu prüfen ist. Der Unterschied zu der steuerungstechnischen Lösung besteht in der Einfügung eines Sensors und eines Reglers. Damit können die Ist/Soll-Positionen abgeglichen und Störgrößen „ausgeregelt" werden. Der Vergleich von Steuerung und Regelung lässt die im Fall der Regelung aufwändigere Systemstruktur und den erweiterten Wirkungsplan erkennen.

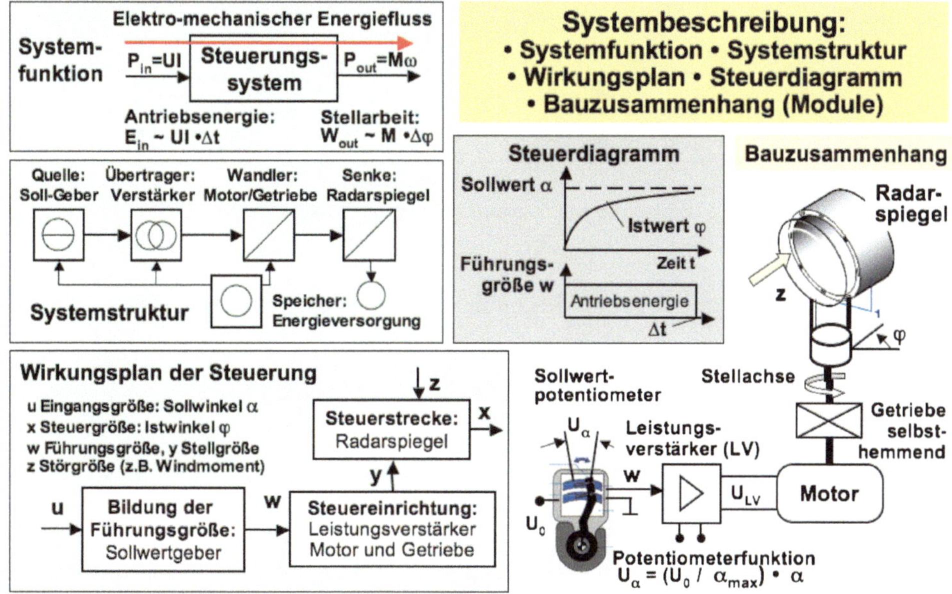

Abb. 4.13 Mechatronisches Steuerungs-System zur Radarspiegel-Positionierung

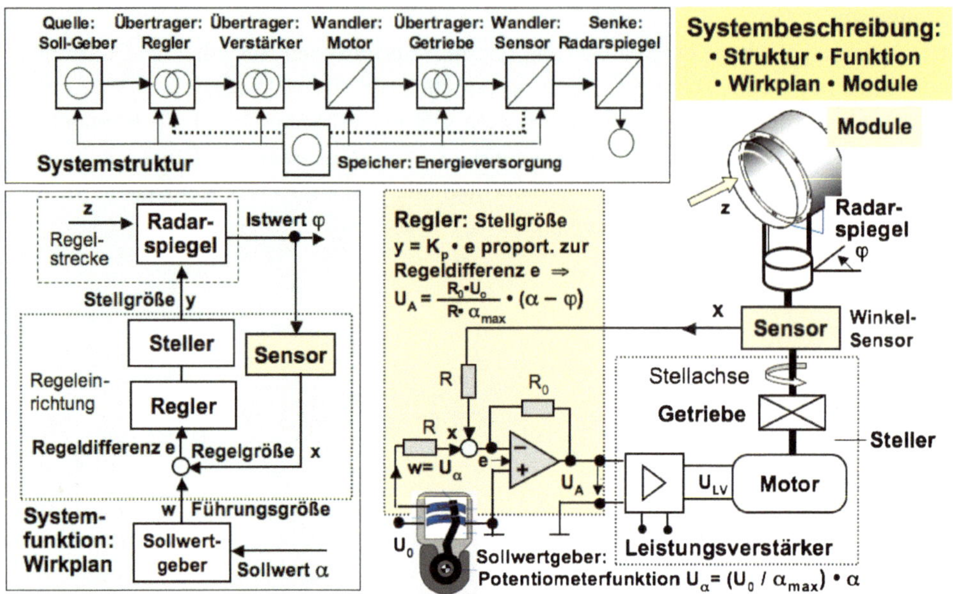

Abb. 4.14 Mechatronisches Regelungs-System zur Radarspiegel-Positionierung

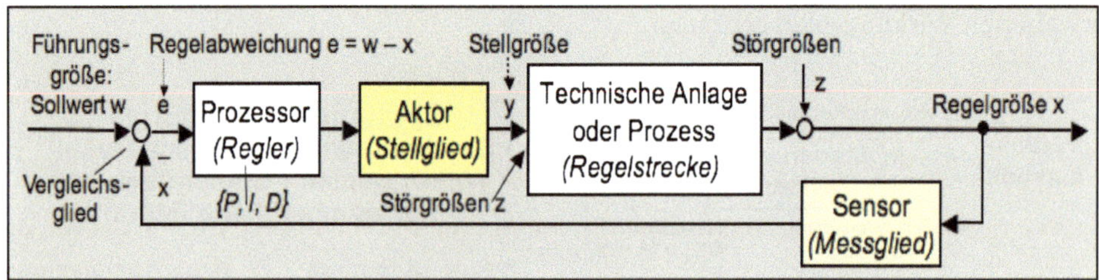

Abb. 4.15 Regelkreis-Wirkplan der Mechatronik mit Sensorik und Aktorik

Grundlegende Erfordernisse für die Regelungstechnik mechatronischer Systeme sind

- Sensoren als Messglieder und
- Aktoren als Stellglieder.

Sie werden in den nächsten Kapiteln systematisch dargestellt. Den zusammenfassenden Wirkplan für die Regelungstechnik in der Mechatronik zeigt Abb. 4.15.

5 Messtechnik und Sensorik

Messtechnik und Sensorik sind von grundlegender Bedeutung für alle technischen Produkte und Systeme: von der Entwicklung, der Konstruktion und der Fertigung bis hin zur Funktionsoptimierung und zum Qualitätsmanagement. Die *Messtechnik* liefert *Messdaten* für Werkstoffe, Bauteile, Konstruktionen und die *Funktionsgrößen* technischer Produkte, Systeme und Anlagen. Die *Sensorik* wandelt Funktionsgrößen in elektrische Signale um. Sie ermöglicht damit die Anwendung der leistungsfähigen elektrischen Messtechnik auf die Sensor-Ausgangssignale, die Nutzung der elektronischen Signal/Bild-Verarbeitung und den Einsatz der programmierbaren Prozesssteuerung für Aktorik, Regelung und Automatisierungstechnik.

Die Sensorik für die Mechatronik lässt sich nach den nichtelektrischen Funktionsgrößen der Technik gliedern:

- Sensorik geometrischer Größen,
  - Längenmesstechnik – Form- und Maßsensorik,
  - Dehnungssensorik mechanisch oder thermisch beanspruchter Bauteile,
- Sensorik kinematischer Größen,
  - Positionssensorik (Wege, Winkel) – Geschwindigkeitssensorik,
  - Drehzahlsensorik – Beschleunigungssensorik,
- Sensorik dynamischer Größen,
  - Kraftsensorik – Drehmomentsensorik – Drucksensorik,
- Sensorik von Einflussgrößen,
  - Temperatursensorik – Feuchtesensorik.

Die wichtigsten Sensoren für technische Systeme sind mit ihren Input- und Outputgrößen mit einer Matrixübersicht in Tab. 5.1 zusammengestellt. Sie werden im Folgenden – nach einer Einführung in die messtechnischen und sensortechnischen Grundlagen – mit ihren Prinzipien und technischen Eigenschaften systematisch beschrieben.

H. Czichos, *Mechatronik,* https://doi.org/10.1007/978-3-658-26294-5_5

Tab. 5.1 Sensorik-Übersicht: Matrixdarstellung der Input- und Outputgrößen von Sensoren

In \ Out	Elektrischer Widerstand: resistiv R	induktiv L	kapazitiv C	Spannung U	Strom I	Ladung Q
Position: Länge l, Weg s Winkel φ	Potentiometer, Magnetoresistiver Sensor, Gauß-Feldplatte	Differenzial-Transformator, Tauchanker-Wegsensor	Kapazitiver Wegsensor	Hall-Sensor, Optoelektronischer Lichtschranken-Sensor	Wirbelstrom-Sensor	
Dehnung $\varepsilon = \Delta l / l_0$	Dehnungsmessstreifen				Faseroptische Sensoren	
Geschwindigkeit v=ds/dt	Magnetoresist. Drehwinkel-S.	Indukt. Drehwinkel-S.		Magnetpol-Drehzahl-S.	Optoelektron. Drehzahl-S.	Gyrometer/Piezo-Sensor
Beschleunigung a=dv/dt	Seismische Masse-Dämpfer-Feder-Systeme, Rückführung auf Wegmessung: resistiv, induktiv, kapazitiv, optoelektronisch, piezoresistiv ; Hall/Gauß-Sensorik oder Dehnungsmessung (DMS)					
Kraft F Moment F• l	Piezoresistiver Sensor, Dehnstoffe	Magneto-elastischer Sensor	Kraftkompensations-Sensor	Federelemente oder DMS, Rückführung auf s-, ε-Messung		Piezoelektrischer Sensor
Druck p = Kraft/Fläche	Piezoresistiv Dehnstoff-S	Magnetoelastischer S.	Kapazitiver Drucksensor	Federelemente oder DMS: Rückführung auf s-, ε- Messung		Piezoelektrischer Sensor
Temperatur T	NTC/ PTC-Widerstände			Thermoelemente	Optoelektron. Pyrometer	
Feuchte f_{abs}, f_{rel}	Resistives Hygrometer		Kondensator Hygrometer			

5.1 Metrologische und messtechnische Grundlagen

Grundlage der Messtechnik ist die *Metrologie.* Sie wird im Internationalen Wörterbuch der Metrologie VIM (International Vocabulary of Metrology) als *Wissenschaft vom Messen und ihre Anwendung* definiert.

Abb. 5.1 beschreibt Definition und Aufgaben der Messtechnik und Sensorik.

5.1.1 Struktur der Messtechnik

Für die Durchführung einer Messung sind im Allgemeinen mehrere Messglieder erforderlich, die eine Messeinrichtung oder ein Messsystem bilden. Die Art und Weise, wie die Messgeräte zusammengeschaltet und die Messsignale verknüpft sind, wird als Struktur des Messsystems bezeichnet. Die grundlegende Struktur eines Messsystems ist die *Messkette,* bestehend aus Messgliedern und Hilfsgeräten mit den folgenden hauptsächlichen Aufgaben, siehe Abb. 5.2:

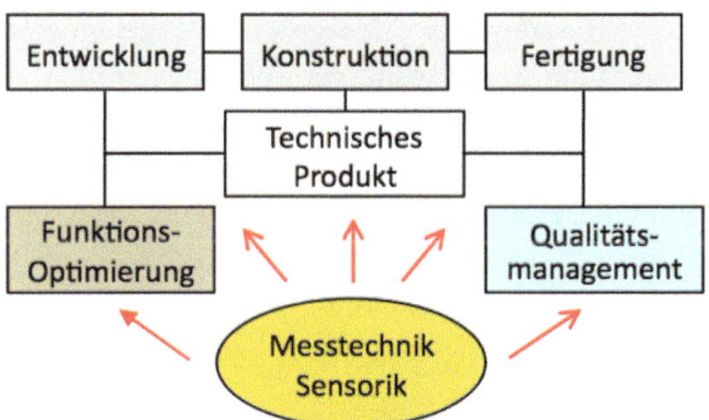

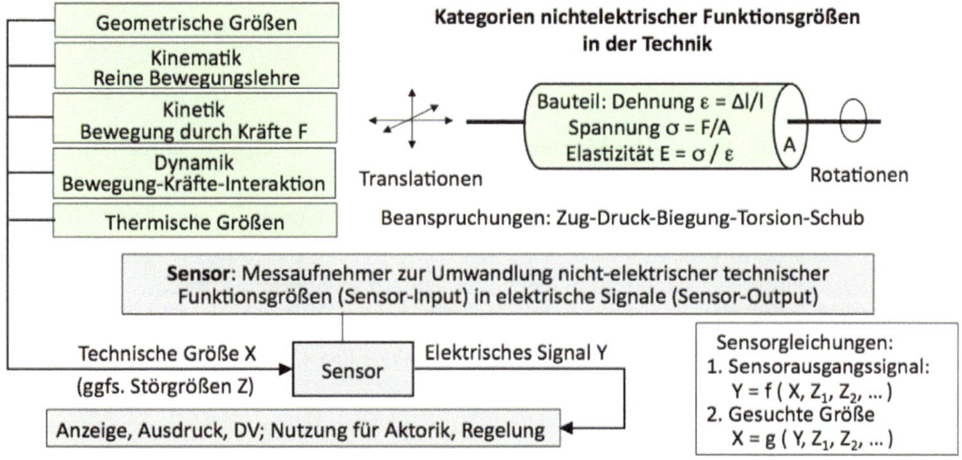

Abb. 5.1 Definition und Aufgaben der Messtechnik und Sensorik

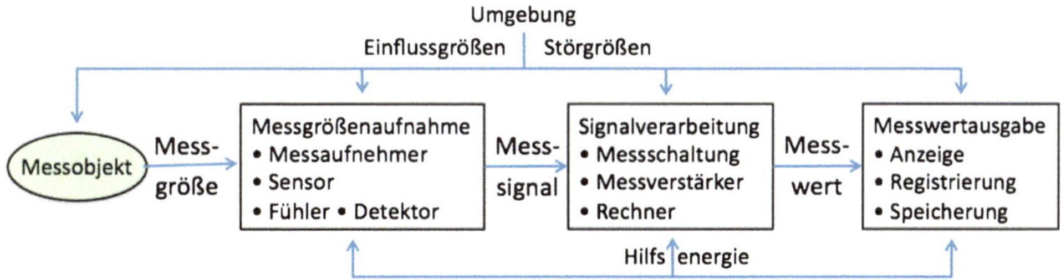

Abb. 5.2 Grundlegende Struktur der Messtechnik: die Messkette

- Messgrößenaufnahme. Erfassung der Messgröße mit geeigneten Messaufnehmern und Sensoren sowie Abgabe eines weiterverarbeitungsfähigen (meist elektrischen) Messsignals als zeitliche Abbildungsfunktion der Messgröße.
- Messsignalverarbeitung. Anpassung, Verstärkung oder Umwandlung von elektrischen Messsignalen in darstellbare Messwerte mit Hilfe von Messschaltungen, Messverstärkern oder Rechnern.
- Messwertausgabe. Anzeige und Registrierung bzw. Speicherung und Dokumentation von Messwerten in analoger oder digitaler Form.

Die Struktur des Messsystems bestimmt das statische und dynamische Verhalten der Messeinrichtung, wobei äußere Einfluss- oder Störgrößen aus der Umgebung die Messgeräteparameter, den Signalfluss und das Messergebnis beeinflussen können.

5.1.2 Maßsystem

Die metrologische Basis der Messtechnik ist das heute weltweit eingeführte Internationale Einheitensystem, das *Système International d' Unités (SI)*. Es wurde durch den Staatsvertrag der Meterkonvention von 1875 und die *Generalkonferenz für Maß und Gewicht CGPM* begründet.

Die Festlegung der Maße und Gewichte ist ein hoheitliches Recht; zuständig in Deutschland ist die Physikalisch-Technische Bundesanstalt (PTB). Internationales Zentrum für die Maßeinheiten ist das *Bureau International des Poids et Measures, (BIPM)* in Sevres bei Paris (www.bipm.org).

Als *Basisgrößen und Basiseinheiten* sind im Internationalen Einheitensystem sieben physikalische Größen festgelegt. Die folgende Übersicht nennt Stichworte ihrer Realisierung zusammen mit Unsicherheiten der Realisierung (Typ B Messunsicherheit) gemäß CODATA (*Committee on Data for Science and Technology):*

- *Zeit:* Sekunde (s), Mehrfaches der Periodendauer elektromagnetischer Strahlung bei einem energetischen Übergang im Nuklid 133 Cs; technisch realisiert als„Atomuhr“, Unsicherheit 2×10^{-16}, d. h. Abweichung von einer Sekunde in 150 Millionen Jahren.
- *Länge:* Meter (m), definiert über Lichtgeschwindigkeit c (Naturkonstante) und Zeit gemäß Länge = c · Zeit. Unsicherheit 10^{-12}.
- *Masse:* Kilogramm (kg), Internationaler Platin-Iridium Prototyp, aufbewahrt beim BIPM, Unsicherheit 2×10^{-8}.
- *Stoffmenge:* Mol (mol), definiert über die Teilchenzahl (^{12}C in 12 Gramm), Unsicherheit 3×10^{-7}.
- *Temperatur:* Kelvin (K), Tripelpunkt des Wassers (0 K entspricht −273,16 °C), Unsicherheit 3×10^{-7}.
- *Lichtstärke:* Candela (cd), definiert über monochromatische Strahlung (540×10^{12} Hz), Unsicherheit 10^{-4}.
- Stromstärke: Ampere (A), definiert über Kraftwirkung zwischen elektrischen Leitern, Unsicherheit 9×10^{-8}.

Tab. 5.2 Technische Größen mit Symbolen und SI-Einheiten (Beispiele)

Technische Größe	Name	Symbol	in SI-Einheiten	in SI-Basis-Einheiten
Kraft (Masse • Beschleunigung)	Newton	N		$m \cdot kg \cdot s^{-2}$
Druck, mech. Spannung	Pascal	Pa	N/m^2	$m^{-1} \cdot kg \cdot s^{-2}$
Energie, Arbeit, Wärme	Joule	J	$N \cdot m$	$m^2 \cdot kg \cdot s^{-2}$
Leistung	Watt	W	J/s	$m^2 \cdot kg \cdot s^{-3}$
Elektrische Ladung	Coulomb	C		$s \cdot A$
Elektrische Spannung	Volt	V		$m^2 \cdot kg \cdot s^{-3} \cdot A^{-1}$
Elektrische Kapazität	Farad	F	C/V	$m^{-2} \cdot kg^{-1} \cdot s^4 \cdot A^2$
Elektrischer Widerstand	Ohm	Ω	V/A	$m^2 \cdot kg \cdot s^{-3} \cdot A^{-2}$
Elektrische Leitfähigkeit	Siemens	S	A/V	$m^{-2} \cdot kg^{-1} \cdot s^3 \cdot A^2$

Unter Benutzung physikalischer Gesetze – z. B. Kraft = Masse • Beschleunigung, Arbeit = Kraft • Weg – lassen sich technische Größen auf SI-Basiseinheiten zurückführen. Tabelle 5.2 nennt dazu einige Beispiele.

Rückführung der Maßeinheiten auf Naturkonstanten

Es ist ein grundlegendes Bestreben der Physik, die Basiseinheiten des physikalischen Maßsystems auf *Naturkonstanten* zurückzuführen. Damit werden physikalische Größen bezeichnet, deren numerischer Wert sich weder räumlich noch zeitlich verändert. Als Ergebnis sorgfältiger Beobachtungen und Messungen sind heute zahlreiche Naturkonstanten bekannt. Diese physikalischen Daten werden alle vier Jahre von CODATA (*Committee on Data for Science and Technology,* www.codata.org) veröffentlicht. Von den sieben Basisgrößen des SI-Systems waren nur drei Basisgrößen durch Naturkonstanten definiert, nämlich die Sekunde (Caesiumatomzustände, „Atomuhr"), das Meter (Lichtgeschwindigkeit) und die Lichtstärke cd (Referenzstrahlung). Mit der Neufasung des Internationalen Einheitensystems, die am 20. Mai 2019 in Kraft getreten ist, werden auch die anderen vier Basisgrößen auf Naturkonstanten zurückgeführt: An der technisch-experimentellen Realisierung wurde mit höchster Präzisionsmesstechnik in metrologischen Staatsinstituten (USA: NIST, England: NPL, Deutschland: PTB) gearbeitet.

- Neudefinition des *Kilogramms* kg als Einheit der Masse basierend auf dem exakten Zahlenwert des Planck'schen Wirkungsquantums h. Das Kilogramm kann dann definiert werden als die Masse eines Körpers, der bei Vergleich von mechanischer und elektrischer Leistung (experimentell realisiert in einer *Watt-Waage*) den Wert h ergibt. Eine alternative Methode, die an der PTB erarbeitet wird, besteht in der Bestimmung der Zahl der Atome im exakt bestimmten Volumen einer Silizium-Kugel, was heute

mit einer relativen Unsicherheit von 3×10^{-8} möglich ist; 1 kg ist gleich der Masse von 2,1502… $\times 10^{25}$ Atomen des Silizium-Isotops ^{28}Si.
- Neudefinition des *Ampere* A als Einheit der elektrischen Stromstärke, basierend auf einem festen Wert der Elementarladung e. Das Ampere ist der elektrische Strom eines Flusses von Elementarladungen, die pro Sekunde in einer elektronischen *Einzelelektronen-Pumpe* gezählt werden; 6,2415… $\times 10^{18}$ Elektronen pro Sekunde ergeben 1 Ampere.
- Neudefinition des *Kelvin* K als thermodynamisch begründete Temperatur T, basierend auf der Boltzmann-Konstanten k_B. Ein Kelvin ist die Änderung der Temperatur, die gemäß der Relation $E = k_B \cdot T$ in einem Gasthermometer eine Änderung der thermischen Energie E um den Wert der Boltzmann-Konstanten bewirkt.
- Neudefinition des *Mol* als Stoffmengeneinheit, basierend auf der Avogadrokonstanten N_A, sie hat die Dimension einer reziproken Stoffmenge und ist eine Naturkonstante.

Mit der Neudefinition des Internationalen Einheitensystems werden die Grundlagen für die Maße der Physik – und damit auch für die daraus abgeleiteten Maße der Technik – insgesamt auf Naturkonstanten zurückgeführt.

5.1.3 Metrologische Methodik der Messtechnik

Um eine technisch interessierende Größe (Messgröße) messen zu können, sind eine *Vergleichsgröße,* ein *Messprinzip,* ein *Messverfahren,* eine *Messmethode* und ein *Messgerät* erforderlich. Das Messgerät vereinigt häufig die Aufgaben von Messgrößenaufnahme, Messsignalverarbeitung und Messwertausgabe.

- Das *Messprinzip* ist die physikalische Grundlage einer Messung.
- Die *Messmethode* ist die methodische Anwendung des Messprinzips. Messmethoden sind allgemeine, grundlegende Regeln für die Durchführung von Messungen. Sie können gegliedert werden in direkte Methoden (Messgröße gleich Aufgabengröße) und indirekte Methoden (Messgröße ungleich Aufgabengröße) sowie analoge und digitale Methoden mit kontinuierlicher bzw. diskreter Messwertangabe. Ausschlagmethoden führen zu einer unmittelbaren Messwertdarstellung; bei Kompensationsmethoden wird ein Nullabgleich zwischen der Messgröße und einer Referenzgröße durchgeführt.
- Das *Messverfahren* ist die praktische Realisierung des Messprinzips.
- Das *Messgerät* liefert die Messwerte. Messgeräte werden allgemein als *Messmittel* bezeichnet (DIN 1319-2). Sie liefern in Form von Skalen- oder Ziffernanzeigen Messwerte einer Messgröße.
  Prüfgeräte stellen dagegen fest, ob das zu prüfende Objekt geforderte Eigenschaften aufweist, vorgegebenen Bedingungen entspricht oder Konformitätsanforderungen technischer Regeln erfüllt (conformity assessment). Prüfen ist immer mit einer Entscheidung verbunden, z.B. wird zwischen gut und schlecht (attributiv) oder zwischen Sollmenge

erreicht und Sollmenge nicht erreicht (quantitativ) entschieden. Im Gegensatz hierzu geben Messgeräte keine Wertung ab.
Messgeräte müssen justiert, kalibriert und falls erforderlich geeicht sein.
- *Justieren* heißt, ein Messgerät oder eine Maßverkörperung so einzustellen oder abzugleichen, dass die Anzeige vom richtigen Wert so wenig wie möglich abweicht oder die Abweichung innerhalb bestimmter Fehlergrenzen bleibt.
- *Kalibrieren* heißt, den Zusammenhang zwischen der Anzeige eines Messgerätes und dem wahren Wert der Messgröße bei vorgegebenen Messbedingungen zu ermitteln. Der wahre Wert der Messgröße wird durch Vergleich mit einem Normalgerät ermittelt, das auf ein (nationales) Normal zurückgeführt sein muss.
- Eichen ist das eichbehördliche Prüfen eines Messgerätes oder einer Maßverkörperung nach Eichvorschriften (nicht zu verwechseln mit Kalibrieren).

- Der *Messwert* wird als Produkt aus Zahlenwert und Einheit angegeben.
- Das *Messergebnis* wird im Allgemeinen aus mehreren wiederholt ermittelten Messwerten einer Messgröße (Messreihe) oder aus den Messwerten verschiedener Messgrößen berechnet. Beim Messen, Kalibrieren und Justieren sind gegebenenfalls einwirkende Einfluss- und Störgrößen (z. B. Temperatureinflüsse, Erschütterungen, elektromagnetische Felder) zu beachten und vorgegebene Messbedingungen einzuhalten.

Die Durchführung einer Messung erfordert damit die folgenden Schritte:

1. Definition der Messgröße und der zur Messgröße gehörenden Maßeinheit,
2. Zusammenstellung der Rahmenbedingungen der Messung durch Kennzeichnung von a) Messobjekt (Stoff, Form), b) Einflussgrößen (Ort, Zeit), c) Umgebungsbedingen (z. B. Umgebungstemperatur, Luftfeuchte),
3. ein Normal (Maßverkörperung) für die Maßeinheit der Messgröße und der Bezug (Rückführung, traceability) dieses Normals auf eine primäre Darstellung dieser Größe (z. B. in einem nationalen Metrologieinstitut),
4. ein *Messprinzip* als physikalische Grundlage der Messung, eine *Messmethode* als methodische Anwendung und ein *Messverfahren* als praktische Realisierung eines Messprinzips,
5. ein *Messgerät,* für das der Zusammenhang zwischen der Anzeige und dem wahren Wert der Messgröße durch *Kalibrieren* des Messgerätes mit dem Normal hergestellt wird,
6. Festlegung des Messablaufs, z. B. Einzelmessung, Wiederholmessung, Messreihe,
7. Ermittlung des Messergebnisses als Einzelmesswert oder geeigneterMittelwert einer Messreihe, Angabe als Produkt aus Zahlenwert und Maßeinheit,
8. Bestimmung der *Messunsicherheit,*
9. Angabe des vollständigen Messergebnisses: Zahlenwert $\pm$ Messunsicherheit und Maßeinheit.

Abb. 5.3 zeigt den Ablaufplan der metrologischen Methodik der Messtechnik.

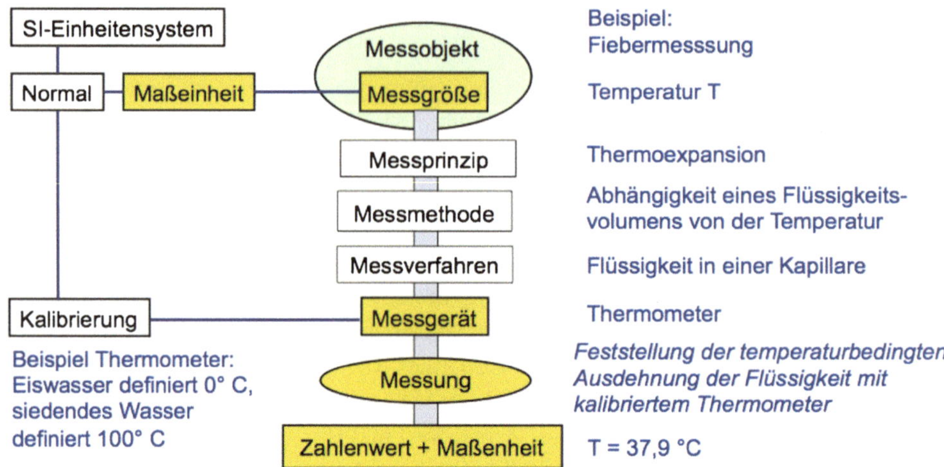

Abb. 5.3 Die metrologische Methodik der Messtechnik

5.1.4 Messunsicherheit und Messgenauigkeit

Ein Messergebnis ist nur dann vollständig, wenn es eine Angabe über Messabweichungen enthält – traditionell als *Messunsicherheit* bezeichnet. Hierunter versteht man den Bereich der Werte, die der Messgröße vernünftigerweise zugeordnet werden können, da jede Messung von Unsicherheitsquellen beeinflusst wird. Grundlage zur Ermittlung der Messunsicherheit ist der *International Guide to the Expression of Uncertainty in Measurement GUM* (www.bipm.org). Man unterscheidet zwei Methoden zur Bestimmung der Messunsicherheit, siehe Abb. 5.4.

Die statistische Auswertung von Messungen (Typ A Auswertung nach GUM) bezieht sich auf eine durch eine definierte Probennahme (*sampling*) genau zu kennzeichnende „Stichprobe", d. h. eine Messreihe mit n voneinander unabhängigen Einzelmesswerten x_i. Kenngrößen sind der *arithmetischen Mittelwert* und die *Standardabweichung* s, die als *Standardmessunsicherheit* $u = s$ das Maß für die Streuung der Einzelmesswerte um den Mittelwert ist. Die erweiterte Messunsicherheit $U = k \cdot s$ kennzeichnet mit dem Wert 2 U das Streuintervall der Messwerte bezogen auf die Häufigkeitsverteilung der Einzelmesswerte (z. B. Normalverteilung nach Gauß). Im Intervall $\pm s$ liegen 68,3 % der Messwerte, im Intervall $\pm 2s$ liegen 95,5 % der Messwerte und im Intervall $\pm 3s$ liegen 99,7 % der Messwerte bei einer Normalverteilung.

Die Typ B Auswertung betrachtet die *Fehlerspannweite* und wird beispielsweise bei der Kennzeichnung der Genauigkeitsklasse von Messgeräten verwendet.

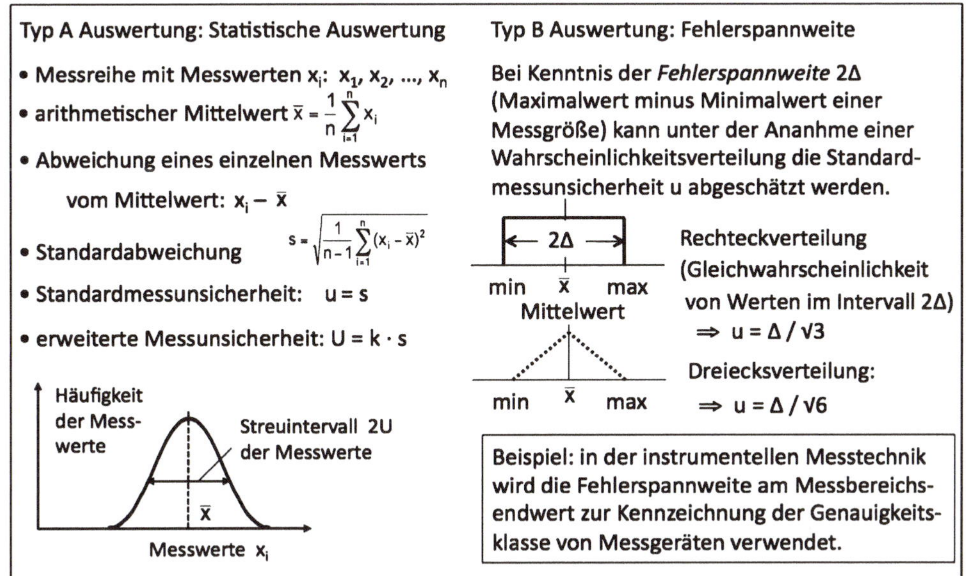

Abb. 5.4 Übersicht über die Methodik der Bestimmung der Messunsicherheit

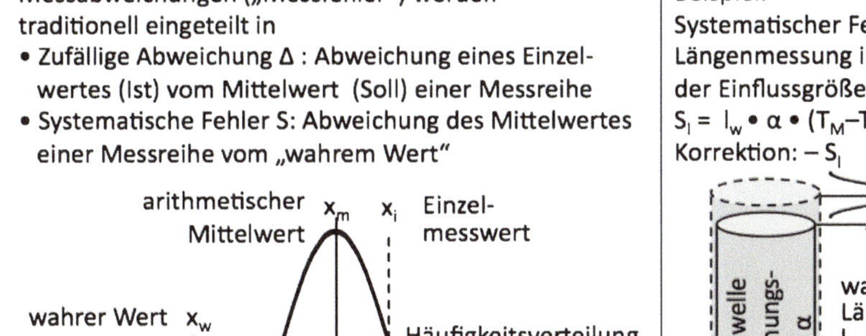

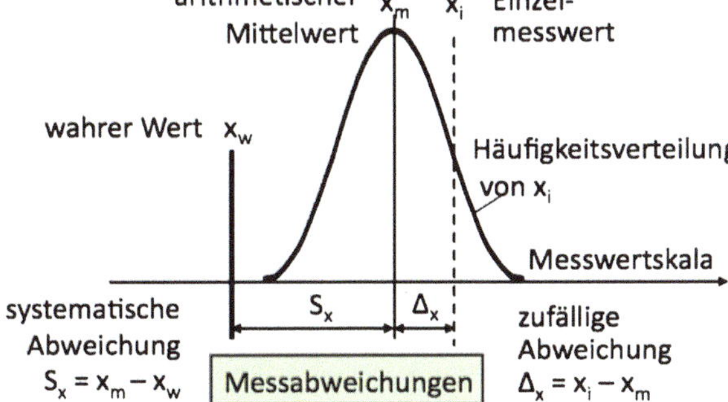

Abb. 5.5 Übersicht über Messabweichungen

Neben den durch eine statistische Auswertung zu erfassenden Messabweichungen können „systematischeMessabweichungen" auftreten. Sie sind häufig vorzeichenbehaftet und können dann korrigiert werden. Abb. 5.5 gibt eine Übersicht über die verschiedenen Messabweichungen und Abb. 5.6 über mögliche Quellen.

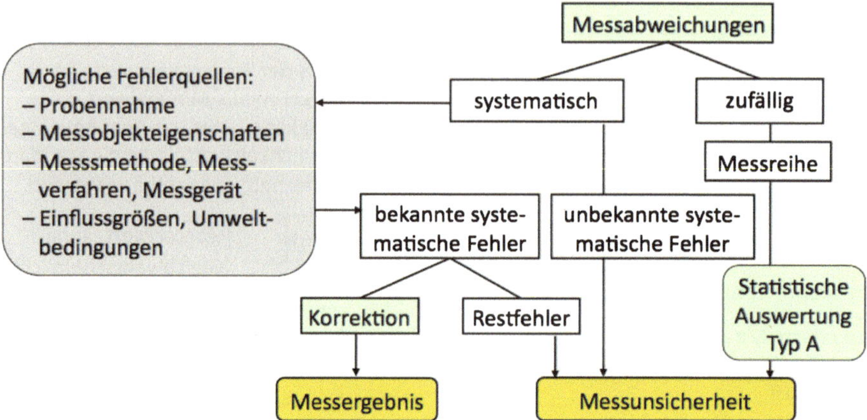

Abb. 5.6 Übersicht über mögliche Fehlerquellen von Messabweichungen

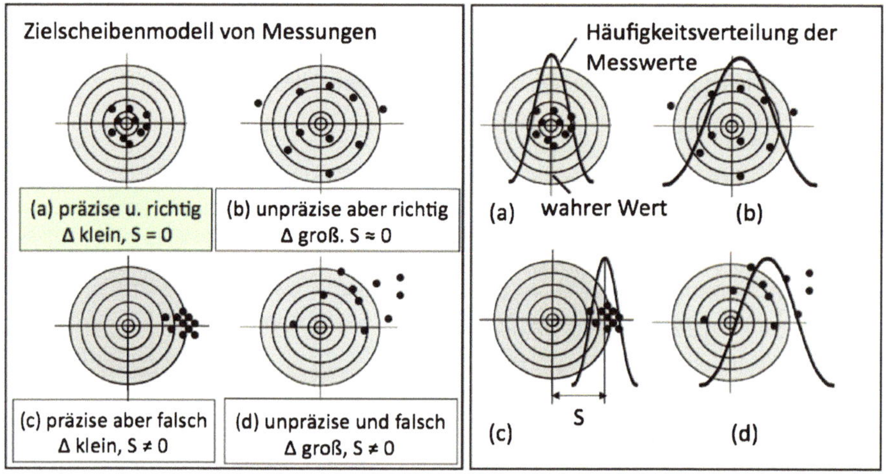

Abb. 5.7 Zielscheibenmodell zur Illustration von Präzision und Richtigkeit von Messungen

Genauigkeit von Messungen: Präzision und Richtigkeit

Mit dem Begriff *Genauigkeit* wird in der Messtechnik die Kombination von*Präzision* und *Richtigkeit bezeichnet*. Zur zusammenfassenden Beurteilung ob die Messungen einer Messreihe präzise und richtig sind dient das anschauliche Zielscheibenmodell, Abb. 5.7, dessen Zentrum der „wahre Wert" ist.

- Präzision: Ausmaß der Übereinstimmung zwischen den Ergebnissen unabhängiger Messungen.
- Richtigkeit: Ausmaß der Übereinstimmung des Mittelwertes von Messwerten mit dem wahren Wert der Messgröße.

Messtechnisch anzustreben ist der Fall (a), der durch eine kleine Messunsicherheit und keine systematischen Messabweichungen gekennzeichnet ist, während der Fall (d) sowohl unpräzise als auch falsch ist. Eine messtechnische Problematik stellen Messergebnisse dar, die zwar eine hohe Präzision aber (möglicherweise unerkannte) systematische Fehler aufweisen, wie Fall (c).

Grenzwertbeurteilung von Messwerten

Die Messunsicherheit ist von großer Bedeutung für die Beurteilung der Aussagefähigkeit von Messungen im Hinblick darauf, ob ein Messobjekt vorgeschriebene oder vereinbarte Grenzwerte (z. B. zulässiger Festigkeitsgrenzwerte) erfüllt. Abb. 5.8 illustriert, dass dies nur bei Kenntnis der Messunsicherheiten möglich ist. Die allgemeine Regel für die Grenzwertbeurteilung von Messwerten ist in Abb. 5.9 dargestellt.

Prozessfähigkeitsbeurteilung von Technologien und Produktionsprozessen

Messtechnik und statistische Messgrößenauswertung bilden die Grundlage für die Beurteilung der „Prozessfähigkeit" oder „Qualitätsfähigkeit" von Technologien und

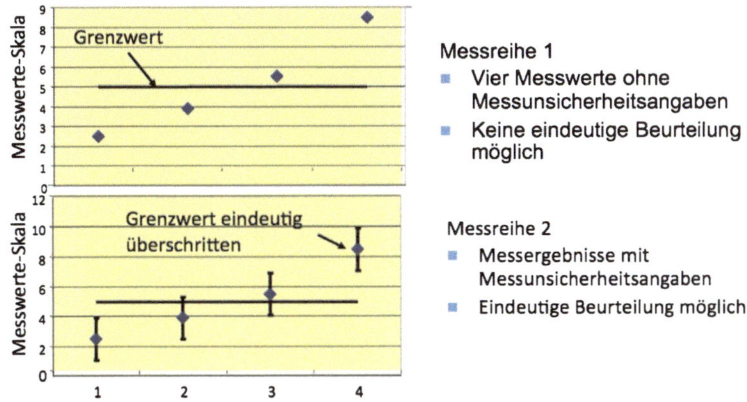

Abb. 5.8 Die Bedeutung von Messunsicherheitsangaben zur Grenzwertbeurteilung

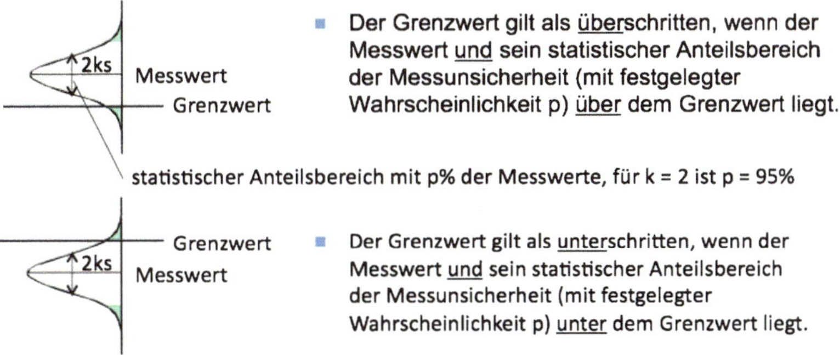

Abb. 5.9 Regel für die Grenzwertbeurteilung von Messwerten

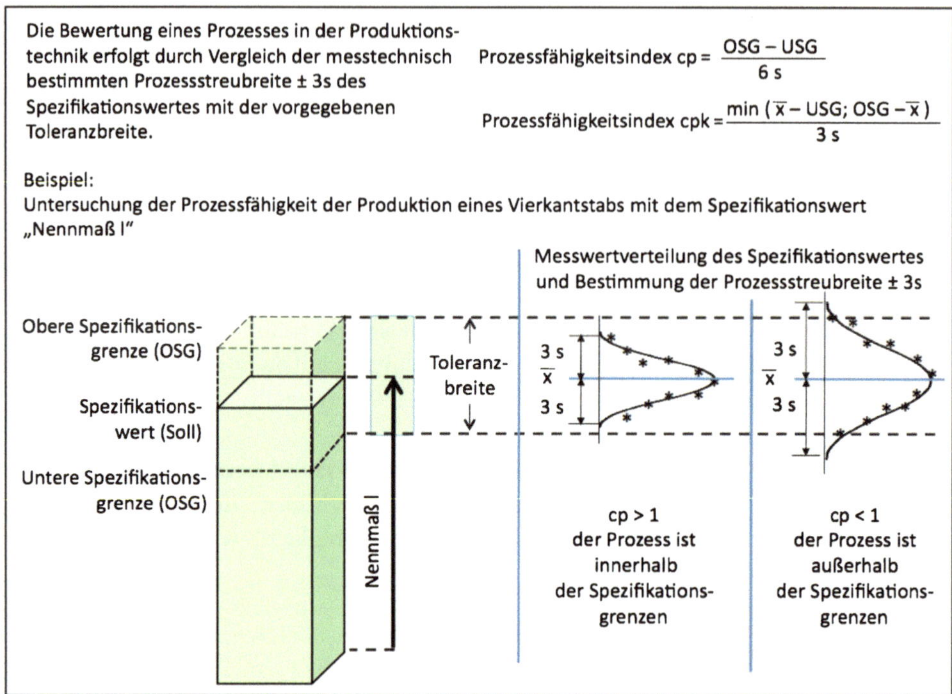

Abb. 5.10 Definition der Prozessfähigkeitsindizes und ein einfaches Beispiel der Prozessfähigkeitsbeurteilung

Produktionsprozessen. Abb. 5.10 gibt die Definitionen der Prozessfähigkeitsindizes und beschreibt ein Anwendungsbeispiel.

Kenngrößen für die Prozess- oder Qualitätsfähigkeit sind „Prozessfähigkeitsindizes". Hiermit wird das Verhältnis zwischen der Häufigkeitsverteilung eines messbaren Eigenschafts- oder Qualitätsmerkmals und der für dieses Merkmal vorgegebenen Toleranzbreite bezeichnet. Der Prozessfähigkeitsindex cp gibt eine Aussage über die Streubreite eines (Produktions-)Prozesses unabhängig von der Lage des Mittelwertes des betreffenden Produktmerkmals. Der cpk-Wert ermöglicht eine Aussage über Streubreite und Lage des Mittelwertes des Produktmerkmals relativ zu der nächsten Spezifikationsgrenze.

5.1.5 Instrumentelle Messunsicherheit und Kalibrierung

Die Kennzeichnung der instrumentellen Messunsicherheit basiert auf der Typ-B-Methode (siehe Abb. 5.4) und ist eine pauschale Angabe über maximal bei der Verwendung von Messgeräten zu erwartende Messabweichungen, siehe Abb. 5.11.

Messgerätetypen:

- Analoggeräte mit Skalenanzeige.
- Digitalgeräte mit Ziffernanzeige.

Instrumentelle Messunsicherheit (traditionell „Messgerätefehler")
Abweichung des Ausgangssignals eines Messgerätes vom wahren Wert, gekennzeichnet durch ein Fehlergrenzenintervall der „Fehlerspannweite" 2Δ

- Analoggeräte: Die **Genauigkeitsklasse** p gibt in % die symmetrische Fehlergrenze Δ bezogen auf den Messbereichsendwert y_{max} an: $p = (\Delta / y_{max})100$ [%]. Als statistische Sicherheit für die Einhaltung der Klassengrenzen gilt 95 % als vereinbart.

Messgerätekategorie	Genauigkeitsklasse p in %
Präzisionsmessgeräte	0,001; 0,002; 0,005;0,01; 0,05
Feinmessgeräte	0,1; 0,2; 0,5
Betriebsmessgeräte	1; 1,5; 2,5; 5

Beispiel: Bei einem Voltmeter, Klasse 1, U_{max} = 10 V ist im gesamtem Messbereich die Fehlergrenze Δ = 0,1 V und der relative Fehler z. B. bei einem Messwert von 2 V ist gleich (0,1 V / 2 V) • 100 = 5%.

- Digitalgeräte: Die Fehlergrenze beträgt ± 1 Ziffernschritt (digit) auf der niederwertigsten Stelle der Ziffernanzeige (least significant unit).

Abb. 5.11 Übersicht über Messgerätetypen und Genauigkeitsklassen

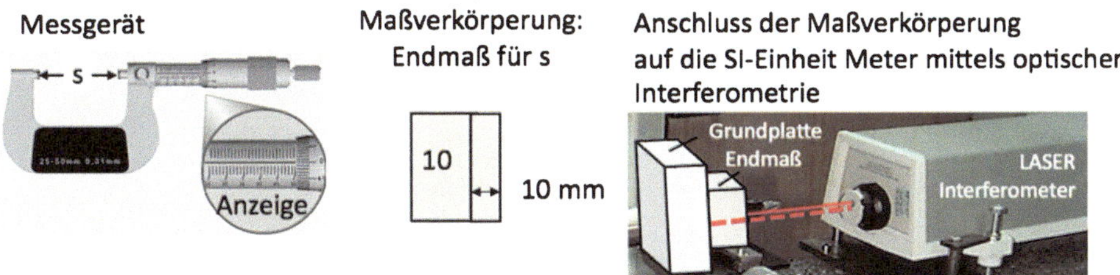

Abb. 5.12 Beispiel der metrologischen traceability eines Gerätes der Längenmesstechnik

Messgeräte müssen kalibriert sein. Kalibrieren heißt, den Zusammenhang zwischen der Anzeige eines Messgerätes und dem wahren Wert der Messgröße bei vorgegebenen Messbedingungen zu ermitteln. Der wahre Wert der Messgröße wird durch einen Vergleich mit einem Normalgerät bestimmt, das auf ein (nationales) Normal zurückgeführt sein muss (Rückführbarkeit: traceabilty). Ein Beispiel zeigt Abb. 5.12.

Der Zusammenhang zwischen der Anzeige und dem wahren Wert der Messgröße wird durch ein Kalibrierdiagramm („Kennlinie" des Messgerätes) graphisch dargestellt. Die aus zwei Schritten bestehende Methodik des Kalibrierens ist in Abb. 5.13 beispielhaft illustriert.

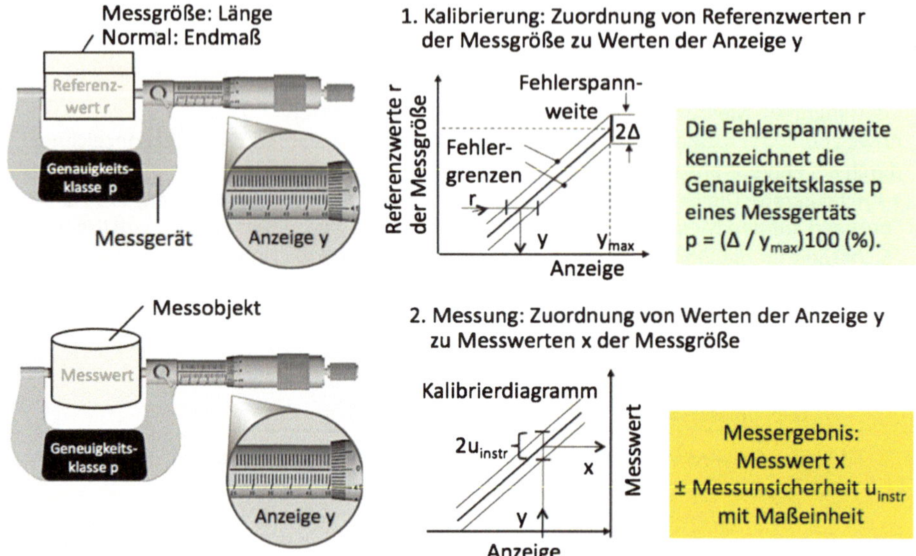

Abb. 5.13 Beispiel der Methodik des Kalibrierens von Messgeräten

Bei Kenntnis der Messunsicherheiten der Messgrößen A, B, C mit den Absolutwerten u_A, u_B, u_C bzw. Relativwerten $\delta_A = u_A/A$, $\delta_B = u_B/B$, $\delta_C = u_C/C$ ergibt sich die gesamte Messunsicherheit aus dem *Fehlerfortpflanzungsgesetz:*

$u_y = \sqrt{[(\partial y/\partial A)u_A]^2 + [(\partial y/\partial B)u_B]^2 + \ldots}$ mit folgenden Spezialfällen:

- Summen/Differenzfunktion $y = A + B$; $y = A - B$ $\Rightarrow$ $u_y = \sqrt{u_A{}^2 + u_B{}^2}$
- Produkt/Quotientenfunktion $y = A \bullet B$; $y = A / B$ $\Rightarrow u_y/y = \delta_y = \sqrt{\delta_A{}^2 + \delta_B{}^2}$
- Potenzfunktion $y = A^n$ $\Rightarrow$ $u_y/y = \delta_y = |n| \bullet u_A/A = |n| \bullet \delta A$

Abb. 5.14 Fehlerfortpflanzungsgesetz zur Bestimmung von Messunsicherheitsbudgets

5.1.6 Messunsicherheitsbudget für Messfunktionen

In technischen Aufgabenstellungen ist häufig eine Aufgabengröße y durch eine *Messfunktion* y = f(A, B, C, …) aus mehreren, voneinander unabhängiger Messgrößen A, B, C, … zu bestimmen, z. B. mechanische Spannung = Kraft/Fläche, elektrischer Widerstand = Elektrische Spannung/Elektrischer Strom.

In diesen Fällen kann bei Kenntnis der Messunsicherheiten (u) der einzelnen Messgrößen A, B, C, – bzw. der Genauigkeitsklassen (p) der verwendeten Messgeräte – das *Messunsicherheitsbudget* der Messfunktion durch das Gauß'sche Fehlerfortpflanzungsgesetz bestimmt werden. Für die Messfunktionen, die mathematisch aus Addition, Subtraktion, Multiplikation, Division oder Potenzbildung resultieren, ergeben sich die in Abb. 5.14 zusammengestellten Formeln.

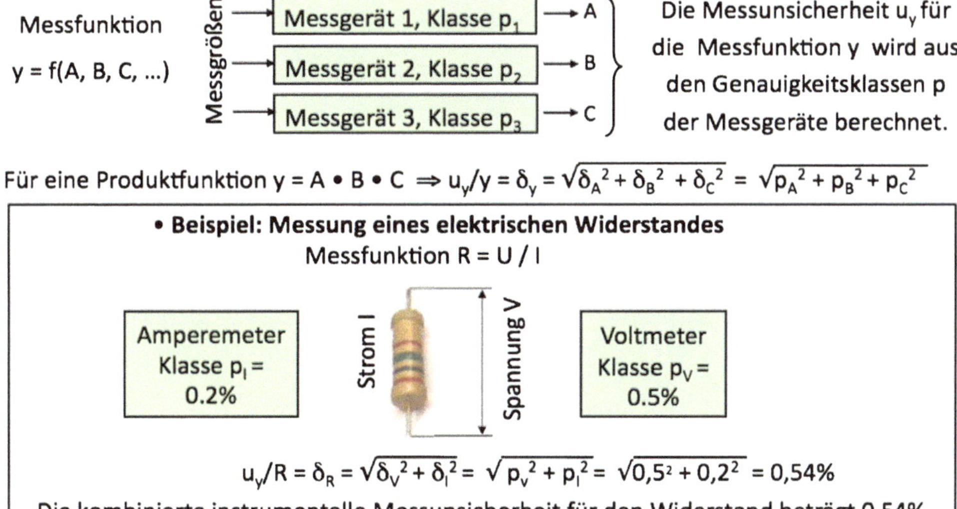

Abb. 5.15 Beispiel der Bestimmung des Messunsicherheitsbudgets für zwei Variable

Die Bestimmung von Messunsicherheitsbudgets für Messfunktionen mit mehreren Variablen – die separat mit Messgeräten bekannter Genauigkeitsklassen gemessen werden – wird mit Beispielen aus der Elektrotechnik, Abb. 5.15, und der Mechanik/Werkstofftechnik, Abb. 5.16, illustriert.

5.1.7 Qualitätsmanagement im Mess- und Prüfwesen

Durch ein geeignetes Qualitätsmanagement ist sicherzustellen, dass in der Anwendung der Messtechnik und Sensorik bestimmungsgemäße Funktionen sowie festgelegte und vorausgesetzte Regeln erfüllt werden. Wichtige Hilfsmittel für die Qualitätssicherung im Mess- und Prüfwesen sind Referenzmaterialien und Referenzverfahren:

- Referenzmaterial: Material oder Substanz von ausreichender Homogenität, von dem bzw. der ein oder mehrere Merkmalwerte so genau festgelegt sind, dass sie zur Kalibrierung Zuweisung von Stoffwerten verwendet werden (ISO Guide 30, 1992).
- Referenzverfahren: Eingehend charakterisiertes und nachweislich beherrschtes Prüf-, Mess- oder Analysenverfahren zur
  - Qualitätsbewertung anderer Verfahren für vergleichbare Aufgaben,
  - Charakterisierung von Referenzmaterialien einschließlich Referenzobjekten,
  - Bestimmung von Referenzwerten.

  Die Ergebnisunsicherheit eines Referenzverfahrens muss angemessen abgeschätzt und dem Verwendungszweck entsprechend beschaffen sein.

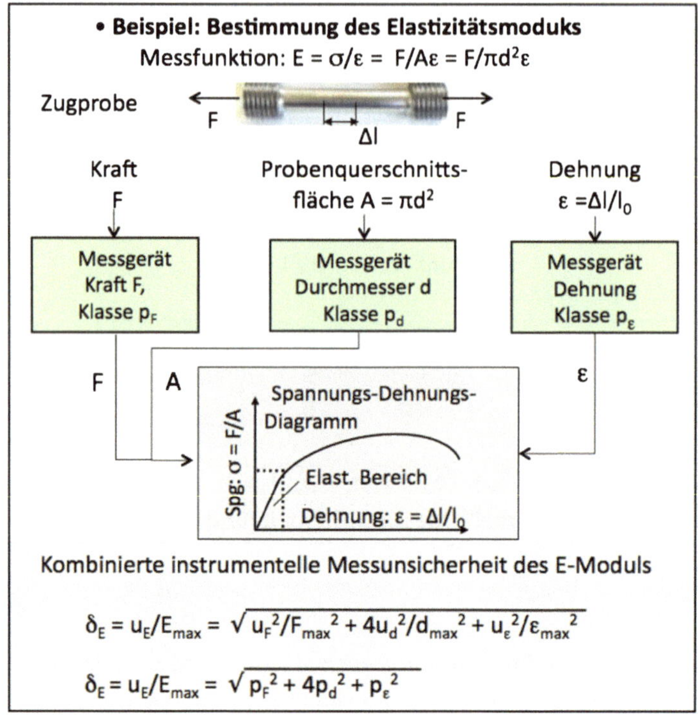

Abb. 5.16 Beispiel der Bestimmung des Messunsicherheitsbudgets für drei Variable

Europaweite Regelungen zum Betreiben von Mess- und Prüflaboratorien wurden mit der Bildung der Europäischen Union durch den Vertrag von Maastricht vom November 1993 und der Gründung des europäischen Binnenmarkts geschaffen (Euro-Norm EN 45 001). In der Norm DIN EN ISO 17025 sind die jetzt international geltenden Allgemeinen Anforderungen an die Kompetenz von Prüf- und Kalibrierlaboratorien festgelegt. Die Norm ist gegliedert in die Hauptabschnitte

- Anforderungen an das Management,
- Technische Anforderungen.

Die Norm 17025 enthält alle Erfordernisse, die Prüf- und Kalibrierlaboratorien erfüllen müssen, wenn sie nachweisen wollen, dass sie ein Qualitätsmanagement betreiben, technisch kompetent und fähig sind, fachlich begründete Ergebnisse zu erzielen. Die Akzeptanz von Prüf- und Kalibrierergebnissen zwischen Staaten wird vereinfacht, wenn Laboratorien dieser Internationalen Norm entsprechend akkreditiert sind. Laboratorien können ihre Eignung zur Durchführung bestimmter Prüfungen in Intercomparisons und Proficiency Tests feststellen, siehe EPTIS, European Information System on Proficiency Testing Systems, www.eptis.bam.de.

5.2 Sensortechnische Grundlagen

Durch Sensorik können Messgrößen erfasst und – umgewandelt in elektrische Signale – mit elektronischen Geräten (Schreiber, Drucker) dargestellt sowie für Aufgaben der Aktorik und der Steuer-/Regelungs-/Automatisierungstechnik verwendet werden.

5.2.1 Physikalische Sensoreffekte

Sensoren nutzen Wandlereffekte für physikalische Größen. Tabelle 5.3 gibt dazu eine allgemeine Übersicht, die Sensoreffekte mit elektrischem Signalausgang sind hervorgehoben.

Die in Tab. 5.3 kategorisierten Wandlerprinzipien der Sensorik basieren auf physikalischen Effekten, die in der englischsprachigen Literatur als „Physical Principles for the Transformation of Variable of Interest into measurable Quantities" gekennzeichnet sind und häufig nach ihrem Entdecker benannt werden.

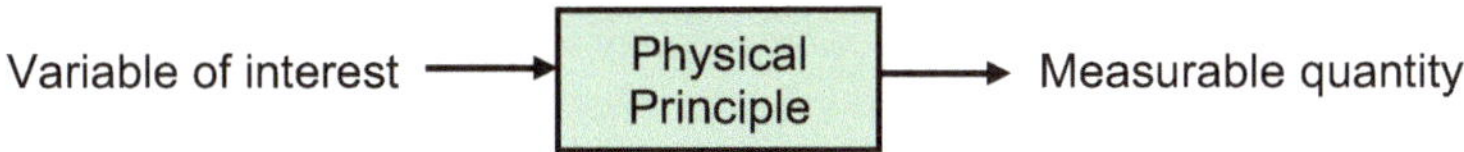

Einige Beispiele von „physical principles" für die grundlegenden Sensorkategorien sind im Folgenden genannt (Quelle: MECHATRONICS, McGraw-Hill, 2003).

Tab. 5.3 Physikalische Wandlerprinzipien für Sensoren

Eingangsgröße	Ausgangsgröße				
	mechanisch	thermisch	elektrisch	magnetisch	optisch
mechanisch	Hebel, Pendel, Schiefe Ebene, Elastische Deformation, Fluidik	Wärmepumpe, Kältepumpe, Reibung	Geometrieabhängigkeit von R, L, C, Induktion, Piezoeffekte	Magnetoelastische Effekte, Magnetohydrodynamik	Interferometrie, Spannungsoptik, Tribolumineszenz
thermisch	Thermoelastizität, Dampfdruck, Explosionsdruck	Thermische Kreisprozesse	Temperaturabhängigkeit von R, L, C, Thermo-Elektrizität, Pyroelektrizität	Thermomagnetische Effekte	Wärmestrahlung, Thermolumineszenz
elektrisch	Induktion, Lorentz-Kraft, Piezoeffekte, Elektrostriktion	Joulesche Wärme, Peltier-Effekt, Thomsoneffekt	Transformator, Transistor, Influenz	Elektro-Magnetismus, Magnetoelektr. Effekte	Elektro-opt. Kerr-Effekt, Elektrolumineszenz
magnetisch	Magnetomechanische Effekte	Magnetokalorische Effekte	Magneto-elektrische Effekte, Hall-Effekt	Magn. Suszeptibilität, magn. Hysterese	Magnetooptische Effekte
optisch	Strahlungsdruck	Absorption	Photoeffekt, Optoelektronik	Magnetoopt. Speicher	Interferenz, Bildwandler, LASER

Sensorik geometrischer Größen

- *Raoult's effect:* Resistance of a conductor changes when its length is changed.
  → This effect is partially responsible for the response of a strain gauge.
- *Poisson effect:* A material deforms in a direction perpendicular to an applied stress.
  → This effect is partially responsible for the response of a strain gauge.
- *Snell's law:* Reflected and refracted rays of light at an optical interface are related to the angle of incidence.
  → Fibre-optical strain sensors are based on this law.

Sensorik kinematischer Größen

- *Coriolis effect:* A body moving relative to a rotating frame of reference experiences a force relative to the frame.
  → A coriolis gyrometer detects disturbing torque moments acting detrimental on a moving automobile.
- *Doppler effect:* The frequency received from a wave source (e.g., sound or light) depends on the speed of the source.
  → A laser doppler velocimeter uses the frequency shift of laser light reflected off of moving bodies, e. g. machinery components or moving automobiles.
- *Gauss effect:* The resistance of a conductor increases when magnetized.
  → This effect is used to determine lateral or rotational motions of moving components in machines or in automobiles.
- *Hall effect:* A voltage is generated perpendicular to current flow in a magnetic field.
  → A Hall effect proximity sensor detects when a magnetic field changes due to the motion of a metallic object.

Sensorik dynamischer Größen

- *Lorentz's law:* There is a force on a charged particle moving in an electric and magnetic field.
  → The Lorentz force is the basic effect for the operation of motors and generators.
- *Piezoelectric effect:* Charge is displaced across a crystal when it is strained.
  → A piezoelectric accelerometer measures charge polarization across a piezoelectric crystal subject to deformations due to a force.

Sensorik von thermischen Einflussgrößen

- *Biot's law:* The rate of heat conduction through a medium is directly proportional to the temperature difference across the medium.
  → This *principle* is basic to time constants associated with temperature transducers.
- *Joule's law:* Heat is produced by current flowing through a resistor.
  → The design of a hot-wire anemometer is based on this principle.

- *Seebeck effect:* Dissimilar metals in contact result in a voltage difference across the junction that depends on temperature.
  → Principle of a thermocouple.

5.2.2 Funktion und Kennzeichen technischer Sensoren

Ein Sensor ist ein „interdisziplinärer Messgrößenwandler" zur Umwandlung einer Sensor-Eingangsgröße in eine Sensor-Ausgangsgröße. Die von einem Sensor zu bestimmenden Eingangsgrößen sind meist mechanische Größen mit mechanischen Einheiten, z. B. Kraft F in Newton und die Ausgangsgrößen sind elektrische Größen, z. B. Spannung U in Volt oder Strom I in Ampere. Eine Zeitabhängigkeit der Sensorvariablen kann nicht (wie in der Elektrotechnik üblich) durch Kleinschreibung der Formelzeichen ausgedrückt werden (denn ein kleines f würde nicht eine zeitabhängige Kraft, sondern eine Frequenz bedeuten). Zeitabhängige Sensorvariablen werden ggf. durch X(t) oder x(t) und Y(t) oder y(t) dargestellt.

Funktion von Sensoren
Die Funktion eines Sensors wird gekennzeichnet durch Funktionsgleichungen sowie die Empfindlichkeit an einem betrachteten Arbeitspunkt, siehe Abb. 5.17. Die graphische Darstellung des Zusammenhangs von Messgröße x und Sensor-Ausgangssignal y im stationären Zustand ist die *Sensorkennlinie.*

Wenn ein Sensor mit einem Verstärker und einem Display zusammengeschaltet wird, multiplizieren sich Empfindlichkeit bzw. Koeffizient der drei Elemente. Das Ausgangssignal ist dann $y = (\varepsilon_S \cdot \varepsilon_V \cdot \varepsilon_D)\ x$, und die Messgröße $x = (c_S \cdot c_V \cdot c_V)\ y$.

Die Sensorfunktion kann durch Einflussgrößen oder Störgrößen z beeinflusst werden. Bei der Kennlinie sind Abweichungen (systematische Fehler) möglich, die durch Justieren reduziert werden können:

- Linearitätsabweichung: Abweichung von der Näherungsgeraden,
- Anfangspunkt/Nullpunkt-Abweichung: Verschiebung der Kennlinie,
- Steigungs-/Empfindlichkeits-Abweichung: Verdrehung der Kennlinie.

Bestimmte Einflussgrößen auf die Sensorfunktion, wie z. B. Variation der Umgebungstemperatur können durch Korrekturmodule ausgeglichen werden. Hierzu werden korrekte

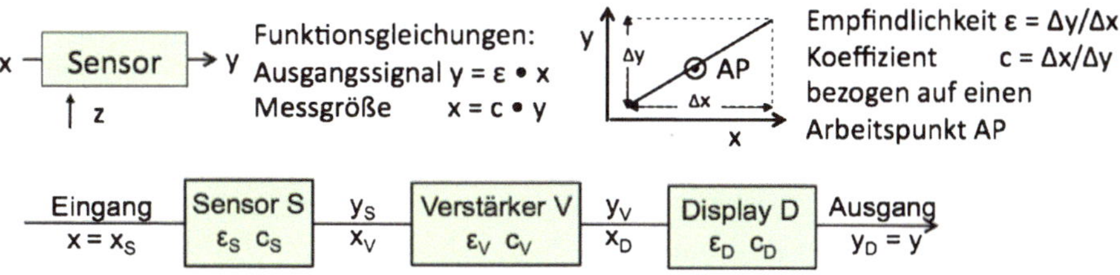

Abb. 5.17 Die Kennzeichen eines Sensors im stationären Zustand

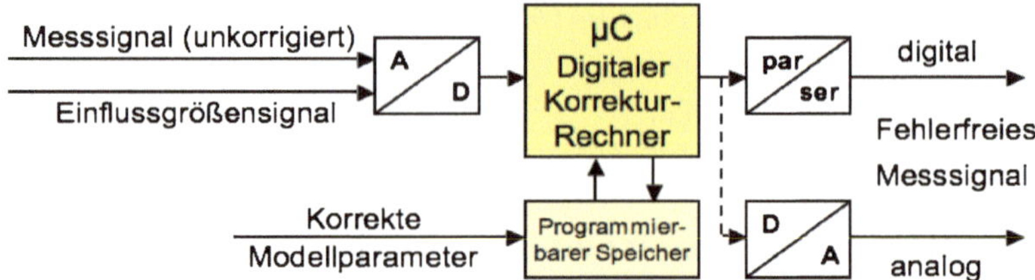

Abb. 5.18 Prinzip eines Moduls zur Korrektur von Sensor-Einflussgrößen

Modellparameter (Sollgrößen) in einem programmierbaren Speicher abgelegt. Unter Verwendung eines Korrekturrechners lassen sich durch Soll-Ist-Vergleiche und Korrekturen „fehlerfreie" Messsignale gewinnen, Abb. 5.18.

Kennzeichen von Sensoren
Für die technische Anwendung müssen Sensoren geeignete Eigenschaften haben, dazu gehören:

- Sensorprinzip,
- Messgröße X, Messbereich, Güteklasse,
- Ausgangssignal Y,
  - analog zu Strom, Spannung, R, L, C, f,
  - analog oder digital codiert,
  - Y-X-Kennlinie (stetig oder quantisiert),
- Statisches und dynamisches Verhalten,
- Schnittstellen-Kompatibilität,
- Herstellungstechnologie, Kosten,
- Qualität, Sicherheit, Zuverlässigkeit,
- Umweltverträglichkeit, Recycling.

Signalübertragungsverhalten
Ein wichtiges Charakteristikum zur Kennzeichnung der Funktion der Elemente technischer Systeme ist das bereits in Abschn. 2.2 beschriebene Signalübertragungsverhalten. Abb. 5.19 illustriert das durch Testfunktionen charakterisierte stationäre (zeitunabhängige) Verhalten und das dynamische (zeitabhängige) Verhalten.

5.2.3 Messkette

Die Messkette ist die technische Realisierung der in Abb. 5.2 dargestellten grundlegenden Struktur der Messtechnik. Abb. 5.20 zeigt das Blockschaltbild zur Messgrößenaufnahme, Signalverarbeitung, Ausgabe und die Möglichkeiten zur Nutzung für Speicherung, Aktorik oder Regelung.

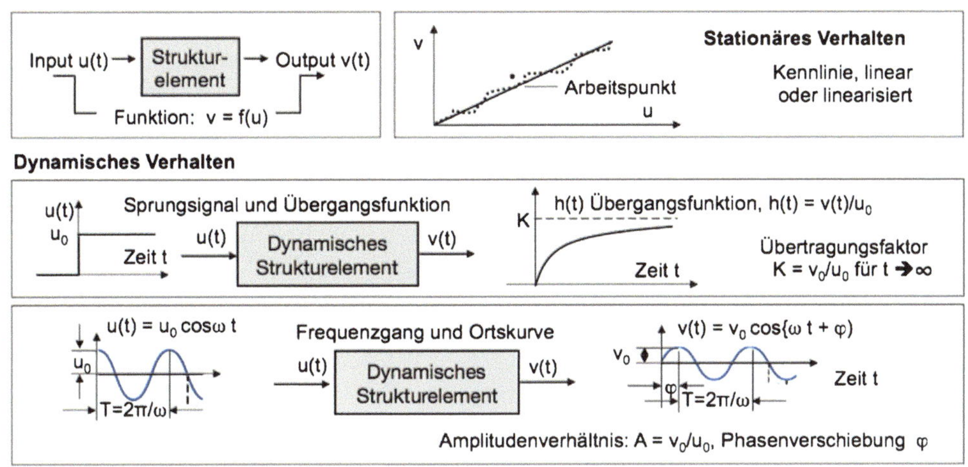

Abb. 5.19 Signalübertragungsverhalten von Systemelementen

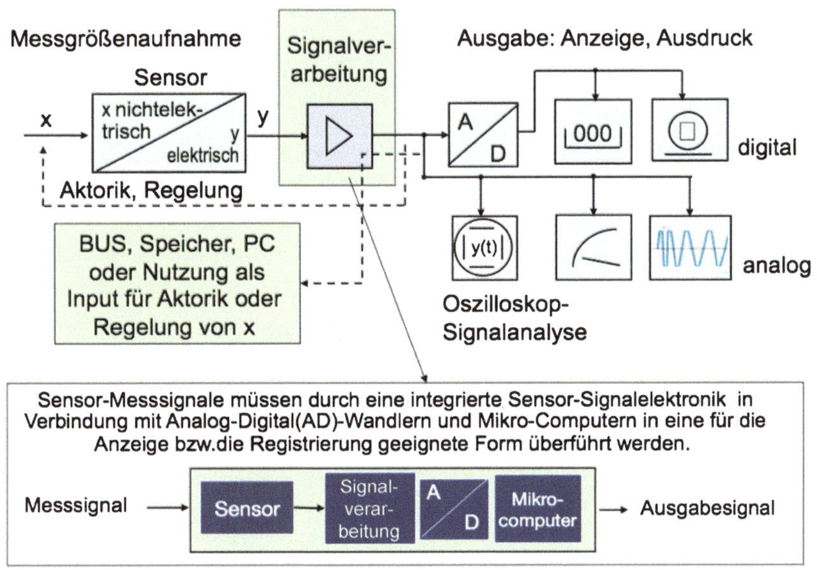

Abb. 5.20 Messkette: Aufbau und Funktion

Signalverarbeitung und Signalausgabe einer Messkette

Die **Signalverarbeitung** in einer Messkette hat folgende – am gegebenen Anwendungsfall speziell auszurichtende – Aufgaben:

Signalaufbereitung:

- Verstärkung (DC, AC),
- Gleichrichtung (auch phasensynchron),

- Signal-Pulsformung,
- Spannungs-/Frequenz-Umsetzung,
- Frequenzfilterung,
- Kennlinien-Linearisierung,
- ΔTemperatur-Kompensation (analog, digital),
- Nullabgleich,
- Servo-Regelung (Kompensationsprinzip),
- kurzschluss- und überspannungssichere Ausgangsstufen,
- Signalmultiplexer,
- Serialisierung der Signale (analog, digital),
- Signal-Codierung,
- Signal-Busschnittstelle, …

Die AD-Umsetzung muss gewährleisten, dass auch die höchste im Signal vorkommende Frequenz f_{max} erfasst und das Shannon'sche Theorem erfüllt wird: Abtastfrequenz $> 2f_{max}$.

Mikrocomputer in der Sensorik müssen in Echtzeit arbeiten und umfassen neben der Zentraleinheit CPU (Central Processing Unit) zur Bearbeitung arithmetischer Operationen und logischer Verknüpfungen spezielle Funktions-Module zur Signalerfassung und zur Erzeugung von Ansteuersignalen für externe Stellglieder, z. B. „Application-specific integrated circuits“ (ASIC).

Die **Signalausgabe** hat die Aufgabe, die mit den verschiedenen Sensoren erfassten Messsignale am Ausgang einer Messkette in aufgabengerechter Form abzugreifen, zu speichern, darzustellen, auszudrucken oder weiter zu verarbeiten. Die Messketten-Ausgangssignale können Funktionen von statischen oder dynamischen Variablen mit wert/zeit-kontinuierlichen oder wert/zeit-diskreten Verläufen sein. Zu unterscheiden sind:

- amplitudenanaloge Signale: Messwert ist die Amplitude der Zeitfunktion.
- zeitanaloge Signale: Messwert ist die Zeitdauer des Impulses.
- frequenzanaloge Signale: Messwert ist die Frequenz einer (periodischen oder stochastischen) Impulsfolge.
- digitale Signale: Messwert ist ein Bitsignal.

Betrachtet man insgesamt den Signaldurchlauf durch eine sensortechnische Messkette, so gibt es – nach einer geeigneten Signalaufbereitung – für die aufgabenbezogene Nutzung von Sensorausgangssignalen folgende Möglichkeiten:

- Anzeige in digitaler oder analoger Form,
- Ausdruck in digitaler oder analoger Form,
- Signalanalyse: Bestimmung von Amplituden- und Frequenzmerkmalen,
- Nutzung für Aufgaben der Aktorik oder der Regelung,
- Nutzung für informationstechnische Aufgaben mittels BUS, Speicher, PC.

Messunsicherheitsbudget einer Messkette
Für eine Messkette ist die in Abschn. 5.1.5 definierte instrumentelle Messunsicherheit auf die gesamte Messkette zu erweitern. Die dafür anzuwendende Methodik ist für die einfachste Messkette in Abb. 5.21 beschrieben.

Gesamtdarstellung einer Messkette mit Kenngrößen
Eine zusammenfassende Übersicht über die Darstellung und die Kenngrößen einer Messkette zusammen mit dem Beispiel zur Wegmessung mit einem induktiven Wegsensor zeigt Abb. 5.22.

5.2.4 Messstrategie der Sensorik

Die Messstrategie der Sensorik kombiniert Metrologie und Sensortechnik und umfasst folgende Schritte:

1. Definition der Messgröße und der metrologischen Bezugsgröße
   → Internationales Einheitensystem SI, siehe Abschn. 5.1.2,
2. Kennzeichnung der Rahmenbedingungen (Messobjekt, Umweltgrößen),
3. Auswahl eines geeigneten Sensors für die Messgröße, siehe Auswahlmatrix,

Messgröße	**Sensor-Ausgangssignal**				
	resistiv	**induktiv**	**kapazitiv**	**Spannung**	**Strom**
Dehnung $\varepsilon = \Delta l/l$	Dehnungsmess-streifen (DMS)				Faseroptische Sensoren
Position: Länge l, Weg s Winkel	Potentiometer, Magnetoresis-tiver Sensor, Gauß-Feldplatte	Tauchanker-Wegsensor Diff.-Trans-formator	Kapazitiver Wegsensor	Hall-Sensor, Optoel. Licht-schranken-Sensor	Wirbelstrom-Sensor
Geschwindigkeit v = ds/dt	Magnetoresist. Drehwinkel-S.	Indukt Dreh-winkel-S.		Magnetpol-Drehzahl-S.	Optoelektron. Drehzahl-S.
Beschleunigung a = dv/dt	Seismische Sensoren: Masse-Dämpfer-Feder-Systeme, Rückführung auf Wegmessung: resistiv, induktiv, kapazitiv, optoelektronisch, piezoresistiv; Hall/Gauß-Sensorik oder Dehnungsmessung (DMS)				
Kraft F Moment F• l	Piezoresistiver Sensor, Dehnstoffsensor	Magneto-elastischer Sensor	Kraftkom-pensations -Sensor	Rückführung auf Weg (s)-, oder Dehnungs (ε) -Messung, d. h. F = f(s) oder F = f(ε)	
Druck p = Kraft/Fläche	Piezoresistiver Sensor Dehnstoffsensor	Magneto-elastischer Sensor	Kapazitiver Drucksen-sor	Rückführung auf Weg (s)-, oder Dehnungs (ε) -Messung, d. h. F = f(s) oder F = f(ε)	
Temperatur T	NTC und PTC-Widerstände			Thermo-elemente	Optoelektron. Pyrometer

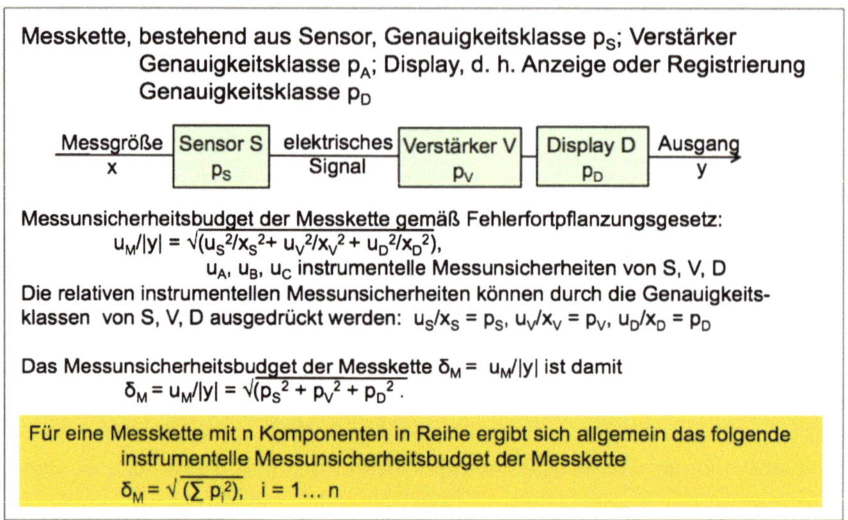

Abb. 5.21 Methodik zur Bestimmung des Messunsicherheitsbudgets einer Messkette

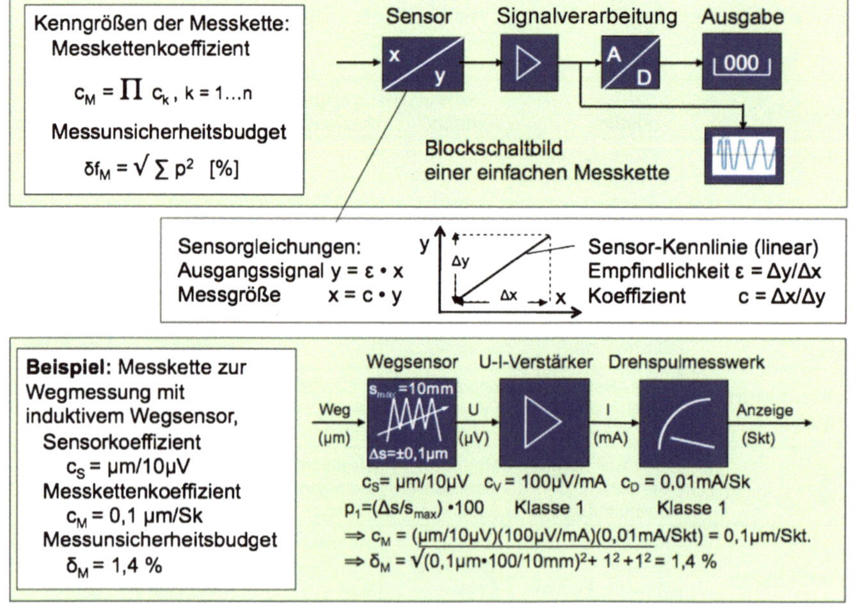

Abb. 5.22 Blockschaltbild einer Messkette mit Kenngrößen

4. Strukturierung der Messkette, Details und Beispiel siehe Abschn. 5.2.3,

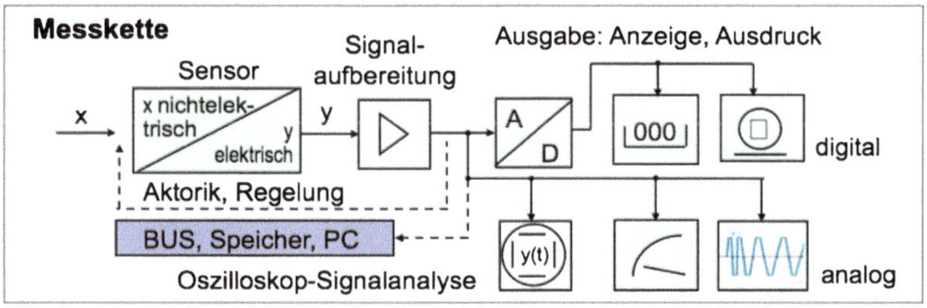

5. Festlegung des Messablaufs (Einzelmessung, Wiederholmessung, Messreihe),
6. Durchführung der Messung
   → Metrologische Methodik der Messtechnik, siehe Abschn. 5.1.3,
7. Datenregistrierung, Datenspeicherung, Auswertung,
8. Fehlerbetrachtung und Messunsicherheitsbudget
   → Messunsicherheit und Messgenauigkeit, siehe Abschn. 5.1.4,
9. Dokumentation und technischer Bericht.

5.3 Sensorik geometrischer Größen

Alle technischen Systeme bestehen aus Bauteilen mit geometrisch definierter Gestalt und spezifizierten Werkstoffen. Die Sensorik geometrischer Größen hat die Aufgabe, die Gestaltparameter technischer Bauteile zu kennzeichnen und Veränderungen durch mechanische oder thermische Beanspruchungen zu bestimmen. Abb. 5.23 gibt eine Übersicht über die grundlegenden Gestaltparameter (links) und mechanischen Beanspruchungen (rechts).

5.3.1 Längenmesstechnik

Die Kennzeichnung der Gestaltparameter technischer Bauteile gemäß Abb. 5.23 erfolgt durch die klassischen Geräte der *Längenmesstechnik* und mit *Oberflächen- und Konturmessgeräten* siehe Abb. 5.24.

In der Längenmesstechnik sollen nach dem Abbeschen Komparatorprinzip Messobjekt und Maßverkörperung in einer Ebene fluchtend angeordnet sein, um Messfehler 1. Ordnung – d. h. eine Messabweichung Δ proportional zum Winkel α einer möglichen Parallaxe zu vermeiden. Abb. 5.25 illustriert, dass bei einem Messschieber das Abbe'sche Prinzip nicht erfüllt ist. Bei einer Messschraube ist es erfüllt, sodass hier der Fehler um etwa zwei Größenordnungen kleiner ist.

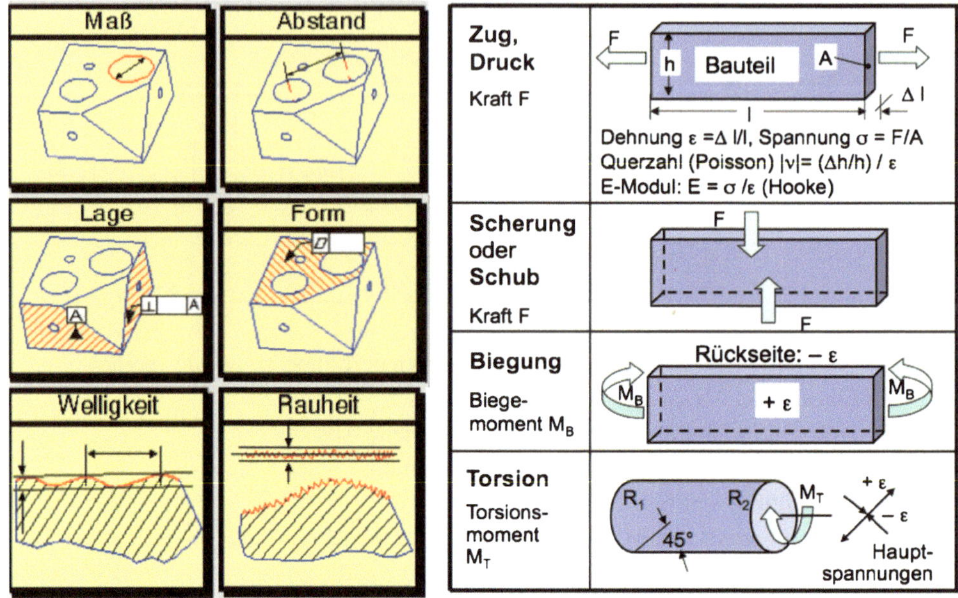

Abb. 5.23 Gestaltparameter und Beanspruchungsarten von Bauteilen

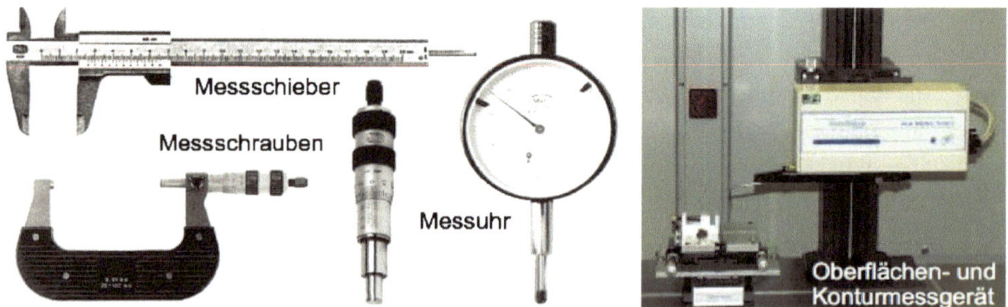

Abb. 5.24 Klassische Messgeräte der Längenmesstechnik

Koordinatenmesstechnik

Koordinatenmessgeräte sind Längenmessgeräte mit taktil-elektrischer Sensorik. Das Funktionsprinzip, der Tastsensor und der Geräteaufbau sind in Abb. 5.26 dargestellt.

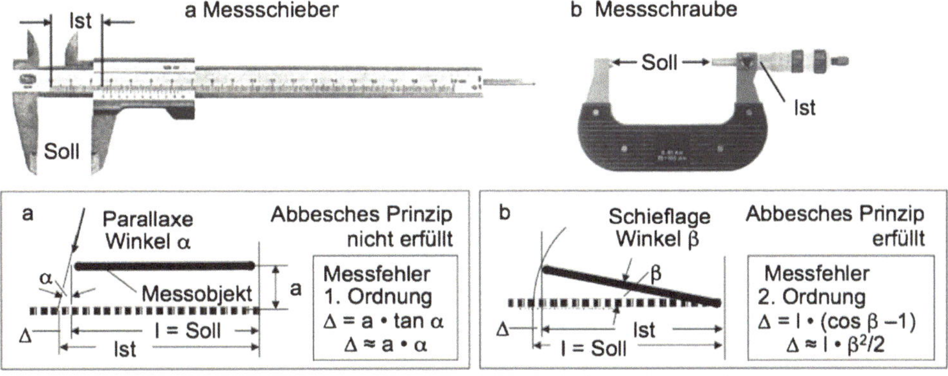

Für die trigonomischen Funktionen gelten die Reihenentwicklungen

$$\tan x = x + \frac{1}{3}x^3 + \frac{2}{15}x^5 + \frac{17}{315}x^7 + \quad \frac{x}{\alpha} = \frac{\pi}{180} \quad \cos x = 1 - \frac{x^2}{2!} + \frac{x^4}{4!} - \frac{x^6}{6!} \pm \cdots$$

Beispiel:

a. Parallaxe mit einem Winkel von α = 1° und einem Messlänge-Abstand-Verhältnis von 1:1 ergibt einen Fehler 1.Ordnung von 1;7 %.

b. Schieflage mit einem Winkel von β = 1° ergibt einen erheblich kleineren Fehler 2.Ordnung von 0,015 %.

Abb. 5.25 Längenmesstechnik und das Abbe'sche Komparatorprinzip

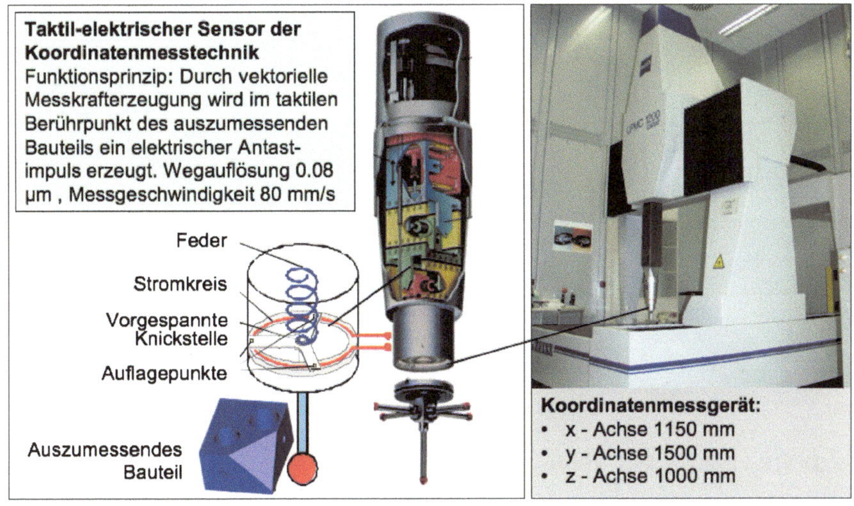

Abb. 5.26 Übersicht über die Methodik der Koordinatenmesstechnik

Berührungslose Längenmesstechnik

Für die mechanisch „berührungslose" Bestimmung der geometrischen Größen von Bauteilen wurden die Methoden der LASER-Triangulation (Abb. 5.27) und der Computertomografie (Abb. 5.28) entwickelt.

Computertomografie

Die Computertomografie ermöglicht mit der Durchstrahlung von Bauteilen Längenmessungen auch an mechanisch unzugänglichen Stellen von komplexen Bauteilen wie z. B. Motorblöcken. Bei der Computertomografie wird das zu untersuchende Bauteil mit einem fein gebündelten Röntgen- oder Gammastrahl in einer bestimmten Querschnittsebene in zahlreichen Positionen und Richtungen (Translation und Rotation des Bauteils) durchstrahlt, siehe Abb. 5.28. Alle Intensitätswerte des durchgetretenen Strahls werden von einem Detektor gemessen und einem Rechner zugeführt, der den lokalen Absorptionskoeffizienten, d. h. die Dichte jedes Querschnittselements im Bauteil berechnet. Als Ergebnis werden berührungslos und zerstörungsfrei gewonnene Querschnittsbilder des Bauteils in beliebigen Schnittebenen konstruiert, auf einem Bildschirm

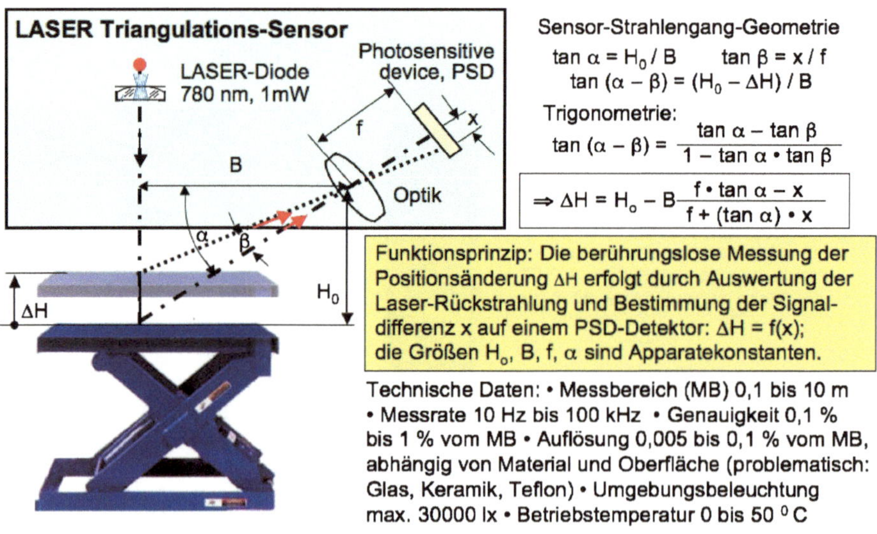

Abb. 5.27 Das Prinzip der LASER-Triangulation

Abb. 5.28 Prinzip der Computertomografie

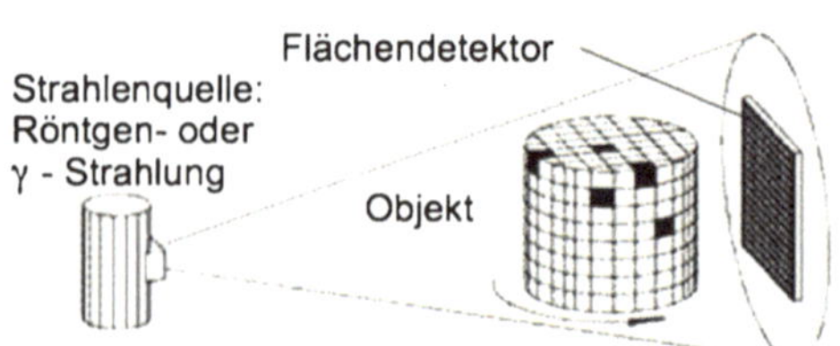

dargestellt, elektronisch gespeichert und als Bilddateien mit Ortsauflösungen bis zu 1 µm (Mikro-CT) ausgegeben.

Die CT wird zur Vermessung komplexer Bauteile in vielen Bereichen der Technik angewendet z. B. im Turbinenbau, siehe Abb. 5.29, oder in der Qualitätssicherung bei Kommunikationstechnologien, siehe Abb. 5.30. Die Computertomografie ermöglicht auch neue, wissenschaftlich Erkenntnisse bei der Vermessung historisch wertvoller Kunstwerke und Kulturgüter, siehe Abb. 5.31.

Oberflächenmesstechnik

Aufgabe der Oberflächenrauheitsmesstechnik ist allgemein die Erfassung der Mikrogeometrie technischer Oberflächen. Oberflächenmessgrößen können sich in integraler Art auf gesamte Oberflächenbereiche oder auf Profilschnitte, Tangentialschnitte oder Äquidistanzschnitte parallel zur idealen Oberfläche beziehen, siehe Abb. 5.32. Messtechniken sind in Abb. 5.33 zusammengestellt.

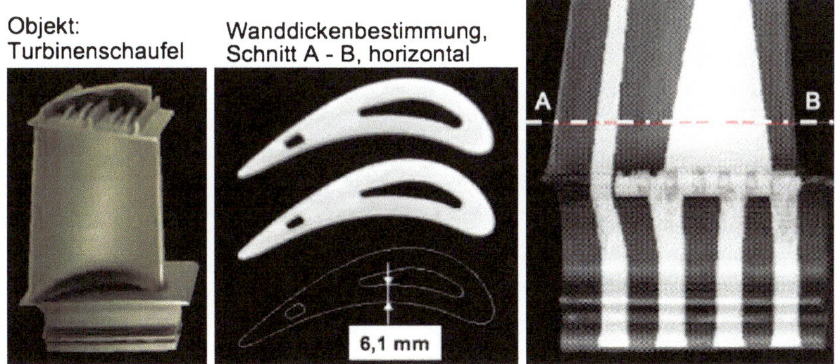

Abb. 5.29 Computertomografie von Turbinenschaufeln, rechts Vertikalschnitt mit Kühlkanälen

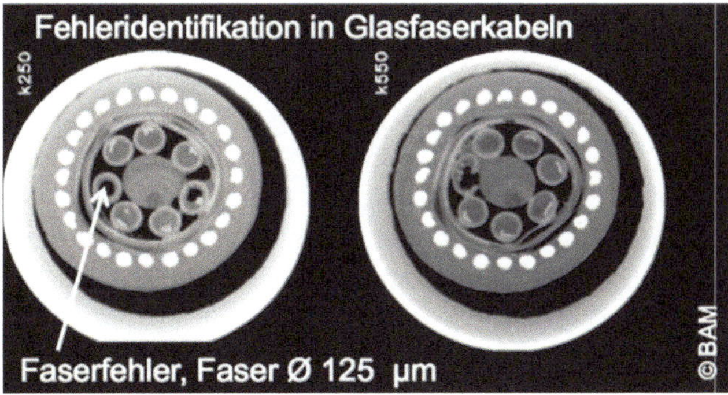

Abb. 5.30 Computertomografie von Glasfaserkabeln

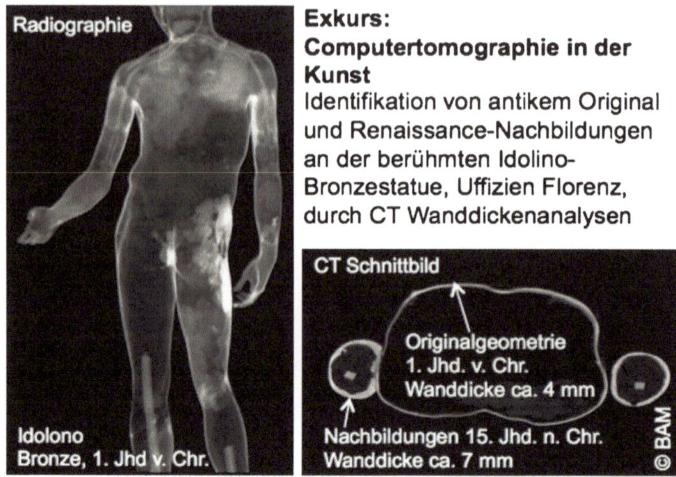

Abb. 5.31 Computertomografie in der Kunst: Vermessung einer antiken Bronzestatue

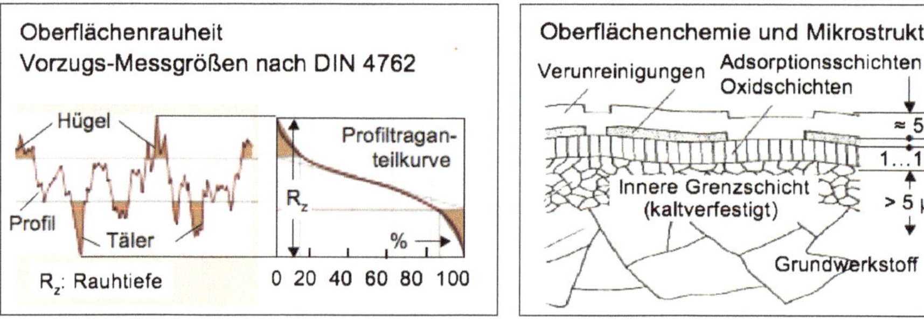

Abb. 5.32 Kennzeichen technischer Oberflächen

Die *Tastschnitttechnik* besteht aus der Abtastung des Oberflächenprofils durch eine Diamantnadel mit einem Tastsystem, der Aufzeichnung eines überhöhten Profilschnitts mit elektronischen Hilfsmitteln und der Berechnung von Rauheitsmessgrößen. Verfahrenskennzeichen: vertikale Auflösung besser als 0,01 µm, horizontale Auflösung begrenzt durch Spitzenradius (z. B. 5 µm) und Kegelwinkel (z. B. 60°), Problematik der Nichterfassung von „Profil-Hinterschneidungen" und plastischer Kontaktdeformation, z. B. bei der Abtastung weicher Oberflächen.

Das *Interferenzmikroskop* arbeitet mit „optischen Schnitten" parallel zur auszumessenden Oberfläche. Lichtinterferenzen ergeben ein Höhenschichtlinienbild von (spiegelnden, nicht zu rauen) Oberflächen mit Niveaulinien im Abstand von einer halben

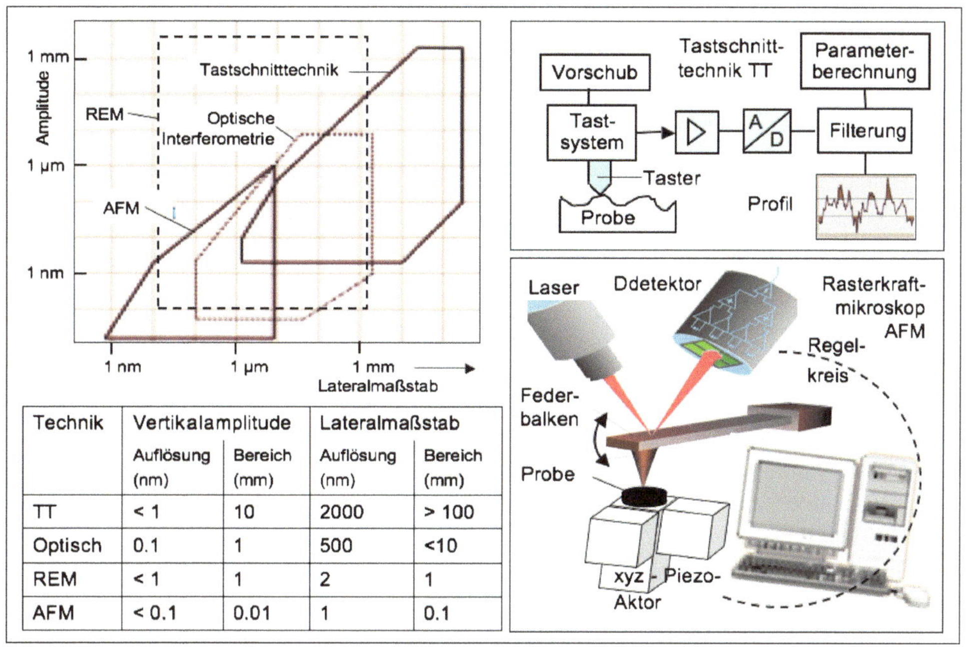

Technik	Vertikalamplitude		Lateralmaßstab	
	Auflösung (nm)	Bereich (mm)	Auflösung (nm)	Bereich (mm)
TT	< 1	10	2000	> 100
Optisch	0.1	1	500	<10
REM	< 1	1	2	1
AFM	< 0.1	0.01	1	0.1

Abb. 5.33 Prinzipien und Kennzeichen von Oberflächenmessverfahren

Lichtwellenlänge; die messbaren Rautiefenunterschiede betragen ca. 0,01 µm. Durch elektronische Signalbehandlung lassen sich Auflösungen bis in den Nanometerbereich erzielen.

Das Prinzip des *Rasterkraftmikroskops* (AFM, atomic force microscope) ist in Abb. 5.69 dargestellt. Die Tastspitze, meist aus Silizium, die an einem Federbalken ausgeformt wurde, soll mit konstanter Kraft auf der Probe aufliegen. Die dazugehörige elastische Federbalken-Deformation wird mit einem Lichtzeiger gemessen, der den Strahl eines Lasers auf den Federbalken und anschließend auf einen Positionsdetektor projiziert. Ändert sich die Kraft während des Scanvorgangs (Bewegung der Probe in x- und y-Richtung), so ändert sich die Federbalken-Auslenkung und damit die Position des Laserpunkts auf dem Positionsdetektor.

Diese Abweichung wird mittels eines aus Operationsverstärkern (OP) aufgebauten Analogrechners einem Regler zugeführt. Eine Korrekturspannung für die vertikale z-Position wird nach Verstärkung dem z-Piezoversteller zugeführt und gleicht die Abweichung der Sollkraft aus. Steuerung und Datenaufnahme erfolgen über einen Steuerrechner, wobei für jeden Pixelpunkt der Position (x, y) ein Helligkeitswert eingetragen wird, welcher der Korrekturspannung entspricht. Da die Längenausdehnung eines Piezoaktors dieser Spannung proportional ist, entsteht ein Bild der gemessenen Höhen-Topographie.

In Abb. 5.33 sind die Auflösungs- und Messbereiche der beschriebenen Verfahren dargestellt; ergänzend wurden auch die Bereichsdaten der Rasterelektronenmikroskopie (REM) aufgenommen.

5.3.2 Faseroptische Sensorik

Faseroptische Sensoren basieren auf der Beeinflussung lichtleitergeführter optischer Strahlung durch eine mechanische Beanspruchung (Zug, Druck). Dies bewirkt eine Dehnung ε des Lichtleiters und verändert in messbarer Weise optische Parameter im Outputsignal, woraus (unter der Voraussetzung einer mechanisch-optischen Kalibrierung) auf die mechanische Beanspruchung geschlossen werden kann. Abb. 5.34 nennt die optischen Parameter und die zugehörigen Sensortypen.

Die Funktionsprinzipien, Eigenschaften und technische Daten dieser Sensortypen sind in Abb. 5.35 zusammenfassend dargestellt.

Eigenschaften und technische Daten von optischen Fasersensoren

Die für die Anwendung faseroptischer Sensoren wichtigsten Eigenschaften sind:

- geringe Abmessungen, Sensordurchmesser <0,5 mm, Verwendung als *embedded sensors* für die strukturintegrierte Sensorik möglich,
- keine elektrischen Komponenten am Messort, chemisch inert, energie- bzw. verlustarm, temperaturstabil, daher einsetzbar,
  - in elektromagnetischen Feldern,
  - in Hochspannungs- und Kernstrahlungsbereichen,

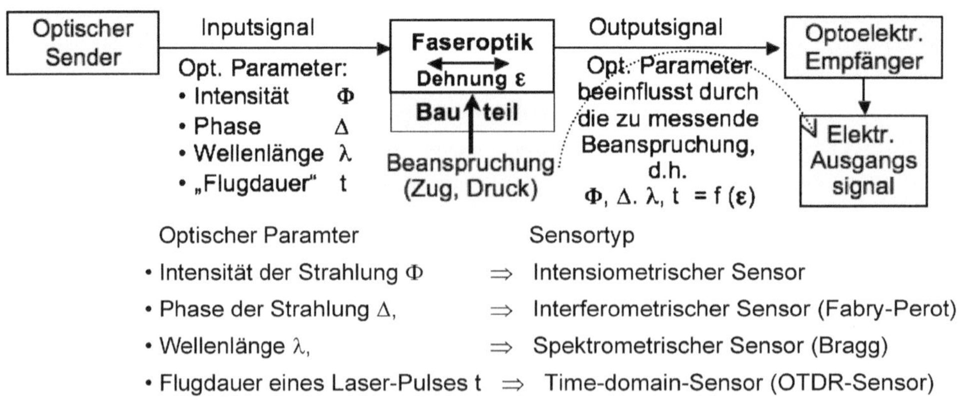

Abb. 5.34 Funktionsprinzip faseroptischer Sensoren

  - im Umfeld explosiver und aggressiver Medien,
  - bei hohen Temperaturen (> 1000 °C),
- hohe statische und dynamische Auflösung bei Dehnungsmessungen (in einigen Fällen < 0,1 µm/m, d. h. besser als 10^{-4} ‰) und bis zu einigen MHz,
- Sensorfaser kann in mehrere Messabschnitte eingeteilt werden, dadurch (online)-Abfrage der Messgröße nach Ort und Größe,
- Gestaltung räumlich verteilter Fasersensor-Netzwerke,
- Kompatibilität zu elektronischen Bild- und Datenverarbeitungssystemen.

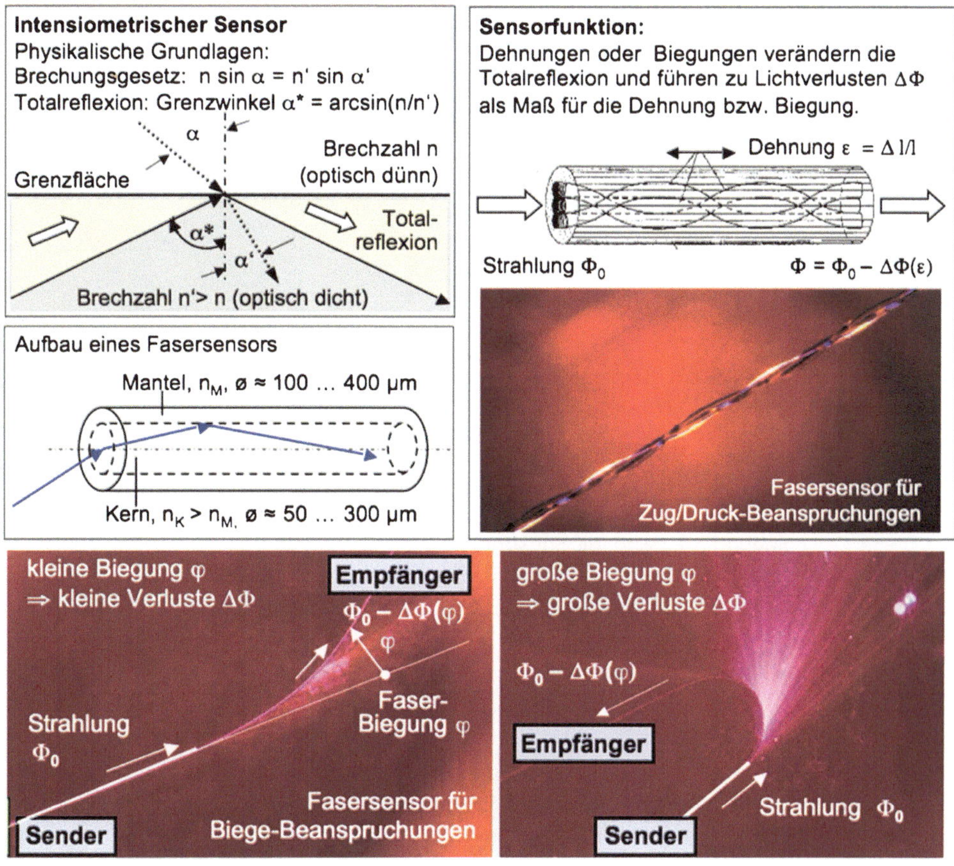

Abb. 5.35 Faseroptische Sensoren, Übersicht über die Funktionsprinzipien

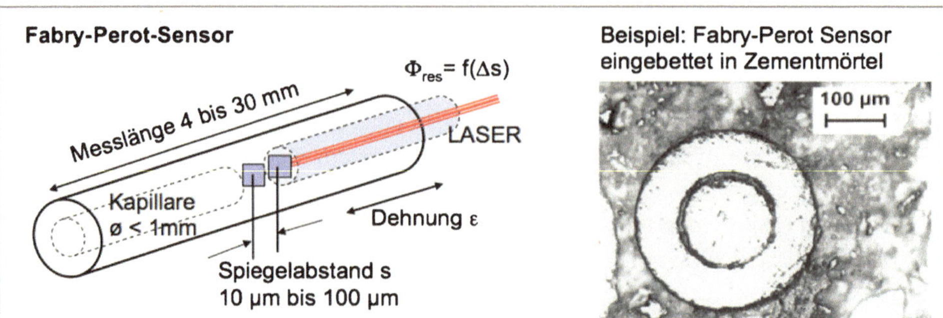

Funktionsprinzip:

- Ein Laserstrahl wird partiell am ersten Spiegel und partiell am zweiten Spiegel reflektiert
- Durch Interferenz beider Teilstrahlen ergibt sich das Mess-Ausgangssignal $\Phi_{res} = f(s)$
- Eine Dehnung ε des eingebetteten Sensors verändert den Spiegelabstand s
- Es resultiert ein dehnungsabhängiges Messsignal $\Phi_{res} = f(s) = f(\varepsilon)$

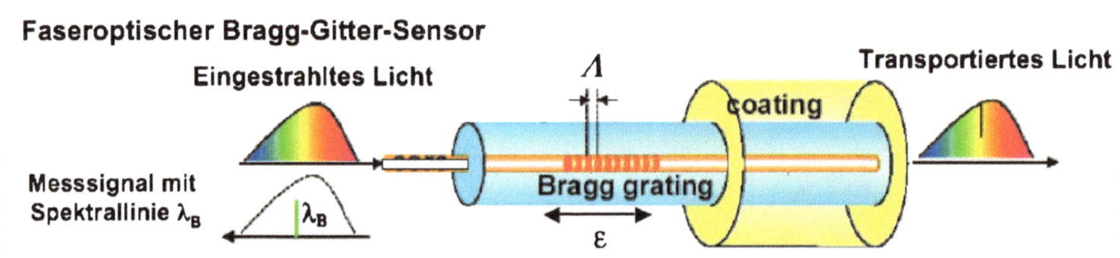

Funktionsprinzip:

- In ein Faserstück (20 bis 40 mm Länge) sind Bereiche unterschiedlicher Brechzahl (sog. Gitter) "eingeschrieben"
- Der Abstand der Gitter Λ definiert eine Reflexionsbedingung für eine Spektrallinie λ_B im Antwort-Messsignal
- Bei Verformung des Gitters $\Delta\Lambda$ (mechanisch oder thermisch) verschiebt sich die Spektrallinie.
- Diese Verschiebung $\Delta\lambda_B$ wird mit Spektrometern gemessen und daraus die Dehnung $\varepsilon \sim \Delta\Lambda \sim \Delta\lambda_B$ des Faserabschnitts berechnet

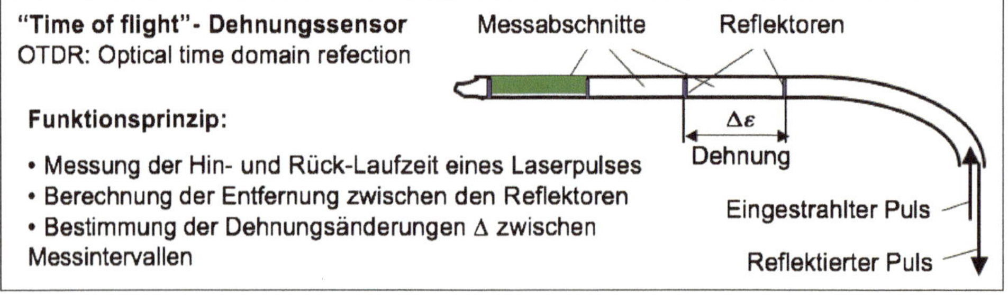

Abb. 5.35 (Fortsetzung)

5.3.3 Dehnungsmessstreifen (DMS)-Technik

Dehnungsmessstreifen (DMS) bestehen aus dünnen Widerstandsmessdrähten oder -leiterbahnen. Sie werden – elektrisch isoliert in DMS-Trägerfolien – auf mechanisch beanspruchte Bauteile aufgeklebt und wandeln Bauteildehnungen in elektrische Signale um. Die Abb. 5.36 und 5.37 erläutern Funktionsprinzip und Ausführungsarten.

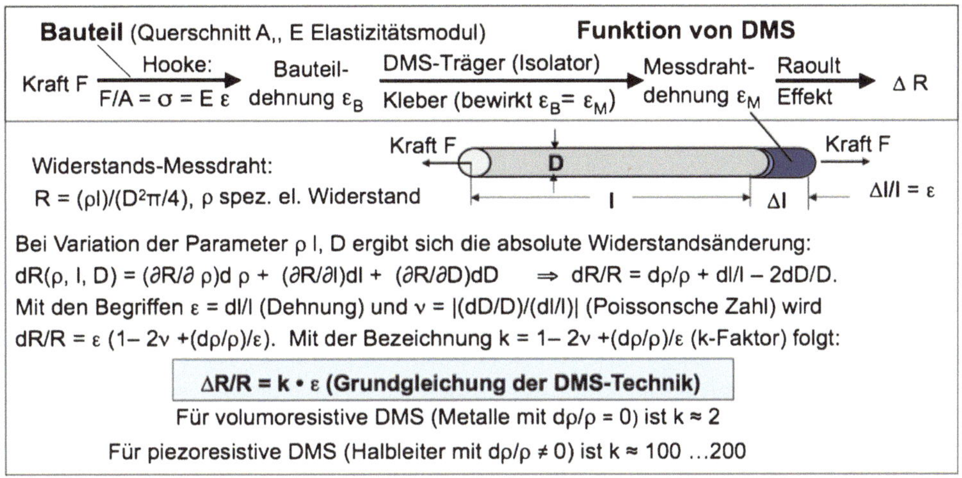

Abb. 5.36 Funktion von DMS und die Grundgleichung der DMS-Technik

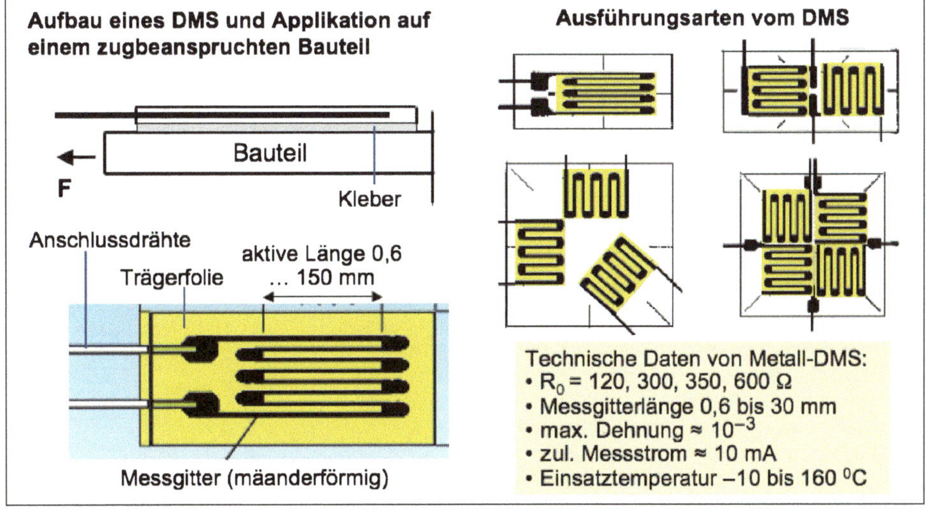

Abb. 5.37 DMS-Leiterbahnen sind mäanderförmig gestaltet, um große elektrische Widerstandslängen zu erzielen. DMS-Rosetten *(rechts)* dienen zur flächenhaften Beanspruchungsanalyse

Als Messschaltungen für DMS werden Wheatstone-Brücken in Form von Viertel-, Halb- und Vollbrücken (1, 2 oder 4 aktive DMS) eingesetzt, siehe Abb. 5.38.

Die in Abb. 5.38 dargestellte Eigenschaft einer Wheastone-Brücke, dass sich gleichsinnige ΔR in nicht benachbarten Brückenzweigen addieren und in benachbarten Zweigen subtrahieren, muss bei der DMS-Zuordnung (z. B. $+\Delta R$ bei Dehnung, $-\Delta R$ bei Stauchung eines mechanisch beanspruchten DMS) berücksichtigt werden.

Durch einflussgrößenbedingte Dehnungen, z. B. $\varepsilon = f(\Delta T)$ können den Messwiderständen ΔR-Störsignale überlagert sein; sie können durch vorzeichengerechtes Einbringen von „Störgrößen-Kompensations-Widerständen“ mit $\Delta R = -\Delta R$ (Störung) in einzelne Brückenzweige zur Kompensation von Störgrößen genutzt werden.

Die Applikation von DMS zur Bestimmung der grundlegenden ein axialen mechanischen Beanspruchungen von Bauteilen – Zug, Druck, Biegung, Torsion – ist übersichtsmäßig in Abb. 5.39 dargestellt. Zur Bestimmung mehraxialer mechanischer Bauteilbeanspruchungen werden DMS-Kombinationen, z. B. DMS mit zwei unter 90° zueinander angeordneten Messgittern oder DMS-Rosetten mit jeweils drei Messgittern in 0°/45°/90°- oder 0°/60°/120°-Anordnung verwendet.

Dehnungsmessstreifen können überall dort eingesetzt werden, wo durch das Aufkleben von DMS mechanisch-funktionelle Beanspruchungen erfasst und sensortechnisch in elektrische Größen umgesetzt werden können. Die DMS-Technik ist auch das wichtigste Prinzip zur Realisierung von Kraftsensoren aller Art unter Verwendung geeigneter Elastizitätskörper. Bedeutende Anwendungsbereiche sind auch die elektromechanische Wägetechnik und die Bauwerksüberwachung.

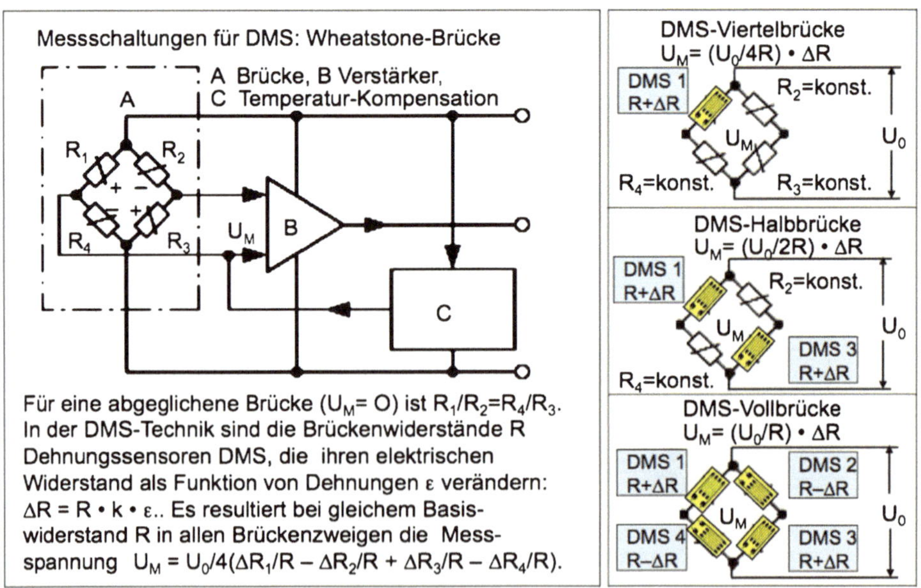

Abb. 5.38 Blockschaltbild für DMS-Messschaltungen mit Brückenzweigpolaritäten

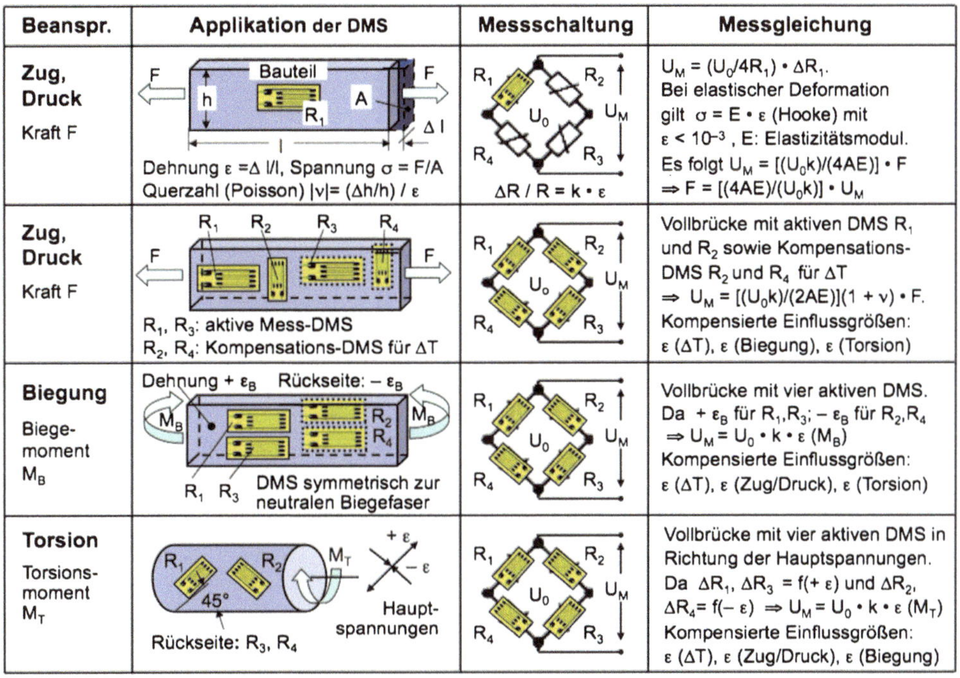

Beanspr.	Applikation der DMS	Messschaltung	Messgleichung
Zug, Druck Kraft F	F, Bauteil, F, h, R_1, A, Δ l, l Dehnung ε = Δ l/l, Spannung σ = F/A Querzahl (Poisson) |ν| = (Δh/h) / ε	R_1, R_2, U_0, U_M, R_4, R_3 $\Delta R / R = k \cdot \varepsilon$	$U_M = (U_0/4R_1) \cdot \Delta R_1$. Bei elastischer Deformation gilt $\sigma = E \cdot \varepsilon$ (Hooke) mit $\varepsilon < 10^{-3}$, E: Elastizitätsmodul. Es folgt $U_M = [(U_0 k)/(4AE)] \cdot F$ $\Rightarrow F = [(4AE)/(U_0 k)] \cdot U_M$
Zug, Druck Kraft F	R_1, R_2, R_3, R_4, F, F R_1, R_3: aktive Mess-DMS R_2, R_4: Kompensations-DMS für ΔT	R_1, R_2, U_0, U_M, R_4, R_3	Vollbrücke mit aktiven DMS R_1 und R_2 sowie Kompensations-DMS R_2 und R_4 für ΔT $\Rightarrow U_M = [(U_0 k)/(2AE)](1 + \nu) \cdot F$. Kompensierte Einflussgrößen: ε (ΔT), ε (Biegung), ε (Torsion)
Biegung Biege-moment M_B	Dehnung + ε_B Rückseite: – ε_B M_B, R_2, R_4, M_B R_1 R_3 DMS symmetrisch zur neutralen Biegefaser	R_1, R_2, U_0, U_M, R_4, R_3	Vollbrücke mit vier aktiven DMS. Da + ε_B für R_1,R_3; – ε_B für R_2,R_4 $\Rightarrow U_M = U_0 \cdot k \cdot \varepsilon\ (M_B)$ Kompensierte Einflussgrößen: ε (ΔT), ε (Zug/Druck), ε (Torsion)
Torsion Torsions-moment M_T	R_1, R_2, M_T, 45°, + ε, – ε Haupt-spannungen Rückseite: R_3, R_4	R_1, R_2, U_0, U_M, R_4, R_3	Vollbrücke mit vier aktiven DMS in Richtung der Hauptspannungen. Da ΔR_1, ΔR_3 = f(+ ε) und ΔR_2, ΔR_4 = f(– ε) $\Rightarrow U_M = U_0 \cdot k \cdot \varepsilon\ (M_T)$ Kompensierte Einflussgrößen: ε (ΔT), ε (Zug/Druck), ε (Biegung)

Abb. 5.39 Dehnungsmessstreifentechnik: Applikation zur Bestimmung der statischen oder dynamischen mechanischen Grundbeanspruchungen Zug, Druck, Biegung, Torsion

5.4 Sensorik kinematischer Größen

Kinematik heißt *Bewegungslehre*. Die Bewegungsvorgänge der Technik umfassen Linearbewegungen (Translationen), Drehbewegungen (Rotationen) und deren Überlagerungen. Sie werden gekennzeichnet durch die kinematischen Größen *Weg* s, *Geschwindigkeit* $v = ds/dt$ und *Beschleunigung* $a = dv/dt$. Dementsprechend umfasst die Sensorik kinematischer Größen die Positionssensorik, die Geschwindigkeitssensorik und die Beschleunigungssensorik.

5.4.1 Positionssensorik (Wege, Winkel)

Für die Positionsmesstechnik gibt es heute eine Vielzahl unterschiedlicher Sensoren mit elektrischem Signalausgang. Sie sind zur Übersicht in Abb. 5.40 nach physikalischen Prinzipien mit unterschiedlichen Symbol-Piktogrammen gegliedert.

Die Funktionsprinzipien und technischen Ausführungsarten der Positionssensoren werden im Folgenden zusammen mit einigen Anwendungsbeispielen erläutert.

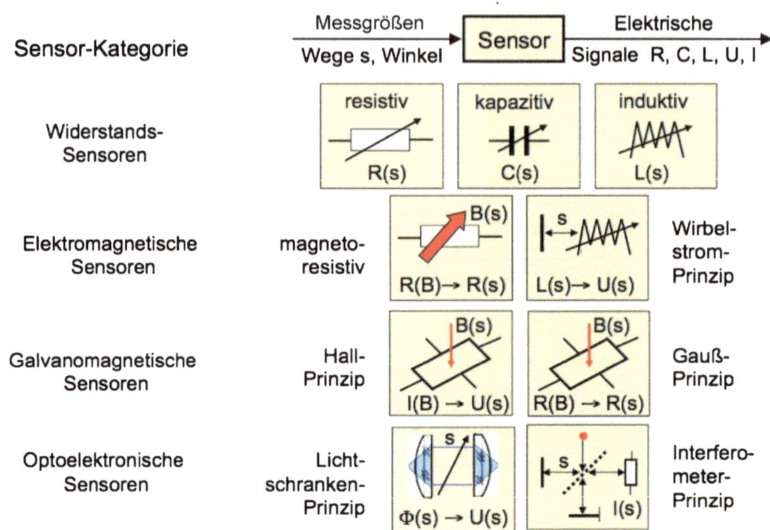

Abb. 5.40 Übersicht über Positionssensoren für Wege und Winkel

Resistive Positionssensoren nutzen das aus der Elektrotechnik bekannte Potentiometerprinzip. Der zu messende Weg s bewirkt die Bewegung eines Schleifers auf einem elektrischen Widerstand R_0, sodass eine elektrische Messspannung $U_M = f(s)$ abgegriffen werden kann. Bei geeigneter technischer Ausführung besteht ein linearer Zusammenhang zwischen mechanischer Eingangsgröße und elektrischer Ausgangsgröße des Sensors, siehe Abb. 5.41.

Die „Robustheit" von Potentiometersensoren ist für zahlreiche technische Anwendungen vorteilhaft. Beispiele aus der Automobiltechnik: Drosselklappenwinkelsensor, Fahrpedalsensor, Tankfüllstandsensor (siehe Abb. 5.42).

Bei **kapazitiven Positionssensoren** wird durch den Messweg s die elektrische Kapazität C eines Kondensators (Plattenflächen A1, A2) gesteuert, siehe Abb. 5.43. Die Messspannung ergibt sich gemäß $UM = Q/C$ und die Ladung Q ist das Integral des Stromes über der Zeit $Q = \int I \cdot dt$. Kapazitive Positionssensoren benötigen wegen der Problematik von Störkapazitäten bei den Anschlussleitungen spezielle Messschaltungen und ggfs. eine elektronische Signalverarbeitung zur Linearisierung ihrer durch das physikalische Prinzip bedingte nichtlinearen Kennlinien.

Kapazitive Sensoren reagieren auf Abstandsänderungen der Kondensatorplatten im Mikrometerbereich und haben Anwendungen in der Mikrosystemtechnik. Ein Beispiel ist die Verwendung von kapazitiven Mikrosensoren als Signalgeber für die Bildlagenautomatik in Smartphones, siehe Abb. 5.44. Die Bildlageautomatik nutzt die Wirkung der stets senkrecht gerichteten mechanischen Gravitation.

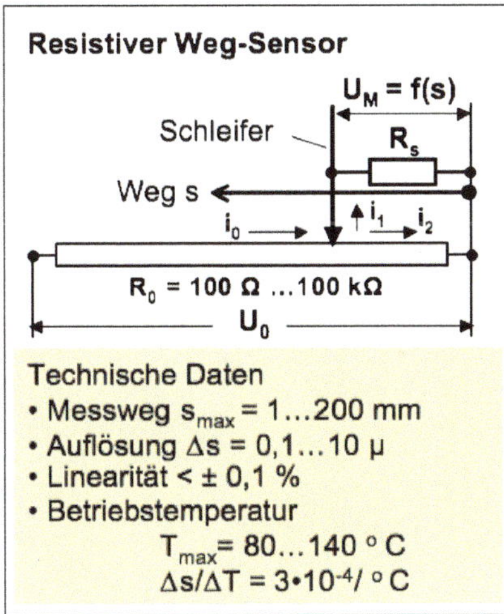

Funktionsprinzip:
Grundlage: Potentiometerprinzip und Kirchhoffsche Regeln

Knoten : $i_0 = i_1 + i_2$

Maschen: $U_M = i_1 R_i = i_2 R_s$ wobei $R_s = R_0(s/s_{max})$

$U_0 = i_2 R_s + i_0(R_0 - R_s)$

Für die Messspannung $U_M = f(s)$ folgt:

$U_M = U_0(s/s_{max}) / [1 + (R_0/R_i)(s/s_{max})(1 - s/s_{max})]$

Bei hohem Innenwiderstand R_i, d.h. $R_0/R_i \rightarrow 0$ ergibt sich der lineare Zusammenhang

$$U_M = (U_0/s_{max}) \cdot s$$

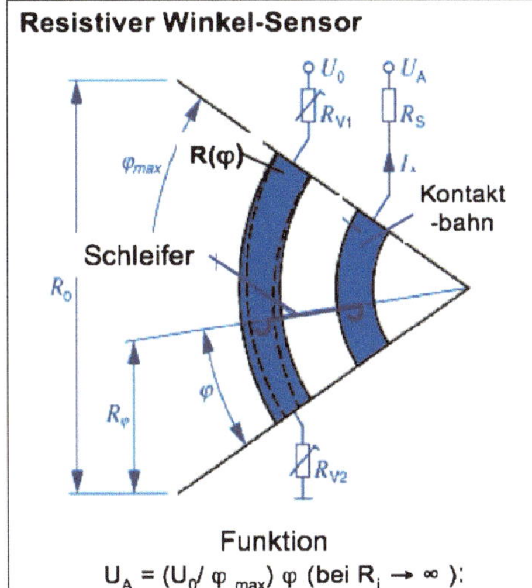

Resistive Positions-Potentiometer sind kostengünstige Sensoren mit folgenden Kennzeichen:

Vorteile
- Einfacher, leicht verständlicher Aufbau,
- keine Elektronik erforderlich,
- gute Störspannungsfestigkeit,
- weiter Temperaturbereich (<250 °C),
- hohe Genauigkeit (besser 1% v. EW),

Nachteile
- Tribologischer Kontakt, Verschleiß
- Messfehler durch Abriebreste,
- Probleme bei Betrieb in Flüssigkeit,
- veränderlicher Übergangswiderstand von Schleifer zu Messbahn,
- Abheben des Schleifers bei starker Vibration,
- aufwändige Erprobung,
- begrenzte Miniaturisierbarkeit,
- Rauschen.

Abb. 5.41 Funktionsprinzip und Eigenschaften resistiver Weg- und Winkelsensoren

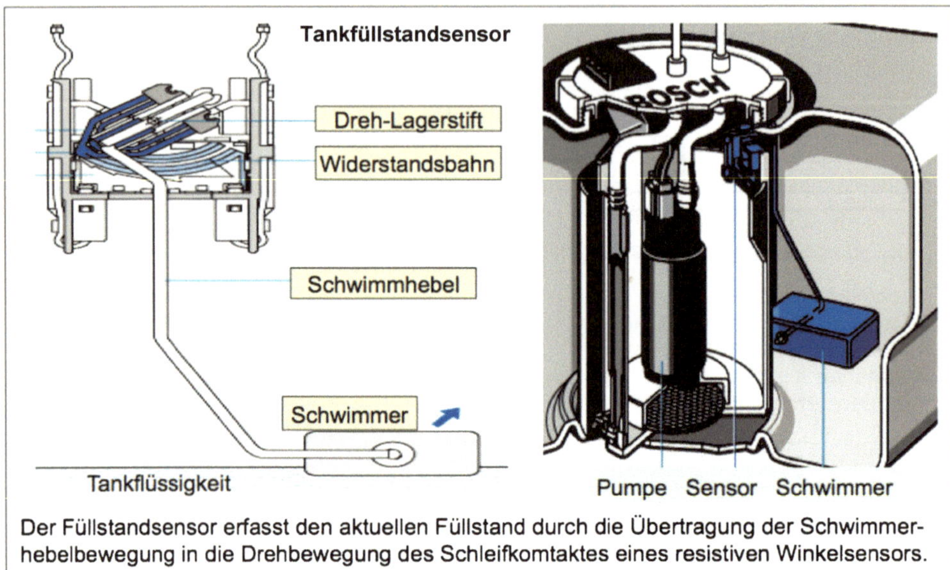

Abb. 5.42 Tankfüllstandsensor als Beispiel der Anwendung resistiver Positionssensoren

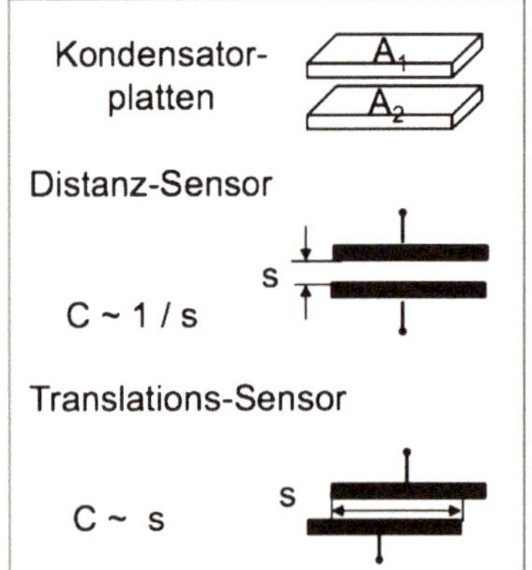

Kapazitiver Wegsensor: Funktionsprinzip
Bei kapazitiven Positionssensoren wird die elektrische Kapazität eines Plattenkondensators C ~ A/s (A Überdeckungsfläche von A_1 und A_2, s Plattenabstand) zur Wegsensorik genutzt.

- Bei einem Distanz-Sensor ist die Kapazität näherungsweise umgekehrt proportional zum Messweg s.
- Bei einem Translations-Sensor verändert sich bei einer Veränderung der Überdeckung der Kondensatorplatten A_1 und A_2 die Kapazität. Es besteht näherungsweise ein linearer Zusammenhang zwischen Messweg s und Kapazität C.

Abb. 5.43 Funktionsprinzip kapazitiver Positionssensoren

Induktive Positionssensoren nutzen die weg- oder winkelabhängige Beeinflussung der Induktion von wechselspannungsgespeisten Spulensystemen durch eine Verschiebung von Eisenkernen. Abb. 5.45 illustriert die elementaren Funktionsprinzipien. Typische technische Daten:

- Messweg $s = 0{,}1 \ldots 100\,mm$,
- Auflösung $\Delta s \approx 0{,}1\,\mu m$,
- Linearitätsabweichung $< 1\,\%$,
- Betriebstemperatur $-50 \ldots +150\,°C$.

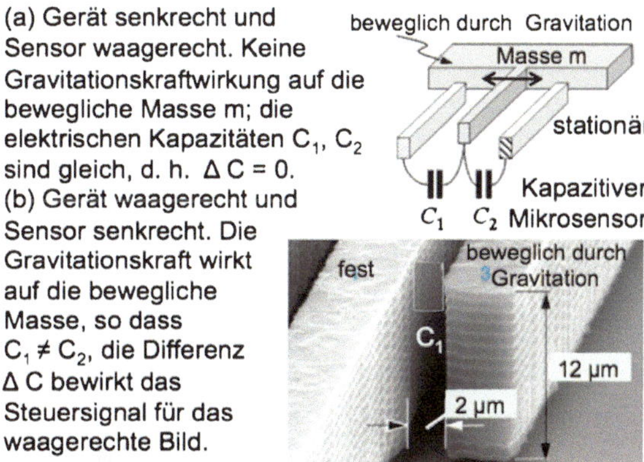

Abb. 5.44 Ein kapazitiver Positions-Mikrosensor steuert die Bildlagenautomatik in Smartphones

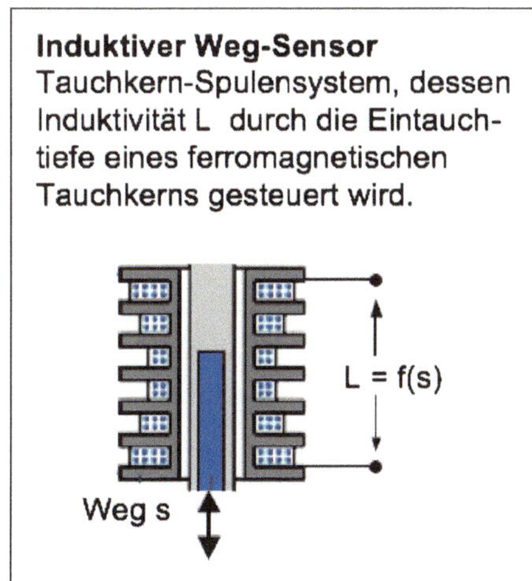

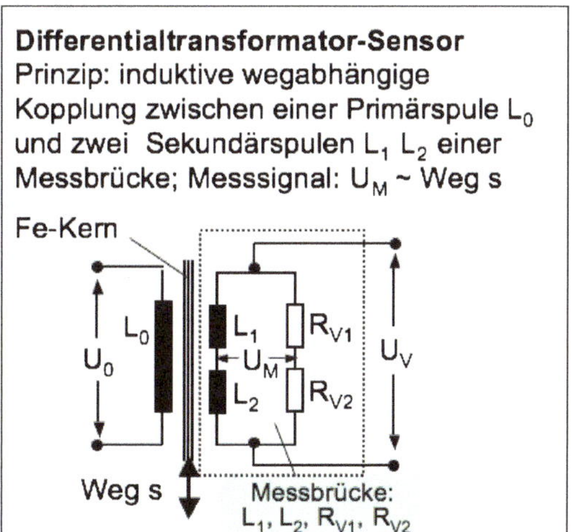

Abb. 5.45 Funktionsprinzipien induktiver Positionssensoren

MagnetoresistivePositionssensoren sind Winkelsensoren, deren elektrischer Widerstand durch einen Magnetisierungsvektor beeinflussbar ist, siehe Abb. 5.46. Ist der Magnetisierungsvektor (z. B. in Form eines Dauermagneten) mit einem Bauteil fest verbunden, so kann mit dem Sensor berührungslos der Drehwinkel des Bauteils bestimmt werden. Ein typisches Anwendungsbeispiel ist der Kfz-Lenkradwinkelsensor, siehe Abb. 5.47.

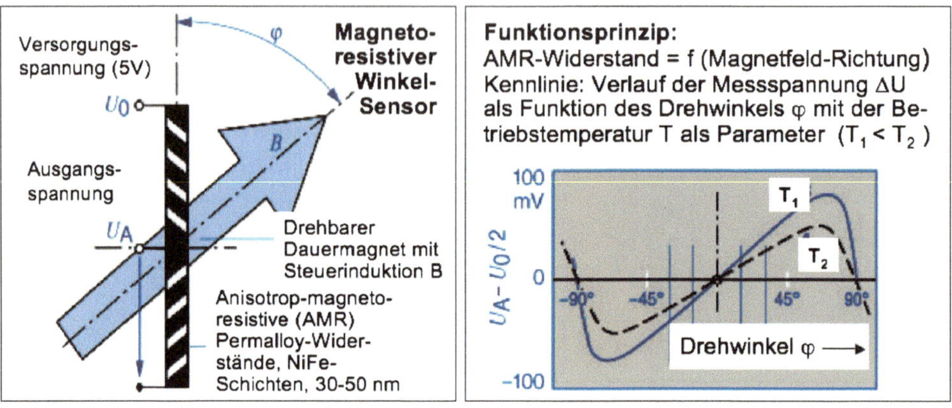

Abb. 5.46 Funktionsprinzip eines magnetoresistiven Drehwinkelsensors

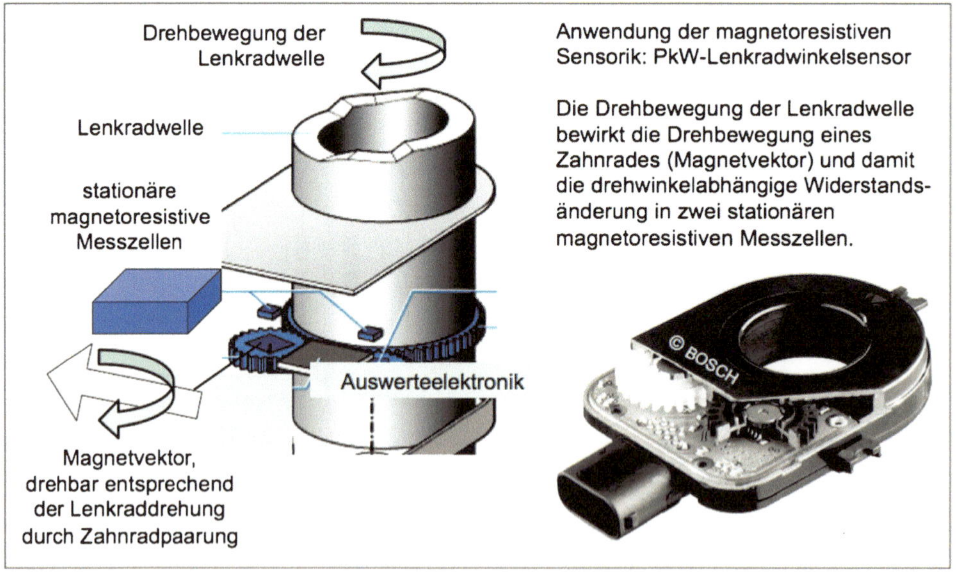

Abb. 5.47 Anwendung eines AMR-Drehwinkelsensors als Pkw-Lenkradwinkelsensor

Wirbelstrom-Positionssensoren nutzen den physikalischen Effekt, dass die Induktivität und der Wirkwiderstand einer mit hochfrequentem Wechselstrom gespeisten Spule durch die Annäherung eines scheibenförmigen Leiters (z. B. aus Al oder Cu) beeinflusst werden. Ursache dafür sind die Wirbelströme, die in der Dämpferscheibe durch die zunehmende magnetische Kopplung entstehen.

Die Position (Messweg) der Dämpferscheibe kann aus der Veränderung der Induktivität oder des Wirkwiderstandes bestimmt werden. Das Prinzip ist in Abb. 5.48 dargestellt. Es kann in variabler Weise zur berührungslosen Positionsbestimmung und insbesondere als Signalgeber für Näherungsschalter angewendet werden.

Galvanomagnetische Sensoren erfassen als **Hall-Sensoren** oder **Feldplatten-Sensoren** die Bewegung eines magnetischen Induktionsfeldes B, das auf eine stromdurchflossene Sensor-Feldplatte (SFP) wirkt. Abb. 5.49 zeigt das physikalische Prinzip: Eine Hall-Spannung UH quer zum Feldplattenstrom I entsteht durch Elektronenablenkung wenn eine SFP senkrecht von der magnetischen Induktion B eines bewegten Bauteils durchsetzt

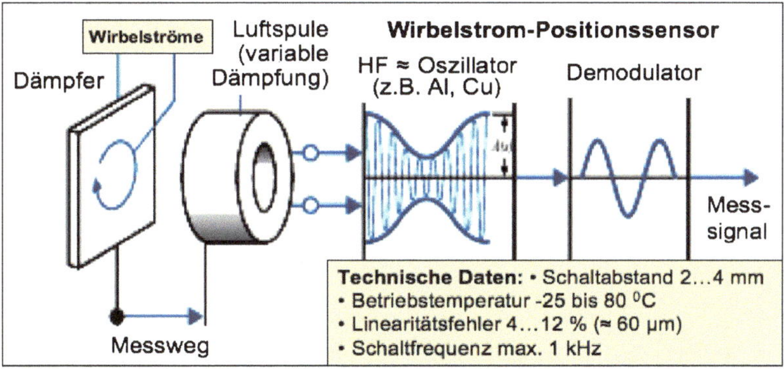

Abb. 5.48 Funktionsprinzip und technische Daten eines Wirbelstromwegsensors

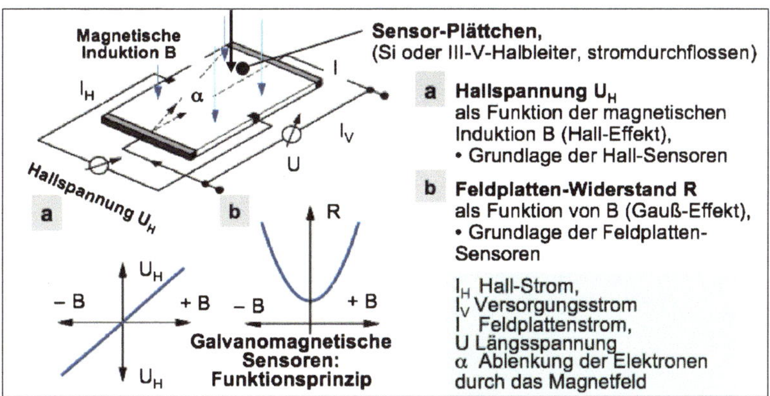

Abb. 5.49 Galvanomagnetisches Prinzip: Grundlage der Hall- und Feldplatten-Sensoren

wird. Dabei verändert sich gleichzeitig der SFP-Widerstand nach einer etwa parabelförmigen Kennlinie (Gauß-Effekt). Wenn die magnetische Induktion B von der Position s des bewegten Bauteils abhängt, gilt UH = f(s) und R = f(s), d. h. der Hall-Effekt und der Gauß-Effekt können für berührungslose Positionssensoren verwendet werden.

Galvanomagnetische Sensoren können als Rotations- oder Translations-Sensoren gestaltet werden. Abb. 5.50 zeigt die technische Ausführung eines Hall-Winkelsensors (moveable magnet), bestehend aus einem drehbaren Magnetring und halbkreisförmigen Leiterstücken, die den Stator bilden.

Die technische Ausführung eines Feldplattensensors für Translationsbewegungen ist in Abb. 5.51 dargestellt. Das Sensorsystem besteht aus der Kombination eines Dauermagneten

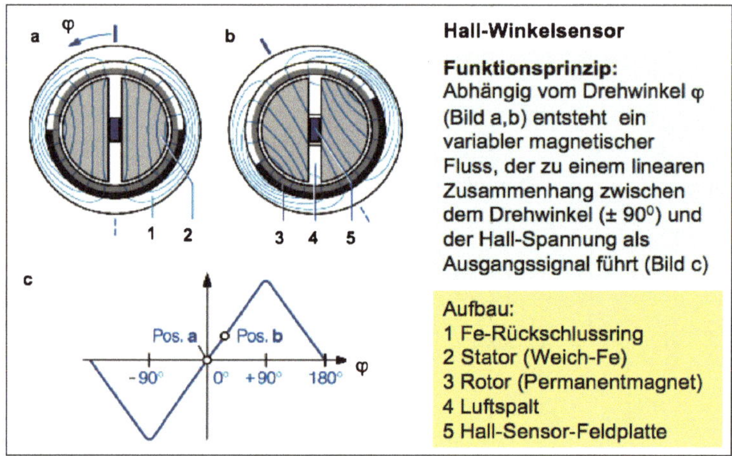

Abb. 5.50 Technische Ausführung eines Hall-Winkelsensors

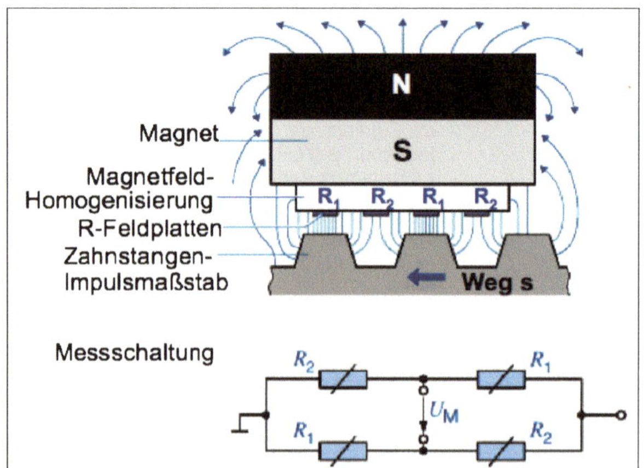

Feldplatten-Inkremental-Sensor

Funktionsprinzip:

- Der Sensor hat einen Magnet, dessen Feld durch ferromagnet. Plättchen homogenisiert wird.
- Darauf befinden sich Feldplattenwiderstände, jeweils zwei wechselweise gegenüber Zähnen und Zahnlücken.
- Die Messsignalverarbeitung mittels Wheatstone-Brücke und Signal-Diskriminator (Schmitt-Trigger) ermöglicht eine inkrementale Wegmessung.

Abb. 5.51 Technische Ausführung eines Feldplattensensors zur Erfassung von Translationen

mit vier Feldplatten, die eine Vollbrücke bilden und einer Messsignalverarbeitung mit Digitalausgang. Es liefert Informationen über Translationsbewegungen in digitaler Form und ist damit für numerisch gesteuerte oder geregelte Bewegungssysteme geeignet.

Optoelektronische Bewegungssensoren bestimmen Wege oder Winkel durch eine messtechnisch auszuwertende Beeinflussung optoelektronischer Strahlengänge. Beim Michelson-Interferometer, Abb. 5.52, ist das Empfängersignal in Abhängigkeit einer Translation s des beweglichen Reflektors ein sin2-Signal mit der Periode $\lambda/2$. Bei Verwendung eines HeNe-Lasers ($\lambda = 0{,}6238\,\mu m$) und einer Interpolation um den Faktor 1000 können Wege mit einer Auflösung bis zum nm-Bereich gemessen werden. Anwendungen: z. B. Ultrapräzisionsmaschinen, Waferstepper-Messsysteme, Mikrolithografiegeräte.

Lichtschranken-Wegsensoren, Abb. 5.53, haben inkrementale oder codierte Maßstabteilungen auf Glas, Glaskeramik oder Stahl mit Teilungsperioden bis 512 nm. In gekapselter Ausführung sind sie das Standardmesssystem für Werkzeugmaschinen.

5.4.2 Geschwindigkeitssensorik

Die Geschwindigkeitsmesstechnik für mechanisch bewegte Bauteile technischer Systeme kann – entsprechend der Definition der Geschwindigkeit $v = ds/dt$ als mathematische Ableitung des Weges s nach der Zeit t – auf die Wegmesstechnik zurückgeführt werden. Hierzu werden Wegmesssignale (z. B. eines induktiven Wegsensors) elektronisch differenziert, Abb. 5.54. Störsignale, die gegebenenfalls ebenfalls differenziert werden, müssen durch gute Abschirmung und Filterung eliminiert werden.

Für die direkte Messung von Linear-Geschwindigkeiten technischer Objekte kann das elektrodynamische Prinzip angewendet werden, siehe Abb. 5.55.

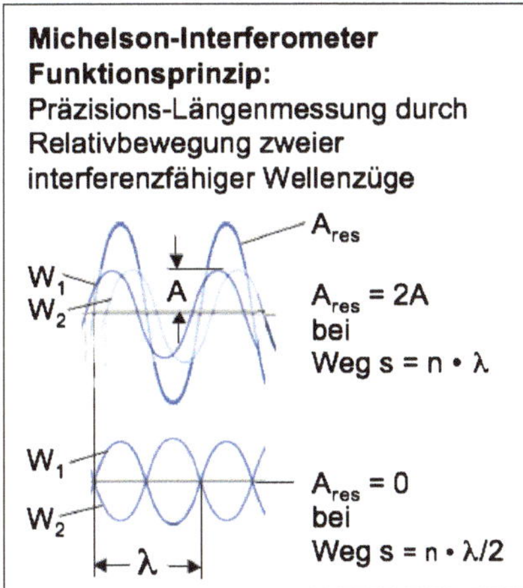

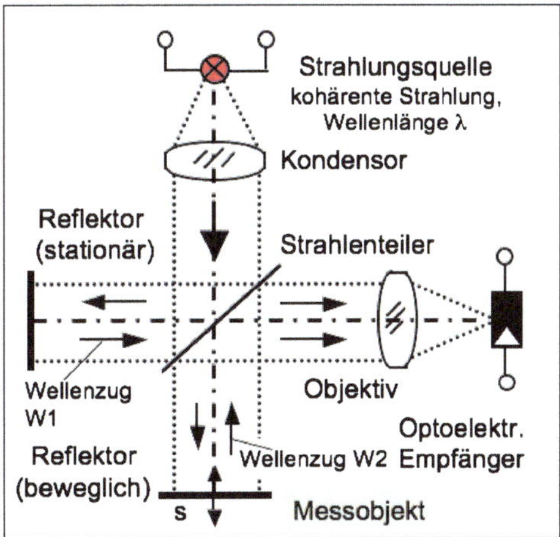

Abb. 5.52 Optoelektronischer Wegsensor: Interferometerprinzip

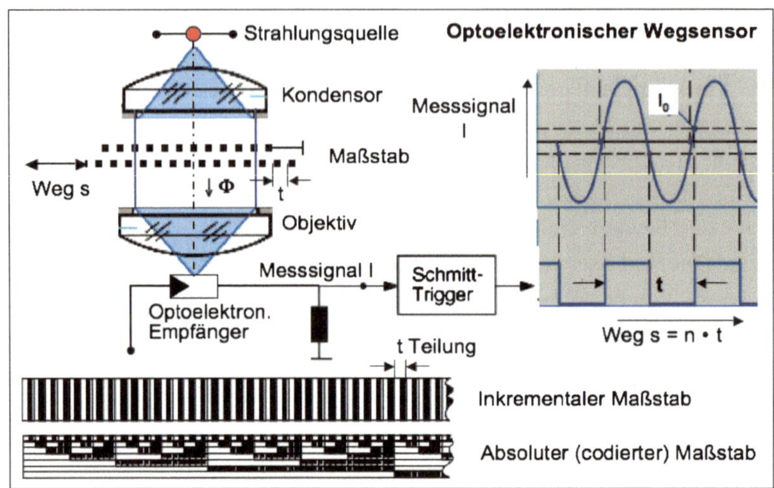

Abb. 5.53 Optoelektronischer Wegsensor: Lichtschrankenprinzip

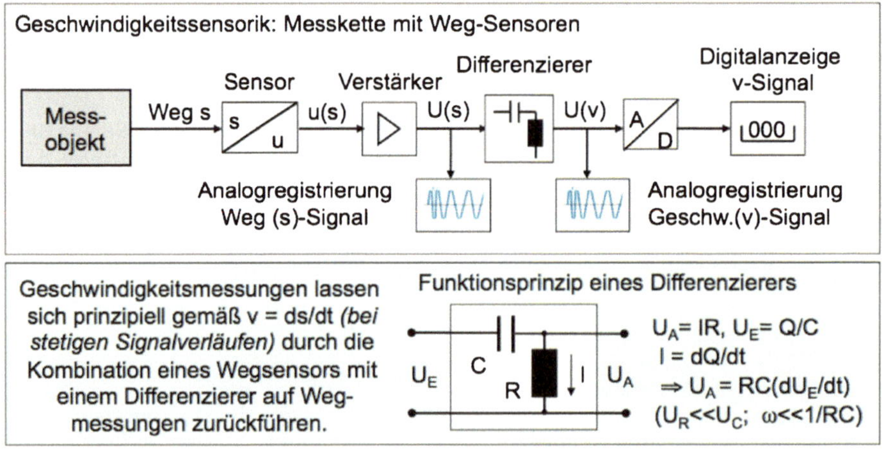

Abb. 5.54 Messkette zur Geschwindigkeitsmessung mit Wegsensoren

Geschwindigkeitssensorik in der Verkehrsüberwachung

Die Geschwindigkeitssensorik hat eine wichtige Aufgabe im Straßenverkehr. Zur amtlichen Verkehrsüberwachung dürfen in Deutschland nur geeichte Geschwindigkeitsmessgeräte eingesetzt werden. Voraussetzung für jede Eichung ist, dass die betreffende Bauart von der Physikalisch-Technischen Bundesanstalt zur Eichung zugelassen ist. Tab. 5.4 gibt eine Übersicht über die Sensormethoden zur Verkehrsüberwachung.

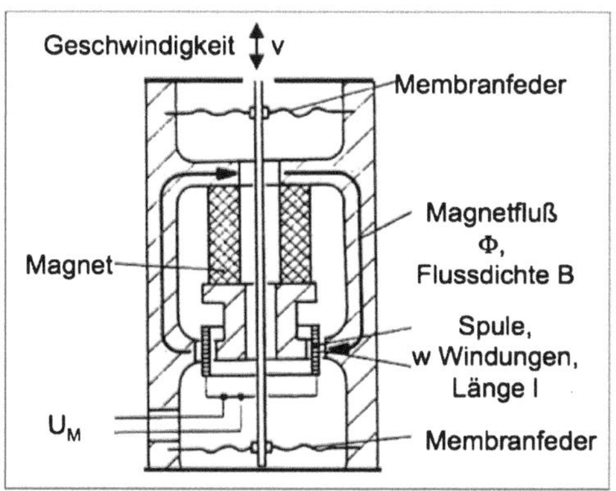

Lineargeschwindigkeits-Sensor

Elektrodynamisches Funktionsprinzip: Der zu messende Geschwindigkeitsvektor v bewirkt die Linearbewegung einer Spule in einem zylinderförmigen Magnetsystem. Die magnetischen Feldlinien verlaufen senkrecht zur Bewegungsrichtung. Die an den Spulenenden induzierte Spannung U_M ist der Flussänderung und damit der Geschwindigkeit direkt proportional, es folgt:

$$U_M = -w\, d\Phi/dt = w \cdot B \cdot l \cdot v$$

Abb. 5.55 Elektrodynamischer Wegsensor für Lineargeschwindigkeiten

Tab. 5.4 Sensorprinzipien zur Geschwindigkeitsüberwachung im Straßenverkehr

Sensorprinzip	Funktion und Anwendung
Radaranlage	Vom Gerät ausgesendete Radarstrahlen werden vom Fahrzeug reflektiert, die Frequenz des reflektierten Strahls ist aufgrund des Dopplereffektes größer (wenn das Fahrzeug auf das Gerät zufährt) oder kleiner (wenn es vom Gerät wegfährt) als die des ausgesendeten. Aus der Frequenzdifferenz wird die Fahrzeuggeschwindigkeit berechnet
Laseroptische Sensoren	Das Gerät sendet eine Folge von Laserimpulsen aus und empfängt den vom Fahrzeug reflektierten Anteil. Für jeden dieser Impulse wird die Laufzeit bis zum Wiedereintreffen gemessen und daraus jeweils unter Verwendung der bekannten Lichtgeschwindigkeit die zugehörige Entfernung zum Fahrzeug berechnet
Laserscanner	Laserscanner ermöglichen die Geschwindigkeitsmessung auf mehreren Fahrstreifen gleichzeitig. Während des Scans sendet das Gerät jeweils kurze Laserimpulse aus und empfängt den vom jeweiligen Fahrzeug reflektierten Anteil. Für jeden dieser Impulse wird die Laufzeit bis zum Wiedereintreffen gemessen und daraus unter Verwendung der bekannten Lichtgeschwindigkeit die zugehörige Entfernung zum Fahrzeug berechnet
Lichtschrankenmessgerät	Mehrere quer zur Fahrbahn ausgerichtete Lichtschranken sind hintereinander mit bekanntem Abstand aufgebaut. Das Fahrzeug liefert beim Unterbrechen jeder Lichtschranke ein elektrisches Signal. Aus den Zeitabständen zwischen den Signalen und dem Lichtschrankenabstand wird die Fahrzeuggeschwindigkeit berechnet
Faseroptischer Messfühler	Faseroptische Messfühler nutzen den Effekt, dass die Übertragungsdämpfung bei Lichtleitfasern ansteigt, wenn beim Überfahren eines Fahrzeugs Druck auf sie ausgeübt wird. Mehrere faseroptische Messfühler sind hintereinander mit bekanntem Abstand in die Fahrbahn eingelassen. Das Gerät misst die Zeitabstände zwischen den durch den Fahrdruck ausgelösten Sensorsignalen und berechnet unter Berücksichtigung des Abstandes die Fahrzeuggeschwindigkeit

(Fortsetzung)

Tab. 5.4 (Fortsetzung)

Sensorprinzip	Funktion und Anwendung
Piezo-elektrischer Drucksensor	Mehrere als Koaxialkabel ausgeführte piezoelektrische Drucksensoren sind hintereinander mit bekanntem Abstand in die Fahrbahn eingelassen. Das Fahrzeug liefert beim Überfahren jedes Sensors ein elektrisches Signal. Das Gerät misst die Zeitabstände zwischen den Signalen und berechnet unter Berücksichtigung des Abstandes die Fahrzeuggeschwindigkeit
Induktions-schleifen	Mehrere Induktionsschleifen sind hintereinander mit bekanntem Abstand in die Fahrbahn eingelassen. Das Fahrzeug liefert beim Überfahren jeder Induktionsschleife einen elektrischen Signalverlauf. Das Gerät misst den Zeitversatz zwischen den Signalen und berechnet unter Berücksichtigung des Abstandes die Fahrzeuggeschwindigkeit

Drehzahlsensorik
Drehzahlen und Rotationsgeschwindigkeiten können mit verschiedenen Sensortechniken ermittelt werden. Abb. 5.56 zeigt Ausführungsarten als induktiver Drehzahlsensor, Hall-Rotationssensor und Multipol-Drehzahlsensor.

5.4.3 Beschleunigungssensorik

Beschleunigungen sind sowohl kinematisch als auch dynamisch von großer Bedeutung, da bewegte Massen m nach Newton gemäß $F = m \cdot a$ mit Kräften F verbunden, und damit wichtige Parameter sowohl für die Funktion als auch für die strukturelle Stabilität technischer Systeme sind. Für Beschleunigungsmessungen werden seismische Sensoren verwendet, ihr Funktionsprinzip ist in Abb. 5.57 beschrieben.

Die technischen Ausführungen seismischer Sensoren können nach der inneren Messtechnik zur Bestimmung der Auslenkung der seismischen Masse unterschieden werden. Den Aufbau eines mikromechanischen Beschleunigungssensors nach dem kapazitiven Prinzip zeigt Abb. 5.58.

Eine weitere Ausführungsart von Beschleunigungssensoren mit vielfältigen technischen Anwendungsmöglichkeiten nutzt den Hall-Effekt (vgl. Abb. 5.49) zur internen Messung der Auslenkung der seismischen Masse als Funktion der zu bestimmenden Beschleunigung. Abb. 5.59 illustriert das Funktionsprinzip und den Aufbau.

Die Beschleunigungssensorik hat einen außerordentlich breiten Anwendungsbereich. In Tab. 5.5 sind charakteristische Beschleunigungssensoren in der Fahrzeugtechnik (vgl. Kap. 13) mit ihren typischen Messbereichen – bezogen auf die Erdbeschleunigung $g = 9{,}81\ m/s^2$ – zusammengestellt.

a

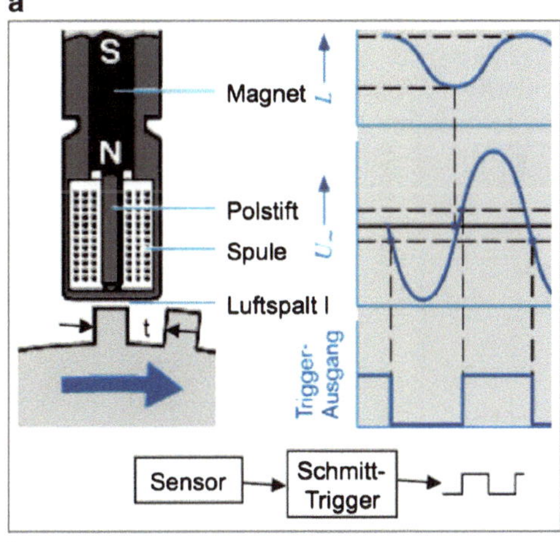

Induktiver Drehzahlsensor

Die induktive Drehzahlmesstechnik nutzt das Induktionsgesetz zur Messung der (Dreh-) Geschwindigkeit v. Bei Bewegung bzw. Rotation eines weich- oder hartmagnetischen Bauteils ist die Mess-Spannung U_M der zeitlichen Änderung des magnetischen Flusses Φ und der Windungszahl w proportional:

$U_M = U_{induziert} = w \cdot d\Phi/dt$,

wobei $\Phi = \Phi$ (Position x, Luftspalt l)

$\Rightarrow U_M = w \cdot \partial/\partial x \cdot dx/dt$; $dx/dt = v$.

Die Signalamplitude hängt vom Luftspalt und der Zahnteilung t ab.

Für einwandfreie Messungen muss gelten: $l < t/(2\ldots3)$

b

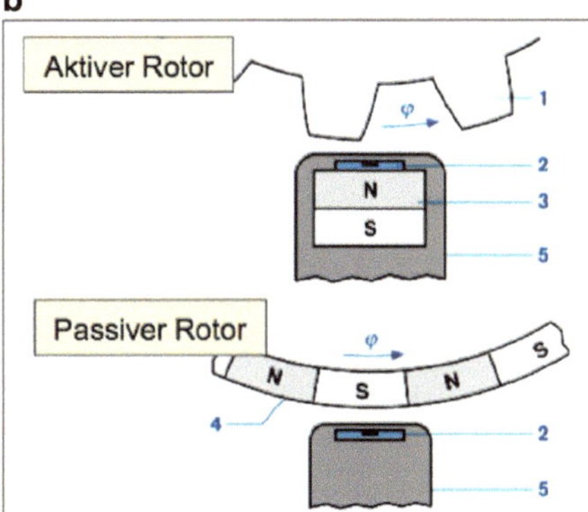

Hall-Rotationssensor

Der Sensor wird vom Rotor nur um den magnetischen Nullpunkt herum mit wechselnder Polarität angesteuert. Luftspaltschwankungen können in dieser Anordnung keine Fehlimpulse hervorrufen.

1 Inkrement-Rotor
2 Hall-IC
3 Permanentmagnet
4 Polrad
5 Gehäuse

c

Magnetpol-Drehzahlsensor

Bei einem aktiven Drehzahlsensor übernehmen Magnete die Funktion der Zähne des Impulsrades. Die Magnete sind in einem Multipol integriert und in ihrer Polarität wechselweise auf deren Umfang angeordnet. Die Messzelle detektiert die harmonische Variation des Magnetfeldes bei Rotation des Multipolrings.

S ↔ N
N N
S S
$\frac{\gamma}{2}$
Drehwinkel →

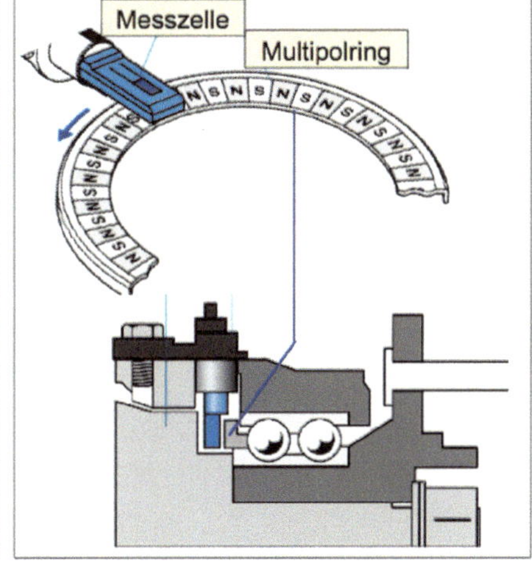

Abb. 5.56 Drehzahl-Sensorprinzipien. Induktiver Sensor (**a**), Hall-Sensor (**b**), Multipolsensor (**c**)

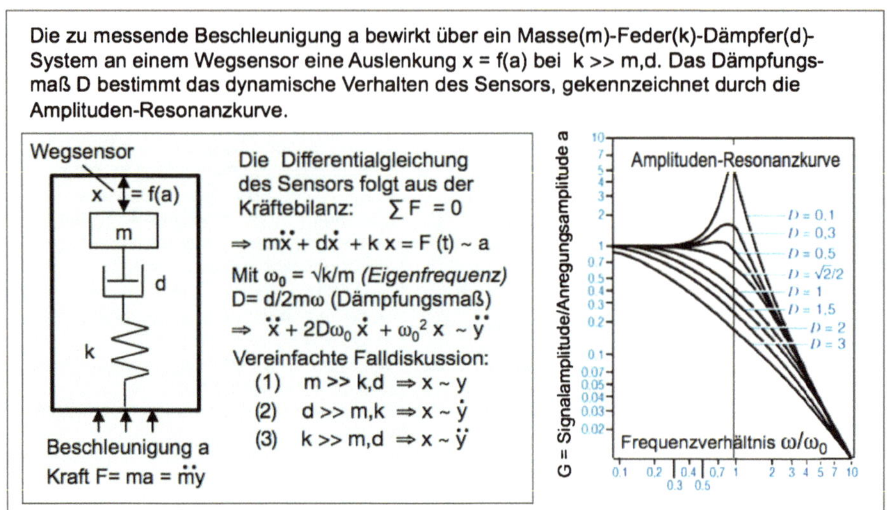

Abb. 5.57 Das seismische Prinzip: physikalische Grundlage für Beschleunigungssensoren

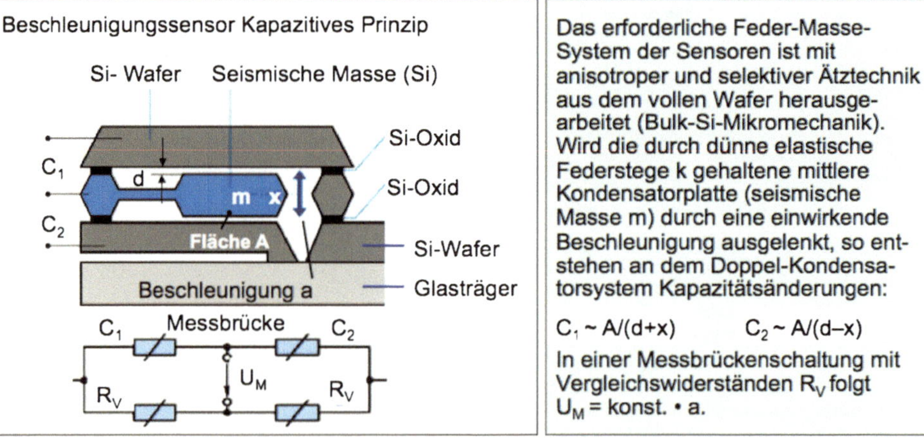

Abb. 5.58 Mikromechanischer Beschleunigungssensor, kapazitives Prinzip

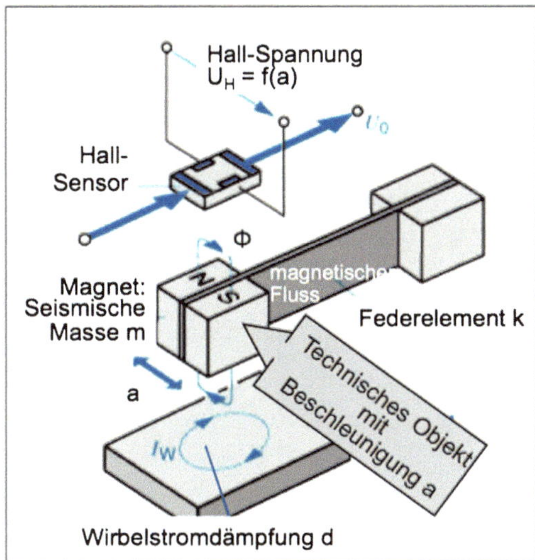

Beschleunigungs-Sensor Hall-Prinzip

Ein Hall-Beschleunigungssensor besteht aus einem elastisch aufgehängten Masse-Feder-Dämpfer-System:

- m Dauermagnet als seismische Masse
- k eingespannte Blattfeder
- d Dämpferplatte aus Kupfer

Bei Einwirkung einer Beschleunigung auf die Feder des Masse-Feder-Dämpfer-Systems ist die Auslenkung der Feder ein Maß für die einwirkende Beschleunigung. Der vom bewegten Magneten ausgehende magnetische Fluss erzeugt im Hall-Sensor eine Hall-Spannung U_H, die von einer Auswerteelektronik in ein Messsignal überführt wird, das linear mit der Beschleunigung ansteigt.

Abb. 5.59 Hall-Beschleunigungssensor, Aufbau und Funktion

Tab. 5.5 Beschleunigungssensorik in der Fahrzeugtechnik

Anwendung	Messbereich
Motor-Klopfregelung	1 … 10 g
Passagierschutz im Pkw – Airbag, Gurtstraffer – Überrollbügel – Gurtblockierung	50 g 4 g 0,4 g
Antiblockiersystem ABS	0,8 … 1,2 g
Fahrwerkregelung – Fahrzeugaufbau – Fahrzeugachsen	1 g 10 g

5.5 Sensorik dynamischer Größen

5.5.1 Kraftsensorik

Die Kraft ist eine vektorielle physikalische Größe mit folgender Definition der Einheit Newton: Ein Newton ist die Kraft F, die einem Körper der Masse $m = 1\,kg$ die Beschleunigung $a = 1\,m \cdot s^{-2}$ erteilt. Kräfte können aus physikalischen Wirkprinzipien bestimmt werden. Abb. 5.60 nennt die grundlegenden Prinzipien der Kraftsensorik.

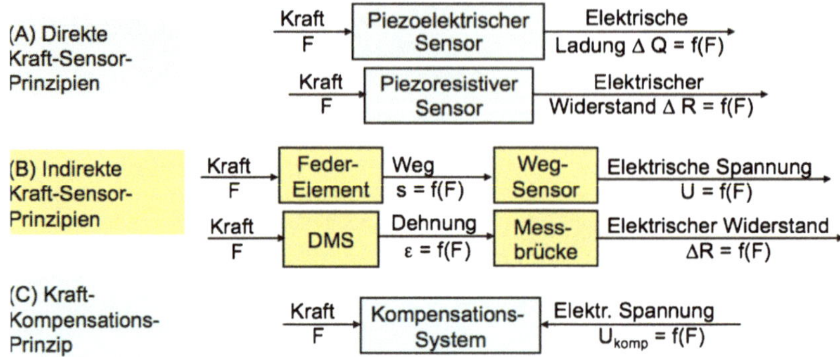

Abb. 5.60 Übersicht über Sensorprinzipien zur Kraftmessung

(A) Direkte Kraftsensoren basieren auf intrinsischen mechano-elektrischen Effekten. Piezoelektrische und piezoresistive Sensoren bestehen aus Stoffen, deren Ladungsgleichgewicht bzw. elektrischer Widerstand sich in Abhängigkeit auf sie einwirkender Kräfte oder mechanischer Spannungen in mess- und kalibrierbarer Weise verändert.

(B) Indirekte Kraftsensoren nutzen „Zwischengrößen" zur Kraftdetektion. Induktive Kraftsensoren führen die Kraftmessung über ein Federdiagramm auf eine Wegmessung z. B. mit induktiven Wegsensoren zurück. DMS-Kraftsensoren bewirken über elastische Dehnungen ε (Hooke'sches Gesetz) von DMS elektrische Widerstandsänderungen gemäß $\Delta R/R = k \cdot \varepsilon$.

(C) Kraft-Kompensationsprinzipien bestimmen eine zu messende Kraft F_M durch den Vergleich mit einer bekannten, meist elektromechanisch variierbaren Gegenkraft F_K.

Piezoelektrische Sensoren sind direkte Kraftsensoren, bei denen durch Krafteinwirkung auf Piezokristalle im Kristallgitter negative gegen positive Gitterpunkte verschoben werden, sodass an den Kristalloberflächen Ladungsunterschiede Q als Funktion der Kraft F gemessen werden $Q = kF$, siehe Abb. 5.61. Der Proportionalitätsfaktor k ist der Piezomodul, z. B. $2{,}3 \cdot 10^{-12}$ As/N für Quarz. Piezoelektrische Kraftaufnehmer sind mechanisch sehr steif, sie erfordern Ladungsverstärker zur Messsignalverarbeitung und sind hauptsächlich zur Messung dynamischer Vorgänge ($f > 1$ Hz) geeignet, z. B. Aufnahme von p-V-Indikatordiagrammen an Verbrennungsmotoren. Kenndaten piezoelektrischer Kraftsensoren: hohe Druckfestigkeit von ca. $4 \cdot 105$ N/cm^2, Messgliedkoeffizient $c = 6 \cdot 10^2$ bis $3 \cdot 10^3$ N/m, Temperaturkoeffizient $< 0{,}5$ %/°C, Betriebstemperaturen bis 500 °C.

Der piezoelektrische Effekt ist umkehrbar *(inverser piezoelektrischer Effekt)*. Beim Anlagen einer Hochspannung an einen Piezokristall dehnt sich dieser aus, wodurch sich eine „Aktorfunktion" ergibt: elektrische Spannung → mechanische Bewegung, siehe Abschn. 6.2. Piezoaktoren haben eine intrinsische, elektrisch steuerbare Elastizität und sind bei Belastungszyklen bis zu 10^9 praktisch wartungsfrei. Sie haben eine hohe

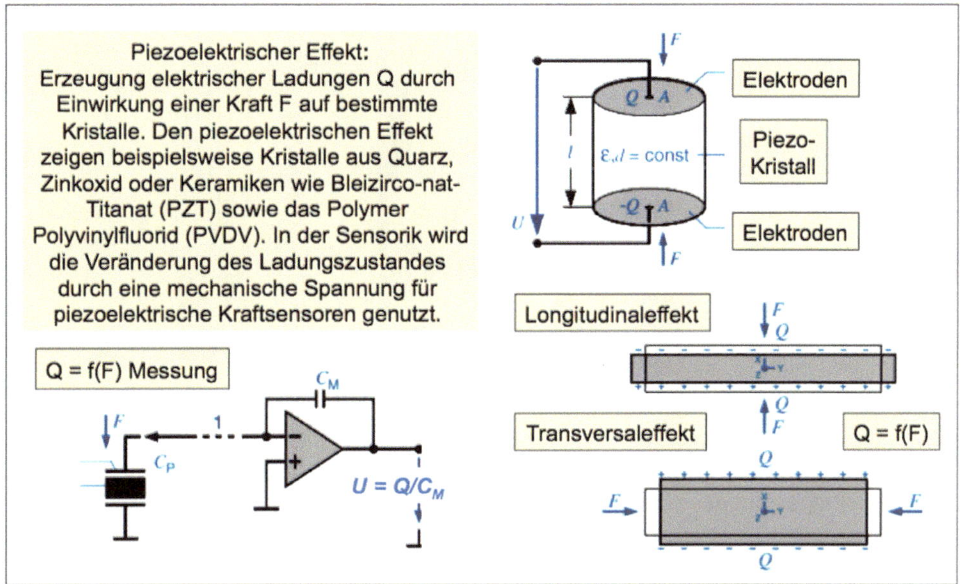

Abb. 5.61 Der piezoelektrische Effekt von Kraftsensoren

Positioniergenauigkeit (nm bis etwa 100 µm), eine große Steifigkeit (>5 MN/mm) und eine sehr kleine Ansprechzeit (Sprungantwort-Zeitkonstanten <50 µs).

Anwendungsbeispiel des piezoelektrischen Sensoreffekts

Der piezolektrische Effekt kann für die Sensorik der Fahrdynamik eines Automobils genutzt werden, siehe Abb. 5.62. Betrachtet wird modellmäßig in einem x-y-z-Koordinatensystem ein sich in x-Richtung bewegendes Automobil (Masse m), seine Drehbewegung um die z-Achse („Schleudern") und die damit verbundene, in y-Richtung wirkende Corioliskraft. Der Coriolis-Sensor (Gyroskop) ist in Stimmgabelform gestaltet. Am unteren Teil befinden sich Piezo-Aktoren, die eine Schwingbewegung der beiden oberen Teile der Stimmgabel in x-Richtung (Fahrtrichtung) bewirken. Am oberen Teil befinden sich Piezosensoren, die nur auf die in y-Richtung wirkende Corioliskraft ansprechen. Beim Auftreten einer Schleuder-Drehbewegung bewirkt die Corioliskraft F die Auslenkung der oberen Sensorteile und damit die piezoelektrische Messung der Drehwinkelgeschwindigkeit ω des Fahrzeugs. Über eine Steuerelektronik werden gezielte Bremsimpulse an einzelnen Rädern ausgelöst, wodurch der Schleuderbewegung des Fahrzeugs entgegengewirkt und die Fahrdynamik stabilisiert werden kann.

Piezoresistive Sensoren bestehen aus Materialien, deren elektrischer Widerstand kraft- bzw. druckabhängig ist, Abb. 5.63 gibt dazu eine Übersicht.

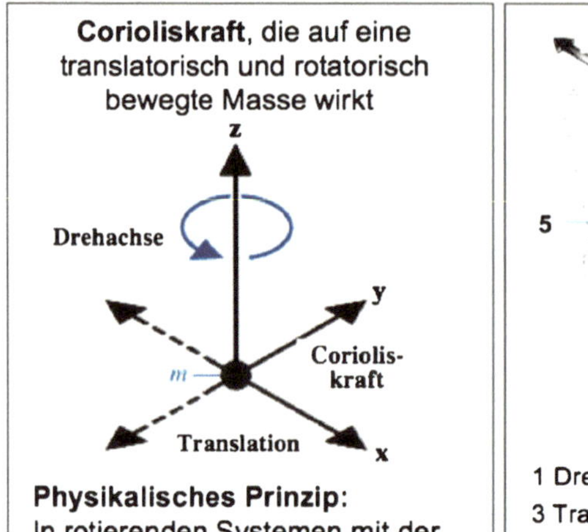

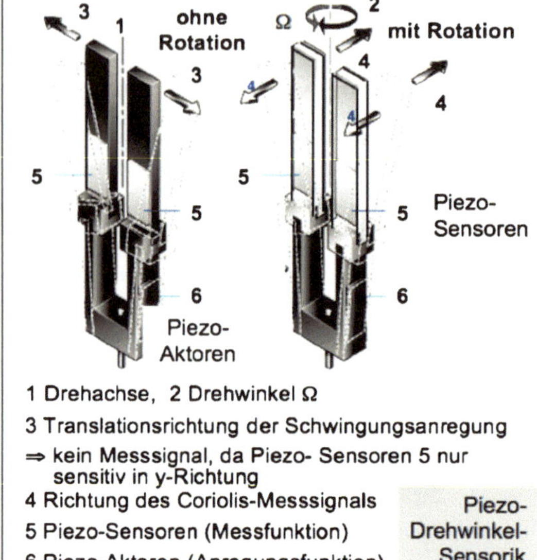

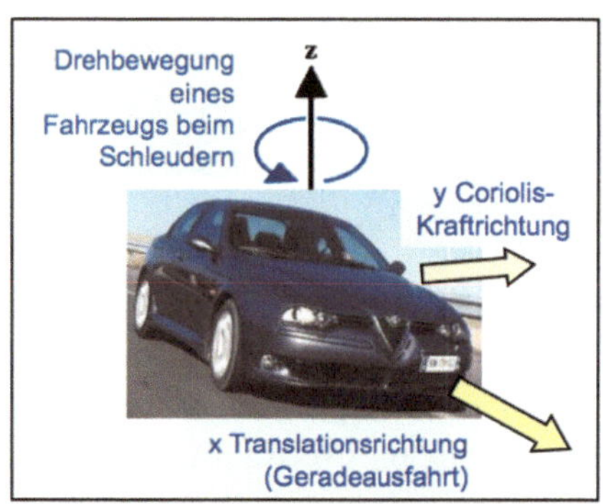

1 Rotationsachse bei Kurvenfahrt (z)
2 Drehrichtung des Fahrzeugs
3 Sensor-Schwingungsrichtung (x) bei reiner Translation ⇒ kein Messsignal, da Piezo-Sensoren 5 nur sensitiv in y-Richtung sind
4 Coriolis-Kraftrichtung (y)
5 obere Piezoelemente (Sensierung)
6 untere Piezoelemente (Antrieb-Aktoren)
7 Anregung der Sensor-Schwingung (3)

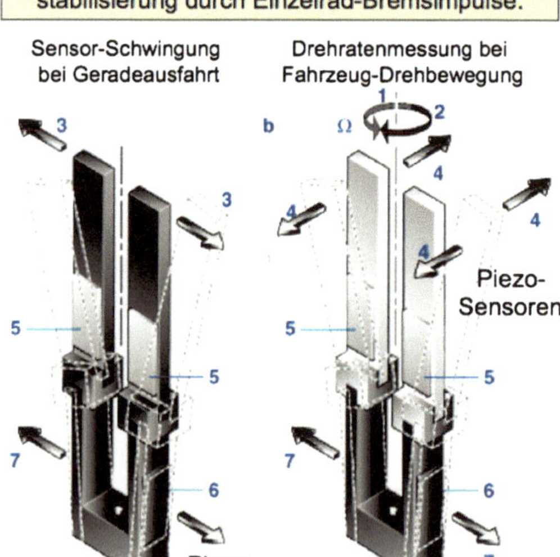

Abb. 5.62 Piezoelektrische Sensorik der Fahrdynamik eines Automobils

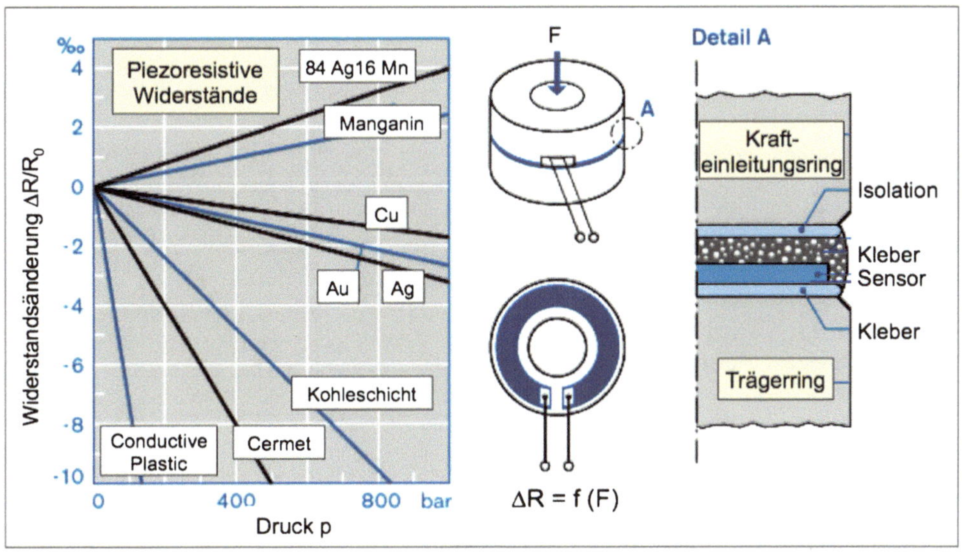

Abb. 5.63 Kennlinien und Aufbau piezoresistiver Sensoren

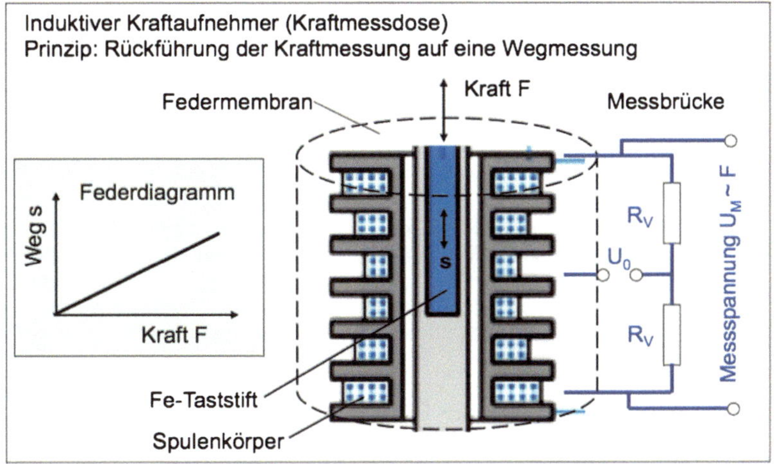

Abb. 5.64 Prinzip und Aufbau induktiver Kraftmessdosen

Indirekt arbeitende Kraftsensoren führen die Kraftmessung über geeignete elastische Federelemente oder Dehnelement auf Wegmessungen oder Dehnungsmessungen zurück. Die Abb. 5.64 und 5.65 zeigen die wichtigsten Ausführungsarten (Abb. 5.64 **induktive Kraftmessdosen**, Abb. 5.65 **DMS-Kraftsensoren**).

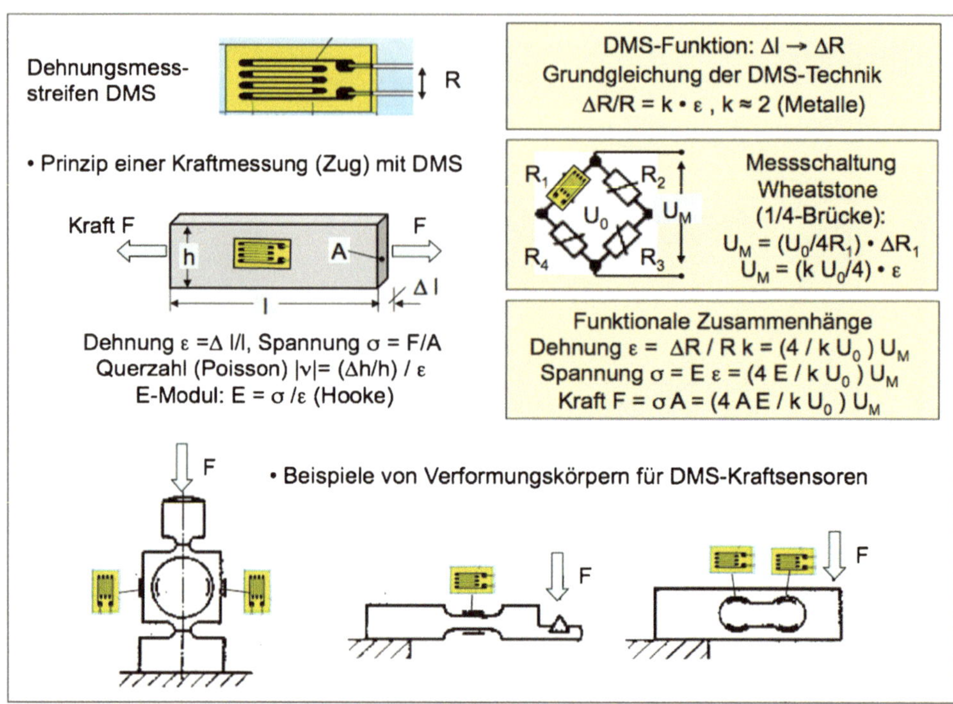

Abb. 5.65 Prinzip und Aufbau von DMS-Kraftsensoren

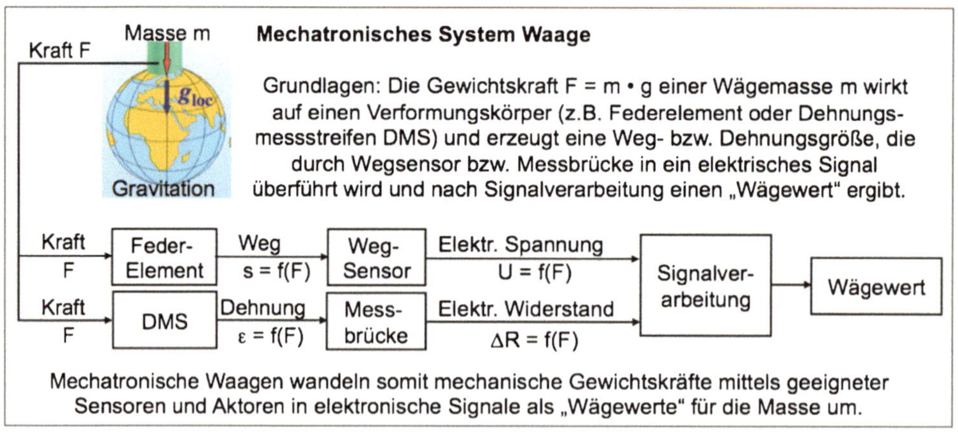

Abb. 5.66 Das Funktionsprinzip mechatronischer Waagen

Ein Hauptanwendungsgebiet der indirekten Kraftsensorik ist die mechatronische **Wägetechnik.** Die physikalische Grundlage und die sensortechnische Methodik sind in kurzer Form in Abb. 5.66 dargestellt, das mechatronische System Waage wird in Abschn. 10.2 behandelt.

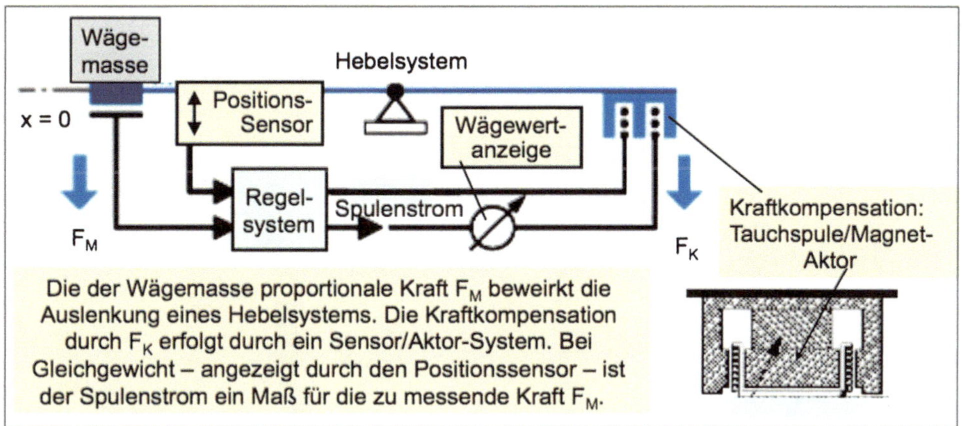

Abb. 5.67 Das Prinzip der elektromagnetischen Kraftkompensation in der Wägetechnik

Mikrowaagen arbeiten meist nach dem Prinzip der **elektromagnetischen Kraftkompensation.** Dabei wird die der Wägemasse proportionale Kraft FM durch den Vergleich mit einer bekannten, elektromagnetisch variierbaren Gegenkraft FK bestimmt, siehe Abb. 5.67.

Dimensionen der Kraftmesstechnik

Die technischen Anwendungen der Kraftsensorik reichen von der *Makrotechnik* mit zu messenden und zu kalibrierenden Kräften im Mega-Newton-Bereich bis hin *zur Nanotechnik,* bei der Kräfte mit Dimensionen unterhalb von Mikro-Newton bis in den Nano-Newton-Bereich zu detektieren sind, siehe Abb. 5.68.

Die Anwendungsmöglichkeiten des in dem Prinzipbild von Abb. 5.68b wiedergegebenen Rasterkraftmikroskops reichen von den dargestellten Beispielen aus der Mikro-Elektronik bis hin zur Mikro-Mechanik und Nano-Tribologie. Die mechatronische Systemtechnik der Rasterkraftmikroskopie ist in Abb. 5.69 dargestellt.

Abb. 5.69 zeigt schematisch die wichtigsten Komponenten eines Rasterkraftmikroskops (AFM, atomic force microscope). Die Spitze, meist aus Silizium, die an einem Federbalken ausgeformt wurde, soll mit konstanter Kraft auf der Probe aufliegen. Die dazugehörige elastische Federbalken-Deformation wird mit einem Lichtzeiger gemessen, der den Strahl eines Lasers auf den Federbalken und anschließend auf einen Positionsdetektor projiziert. Ändert sich die Kraft während des Scanvorgangs (Bewegung der Probe in x- und y-Richtung), so ändert sich die Federbalken-Auslenkung und damit die Position des Laserpunkts auf dem Positionsdetektor. Diese Abweichung wird mittels eines aus Operationsverstärkern (OP) aufgebauten Analogrechners einem Regler zugeführt. Eine Korrekturspannung für die vertikale z-Position wird nach Verstärkung dem z-Piezoversteller zugeführt und gleicht die Abweichung der Sollkraft aus. Steuerung und Datenaufnahme erfolgen über einen Steuerrechner, wobei für jeden Pixelpunkt der

a

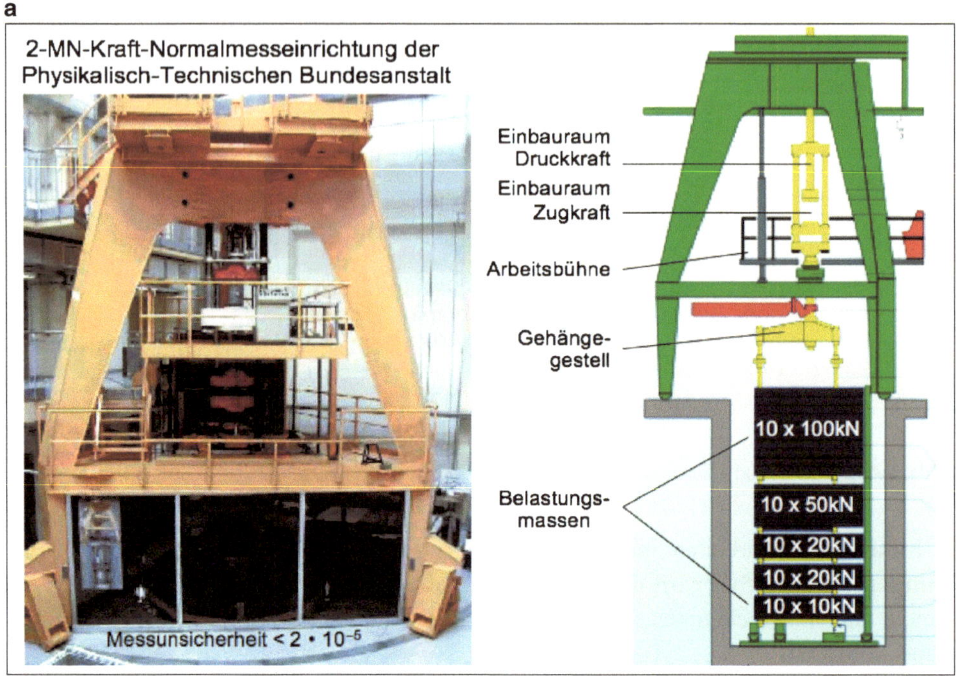

b

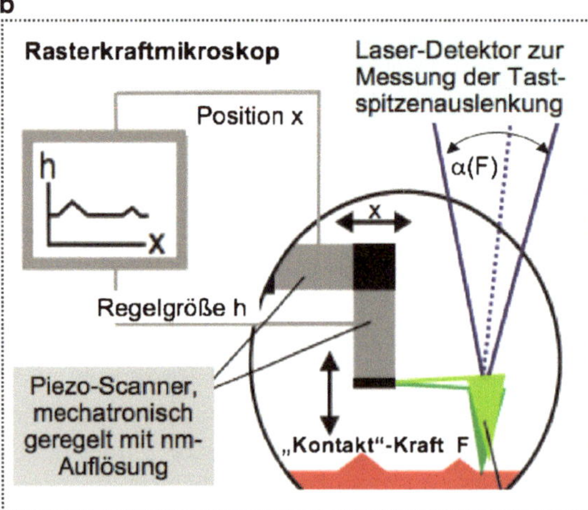

Anwendungsbeispiele:

(a) Bestimmung magnetischer Datenspeicherstrukturen (z.B. Computerfestplatten) mit einer magnetischen Sondenspitze.
(b) Analyse elektronischer Mikrochipstrukturen durch Messung des Kraft/Kapazität-Zusammenhangs zwischen Probe und Sondenspitze.

Abb. 5.68 Dimensionen der Kraftmesstechnik. **a** Darstellung der Krafteinheit im MN-Bereich, **b** Prinzip des Rasterkraftmikroskops zur Detektion von Kräften $<\mu$N; Oberflächen-Scanbereich $150\,\mu m \times 150\,\mu m$, laterale Auflösung 0,1 bis 10 nm

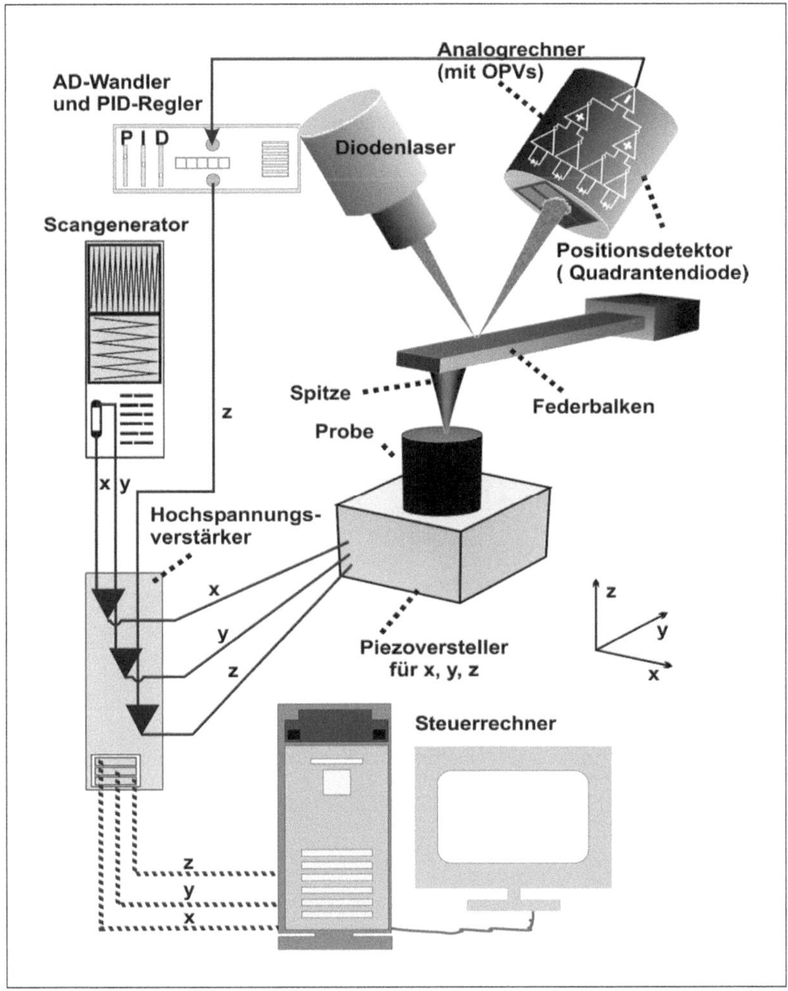

Abb. 5.69 Prinzip des mechatronischen Systems eines Rasterkraftmikroskops

Position (x, y) ein Helligkeitswert eingetragen wird, welcher der Korrekturspannung entspricht. Da die Längenausdehnung eines Piezoaktors dieser Spannung proportional ist, (sieht man von Hysterese ab), entsteht ein Bild der gemessenen Höhen-Topographie.

5.5.2 Drehmomentsensorik

Drehmomente M haben für Rotationsbewegungen eine vergleichbare Bedeutung wie Kräfte F für Translationsbewegungen. Ein Drehmoment ist ein „drehachsenparalleler" Vektor, beschrieben durch das Vektorprodukt $M = r \times F$. Die Definition der metrologischen

Einheit Drehmoment und das Prinzip einer Drehmoment-Normal-Messeinrichtung sind in Abb. 5.70 dargestellt. Drehmomentsensoren werden in der technischen Ausführung meist mit Dehnungsmessstreifen realisiert, wobei die DMS gemäß DMS-Applikationsregeln in Richtung der Torsions-Hauptspannungen anzuordnen sind, siehe Abb. 5.71.

Drehmomentsensoren müssen – wie alle Messwertaufnehmer – zum metrologischen Anschluss *(traceability)* an Mess-Normale, zur Kennlinienfestlegung und zur Bestimmung des dynamischen Verhaltens kalibriert werden. Abb. 5.72 zeigt

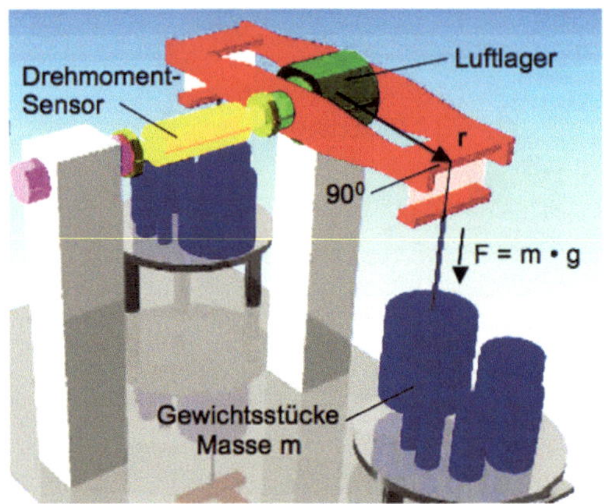

Definition der Einheit Drehmoment:
Ein Newtonmeter ist das von einer im senkrechten Abstand r = 1m von einem Drehpunkt angreifenden Kraft F = 1 N erzeugte Drehmoment M = r • F.
Prinzip einer Drehmoment-Normal-Messeinrichtung:
Die Gewichtskraft F einer Masse m (Dichte ρ_M) im Schwerefeld g und in der Atmosphäre (Dichte der Luft ρ_L) der Erde greift senkrecht am Ende eines Hebels der Länge r an
$\Rightarrow M = m\, g\, r\, (1 - \rho_L / \rho_M)$

Abb. 5.70 Definition und metrologische Darstellung der Maßeinheit Drehmoment

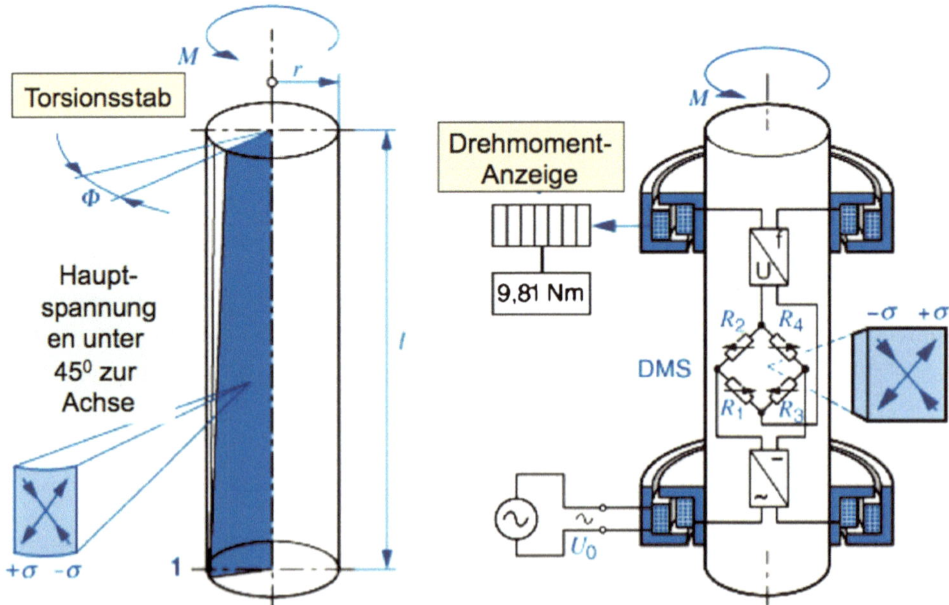

Abb. 5.71 Gestaltung von Drehmoment-Sensoren mit Dehnungsmessstreifen

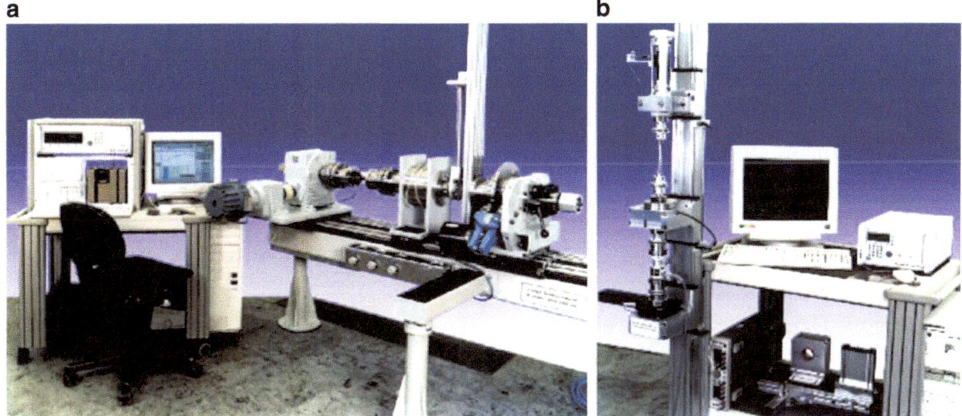

Abb. 5.72 Drehmoment-Kalibriereinrichtungen. **a** Horizontalbauweise, 2000 N m, **b** Vertikalbauweise, 20 N m

Drehmoment-Kalibriereinrichtungen der Physikalisch-Technischen Bundesanstalt (PTB) mit Referenzdrehmomentaufnehmern.

5.5.3 Drucksensorik

Unter dem Druck p versteht man metrologisch das Verhältnis der senkrecht gerichteten Kraft F_N und der Fläche A, auf die sie wirkt: $p = F_N/A$. Ein Pascal (Pa) ist der Druck, der von der Kraft 1 N bei senkrechter Wirkung auf die Fläche 1 m^2 erzeugt wird. Für die Druckmesstechnik gelten folgende Begriffe:

- Absolutdruck p_{abs}: Druck, bezogen auf den Bezugsdruck $p = 0$ Pa (Vakuum).
- Atmosphärischer Luftdruck p_{amb}: Der durch die Gewichtskraft der Lufthülle (bis etwa 500 km Höhe) hervorgerufene, von der geographischen Höhe h abhängige Luftdruck. Für $h = 0$ beträgt der mittlere atmosphärische Luftdruck $p_{amb} = 1013{,}25$ hPa mit relativen Schwankungen von $\pm 5\,\%$.
- Differenzdruck D_p: Wenn die Differenz zweier Drücke p_1 und p_2 selbst die Messgröße ist, spricht man vom Differenzdruck D_p.
- Atmosphärische Druckdifferenz (Überdruck) p_e: Ist gleich dem Differenzdruck $p_{abs} - p_{amb}$ und wichtigste Messgröße im technischen Bereich. Man bezeichnet p_e als positiven Überdruck, wenn $p_{abs} > p_{amb}$ ist.

Sensoren zur Druckmessung basieren auf Prinzipien der unmittelbaren oder der mittelbaren Druckmessung.

Unmittelbare Druckmessverfahren

- Flüssigkeits-Druckmessgeräte: Der zu messende Druck p wird durch Vergleich mit der Gewichtskraft einer Flüssigkeitssäule (Höhe h, Dichte ρ) bestimmt (g örtliche Fallbeschleunigung): $p = h\ \rho\ g$.
- Kolbenmanometer: Der zu messende Druck wirkt auf eine definierte Fläche A (Stirnfläche eines rotierenden Kolbens) und bewirkt eine Kraft F, die durch die Gewichtskraft $m \cdot g$ des Kolbens kompensiert wird: $p = F/A = m\ g/A$, Abb. 5.73.

Mittelbare Druckmessverfahren

- Mechanische Druckmessgeräte: Druckmessgeräte mit federelastischem Messglied (Bourdonrohr), dessen Wände sich proportional zum Druck verformen.
- Elektronische Drucksensoren unter Anwendung verschiedener Sensoreffekte: piezoresistiv, resistiv, kapazitiv, DMS-Mikrosensorik, siehe Abb. 5.74.

Der in Abb. 5.74b mit seinem Aufbau und seiner Funktion dargestellte Mikro-Drucksensor nutzt die Tatsache aus, dass der spezifische Widerstand von dotiertem Silizium stark von der mechanischen Verzerrung abhängt (Piezowiderstandseffekt). Bei diesen Mikrodrucksensoren werden an örtlich unterschiedlichen Stellen der Membran durch Dotierung lokal begrenzte piezoresistive Widerstände R_1 und R_2 erzeugt, die zu einer Wheatstone-Messbrücke zusammengeschaltet werden. Im unbeanspruchten Zustand ist $R_1 = R_2$ und die Messspannung U_M ist gleich Null. Bei Einwirken eines zu messenden Drucks p auf die Membran werden die piezoresistiven Widerstände $R_1 \neq R_2$ und es resultiert eine Messspannung $U_M = f(p)$. Piezoresistive Mikro-Drucksensoren haben wichtige Anwendungen als Bremskreisdrucksensoren in der Automobiltechnik.

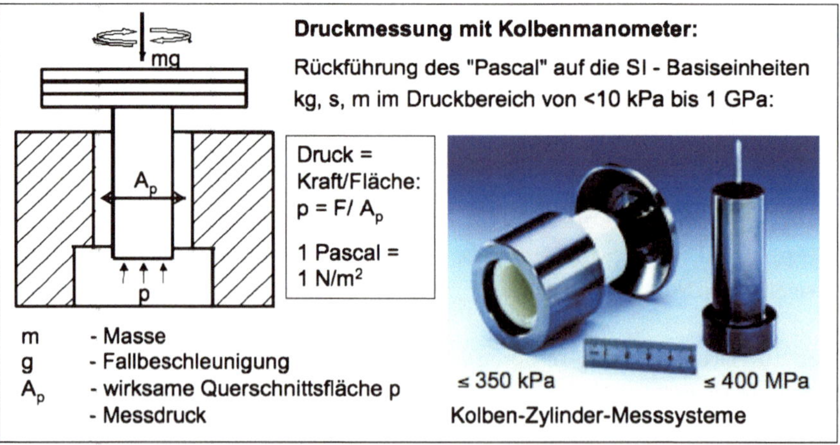

Abb. 5.73 Prinzip des Kolbenmanometers

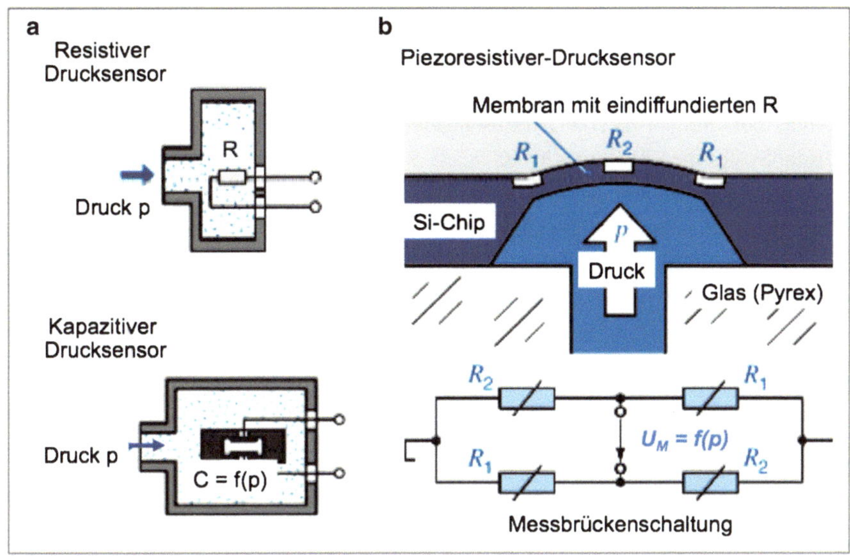

Abb. 5.74 Drucksensorik: mittelbare Druckmessverfahren

5.6 Sensorik von Einflussgrößen

Die Sensorik der Funktionsgrößen mechatronischer Systeme ist zu ergänzen durch die Sensorik von Einflussgrößen. Sie haben meist keine direkten funktionell-operativen Aufgaben, können aber die Funktionsvariablen und das Systemverhalten beeinflussen und verändern. Wie in Abb. 5.75 dargestellt, gehören zu den wichtigsten Einflussgrößen die Temperatur und die Feuchte.

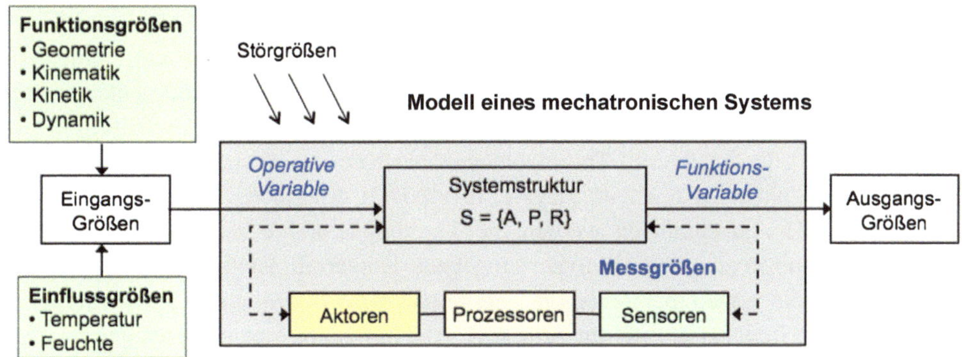

Abb. 5.75 Messgrößenkategorien für die Sensorik mechatronischer Systeme

Daneben können Störgrößen auftreten, z. B. mechanische Vibrationen, Stoß- und Prallvorgänge, Strahlung unterschiedlicher physikalischer Natur, Gase und chemische Substanzen. Sie sind mit speziellen Messaufnehmern und Sensoren zu detektieren.

Die aus der Sensorik von Einflussgrößen gewonnenen Signale können sowohl zu erweiterten Systembeschreibungen als auch zur Korrektur von Sensor-Messsignalen verwendet werden. Wie in Abschn. 5.2.2 unter dem Stichwort *Smart Sensor* beschrieben (siehe Abb. 5.18) werden korrekte Modellparameter (Sollgrößen) in einem PROM gespeichert. Unter Verwendung eines Mikrorechners (µC) lassen sich durch Soll/Ist-Vergleiche korrigierte Messsignale gewinnen. Mit dieser Methodik lassen sich nicht nur die statische Eigenschaften von Sensoren korrigieren, sondern auch das dynamische Sensorverhalten durch Auswertung der das dynamische Verhalten beschreibenden Differenzialgleichung verbessern.

5.6.1 Temperatursensorik

Die Temperatur T ist physikalisch gesehen eine ungerichtete, den Energiezustand eines Mediums charakterisierende Größe, die vom Ort mit den Raumkoordinaten (x, y, z) und der Zeit t abhängen kann: $T = T\,(x, y, z; t)$.

Die Temperatursensorik ist in der Technik in mehrfacher Hinsicht von Bedeutung, beispielsweise zur Bestimmung der Temperatur als:

- Zustandsgröße des thermischen Zustands eines Bauteils oder Systems,
- Einfluss- oder Störgröße bei temperaturbeeinflussbaren Sensorprinzipien,
- Prozessvariable für temperaturgesteuerte oder -geregelte Systeme.

Zur Temperaturmessung können prinzipiell alle sich mit der Temperatur reproduzierbar ändernden Eigenschaften fester, flüssiger oder gasförmiger Stoffe herangezogen werden. Von besonderer Bedeutung sind Temperatursensoren, mit denen Bauteil- oder Prozesstemperaturen in elektrische Größen für umgesetzt werden können.

Thermoelemente basieren auf dem Seebeck-Effekt, siehe Abb. 5.76. In einem Leiterkreis mit zwei verschiedenen Metallen, an deren Verbindungspunkten unterschiedliche Temperaturen vorliegen, gilt $U = b \cdot \Delta T + c\ \Delta T2$, b und c sind Materialkonstanten. Thermoelemente weisen nahezu lineare Kennlinien auf, für nicht zu große Temperaturbereiche ΔT gilt $U = k \cdot \Delta T$. Thermoelementpaar-Kenndaten sind in DIN IEC 584 genormt, z. B. NiCr/NiAl: $k = 40{,}3\,\mu V/°C$ (bei 20 °C), Messbereich −270 … 1300 °C. Für industrielle Anwendungen werden die Thermopaardrähte z. B. mit Keramikröhrchen isoliert und in eine Schutzarmatur eingebaut. Kürzere Einstellzeiten erhält man mit Mantelthermoelementen, bei denen die Thermopaare zur Isolation in Al2 O3 eingebettet und mit einem Edelstahlmantel umhüllt sind. Außendurchmesser von weniger als 3 mm sind dabei realisierbar. Die Miniaturisierung von Thermoelementen ist für Forschungszwecke bereits bis in den Nanometerbereich gelungen, siehe Abb. 5.76c.

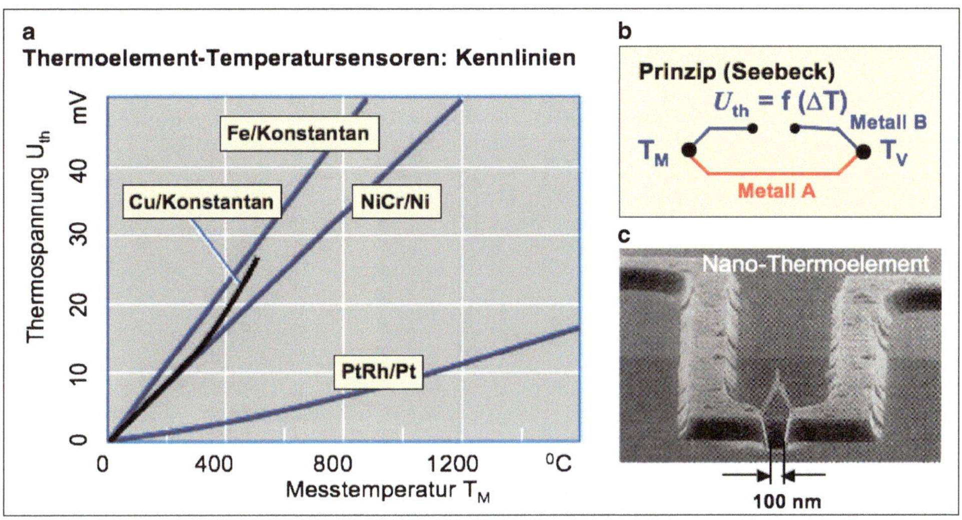

Abb. 5.76 Thermoelement-Temperatursensoren. **b** Prinzip, **a** Kennlinien und **c** Beispiel eines Nano-Thermoelements zur Temperaturanalyse von Mikrochips (FAZ, 31/1/2001)

Widerstandsthermometer basieren auf der Temperaturabhängigkeit des elektrischen Widerstandes. Die Sensoren haben je nach elektrischem Leitungsmechanismus Kennlinien mit negativem Temperaturkoeffizienten, NTC (Heißleiter, Thermistoren) oder positivem Temperaturkoeffizienten, PTC (Metalle), siehe Abb. 5.77. Wichtige Anwendungen von PTC-Temperatursensoren betreffen die Erfassung der Betriebstemperaturen in technischen Systemen. Als Beispiel zeigt Abb. 5.77d die technische Ausführung eines Mikrotechnik-Temperatur-Sensors mit integrierter Signal-Prozessorik.

NTC-Temperatursensoren auf Halbleiterbasis nutzen entweder die Temperaturabhängigkeit der Leitfähigkeit homogener Halbleiterproben oder aber die Temperaturabhängigkeit der Kennlinie von PN-Übergängen. Silizium-Temperatursensoren werden gewöhnlich als Ausbreitungswiderstände realisiert. Der Widerstand zwischen einer kreisförmigen Kontaktierung mit dem Durchmesser d und dem flächigen Rückseitenkontakt einer Siliziumscheibe mit dem spezifischen Widerstand ρ beträgt $R = 1/2\ \rho/d$ und ist unabhängig von der Dicke und dem Durchmesser der Scheibe, solange diese beiden Größen groß gegen den Kontaktdurchmesser d sind.

Pyrometersensoren bestimmen Temperaturen berührungslos aus der Messung der Temperaturstrahlung. Grundlage ist das Planck'sche Strahlungsgesetz. Es beschreibt für einen idealen Strahler (Schwarzer Körper, Emissionsgrad $\varepsilon = 1$) den physikalischen Zusammenhang zwischen der spektralen Strahldichte pro Raumwinkel $L = f\ (T, \lambda)$ und den Parametern Wellenlänge λ und Temperatur T. Die Methode erfordert die Festlegung von Messgeometrie-Raumwinkel und $\Delta\lambda$ sowie die Kenntnis des Emissionsgrads des Messobjektes und eine Kalibrierung an einem Schwarzen Körper.

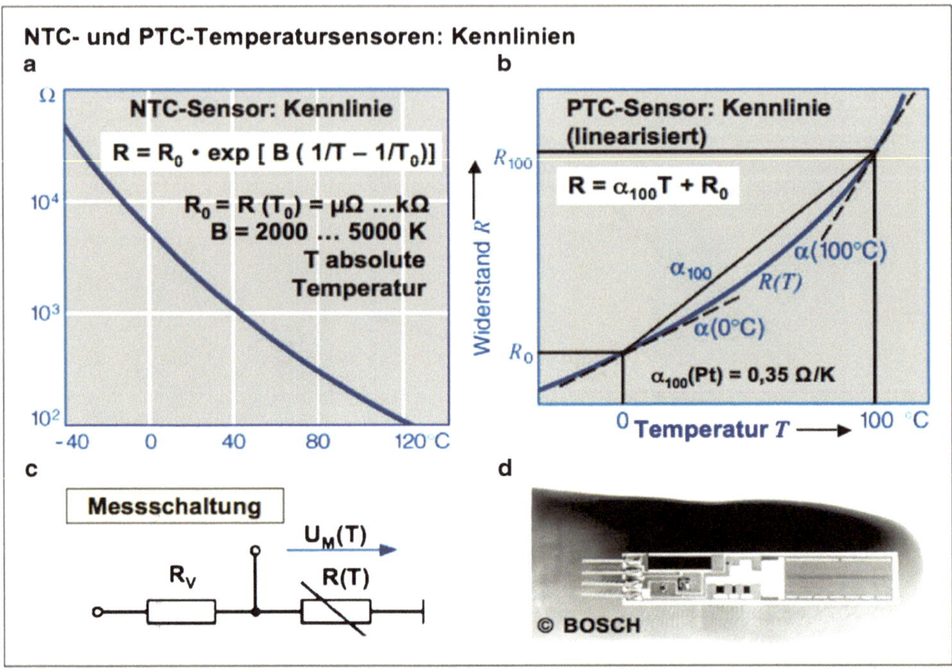

Abb. 5.77 Kennzeichen von NTC- und PTC-Temperatursensoren: **a**, **b** Kennlinien, **c** Messschaltung, **d** Beispiel: Mikrotechnik-Temperatur-Sensor mit integrierter Signal-Prozessorik

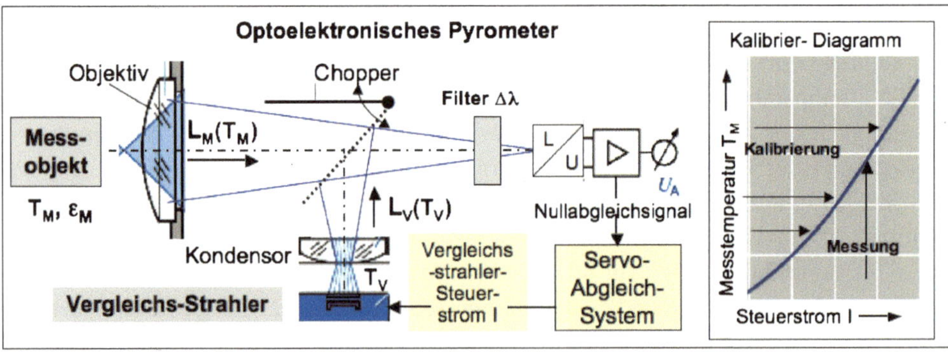

Abb. 5.78 Darstellung des Prinzips eines berührungslosen Temperatursensors

Bei einem *Teilstrahlungspyrometer* werden gemäß Abb. 5.78 bei definiertem $\Delta\lambda$ die Strahldichten LM und LV im Wechsellicht (Chopper)-Betrieb verglichen. Bei Nullabgleich ist der Vergleichsstrahler-Steuerstrom ein Maß für die Objekttemperatur.

Die pyrometrische Temperatursensorik kann durch mikrotechnologische Herstellungsverfahren zur thermischen Bilderfassung erweitert werden. Das Prinzip einer einfachen Infrarot-Kamera ist in Abb. 5.79 dargestellt. Die von einem Messobjekt ausgehende

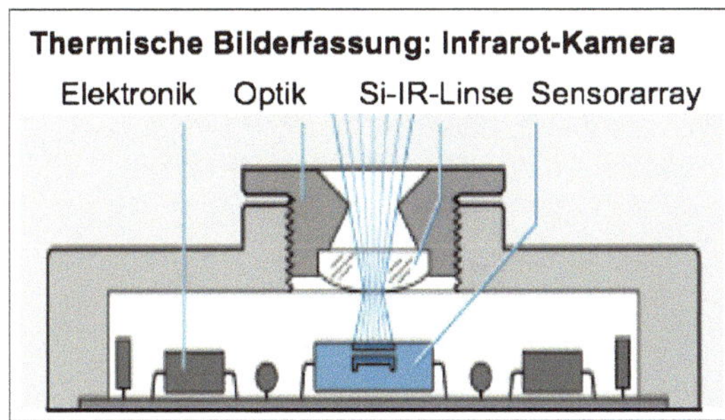

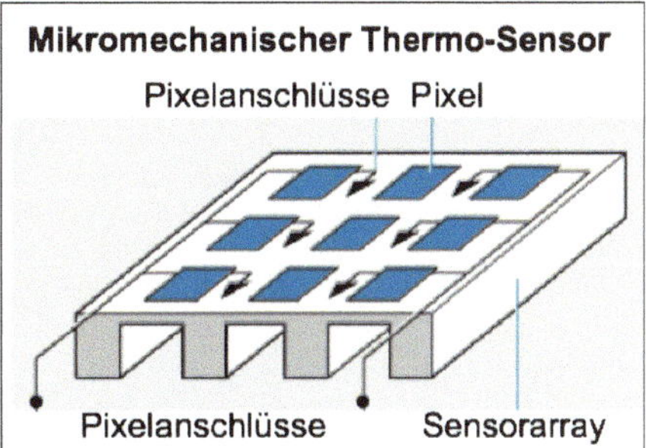

Abb. 5.79 Prinzip einer einfachen Infrarot-Kamera zur thermischen Bilderfassung

Infrarot (IR)-Strahlung wird mit einer IR-durchlässigen Optik auf einem Thermoelement-Sensorarray abgebildet. Das Array besteht aus hintereinander geschalteten „Thermoelement-Pixeln“. Die „heißen“ Thermoelementpunkte liegen auf einer thermisch gut isolierten dünnen Membran, die „kalten“ Thermoelementpunkte auf dem dickeren Chiprand. Durch eine geeignete Signalverarbeitung mit einem ASIC (Appliation Specific Integrated Circuit) können unter Verwendung eines Temperatur-Referenzsensors Bilder von flächenhaften Temperaturverteilungen gewonnen werden. Die Anwendung der Thermografie in der Bauwerksüberwachung ist in Abschn. 14.2 dargestellt.

5.6.2 Feuchtesensorik

Die Feuchte kennzeichnet allgemein den Wassergehalt in gasförmigen, flüssigen und festen Stoffen. Im engeren Sinn wird damit der Gehalt gasförmigen Wassers (Wasserdampf) in Luft bezeichnet. Der Sättigungszustand bei isobarer Abkühlung wird durch die *Taupunkt-Temperatur* markiert.

In der Technik ist die Feuchte die wichtigste „Umwelt-Einflussgröße“ für alle unter atmosphärischen Bedingungen operierenden technischen Systeme. Sie wird durch folgende Definitionen beschrieben:

- Die *absolute Feuchte* f_{abs} ist die in dem Gasvolumen V von einem Kubikmeter enthaltene Wasserdampfmenge m in g/m^3: $f_{abs} = m/V$.
- Die *maximale Feuchte* (Sättigungskonzentration) f_{max} ist die bei einer bestimmten Temperatur in dem Gasvolumen V von einem Kubikmeter maximal mögliche Wasserdampfmenge m_{max}: $f_{max} = m_{max}/V$.
- Die *relative Feuchte* ist der Quotient aus der absoluten Feuchte und der bei gleicher Temperatur maximal möglichen Feuchte: $\Phi = f_{abs}/f_{max}$. Es gilt auch die Beziehung Φ = Wasserdampf-Partialdruck/Wasserdampf-Sättigungsdruck.

In Abb. 5.80 sind die für die Feuchtesensorik wichtigen Zusammenhänge dargestellt.

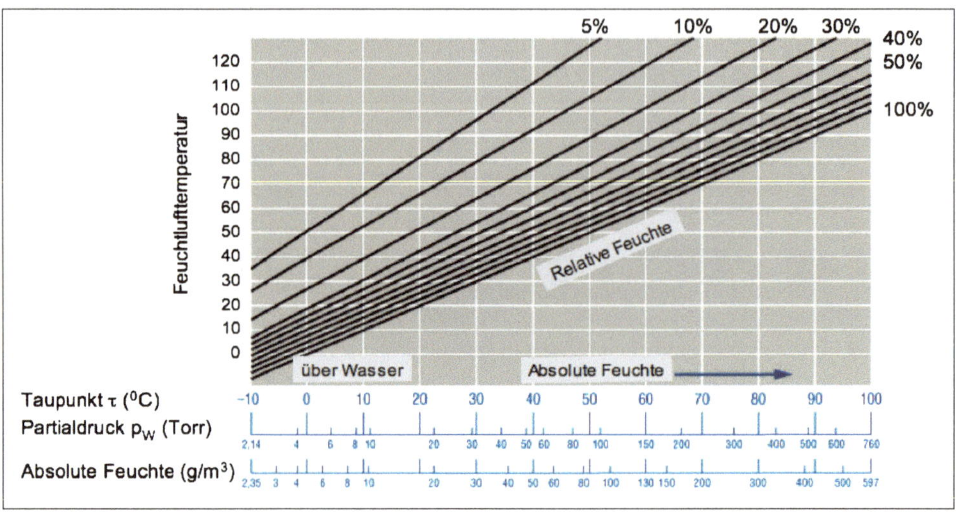

Abb. 5.80 Temperatur-Feuchte-Diagramm für Luft

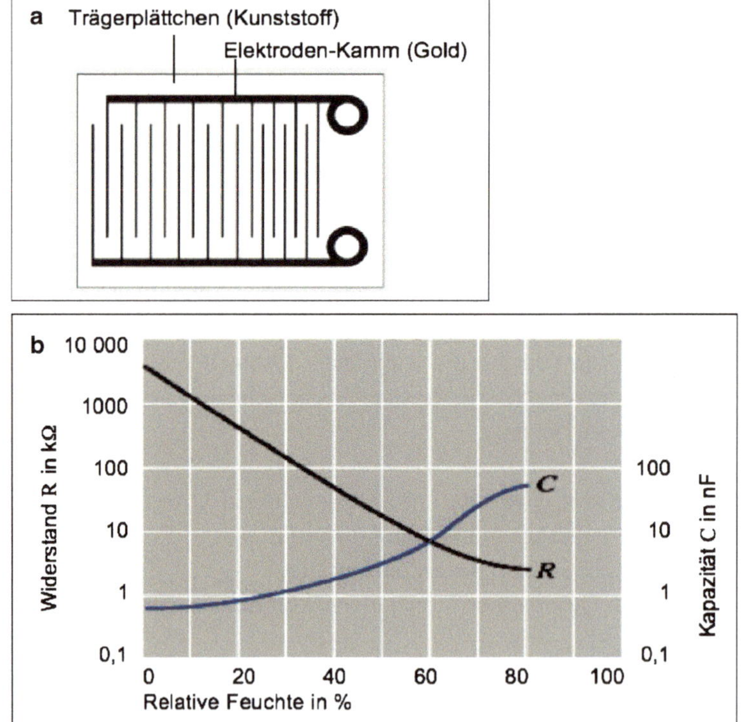

Abb. 5.81 **a** Prinzipieller Aufbau eines kapazitiven Feuchtesensors, **b** Typische Kennlinien resistiver (*R*) und kapazitiver (*C*) Feuchtesensoren

Tab. 5.6 Übersicht über direkte und indirekte Methoden der Feuchtesensorik

Methode	Verfahren	Sensor
Direkte Methoden Messung der absoluten Feuchte	Sättigungsverfahren	Taupunkt-Hygrometer LiCl- Taupunkt-Hygrometer
	Verdunstungsverfahren	Psychrometer
	Absorptionsverfahren	Volumen-Hygrometer Elektrolyse-Hygrometer Kondensatmengen-Hygrometer
	Energetische Verfahren	Infrarot-Hygrometer Mikrowellen-Hygrometer Elektr. Entladungshygrometer Diffusions-Hygrometer
Indirekte Methoden Messung der relativen Feuchte	Hygroskopische Verfahren	Elektr. Leitfilm-Hygrometer Kondensator-Hygrometer Haar-Hygrometer Bistreifen-Hygrometer Farb-Hygrometer Quarz-Hygrometer Gravimetrisches Hygrometer

Als Feuchtesensoren mit elektrischem Signalausgang werden meist resistive oder kapazitive Messfühler verwendet. Das Sensorprinzip basiert auf hygroskopischen Schichten, die in Abhängigkeit von der relativen Feuchte reversibel Wasser speichern können. Bei einem resistiven Feuchtesensor befindet sich zwischen einem Elektrodenpaar ein isolierendes Substrat, auf das hygroskopisches Salz (LiF) aufgebracht wird. Die Leitfähigkeit des Sensors nimmt mit zunehmender Feuchte zu, d. h. der elektrische Widerstand nimmt ab. Bei kapazitiven Feuchtesensoren dient eine hygroskopische, isolierende Schicht (Al2O3, Kunststoff), als Dielektrikum eines Kondensators.

Die Abb. 5.81a zeigt den prinzipiellen Aufbau: Eine der Elektroden der kammförmigen Struktur ist wasserdampfdurchlässig. Mit wachsender relativer Feuchte nimmt das Dielektrikum Wasser auf und die Kapazität des Sensors nimmt zu, siehe Kennlinie Abb. 5.81b.

Eine Methodenübersicht zur Feuchtesensorik mit ihren verschiedenen Verfahren und den zugehörigen Sensoren gibt Tab. 5.6.

5.7 Mikrosensorik

In der Mechatronik werden Sensoren häufig in miniaturisierter Ausführung benötigt, insbesondere für *Embedded Sensors* der strukturintegrierten Sensorik, die im folgenden Abschnitt dargestellt ist. Unter Mikrosensoren versteht man Sensoren, bei denen mindestens eine Abmessung im Submillimeterbereich liegt. Die Miniaturisierung ermöglicht eine hohe Funktionsdichte und Messungen mit großer Orts- oder Zeitauflösung. Mikrosensoren lassen sich außerdem zusammen mit der Mikroelektronik auf einem gemeinsamen Substrat zu kompakten Sensor-Modulen integrieren. Herstellungstechnologien für Mikrosensoren sind in Abschn. 9.3 dargestellt.

Mikrosensoren für kinematische Größen

Mikrosensoren für kinematische Größen sind miniaturisierte Sensoren zur Umwandlung der Funktionsgrößen *Position (Wege, Winkel), Geschwindigkeit und Drehzahl, Beschleunigung* in elektrische Größen. Durch Anwendung mikro-mechanischer Herstellungsverfahren auf die im Abschn. 5.4 behandelten Sensoren kinematischer Größen können Mikro-Positionssensoren (Weg- und Winkelsensoren) der folgenden Kategorien hergestellt werden:

- Widerstandssensoren,
- Elektromagnetische Sensoren,
- Galvanomagnetische Sensoren,
- Optoelektronische Sensoren.

Als kompakte und berührungslos (verschleißfrei) arbeitende Mikro-Drehwinkelsensoren haben magnetoresistive Dünnschichtsensoren eine große Bedeutung erlangt, insbesondere in der Fahrzeugtechnik-Sensorik, siehe Kap. 13. Die Prinzipien der Magnetoelektronik und ihre Anwendung in der mechatronischen Sensorik wurden bereits Abschn. 5.4 erläutert. Abb. 5.82 zeigt den Aufbau magnetoresistiver Mikrosensoren vom Typ AMR

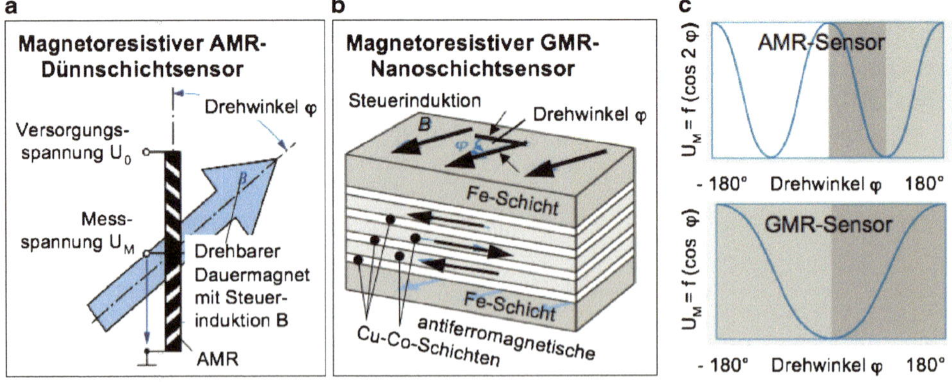

Abb. 5.82 Aufbau und Funktion magnetoresistiver Mikro-Drehwinkelsensoren

(Anisotrop Magneto Resistive) und GMR (Giant Magneto Resistive) und erläutert vergleichend ihre Funktionen.

AMR-Sensoren bestehen aus 30 … 50 nm dünnen NiFe-Schichten, deren elektrischer Widerstand (und damit die Messspannung U_M) nach einer cos2φ-Funktion vom Drehwinkel φ zwischen AMR-Sensor und der (mit einem Messobjekt verbundenen) Steuerinduktion B abhängt. GMR-Sensoren sind aus CuCo-Nanoschichten aufgebaut. Im Unterschied zu AMR-Sensoren hängt ihr Widerstand nur vom einfachen Drehwinkel φ ab. Damit ist mit GMR-Sensoren die Bestimmung von Drehwinkeln über volle 360° möglich, siehe Abb. 5.82c.

Mikrosensoren für dynamische Größen

Die meisten der in Dickschichttechnik hergestellten Mikrodruckaufnehmer nutzen die Tatsache aus, dass der spezifische Widerstand von dotiertem Silizium stark von der mechanischen Verzerrung abhängt (Piezowiderstandseffekt). Daher lässt sich die druckabhängige Auslenkung einer Si-Membran über die elektrische Widerstandsänderung eines dotierten Bereiches der Membran detektieren (Prinzip der Kraft-Weg-Wandlung). Abb. 5.83 zeigt den Aufbau und die Messschaltung eines Mikrodrucksensors.

Beschleunigungs- und Drehratesensoren erfassen die Beschleunigung a indirekt über die Auslenkung einer seismischen Testmasse m infolge der Newton'schen Trägheitskraft $F = m \cdot a$. Das Prinzip eines kapazitiven Mikrobeschleunigungssensors und seinen mikrostrukturellen Aufbau zeigt Abb. 5.84.

Bei einem Mikromechanik-Beschleunigungssensor liegt die seismische Masse im μGramm-Bereich, und es müssen Kapazitätsänderungen von weniger als 1 fF detektiert werden. Dies ist nur durch eine sensornahe Signalverarbeitung möglich, d. h. Integration von Sensor und Auswerteelektronik auf einem gemeinsamen Si-Substrat.

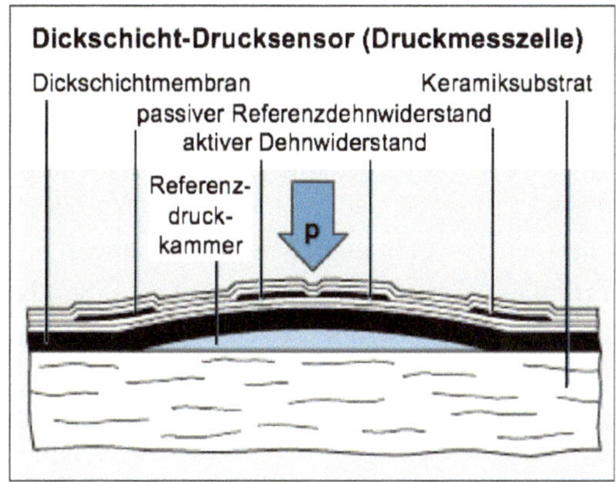

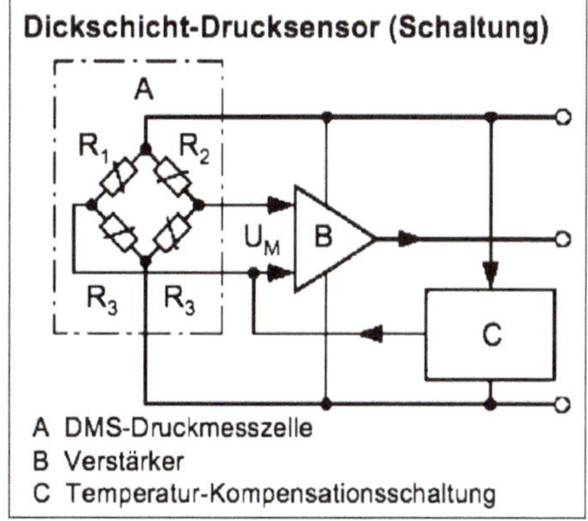

Abb. 5.83 Drucksensor nach dem Piezowiderstandsprinzip, realisiert in Volumenmikromechanik

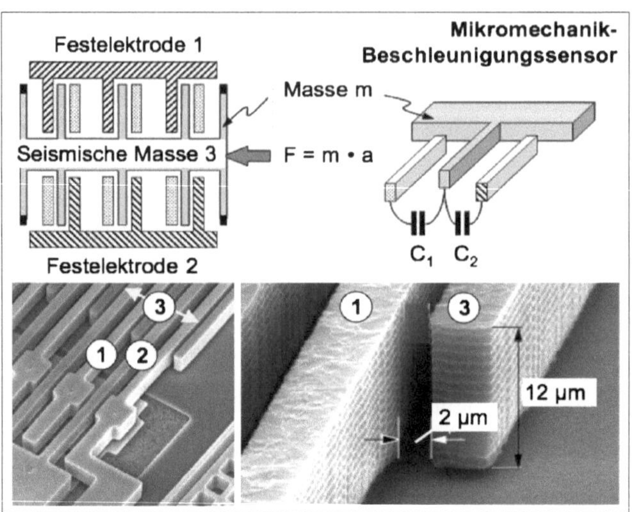

Abb. 5.84 Kapazitiver Mikromechanik-Beschleunigungssensor

Mikrosensoren für thermische Größen

Die Temperatur ist die wichtigste Einflussgröße und häufig auch eine Prozessgröße mechatronischer Systeme. Die Sensorprinzipien zur Temperaturmessung (Thermoelemente, Widerstandsthermometer, optoelektronische Pyrometer) lassen sich sämtlich miniaturisieren. Ausführungsbeispiele von Mikrosensoren für die Temperatur wurden bereits in Abschn. 5.6.1 dargestellt, siehe Abb. 5.76c (Nano-Thermoelement) und Abb. 5.77d (Mikro-Widerstandsthermometer).

Widerstandsthermometer auf Halbleiterbasis nutzen entweder die Temperaturabhängigkeit der Leitfähigkeit homogener Halbleiterproben oder aber die Temperaturabhängigkeit der Kennlinie von PN-Übergängen. Silizium-Temperatursensoren werden gewöhnlich als Ausbreitungswiderstände realisiert. Der Widerstand zwischen einer kreisförmigen Kontaktierung mit dem Durchmesser d und dem flächigen Rückseitenkontakt einer Siliziumscheibe mit dem spezifischen Widerstand ρ beträgt $R = ½\ ρ/d$ und ist unabhängig von der Dicke und dem Durchmesser der Scheibe, solange diese beiden Größen groß gegen den Kontaktdurchmesser d sind.

Thermoelemente basieren auf der Kombination geeigneter Metalllegierungen. Für industrielle Anwendungen werden die Thermopaardrähte z. B. mit Keramikröhrchen isoliert und in eine Schutzarmatur eingebaut. Kürzere Einstellzeiten erhält man mit Mantelthermoelementen, bei denen die Thermopaare zur Isolation in Al2O3 eingebettet und mit einem Edelstahlmantel umhüllt sind. Außendurchmesser von weniger als 3 mm sind dabei realisierbar.

Die pyrometrische Temperatursensorik (vgl. Abb. 5.78) kann durch mikrotechnologische Herstellungsverfahren zur thermischen Bilderfassung erweitert werden. Das Prin-

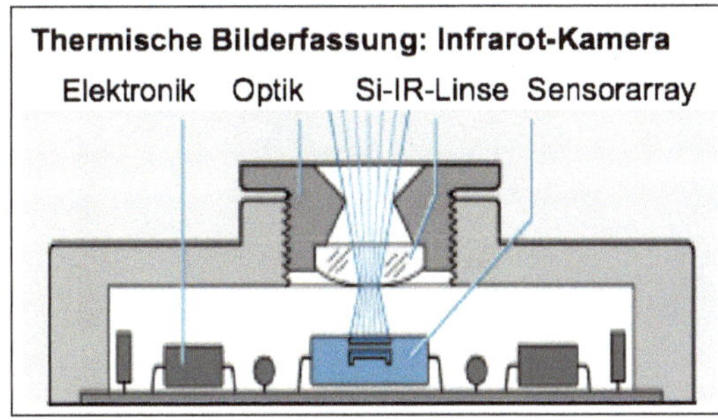

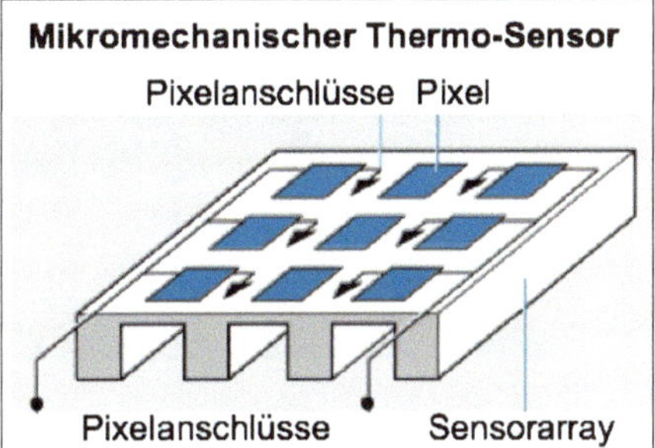

Abb. 5.85 Prinzip einer einfachen Infrarot-Kamera zur thermischen Bilderfassung

zip einer einfachen Infrarot-Kamera ist in Abb. 5.85 dargestellt. Die von einem Messobjekt ausgehende Infrarot (IR)-Strahlung (Strahlungsleistung X Emissionskoeffizient) wird mit einer IR-durchlässigen Optik auf einem Thermoelement-Sensorarray abgebildet. Das Array besteht aus hintereinander geschalteten „Thermoelement-Pixeln" (siehe Thermoelement-Prinzip, Abb. 5.76b). Die „heißen" Thermoelementpunkte liegen auf einer thermisch gut isolierten dünnen Membran, die „kalten" Thermoelementpunkte auf dem dickeren Chiprand. Durch eine geeignete Signalverarbeitung mit einem ASIC (Application Specific Integrated Circuit) können unter Verwendung eines Temperatur-Referenzsensors Bilder von flächenhaften Temperaturverteilungen gewonnen werden.

5.8 Strukturintegrierte Sensorik

Die Sensorik wird neben der Bestimmung der „operativen Funktionsgrößen" technischer Systeme zunehmend zur Überwachung der Strukturintegrität technischer Systeme eingesetzt. Wie in Kap. 2 dargestellt, kann sich die Struktur technischer Systeme unter der Einwirkung der operativen Funktionsgrößen – und insbesondere durch Umwelteinflüsse, Störgrößen und Dissipationseffekte – verändern. Hierdurch kann nun wiederum die Funktion des Systems gestört werden oder bei gravierenden Strukturänderungen völlig versagen. Für die Beobachtung, Messung und Überwachung der Eigenschaften und Kenngrößen der strukturellen Bauelemente technischer System von besonderer Bedeutung sind Sensoren, die direkt in strukturelle Bauteile integriert werden können. Im internationalen Sprachgebrauch wird dies als „Embedded Sensors for Structural Health Monitoring" bezeichnet.

Das Prinzip der strukturintegrierten Sensorik ist in abstrakter Form in Abb. 5.86 dargestellt. Der Sensorausgang kann nach Signalverarbeitung über ein Regler-Steller-Netzwerk einem Aktor zugeführt werden, der im Sinne einer Adaptronik (vgl. Abschn. 6.7) die Eigenschaften des Strukturelements den funktionellen Erfordernissen anpassen kann. Außerdem muss natürlich eine computerunterstützte Daten- und Bildausgabe möglich sein.

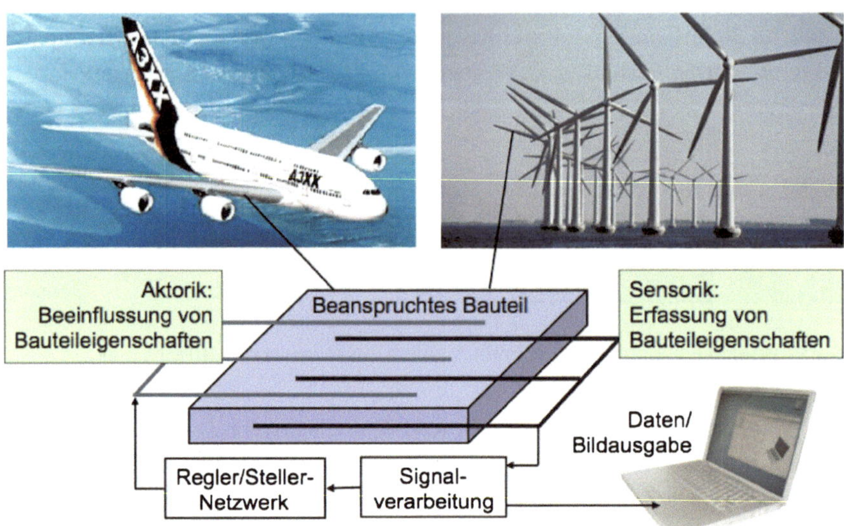

Abb. 5.86 Modelldarstellung zur strukturintegrierten Sensorik

Die einfachste Möglichkeit einer strukturintegrierten Sensorik ist das Aufkleben von Dehnungsmessstreifen auf beanspruchte Strukturelemente mechatronischer Systeme. Anwendungen von „Embedded DMS" sind in den Kap. 10 und 14 mit Beispielen aus der Gerätetechnik und dem Bereich der baulichen Infrastruktur dargestellt.

Embedded Sensors, die in das Innere von Bauteilen integriert werden, müssen über folgenden Eigenschaften verfügen:

(a) Geometrische Adaptionsfähigkeit zur punktuellen, flächenförmigen oder räumlichen Detektion von Bauteilveränderungen, z. B. Rissbildungen, Korrosion,
(b) Sensorische Eigenschaften zur Umwandlung struktureller Kenn- und Messgrößen in anzeigbare oder für eine Aktorik weiterverarbeitbare elektrische oder optische Signale.

Sensoreffekte mit elektrischen oder optischen Signalen sind in Tab. 5.7 zusammengestellt.

Für die Ermittlung strukturell wichtiger Werkstoff- bzw. Bauteileigenschaften hat die Dehnung die größte Bedeutung. Aus den gemessenen Dehnungen lassen sich Änderungen der Werkstoff- bzw. Bauteilintegrität und mögliche kritische Beanspruchungen erkennen. Die wichtigsten Embedded Sensors für diese Aufgaben sind piezoelektrische und faseroptische Sensoren. Das Funktionsprinzip faseroptischer Sensoren wurde in Abschn. 5.3.2 behandelt. Abb. 5.87 nennt für optische Si-Fasern die bei der Verwendung als Embedded Sensors wichtigen Kenndaten.

Die technische Anwendung faseroptischer Detektoren in der strukturintegrierten Sensorik erfordert, dass sie in eine Messkette eingebunden werden, die jeweils aufgabenspezifisch auszulegen ist, das Prinzip ist in Abb. 5.88 dargestellt.

Tab. 5.7 Sensoreffekte für die werkstoff-, bauteil- und strukturintegrierte Sensorik

Kenn/Messgrößen von Strukurelementen	**Sensoreffekte**	
	elektrisches Signal	**optisches Signal**
mechanisch • Dehnung • Schwingung • Beschleunigung • Kraft • Druck	• piezoelektrischer Effekt • piezoresistiver Effekt • Widerstandsänderung	• Änderung der – Transmission – Wellenlänge – Phase – Laufzeit
chemisch-physikalisch • Temperatur • Wärmefluss • Feuchte • O_2-Konzentration • ph-Wert	• Thermowiderstand • Thermoelektrischer Effekt • Elektrische Leitfähigkeit • Chemowiderstand	• Fluoreszenz • Änderung der – Transmission – Reflexion – Phase – Raman-Streuung – Brillouin-Streuung

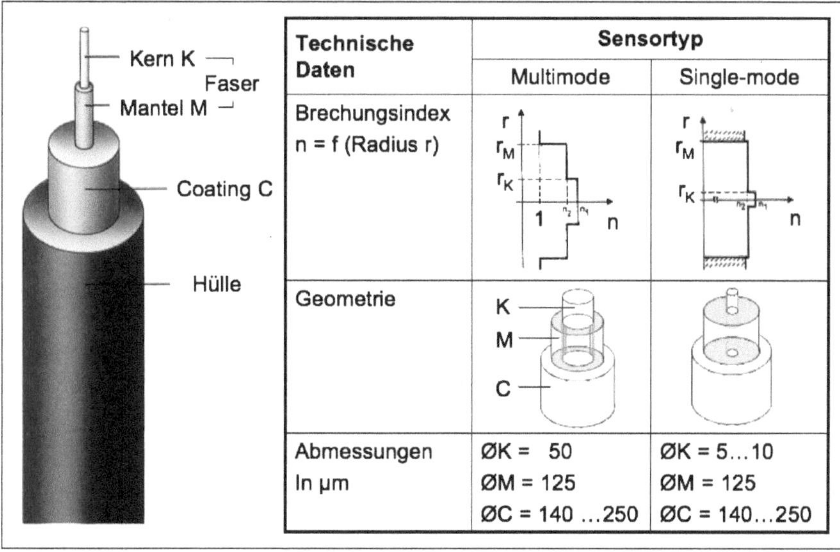

Technische Daten	Sensortyp	
	Multimode	Single-mode
Brechungsindex n = f (Radius r)	r, r_M, r_K, 1, n	r, r_M, r_K, n
Geometrie	K, M, C	
Abmessungen In µm	ØK = 50 ØM = 125 ØC = 140 ...250	ØK = 5...10 ØM = 125 ØC = 140...250

Abb. 5.87 Kenndaten faseroptischer Sensoren, die als Embedded Sensors verwendet werden

Bei der Anwendung von Sensoren, die direkt in Bauteile oder Strukturmodule eingebettet werden, sind natürlich auch die Aspekte der Kalibrierung und der Kompensation von Störgrößen zu berücksichtigen. Abb. 5.89 zeigt dazu ein messtechnisches Konzept mit einer Messfaser und einer Referenzfaser zur Kompensation von Temperatureinflüssen nach dem Prinzip des Michelson-Interferometers (vgl. Abb. 5.52).

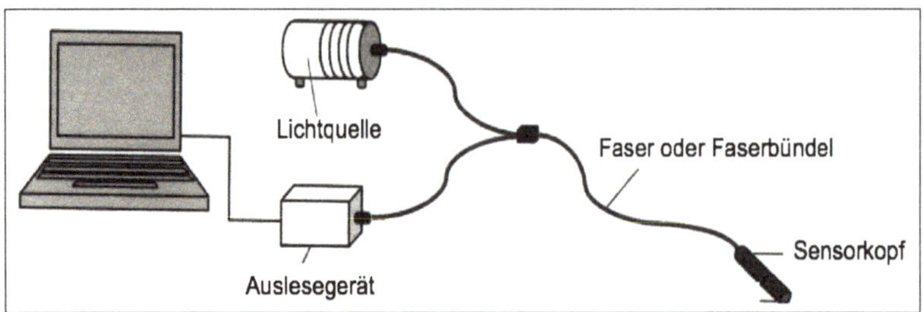

Abb. 5.88 Prinzip einer faseroptischen Anordnung für die strukturintegrierte Sensorik

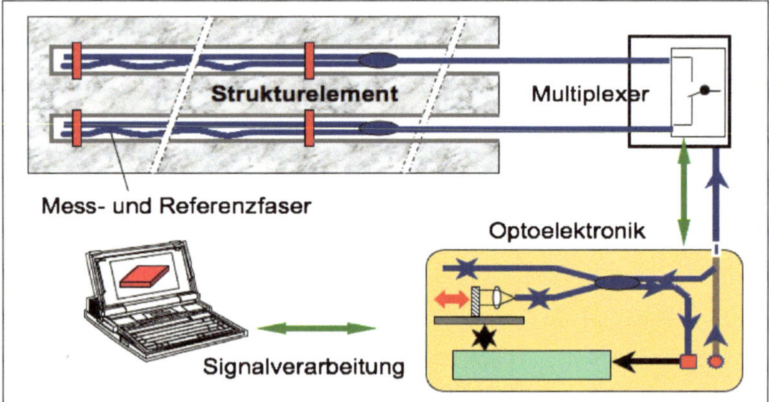

Abb. 5.89 Messaufbau eines faseroptischen Systems, Michelson-Interferometer-Prinzip

Ein wichtiger Anwendungsbereich von *embedded sensors* ist die Strukturmechanik. Mit eingebetteten Sensoren kann die strukturmechanische Funktionsfähigkeit technischer Systeme – die erfordert, dass die Festigkeit bzw. Tragfähigkeit eines Bauteils in allen Belastungssituationen größer sein muss als die äußere Beanspruchung – überwacht werden. Beispiele für die Integration von Sensoren in Bauteile unterschiedlicher Werkstoffklassen sowie zur Überwachung einer Deichanlage zeigt Abb. 5.90.

Für die Signalübertragung von Sensoren, die in technischen Objekten eingebettet sind, wurden Sender-Empfänger-Systeme entwickelt. bei denen mit einer **RFID-Technologie** (radio-frequency identification) Sensorsignale mittels elektromagnetischer Wellen übertragen werden. Ein RIFD-Tag besteht aus einem, in ein technisches Objekt (oder in ein Lebewesen) eingebetteten *Transponder,* der einen kennzeichnenden Code enthält sowie einem Lesegerät zum Auslesen der Kennung, womit sich vielfältige Anwendungsmöglichkeiten der strukturintegrierten Sensorik ergeben.

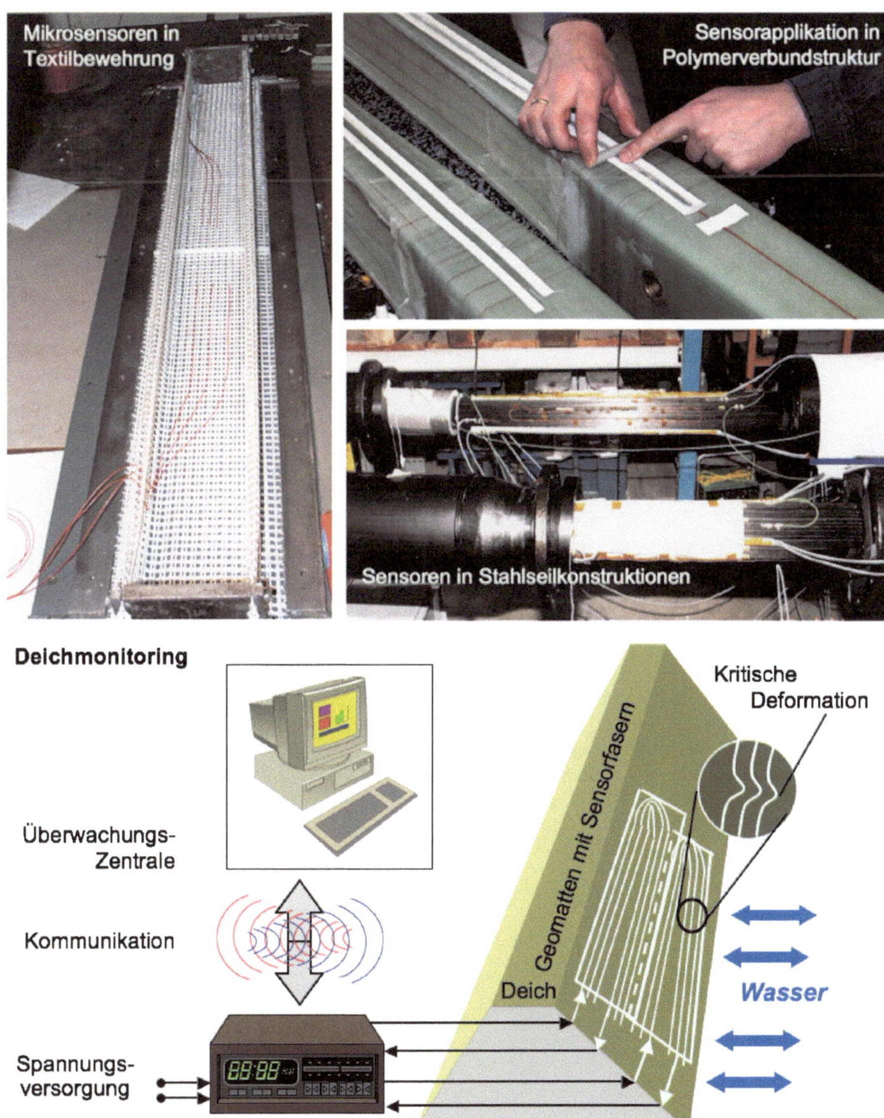

Abb. 5.90 Strukturintegrierte Sensorik zur Überwachung technischer Anlagen, Beispiele

6 Aktorik

Aktoren haben in der Mechatronik die Aufgabe, mit steuerungs- und regelungstechnischen Funktionsprinzipien Bewegungen zu erzeugen, Kräfte auszuüben oder mechanische Arbeit zu leisten. Sie können auch zum impulsförmigen Stofftransport eingesetzt werden, wie z. B. in Einspritzmotoren oder Tintenstrahldruckern. Tab. 6.1 gibt eine Übersicht über die hauptsächlichen Aktortypen und ihre Funktionsprinzipien.

Aktoren steuern oder regeln technische Prozesse. Ihre Funktion und technische Ausführung erläutert Abb. 6.1 am Beispiel eines elektromechanischen Aktors:

- In mechatronischen Systemen wird das Eingangssignal eines Aktors meist aus der (elektrischen) Ausgangsgröße eines Sensors gebildet.
- Das Aktor-Eingangssignal wird durch einen *Signalumformer* (z. B. Verstärker, elektronischer Schaltkreis) in eine *Stellgröße* umgeformt und einem *Steller* zugeführt.
- Der *Steller* (z. B. Elektromotor) ist ein *Wandler*, der die *Hilfsenergie* – gesteuert durch die *Stellgröße* – in die benötigte *Stellenergie* umwandelt.
- Das *Stellglied* (z. B. Getriebe) überführt die *Stellenergie* in *Prozessenergie*, z. B. Bewegungsenergie für Translationen, Rotationen, Kräfte oder Drehmomente.

6.1 Elektromechanische Aktoren

6.1.1 Funktionsprinzipien elektromechanischer Aktoren

Physikalische Grundlagen der elektromechanischen Aktoren sind das elektromagnetische und das elektrodynamische Prinzip, siehe Abb. 6.2 und 6.3. In einem stationären Feld der elektrischen Feldstärke E und der magnetischen Flussdichte B wirkt auf eine mit der Geschwindigkeit v bewegte elektrische Ladung Q die Lorentz-Kraft $F = Q(E + v \times B)$.

H. Czichos, *Mechatronik*, https://doi.org/10.1007/978-3-658-26294-5_6

Tab. 6.1 Gliederung von Aktoren nach der für die Aktorfunktion benötigten Hilfsenergie

Aktor-Energie	Aktortyp	Prinzip	Beispiele
Elektrische Energie	Elektromagnetisch	Kraftwirkung auf Körper im Magnetfeld	Hubmagnet, Dreh- und Schwingmagnet
	Elektrodynamisch	Lorentzkraft auf elektrischen Leiter im Magnetfeld	DC-, AC-Motor, Tauchspule, Linearmotor
	Piezoelektrisch	Piezokristall-Dickenänderung durch elektr. Spannung	Piezo-Motor, Tintendrucker, Einspritzventil
	Magnetostriktiv	Ferromagnetische Volumenänderung im Magnetfeld	Stelleinheit, Translator,
	Magn/Elektr/Rheol	Viskositätsänderung im elektrischen/magnetischen Feld	Kupplung, Stoßdämpfer, Pumpenantrieb
Strömungsenergie (Fluidik)	Pneumatisch	Fluidische Druckdifferenz, Verdrängungsströmung	Schubmotor Membranantrieb
	Hydraulisch	Fluidische Druckdifferenz, Verdrängungsströmung	Translations-, Rotationsmotor
Thermische Energie	Thermobimetall	Wärmeausdehnungsdifferenz eines Materialverbundes	Thermoschalter
	Formgedächtnis	Gefügeumwandlung	Stellelemente
	Dehnstoff	Volumenänderung	Stellantrieb, Thermostat
Chemische Energie	Elektrochemisch	Druckänderung durch elektrochemische Reaktion	Gasdosierer, Dehnungs-Stellelement

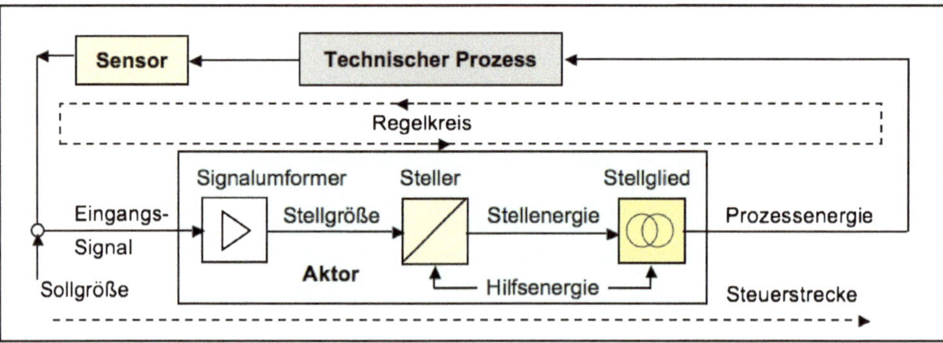

Abb. 6.1 Der prinzipielle Aufbau eines Aktors und seine Funktion

Die Vektoren v, B, F bilden ein rechtwinkliges kartesisches Koordinatensystem. Die Kraft des elektrostatischen Feldes (Coulombkraft $F = Q \cdot E$) ist gering und wird in der Mikroaktorik ange (Mikromotor, Elektrometer, Elektrostatischer Lautsprecher), siehe Abschn. 6.8. Die Kräfte des Magnetfeldes sind wesentlich größer. Der magnetische Fluss wird in der Regel in einem magnetisch gut leitenden Pfad (Eisen) geführt, um höhere Kräfte zu erzeugen sowie Streufelder (Störungen der Umgebung) zu verringern.

Abb. 6.2 Das elektromagnetische Prinzip und seine elementaren Kennzeichen

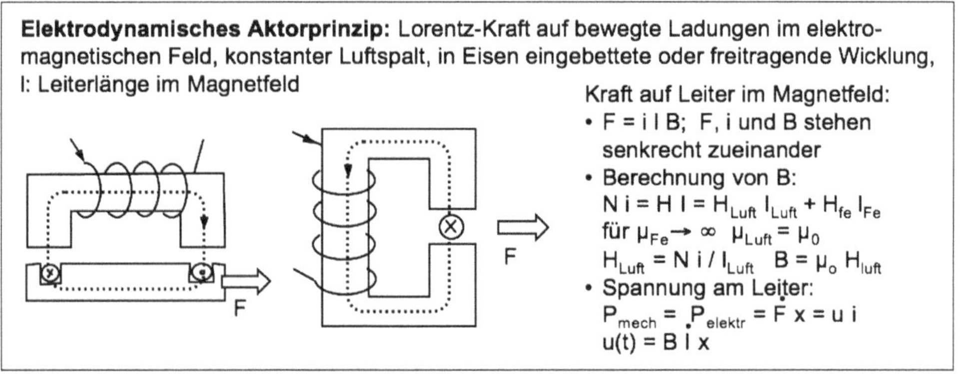

Abb. 6.3 Das elektrodynamische Prinzip und seine elementaren Kennzeichen

Durch die Kombination eines elektrodynamischen Aktors mit einem mechanisch zu bewegenden Element können mechatronische Bewegungssysteme aufgebaut werden, siehe Abb. 6.4. Das Prinzip hat vielfältige Anwendungen in der Mechatronik. In CD/DVD-Playern wird es beispielsweise zur automatischen Fokussierung der Laserstrahlabtastung beim Auslesen der in einer CD (compact disc) gespeicherten Datenspur verwendet, siehe Abb. 11.11. Ein weiteres Anwendungsbeispiel ist die Mechatronische Waage mit elektromagnetischer Kraftkompensation, siehe Abb. 10.10.

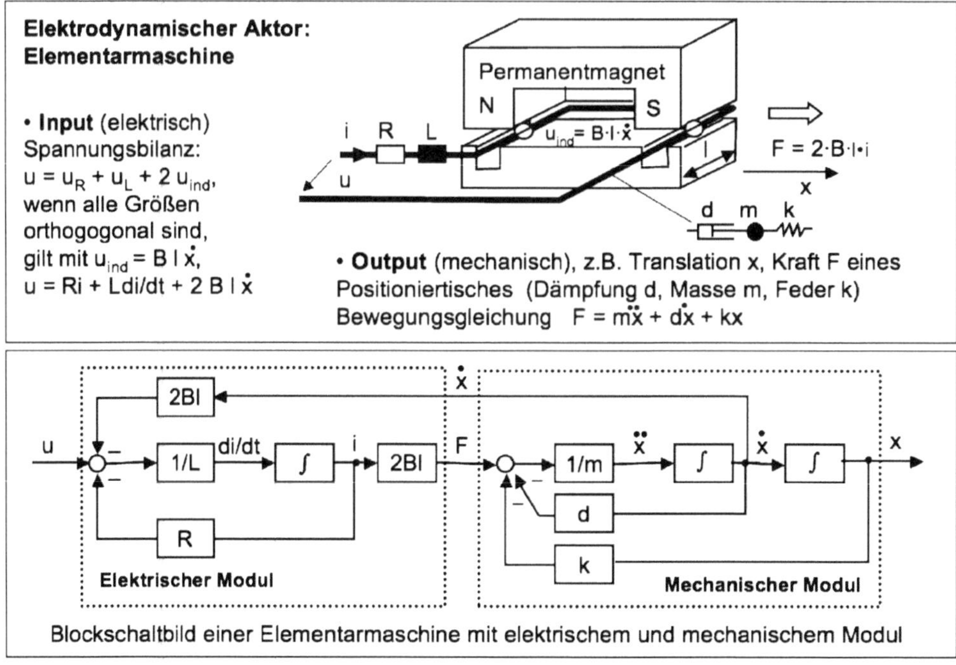

Abb. 6.4 Das Prinzip einer mechatronischen Elementarmaschine

6.1.2 Elektromotoren als Aktoren

Elektromotoren sind die klassischen Aktoren der Elektromechanik. Sie basieren auf elektrodynamischen und elektromagnetischen Prinzipien und wandeln elektrische Energie in mechanische Arbeit um. Die Umwandlung beruht auf den Kräften bzw. Drehmomenten, die ein Magnetfeld auf einen stromdurchflossenen Leiter ausübt. Elektromotoren werden nach der Art der mechatronischen Bewegungsausübung in Linearmotoren (Wanderfeldmotoren) und Rotationsmotoren (Elektromotoren im engeren Sinn) sowie nach der Art der Stromversorgung in Gleich-, Wechsel- und Drehstrommotoren eingeteilt. Die folgenden Stichworte geben eine kurze Übersicht.

Linearmotoren

Linearmotoren sind elektrische Antriebsmotoren mit geradliniger Vortrieb-Bewegung, bei dem sich der eine Motorteil unter dem Einfluss elektromagnetischer Kräfte berührungslos gegenüber dem anderen geradlinig verschiebt. Anwendungsbereiche: Positionierungssysteme für Werkzeugmaschinen; Antriebsmittel für Magnetschwebebahnen, Sekundärteil meist als Fahrschiene ausgebildet.

Gleichstrommotoren
Dem Anker wird über einen Stromwender (Kommutator) fortlaufend umgepolter Strom zugeführt. Die stromdurchflossene Wicklung wird im Magnetfeld der im Ständer angebrachten Elektromagnete (Feldmagnete) rotatorisch abgelenkt; der Anker dreht sich, die nächste Wicklung erhält Strom usw.

Einteilung von Gleichstrommotoren:

- Direkt an Gleichspannung: kleine Motoren ohne Zusatzwicklungen:
  - Nebenschluss Parallelschaltung von Anker- und Erreger-Wicklung konstantes Feld bzw. Fluss $c \cdot \phi$, feste Drehzahl,
  - Hauptschluss: Anker- und Erreger-Wicklung in Reihe geschaltet automatische Feldschwächung bei hohen Drehzahlen erhöhtes Anzugsdrehmoment gegenüber Nebenschluss, variable Drehzahl,
- Elektronisch gespeist:
  - Permanenterregt: konstanter Fluss durch Permanentmagneten,
  - Fremderregt: getrennte elektronische Speisung von Anker- und Erregerwicklung,
- Elektronisch kommutiert:
  - mechanischer Kommutator durch elektronische Schalter ersetzt, kein Bürstenverschleiß, mechanischer Teil kleiner, in der Regel permanenterregt, Erregung rotierend innen, Anker außen. Werden die Ströme nicht wie beim Gleichstrommotor geschaltet, sondern sinusförmig geregelt, spricht man von einem Synchronmotor.

Wechselstrom- und Drehstrommotoren
Das Prinzip ist das gleiche wie beim kommutatorlosen Gleichstrommotor (Commutatorless DC-Motor). In der Regel drei Ständerwicklungen, die sinusförmig gespeist werden. Bei einphasiger Speisung muss zum Anlaufen die Drehrichtung durch Hilfswicklungen festgelegt werden. Unterschiedliche Läuferbauformen machen daraus Synchron-, Reluktanz- oder Asynchronmotoren.

Einteilung der Wechselstrommotoren:

- Synchronmotor: Durch Speisung mit einem Frequenzumrichter kann die Drehzahl verstellt werden. Bei Speisung durch das Versorgungsnetz feste Drehzahl, spezielle Anlaufverfahren notwendig.
- Reluktanzmotor: Läufer des Synchronmotors ohne Erregung, nur die Polform ist entscheidend. Das Reluktanzprinzip erzeugt geringere Kräfte.
- Asynchronmotor: Läufer mit Kurzschlusskäfig oder gewickelter Läufer mit Schleifringen. Durch einen geringen Schlupf wird in der Läuferwicklung eine kleine Spannung induziert, die durch den Kurzschluss einen hohen Strom hervorruft, der zusammen mit

dem Fluss ein Drehmoment erzeugt. Durch Speisung mit einem Frequenzumrichter kann die Drehzahl verstellt werden. Anlauf am Netz ohne spezielle Anlaufverfahren.

- Schrittmotor: Die Synchron- und Reluktanzmotoren können als Schrittmotoren stark überdimensioniert gebaut werden. Der Läufer folgt dann genau den Strömen im außen liegenden Anker. Man spart damit den Positionssensor.

Der in der Mechatronik für Aktoren am häufigsten verwendete Elektromotortyp ist der Gleichstrommotor mit außerordentlich vielfältigen Bauformen und Anwendungen in der Makrotechnik bis hin zur Mikrotechnik. In Abb. 6.5 sind die allgemeinen Merkmale von Gleichstrommotoren in einer vereinfachenden Übersicht zusammengefasst.

Typische Anwendungsbereiche von Gleichstrommotoren reichen von Fahrzeugantrieben über Anlasser für Verbrennungskraftmaschinen zu Scheibenwischerantrieben und Kleinantrieben in Hausgeräten bis zu mechatronischen Regelantrieben in CD-Playern.

Im Bereich der reinen Mikrotechnik sind infolge von Skalierungseffekten häufig elektrostatische Mikroaktoren günstiger, siehe dazu Abschn. 6.8.

Ebenso wie Gleichstrommotor-Aktoren werden in der Mechatronik auch Hubmagnet-Aktoren vielfältig eingesetzt. Abb. 6.6 zeigt dazu eine Analogiebetrachtung.

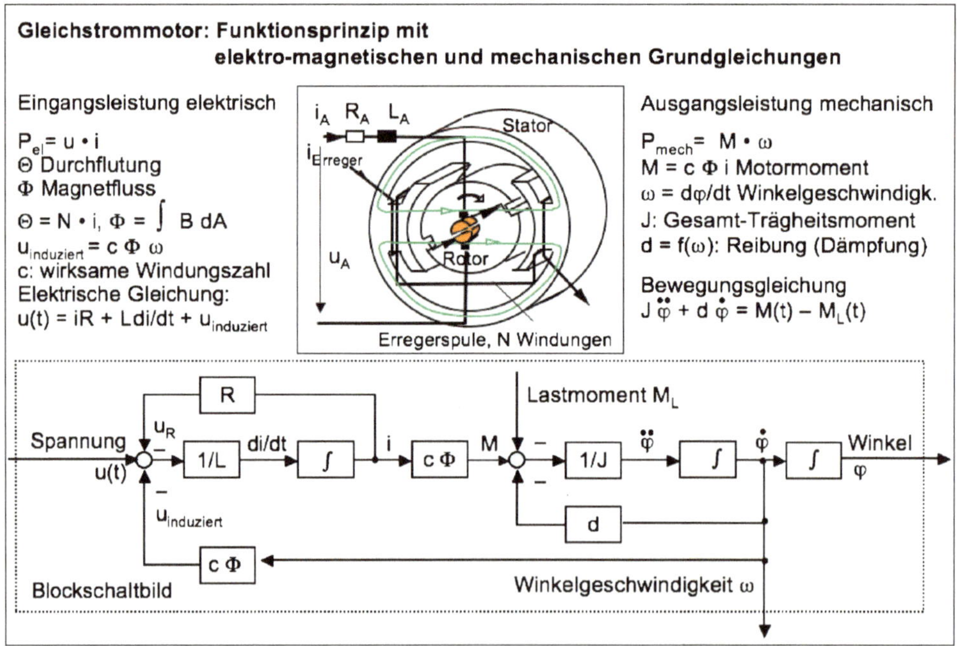

Abb. 6.5 Funktionsprinzip, Grundgleichungen und Blockschaltbild eines Gleichstrommotors

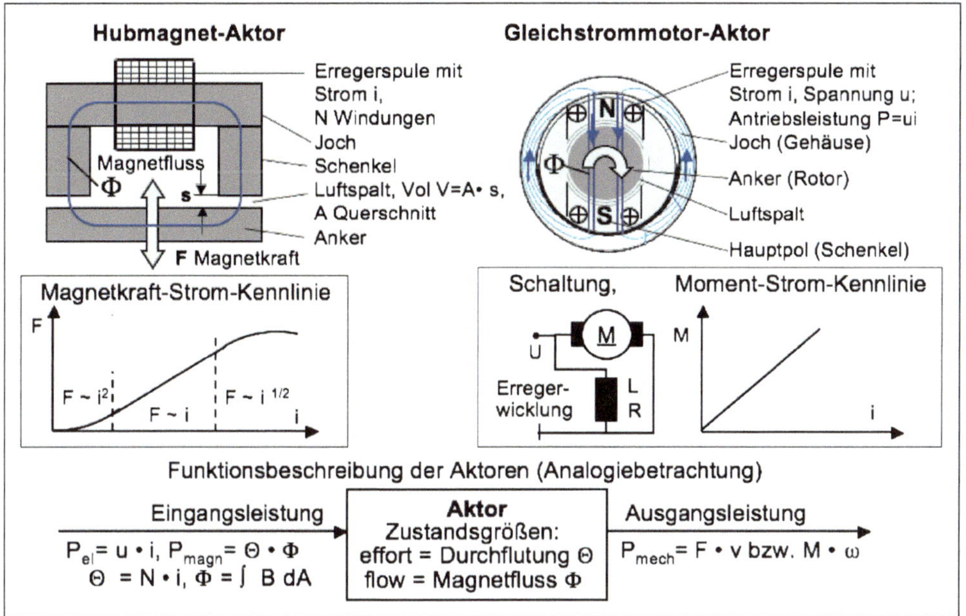

Abb. 6.6 Aufbau und Kennzeichen von Aktoren: Analogiebetrachtung elektromagnetischer und elektrodynamischer Aktoren

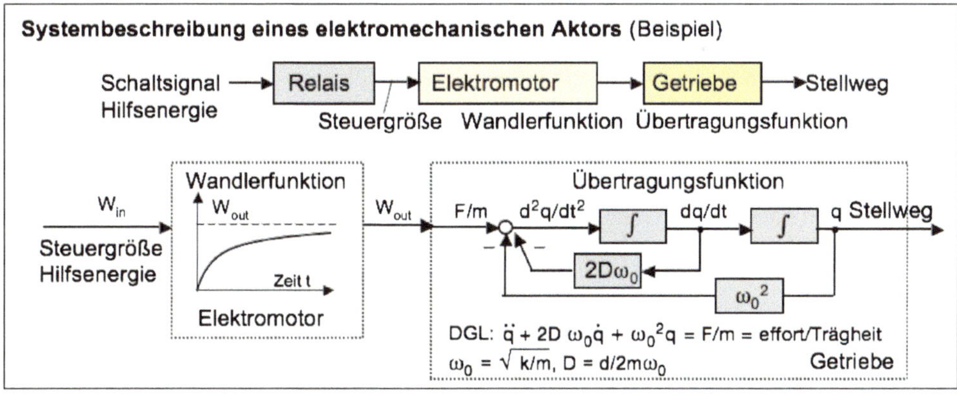

Abb. 6.7 Elektromotor als Bestandteil eines mechatronischen Aktorsystems

Elektromotoren bilden In der Mechatronik häufig den zentralen Teil eines gesamten Aktorsystems. In Abb. 6.7 ist der Systemzusammenhang vereinfacht dargestellt.

Elektromotorische Aktoren sind mit einer geeigneten Steuerungstechnik zu betreiben. Abb. 6.8 zeigt dazu ein einfaches Beispiel.

Steuerung elektromechanischer Aktoren

Beispiel: Ein- und Ausschalten eines Stellmotors

- Einschalten: Betätigung des Tasters T1
- Ausschalten: Betätigung des Schalters T2
- Bei gleichzeitiger Betätigung beider Taster dominiert der Ausschaltbefehl über den Einschaltbefehl
- Direktes Ausschalten durch Richtimpuls RI („Not-Aus")

T1, T2, $\overline{T2}$, RI, &, ≥1, S, R

Flipflop S = 1 ⇒ Motor an; R = 1 ⇒ Motor aus

Motor

Schaltfunktion: Setzen $S = T1 \cdot \overline{T2}$; Rücksetzen $R = T2 + RI$

Funktions-tabellen:

T1	T2	$\overline{T2}$	S
0	0	1	0
1	0	1	1
1	1	0	0
0	1	0	0

T2	RI	R
0	0	0
1	0	1
0	1	1
1	1	1

Abb. 6.8 Beispiel einer einfachen Steuerungsfunktion für einen elektromechanischen Aktor

6.2 Piezoelektrische Aktoren

Bei bestimmten Festkörpern tritt bei Einwirkung einer mechanischen Spannung eine Verschiebung von Teilen der negativ geladenen Atomhülle gegenüber dem positiv geladenen Kristallgitter auf; es bilden sich mikroskopische Dipole innerhalb der Elementarzellen. Die piezoelektrische Polarisation tritt nur in unsymmetrischen Kristallgittern mit einer polaren Achse auf und ist richtungsabhängig. Den piezoelektrischen Effekt zeigen beispielsweise Kristalle aus Quarz, Lithiumniobat und Zinkoxid oder Keramiken wie Bleizirconat-Titanat (PZT) sowie das Polymer Polyvinylfluorid (PVDV). In der Sensorik wird die Veränderung des Ladungszustandes durch eine mechanische Spannung für piezoelektrische Kraftsensoren genutzt (vgl. Abb. 5.82). Piezoelektrische Aktoren basieren auf dem inversen piezoelektrischen Transversal- oder Longitudinaleffekt, siehe Abb. 6.9. Sie dehnen sich unter einer angelegten elektrischen Spannung aus und können damit einen mechanischen Druck ausüben. Eine Zugwirkung kann durch mechanische oder elektrische Vorspannung erreicht werden. Piezoaktoren sind damit elektro-mechanische Wandler, elektrisch steuerbar und im nm- bis µm-Bereich exakt positionierbar. In elektrischer Hinsicht sind sie reine Kapazitäten und verbrauchen nur im aktiven Betrieb elektrische Energie.

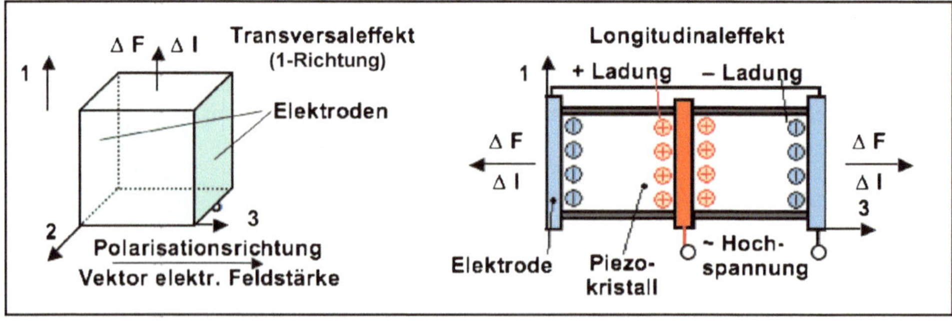

Abb. 6.9 Der inverse piezoelektrische Effekt, Grundlage der Piezo-Aktoren

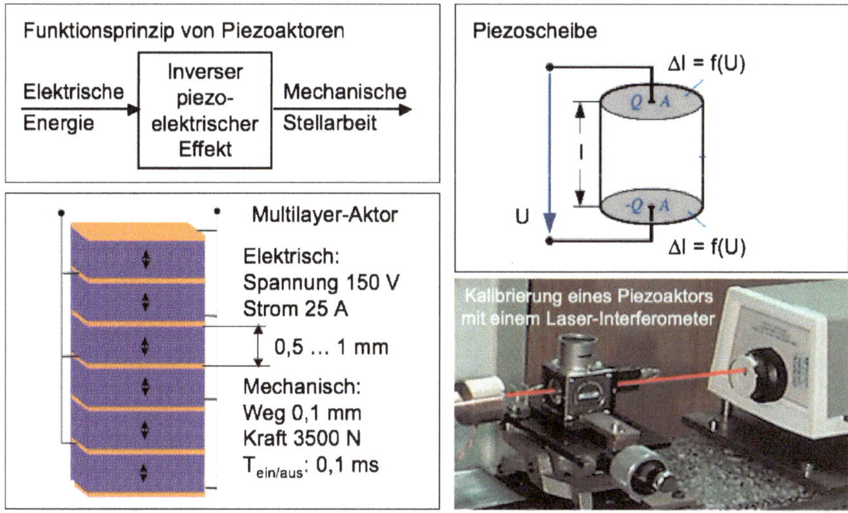

Abb. 6.10 Piezoelektrische Aktoren: Ausführungsarten, Kalibrierung, Anwendungsbeispiel

Piezo-Aktoren haben keine mechanisch beweglichen Teile, sie sind bei Belastungszyklen bis zu 10^9 praktisch wartungsfrei. Abb. 6.10 zeigt das Funktionsprinzip und Ausführungsarten in Form von Piezoscheiben und Multilayer-Aktoren sowie die Kalibrierung mit einem Laser-Interferometer.

Piezoaktoren sind durch Eigenschaften gekennzeichnet, die neuartige Anwendungen in der Technik ermöglichen. Dies zeigt die folgende Übersicht:

- Piezomodul: Dehnung/Einheit des elektrischen Feldes,
- Spannungskoeffizient: Dehnung/Einheit der Ladungsdichte,
- Positioniergenauigkeit im Stellbereich <nm bis etwa 100 µm,
- Steifigkeit: >5 MN/mm für einen PZT-Aktor mit 100 µm Stellbereich,
- Dynamik: Sprungantwort-Zeitkonstanten <50 µs.

Die einzigartigen technischen Eigenschaften von Piezo-Aktoren haben die Entwicklung technischer Systeme von großer technisch-wirtschaftlicher Bedeutung ermöglicht, wie die Beispiele von Abb. 6.11 aus unterschiedlichen Technikbereichen zeigen:

- **Motortechnik:** Neuartige Piezo-Injektortechnik – ausgezeichnet durch den Deutschen Zukunftspreis 2005 des Bundespräsidenten – ermöglicht eine erhebliche Verbesserung der Motortechnik für Kraftfahrzeuge.
- **Druck- und Medientechnik:** Piezo-Aktoren sind der mechatronische Funktionmodul der vielseitig verwendbaren Tintenstrahldrucker, bei denen durch piezogesteuerten Abschuss (DOD, drop on demand) von Tintentröpfchen das Druckbild erzeugt wird. (Für den impulsförmigen Stofftransport in der Drucktechnik kommen auch elektrothermische Fluid-Aktoren zur Anwendung, siehe Abb. 6.18).

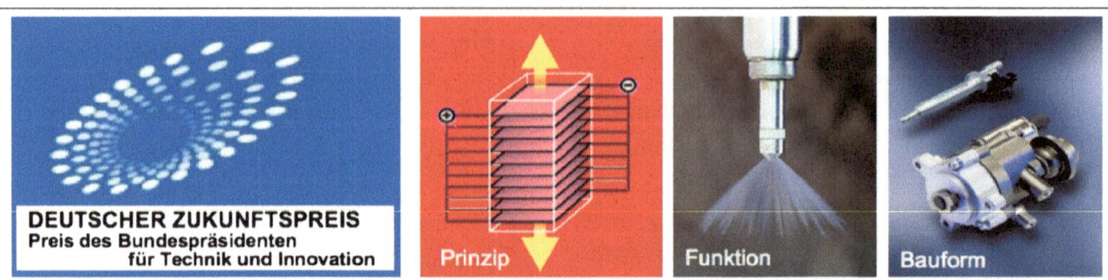

Piezo-Injektoren: neue Technik für saubere und sparsame Motoren

– DEUTSCHER ZUKUNFTSPREIS, 250 000 €, Pressemitteilung 16. Dezember 2005 –

- Kernkomponente eines Dieselmotors ist das Einspritzsystem. Es besteht aus einer Pumpe, die den Kraftstoff auf ein hohes Druckniveau bringt, und einer Düse, die mit Hilfe eines Ventils fein dosiert Kraftstoff in den Motorzylinder einschießt.
- Je höher der Druck und je genauer Dosis und Zeitpunkt des Einspritzens sind, desto effizienter und schadstoffärmer ist die Verbrennung.
- Die Piezo-Technik ist ein neuer Weg zur Steuerung der Ventile. Wesentlicher Bestandteil des Piezo-Injektors ist ein **Aktor**, der aus mehreren hundert dünnen Piezo-Keramikschichten besteht und durch Spannungsimpulse gesteuert die Einspritzdüse öffnet und schließt.
- Piezo-Steller haben gegenüber den Stellern mit elektromagnetischem Antrieb prinzipielle Vorteile: Sie sind schneller, haben höhere Stellkraft, hohe Schaltgeschwindigkeit und erlauben eine kompaktere Bauweise.
- Durch den Einsatz des Piezo-Aktors kann eine weitere Reduzierung des Kraftstoffverbrauchs und damit der Schadstoffemission erzielt werden.
- Die Vorteile der Piezo-Direkteinspritzung sind so überzeugend, dass die Piezo-Technologie demnächst auch bei Direkteinspritzsystemen für Benzinmotoren eingesetzt werden soll.

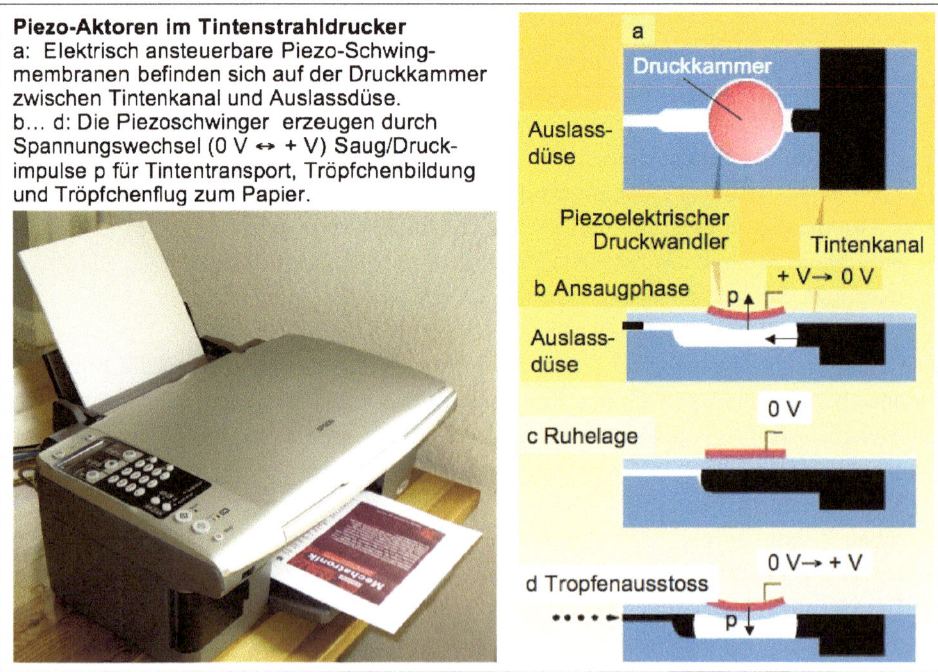

Piezo-Aktoren im Tintenstrahldrucker
a: Elektrisch ansteuerbare Piezo-Schwingmembranen befinden sich auf der Druckkammer zwischen Tintenkanal und Auslassdüse.
b… d: Die Piezoschwinger erzeugen durch Spannungswechsel (0 V ↔ + V) Saug/Druckimpulse p für Tintentransport, Tröpfchenbildung und Tröpfchenflug zum Papier.

Abb. 6.11 Technik-Innovationen durch Piezo-Aktorik: Motortechnik und Tintenstrahldrucker

6.3 Fluidmechanische Aktoren

Fluidmechanische Aktoren sind hydraulische oder pneumatische Stelleinrichtungen, die flüssige oder gasförmige Energieträger zur Ausübung von Bewegungen, Kräften und mechanischer Arbeit in mechatronischen Systemen nutzen. Die Funktion fluidmechanischer Aktoren kann in Analogie zu der elektromechanischer Aktoren gesehen werden. Abb. 6.12 gibt dazu eine Übersicht. Die Leistung fluidmechanischer Aktoren ergibt sich wie bei anderen mechatronischen Funktionsmodulen aus dem Produkt von Effort und Flow (vgl. Abb. 2.6). Für Fluidik-Aktoren sind dies die Größen Druck und Volumenstrom.

Als fluidmechanische Stellantriebe werden meist *hydrostatische Energiewandler* verwendet. Sie arbeiten nach dem Verdrängungsprinzip und wandeln Druckenergie in mechanische Arbeit um und umgekehrt. Das Funktionsprinzip fluidmechanischer Aktoren für Translation und Rotation ist in Abb. 6.13 in einfachen Darstellungen wiedergegeben.

Fluidmechanische Aktoren sind rheologisch-tribologische Systeme, siehe Abschn. 7.3. Bei ihnen treten bei der Funktionsausübung unvermeidlich *Energieverluste* infolge innerer Reibung (Viskosität) des strömenden Fluids sowie durch Reibung in Tribo-Kontakten der Bewegungselemente auf. *Stoffverluste* des Aktormediums können durch Leckage verursacht werden. Fluid-thermische Verluste entstehen durch Strömungswiderstände, die die fluidische Energie durch Drosselung in Wärme wandeln. Diese wird teils an die Umgebung abgegeben, teils von dem Fluid selbst aufgenommen und abtransportiert. Bei inkompressiblen Medien nimmt der Wärmestrom mit dem Volumenstrom und der Druckdifferenz zu. Die Steuerung der funktionell genutzten Energieumwandlung zwischen fluidischer und mechanischer Energie übernehmen *fluidmechanische Verstärker*. Schaltventile

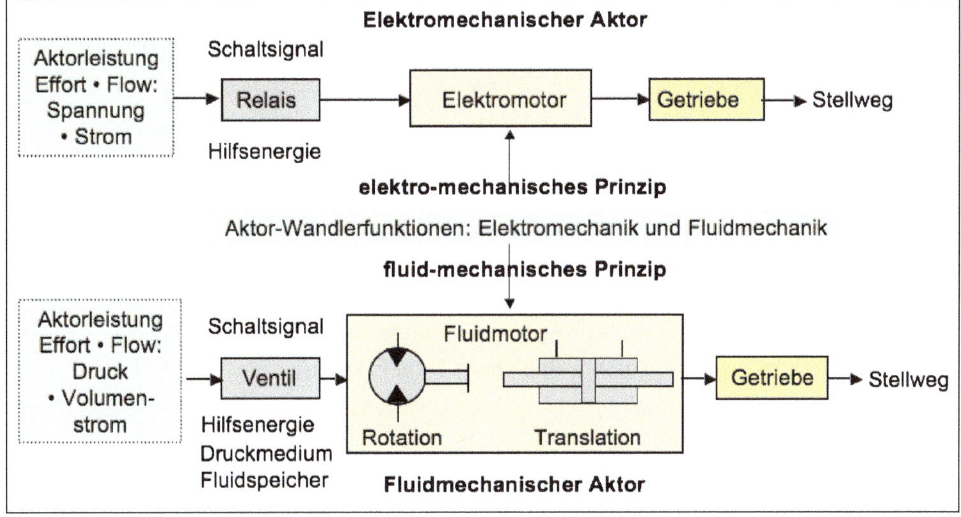

Abb. 6.12 Analogiebetrachtung fluidischer und elektromechanischer Aktoren

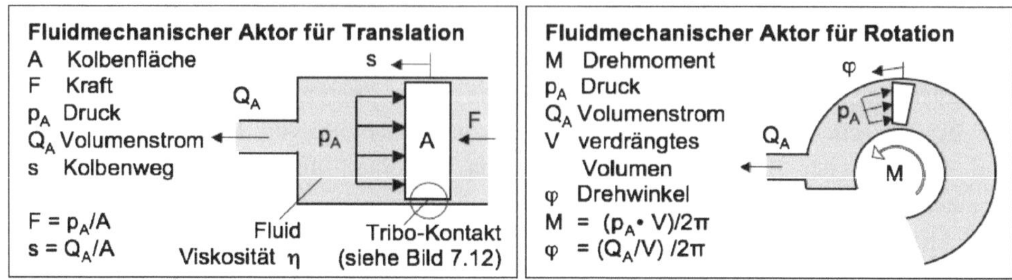

Abb. 6.13 Prinzipdarstellungen fluidmechanischer Aktoren für Translation und Rotation

öffnen und schließen Durchlassöffnungen, die einen Fluidstrom zu oder von einem fluidmechanischen Energiewandler freigeben oder sperren. Die Energiesteuerprinzipien und die Wandlerprinzipien hydraulischer und pneumatischer Stellglieder sind ähnlich, ihre wesentlichen Kennzeichen sind in der folgenden Übersicht stichwortartig zusammengestellt.

- **Hydraulische Aktoren**
  - Aktormedium: Flüssigkeit (meist Öl), Bereitstellung aus Vorratsbehälter, nahezu inkompressibel, selbstschmierend (Kolben/Zylinder, Ventile), Viskosität temperaturabhängig,
  - Leitungsanschlüsse: Zu- und Rücklauf, ggfs. Leckanschluss,
  - Druckbereich bis zu 30 MPa,
  - Aktorische Stellaufgaben mit hoher Laststeifigkeit, gehobene Anforderungen an Gleichlaufverhalten und Positioniergenauigkeit im geschlossenen Regelkreis.
- **Pneumatische Aktoren**
  - Aktormedium: Gas (meist Luft), Bereitstellung durch Umgebungsluft, kompressibel, Schmierung bewegter Stellelemente notwendig, Viskositätsänderungen unbedeutend,
  - Leitungsanschlüsse: Nur Druckanschluss, Rücklauf direkt in Umgebung,
  - Druckbereich bis ca. 1 MPa und ca. 0,05 Mpa bei Unterdruckstellern,
  - Aktoren mit geringem Kraftbedarf, Positionierung durch mechanische Anschläge in offenen Steuerketten.

Der Vergleich fluidmechanischer und elektromechanischer Aktoren lässt folgende Unterschiede erkennen:

- Vorteil hydraulischer Aktoren gegenüber elektromechanischen Aktoren ist generell ihre höhere Leistungsdichte und ihr geringeres Bauvolumen, d. h. relativ kleine Antriebe können große Kräfte und Drehmomente erzeugen. Fluidische Aktoren sind vor allem bei translatorischen Funktionen als Linearwandler wegen ihres einfachen Aufbaus und ihres geringen Gewichts bei vergleichbarer Leistung den elektromechanischen Aktoren in zahlreichen Anwendungen überlegen.
- Nachteil fluidischer Aktoren insbesondere bei rotatorischen Funktionen ist ihr kleinerer Wirkungsgrad und das Problem der Fluidelastizität bei Aktoren mit kompressiblen Medien, wenn präzise Positionierungsaufgaben durchzuführen sind.

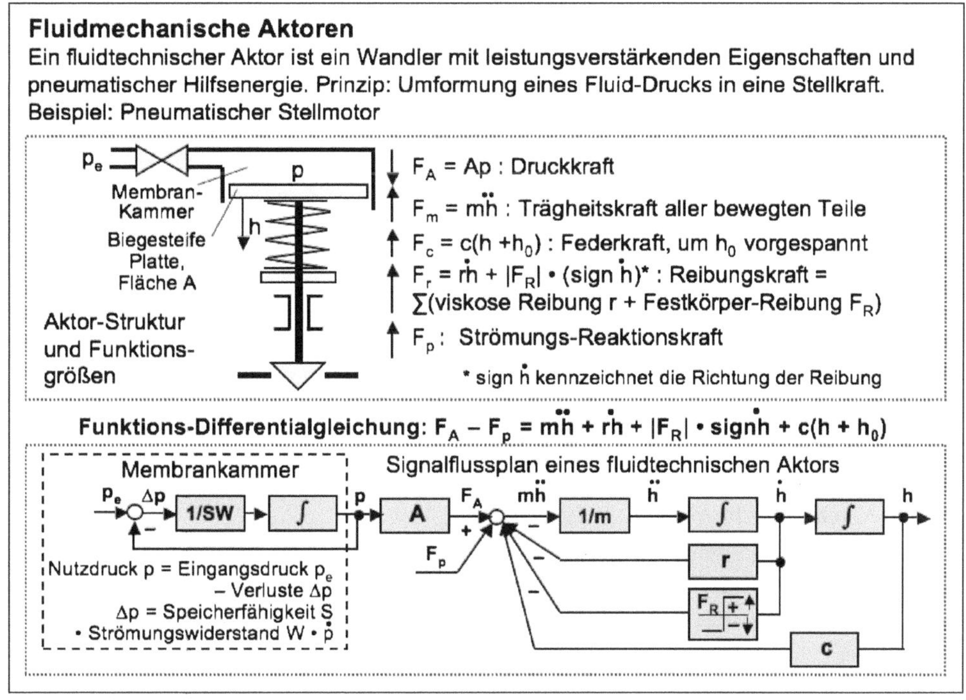

Abb. 6.14 Pneumatischer Stellmotor als Beispiel eines fluidmechanischen Aktorsystems

Der Anwendungsbereich von Fluidikaktoren ist wie der Einsatzbereich elektromechanischer Aktoren außerordentlich breit. Abb. 6.14 zeigt als charakteristisches Beispiel einen pneumatischen Stellmotor.

6.4 Thermomechanische Aktoren

Thermomechanische Aktoren operieren im Unterschied zu den behandelten elektromechanischen, piezoelektrischen und fluidmechanischen Aktoren mit thermischer Aktor-Stellenergie. Sie können temperaturgesteuert Bewegungen ausüben und mechanische Stellarbeit leisten, aber auch elektronisch gesteuert thermomechanischen Stofftransport realisieren, wie z. B. in Tintenstrahldruckern.

Die hauptsächlichen Typen thermomechanischer Aktoren für Bewegungen und mechanische Stellarbeit sind *Dehnstoff-Aktoren, Formgedächtnis-Aktoren* und *Thermobimetall-Aktoren.*

Für den impulsförmigen Stofftransport in der Drucktechnik kommen *Elektrothermische Fluidaktoren* zur Anwendung.

Dehnstoff-Aktoren

Dehnstoff-Aktoren nutzen die große Volumen-Temperatur-Abhängigkeit von festen und flüssigen Stoffen mit hohem Wärmeausdehnungskoeffizienten. Durch Zuführung thermischer Energie wird eine mit wachsender Temperatur auftretende Volumenzunahme mit Hilfe konstruktiver Mittel in eine Aktor-Bewegung umgesetzt, siehe Abb. 6.15.

Typische Dehnstoff-Aktor-Kenndaten:

Hubbereich s	5–25 mm
Stellkraft F	250–1500 N
Arbeitstemperatur	−20 bis +120 °C
Reaktionszeit	8–50 s

Formgedächtnis-Aktoren

Formgedächtnis-Aktoren basieren auf Materialien mit thermisch reversiblen Kristallgitter-Konfigurationen (shape memory alloys, SMA). Ein technisch wichtiges Beispiel ist die thermomechanisch wechselseitig steuerbare Umwandlung (diffusionsloses Umklappen) der kubisch-flächenzentrierten (kfz) Austenit-Kristallgitterstruktur in Martensit mit tetragonal raumzentriertem Gitter. Beim Verformen von SMA (z. B. Titan-Nickel-Legierungen) wird bei Überschreiten einer kritischen mechanischen Spannung in dem bei Raumtemperatur vorliegenden Austenit Martensit induziert. Bei Erwärmen wird oberhalb der Austenittemperatur A das Gefüge wieder austenitisch und das Bauteil nimmt wieder seine ursprüngliche Form an. Den Zyklus zeigt Abb. 6.16.

Thermobimetall-Aktoren

Thermobimetall-Aktoren sind Schichtverbundwerkstoffe aus mindestens zwei miteinander verbundenen Komponenten mit unterschiedlichen Wärmeausdehnungskoeffizienten, siehe Abb. 6.17.

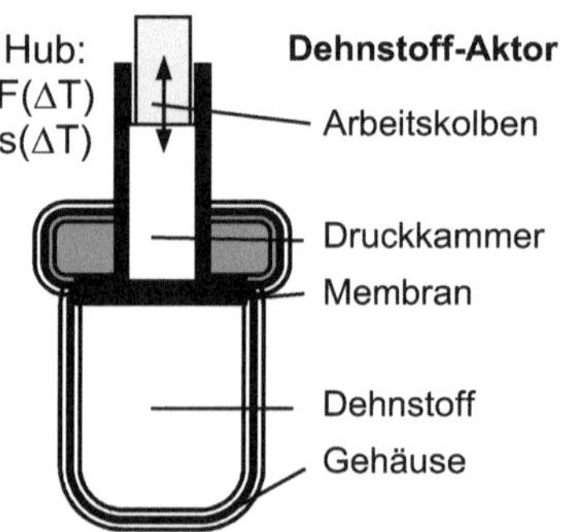

Abb. 6.15 Aufbau eines Dehnstoff-Aktors

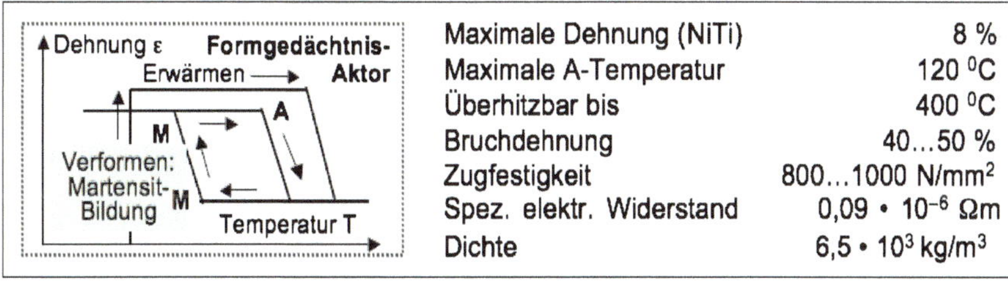

Maximale Dehnung (NiTi)	8 %
Maximale A-Temperatur	120 °C
Überhitzbar bis	400 °C
Bruchdehnung	40...50 %
Zugfestigkeit	800...1000 N/mm²
Spez. elektr. Widerstand	0,09 • 10^{-6} Ωm
Dichte	6,5 • 10^{3} kg/m³

Abb. 6.16 Funktionsprinzip und typische technische Daten von Formgedächtnis-Aktoren

FeNi36 (Invar)
FeNi20Mn6
Thermobimetall-Aktor
s = f(ΔT)
DIN 1715

Spezifische. Dehnung	28,5 • 10^{-6} K^{-1}
Zulässige Biegespannung	200 N/mm²
Wärmeleitfähigkeit	13 W/m K
Spezifischer elektr. Widerstand	0,78 • 10^{-6} Ωm
Dichte	8,1 • 10^{3} kg/m³

Abb. 6.17 Aufbau und typische technische Daten von Thermobimetall-Aktoren

Bei Erwärmung erfolgt durch die thermisch induzierte unterschiedlich große Dehnung der beiden Komponenten eine mechanische Auslenkung. Der Aktor entwickelt damit gegen äußere Kräfte eine Federspannung (thermische Richtkraft), er kann temperaturgesteuert mechanische Energie speichern und mit aktorischer Wirkung von Auslenkungen oder Arbeitsleistung wieder abgeben.

Elektrothermische Fluidaktoren

Elektrothermische Fluidaktoren sind mechatronische Module für die Tintendrucktechnik: die Erzeugung von Schrift und Bild durch elektronisch gesteuerte Positionierung von Tintentröpfchen auf einer Papieroberfläche. Die Druckfarben treten aus einem Düsenarray aus, das zeilenweise über das Papier geführt wird. Die Aktorarrays werden ähnlich wie Mikrosensoren (siehe Abschn. 9.3) mikrotechnologisch hergestellt. Abb. 6.18 illustriert (a) den prinzipiellen Aufbau, (b) den Funktionsablauf und (c) das Düsen-Array und die Heizelemente.

Der Funktionsablauf des Thermoaktors im Tintenstrahldrucker ist in Abb. 6.18b dargestellt. Durch einen elektrischen Spannungsimpuls wird in weniger als 10 µs an dem Heizelement eine Temperatur von etwa 500 °C erzeugt und die Tinte in der Düse impulsartig zum Sieden gebracht. Nach etwa 20 µs bildet sich eine geschossene Dampfblase, die mit hohem Druck und hoher Fluggeschwindigkeit einen Tintentropfen aus der Düse austreibt. Die Blase kollabiert nach etwa 50 µs und saugt neue Tinte an sodass nach etwa 250 µs ein neuer Funktionszyklus beginnen kann.

Tintenstrahldrucker mit diesem Aktorprinzip arbeiten mit getrennten Tintenpatronen für die drei subtraktiven Grundfarben Cyan, Magenta, Gelb sowie Schwarz. Abb. 6.18c zeigt einen Schnitt durch das Düsenarray und die Heizelemente.

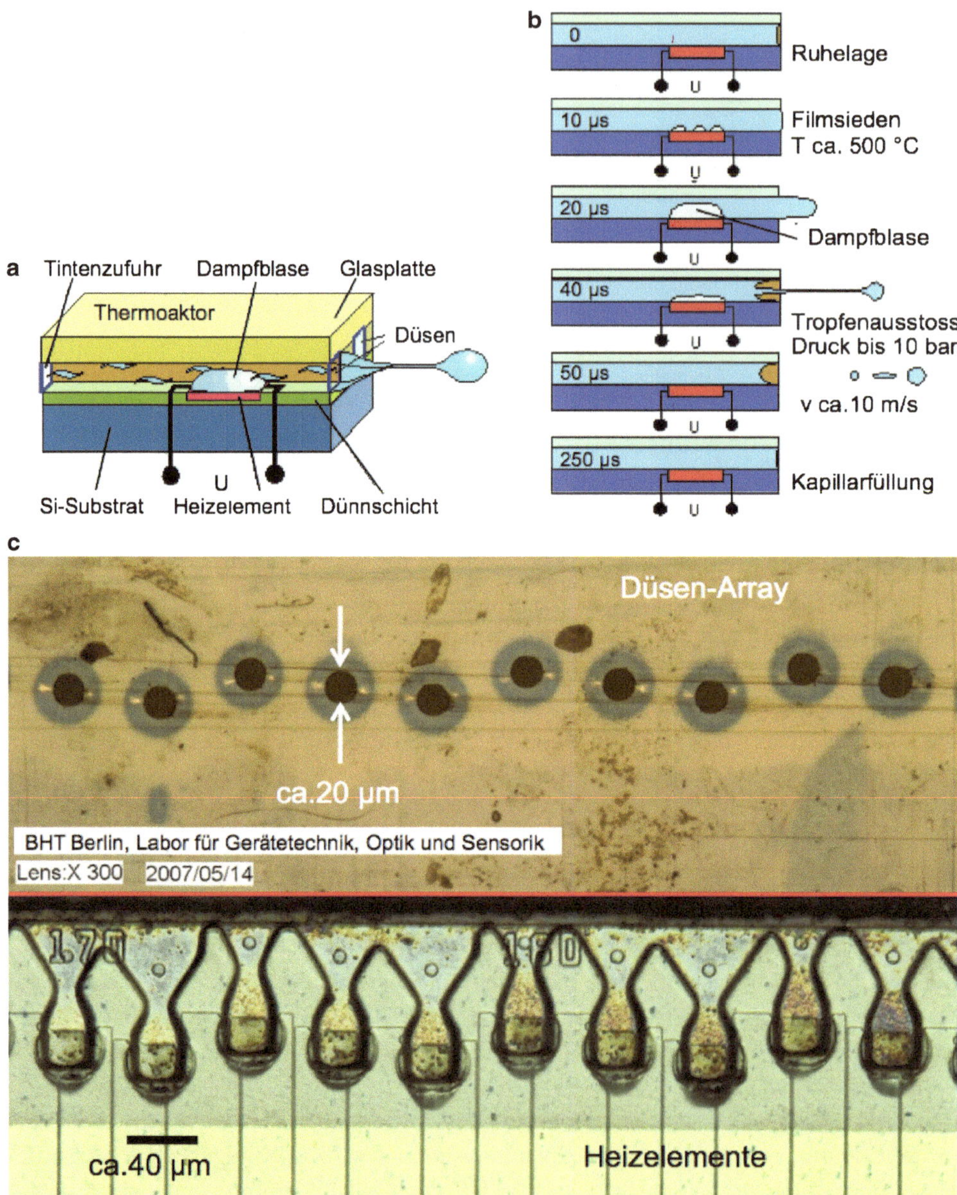

Abb. 6.18 **a** Aufbau eines Thermoaktors im Tintenstrahldrucker, **b** Funktionsablauf, **c** Schnittdarstellung durch das Düsen-Array und die Heizelemente

6.5 Aktoreigenschaften und Kenndaten: Übersicht

Aktoren haben folgende Typenmerkmale, ihre Kenndatenfelder zeigt Abb. 6.19:

- *Elektromagnetische Aktoren:* günstigstes *Kurzhubelement* (10–25 mm), einfacher und kompakter Aufbau ermöglicht mit elektrischer Hilfsenergie schnelle Steuerstrecken (z. B. *Einspritzsysteme*), Magnetkraft-Weg-Kennlinie durch geometrische Magnetkreis-Formgebung und FE-Programme präzise auslegbar, auch für nichtlineare Funktionsabläufe.
- *Elektrodynamische Aktoren:* gute Stellgenauigkeit, größere Stellbereiche (bis 100 mm) bei ähnlich hoher Stellgeschwindigkeit wie Piezo-Aktoren, Schrittmotoren bei kleinen Stell-Leistungen (<500 W) kostengünstige Alternative, variable Servo-Antriebe für Antreiben/Bremsen.
- *Piezoelektrische Aktoren:* Stellwege nm bis 1 mm, Positioniergenauigkeit <1 nm, Stellkraft 1–5000 N, hohe Steifigkeit (z. B. 5 MN/mm für 120 µm-Aktor), Sprungantwort-Zeitkonstante < 50 µs, keine mechanisch bewegten Teile, nur druckbelastbar, benötigen anspruchsvolle kapazitive Verstärker.
- *Fluidmechanische Aktoren (pneumatisch oder hydraulisch):* kompakt-robuster Aufbau, hohe Stellkräfte bis 5000 N ($F_{pneum} < F_{hydraul}$), hohe Leistungsdichten, Positioniergenauigkeit >10 µm, statisch genaue und dynamisch schnelle Aktoren durch *Fluidtronik:* Fluidik plus Elektronik.
- *Thermomechanische Aktoren:* temperaturgesteuerte, robuste Aktoren, benötigen keine elektrische Spannungsversorgung, geeignet für Schaltelemente (Bimetall), Zwei-Punkt-Regelungen (Formgedächtnis) und hohe Stellkräfte (Dehnstoff).

6.6 Sensor-Aktor Prozessorik

Die Funktionsabläufe in der Mechatronik erfordern ein aufgabenorientiertes Zusammenwirken der *Prozessorik* von Sensoren und Aktoren, die meist Regelkreise bilden. Die drei grundlegenden Signal-Kommunikationsstrukturen sind Ring, Stern und Linientopologie. Bei einer *Ringstruktur* sind alle Kommunikationsteilnehmer durch jeweils einen Hin- und Rückleiter verbunden und bilden damit eine Vollstruktur ab. In einer *Sternstruktur* werden alle Zuleitungen in strukturierter, modifizierbarer Verkabelung mit einem zentralen Knotenpunkt, dem sog. Sternkoppler verbunden. Bei *Linienstrukturen* hängen die Kommunikationsteilnehmer an einem zentralen Datenleiter. Die *Bustopologie* ist ein Spezialfall der Linientopologie, wobei die Zuleitung zum Hauptanschluss kurz sein muss.

Mechatronische Systeme haben dynamische Signalabläufe und benötigen daher eine Signalverarbeitung in *Echtzeit* (DIN 44 300), d. h. sie erfordern Signalverarbeitungssysteme, bei denen Programme zur Verarbeitung anfallender Daten ständig betriebsbereit und die Verarbeitungsergebnisse innerhalb einer vorgegebenen Zeitspanne verfügbar sind. Die Daten können nach einer zeitlich zufälligen Verteilung oder zu vorbestimmten Zeiten anfallen.

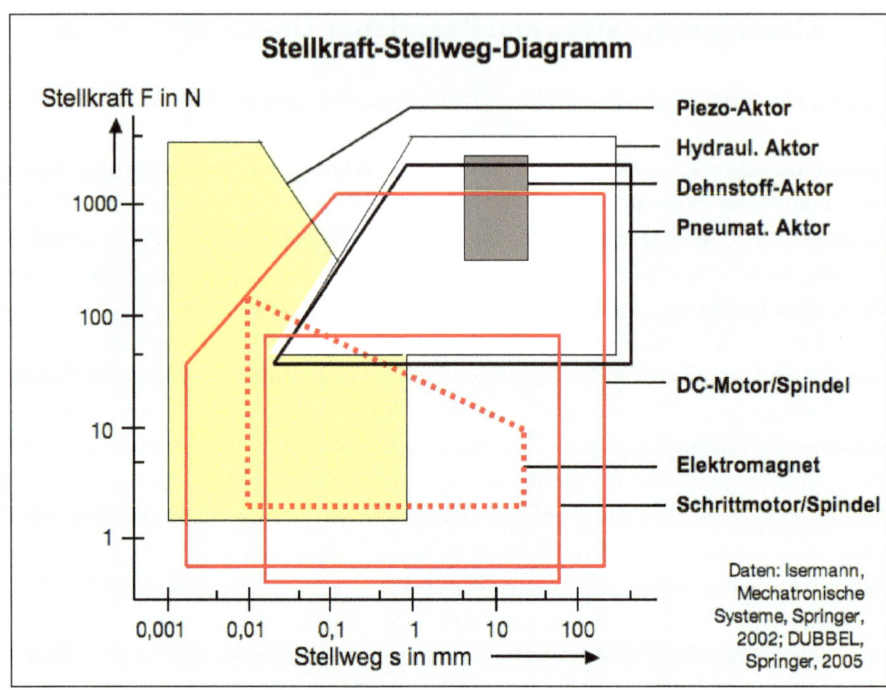

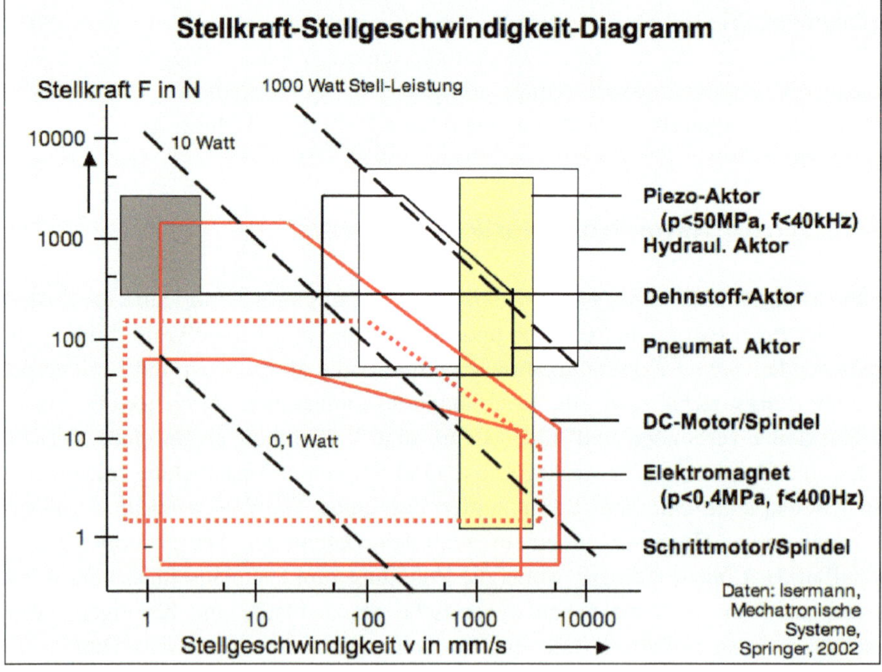

Abb. 6.19 Kenndatenfelder von Aktoren

6.6.1 Sensor-Aktor-Signalverarbeitung

Die von einem Sensor gelieferte Führungsgröße w muss durch geeignete Signalaufbereitung in Verbindung mit Analog-Digital-Umsetzern (ADU) und Mikro-Computern sowie ggf. Digital-Analog-Umsetzern (DAU) in die für die Ansteuerung eines Aktors erforderliche Stellgröße u umgesetzt werden, siehe Abb. 6.20. Eingesetzt werden dazu insbesondere auch *Microcontroller* und *Embedded Systems, siehe* Abschn. 3.4.

Die *Signalaufbereitung* der Sensor/Aktor-Prozessorik hat im weitesten Sinn folgende elektronische Komponenten vorzuhalten und aufgabenspezifisch einzusetzen:

- Verstärkung (DC, AC),
- Gleichrichtung (auch phasensynchron),
- Signal-Pulsformung,
- Spannungs-/Frequenz-Umwandlung,
- Frequenzfilterung,
- AD- und/oder DA-Umsetzung,
- Kennlinien-Linearisierung,
- Temperaturdifferenz-Kompensation (analog, digital),
- Nullabgleich,
- Servo-Regelung (Kompensationsprinzip),
- Stabilisierung der Spannungsversorgung,
- kurzschluss- und überspannungssichere Ausgangsstufen,
- Signalmultiplexer,
- Serialisierung der Signale (analog, digital),
- Signal-Codierung,
- Signal-Busschnittstelle.

Analog-Digital-Umsetzer müssen gewährleisten, dass auch die höchste im Signal vorkommende Frequenz f_{max} erfasst und das Shannon'sche Theorem erfüllt wird: Abtastfrequenz $>2f_{max}$. AD-Umsetzer unterscheiden sich durch die Wandlerstruktur:

- Beim *Parallelverfahren* (Flash-Verfahren) wird das analoge Eingangssignal einer Komparatorkette (1023 Komparatoren für einen 10-Bit-Wandler) zugeführt und in einem Zyklus mit allen Referenzspannungen verglichen.

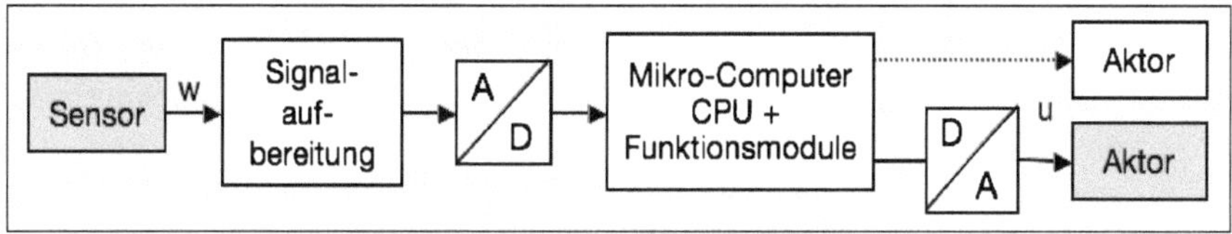

Abb. 6.20 Prozessorik-Elemente für das Zusammenwirken von Sensoren und Aktoren

- Das *Wägeverfahrenprinzip* hat nur einen Komparator und benötigt für eine Wortbreite von 10 Bit 10 Zyklen.
- *Zählverfahren*-(σ-δ)-ADU arbeiten mit Integrator und Komparator, wobei die Zeit für den Ladevorgang und das Erreichen einer Komparatorschwelle für die digitale Impulsbildung herangezogen werden.
- *Rampenverfahren* arbeiten mit Integrator und Komparator, wobei die Zeit für die Integration der analogen Eingangsgröße bis zum Erreichen einer Komparatorschwelle mit einem Zähler gemessen wird und den digitalen Wert bildet.

Digital-Analog-Umsetzer setzen diskrete Signale in quantisierte, quasianaloge Spannungen oder Ströme um.

- *Parallel-Verfahren:* Steuerung dual gestufter Widerstandsketten/Stromquellen,
- *Seriell-Verfahren:* Pulsbreitenmodulation und Tiefpass-Filter.

Mikrocomputer umfassen neben der Zentraleinheit CPU (Central Processing Unit) zur Bearbeitung arithmetischer Operationen und logischer Verknüpfungen spezielle Funktions-Module zur Signalerfassung und zur Erzeugung von Ansteuersignalen für externe Stellglieder.

Mikroprozessoren müssen als *Prozessrechner* mit *Echtzeit-Programmen* in *echtzeittauglichen Strukturen* ausgelegt sein.

Mikrocontroller sind speziell an regelungs- und steuerungstechnische Abläufe angepasste Mikroprozessoren (vgl. Abschn. 3.4). Sie enthalten auf einem Chip:

- einen Mikroprozessor (μP),
- Speicher für Programme und Daten,
- Schnittstellen für Steuerung und Kommunikation,
- Analog-Digital-Umsetzer und Digital-Analog-Umsetzer,
- Taktgeber, Zähler, Digitalausgänge,
- Interrupt-Funktionen für die Echtzeit-Datenverarbeitung.

Bussysteme (BUS: Bidirectional Universal Switch) dienen als standardisierte Schnittstellen für die Sensor-Aktor-Kommunikation und ermöglichen im Zusammenwirken mit einer Zentraleinheit auch die Mehrfachnutzung von Leitungen.

Für die Mechatronik sind insbesondere die folgenden standardisierten Bussysteme von Bedeutung: *CAN – Controller Area Network* (EN 50 325): Das CAN-Bussystem wurde ursprünglich im Zusammenhang mit dem verstärkten Einsatz von Sensoren in Kraftfahrzeugen mit dem Ziel der Reduzierung des Verkabelungsaufwands und der Erhöhung von Verfügbarkeit, Fehlersicherheit und Zuverlässigkeit entwickelt. Abb. 6.21 zeigt in schematisch vereinfachter Darstellung seinen Aufbau. Das Controller Area Network dient sowohl der Sensor/Aktor-Prozessorik als auch der Erfassung und Eliminierung von Störeinflüssen und hat folgende grundlegende Kennzeichen: Am Knoten 1

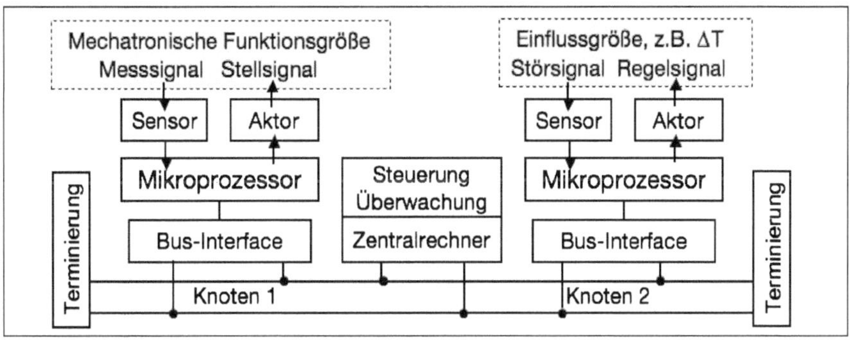

Abb. 6.21 Prinzipieller Aufbau eines Bussystems für die Sensor/Aktor-Prozessorik

werden Sensorsignale über μPs verarbeitet und zur Prozessregelung lokal für die Aktorbetätigung eingesetzt. Am Knoten 2 wird eine Störgröße (z. B. ΔT) gemessen, über μP sowie ein Bussystem verarbeitet und so ein Regelsignal zur Störsignal-Kompensation gewonnen. Die Teilprozesse kommunizieren miteinander und mit einem Zentralrechner, der die Aufgabe der zentralen Steuerung und Überwachung hat. Als Verbindung dienen Twisted-pair-Kabel, die an den Enden zur Signal-Reflexionsminderung durch Widerstandsnetzwerke terminiert sind.

ASI– Aktor-Sensor-Interface (EN 50 295 und IEC 62 026): Bei dem AS-Interface sorgt ein Kommunikations-„Master“ aktiv für den Datenaustausch zwischen sich und den mit ihm verbundenen passiven Komponenten, den „Slaves“. An einen ASI-Master können zahlreiche Komponenten als Slaves hierarchiefrei angeschlossen werden. Damit können vielfältige Bustopologien mit oder ohne Stichleitungen aufgebaut werden. Dies gilt für Stern-, Linien-, Ring- und Baumstrukturen. Bussysteme mit ASI-Master werden beispielsweise in speicherprogrammierbaren mechatronischen Steuerungen (vgl.Abschn. 4.4) eingesetzt.

In der Mikrosystemtechnik werden Aktorfelder, Sensorfelder, Mikroprozessoren zusammen mit internen Verbindungen in einen Chip integriert, siehe Abb. 6.22.

6.6.2 Anwendungsspezifische Signalverarbeitung

Die Sensor/Aktor-Signalverarbeitung kann entweder auf der Sensorseite oder auf der Steuergeräteseite des betreffenden Sensor/Aktor-Moduls erfolgen. Wie in Abb. 6.23 dargestellt, können durch eine hybride oder monolithische Integration von Sensor (SE) und Signalaufbereitung (SA) unterschiedliche Signalverarbeitungs-Integrationsstufen bis hin zu komplexen digitalen Schaltungen in Verbindung mit Analog-Digital(AD)-Wandlern und Mikrocomputern realisiert werden. Die Integration direkt am Ort eines Sensors hat den Vorteil, dass der Sensor und die Signalaufbereitung gemeinsam abgeglichen werden können. Sie bilden damit eine unzertrennliche und meist sehr störsichere Einheit, die ggf. auch gemeinsam ausgewechselt werden kann.

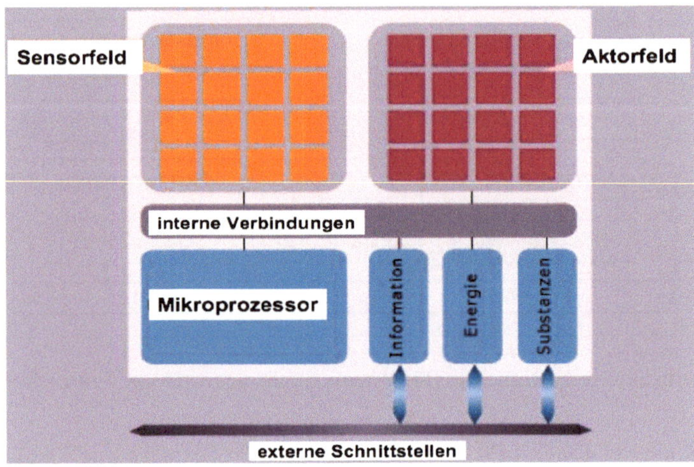

Abb. 6.22 Prinzip der Vernetzung von Sensorik und Aktorik in der Mikrosystemtechnik

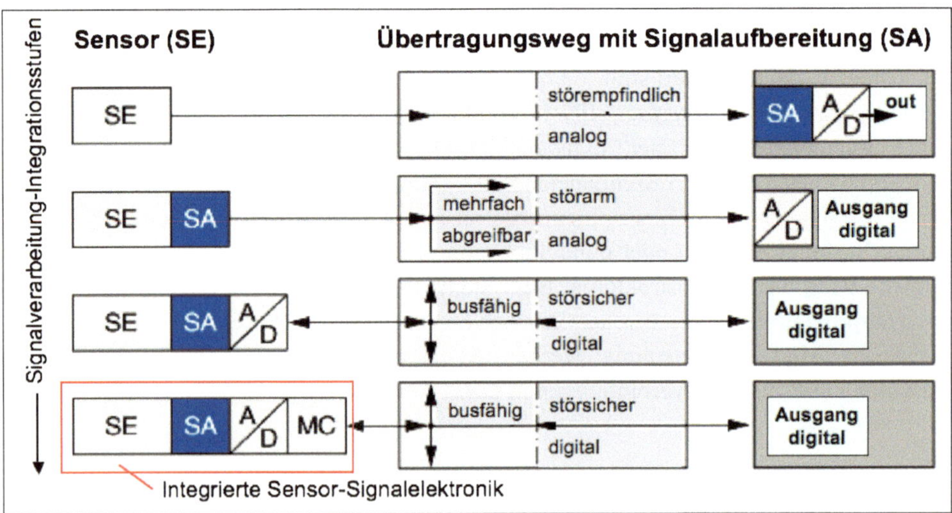

Abb. 6.23 Integrationsstufen von Sensoren und Sensor-Signalaufbereitung

Für die technische Ausführung der Prozessorik der Sensor/Aktor-Funktionen werden häufig anwendungsspezifische integrierte Schaltungen mit der Bezeichnung ASIC (Application Specific Integrated Circuits) entwickelt. Ein Beispiel zeigt Abb. 6.24.

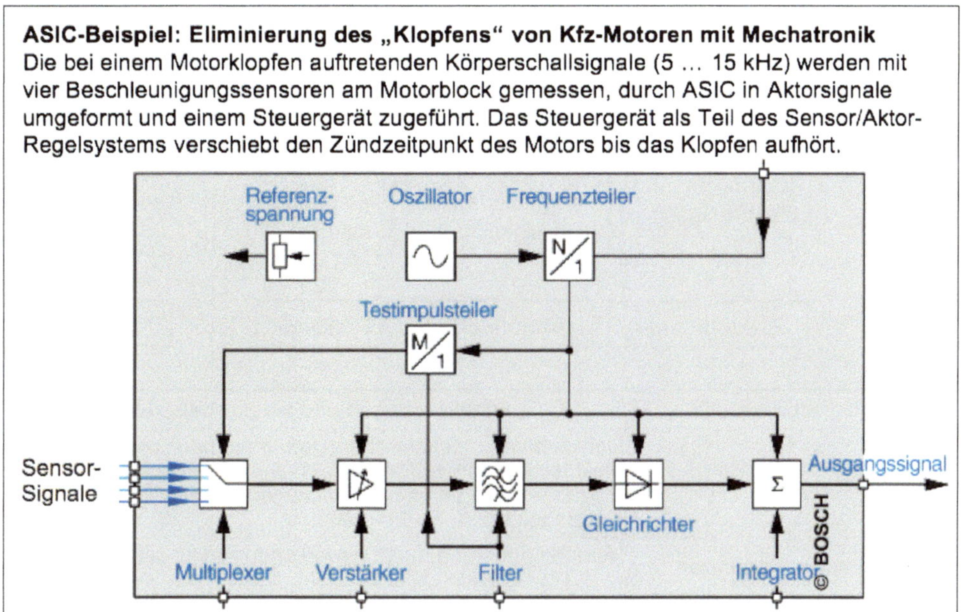

Abb. 6.24 Beispiel der Anwendung von Application Specific Integrated Circuits (ASIC)

6.7 Adaptronik

Der Begriff Adaptronik bezeichnet mechatronische Systeme, deren Strukturelemente aus Multifunktionswerkstoffen mit intrinsischen sensorisch/aktorischen Eigenschaften bestehen, die als strukturelle Bauelemente mechatronischer Systeme selbstoptimierend auf äußere Beanspruchungen reagieren können, siehe Abb. 6.25.

Die in Abb. 6.25 zusammengestellten Multifunktionswerkstoffe haben ein breites Anwendungspotenzial für adaptronische Systeme. Beispiele von Anwendungsmöglichkeiten sind adaptive Tilger und Kompensatoren zur Beruhigung von Schwingungen in Werkzeugmaschinen oder Kraftfahrzeugen sowie mechatronische Strukturen zu einer adaptiven Lärmunterdrückung (Active Structural Acoustic Control).

Zentrale Bauelemente für adaptronische Systeme sind adaptive Aktoren, die auf den in diesem Kapitel behandelten Aktorprinzipien aufbauen. Als Beispiel eines adaptronischen Aktors ist in Abb. 6.26 das Modell eines piezokeramischer Biegewandlers, der zur semiaktiven Schwingungsdämpfung verwendet werden kann, mit einer Zusammenstellung charakteristischer Eigenschaften und technischer Daten dargestellt. Für technische Anwendungen ist dies durch eine geeignete Prozessorik mit zugehörigen elektronischen Schaltungen, Bausteinen und Modulen zu ergänzen.

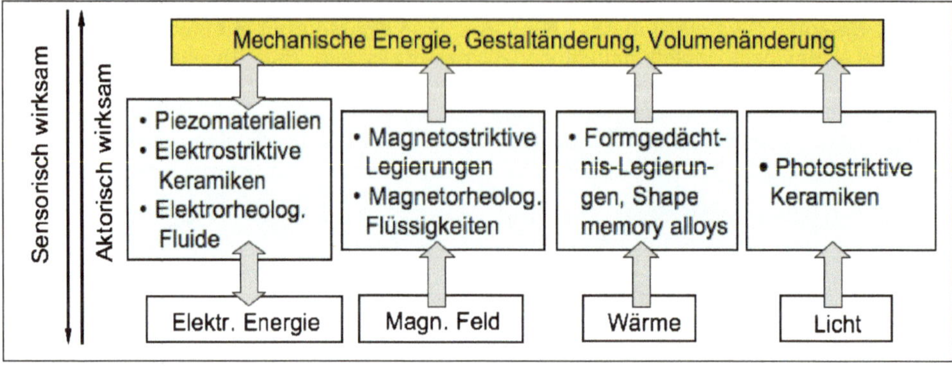

Funktionswerkstoff	Funktionsprinzip und Materialbeispiele
Piezoelektrische Werkstoffe	Umwandlung mechanischer (Deformations-)Energie in elektrische Energie (Piezoeffekt) und umgekehrt (inverser Piezoeffekt) durch Ladungsverschiebungen in einem Kristallgitter (z.B. Pb-Zr-Titanat)
Elektrostriktive Keramiken	Volumenänderung durch einwirkendes elektrisches Feld (z.B. Pb-Mg-Niob-Oxide)
Photostriktive Keramiken	Volumenänderung durch inversen Piezoeffekt, ausgelöst durch optische Strahlung und inhärenten Photoeffekt (z.B. Pb-Li-Zr-Ti)
Magnetostriktive Keramiken	Volumenänderung durch Ausrichtung magnetischer Domänen in einem Magnetfeld (z.B. TERFENOL-Keramik)
Elektrorheologische Fluide	Viskositätsänderung einer Flüssigkeit durch elektrisches Feld (z.B. elektroaktive Suspensionen)
Magnetorheologische Fluide	Viskositätsänderung einer Flüssigkeit durch magnetisches Feld (z.B. magnetoaktive Suspensionen)
Formgedächtnislegierungen	Gestaltänderung durch temperaturabhängige Martensit/Austenit- Gefügeumwandlung (z.B. NiTi), $\Delta s = +5$ bis $+8$ % bei T = 35 bis 40 °C und $\Delta s = -5$ bis -8 % bei 19 bis 9 °C, Aktivierungsfrequenz < 2 Hz

Abb. 6.25 Übersicht über Multifunktionswerkstoffe für adaptronische Strukturelemente

6.8 Mikroaktorik

In der Mechatronik werden Aktoren, wie auch Sensoren (vgl. Abschn. 5.9), häufig in miniaturisierter Ausführung benötigt. Unter Mikroaktoren versteht man Aktoren, bei denen mindestens eine Abmessung im Submillimeterbereich liegt. Die für die Herstellung von Mikroaktoren verwendbaren Mikrotechnologien sind in Abschn. 9.3 dargestellt.

Bei der Gestaltung von Mikroaktoren sind „Größeneffekte" zu berücksichtigen. Sie bedeuten, dass Aktorprinzipien nicht beliebig „herunterskaliert" werden können. Unterschreitet man (je nach Verfahren) eine gewisse Größe, so können sich Größenverhältnisse umkehren und (Stör-)Kräfte dominieren, die vorher aufgrund des größeren

♦ **Piezo-Translatoren** (PZT) bestehen aus piezo-aktiven Keramik-Scheiben, Dicke d = 20 ... 100 µm (Niedervolt-PZT), bzw. d = 0,5 ... 1 mm (Hochvolt-PZT)
Eigenschaften und technische Daten: • Stellbereich nm ... mm • Stellgenauigkeit Δs < nm • Steifigkeit 5 MN/mm • Druckbelastbarkeit p_D < 50000 N, (Zugbelastbarkeit p_z < 10 % von p_D) • Ansprechzeit-Sprungantwort < 0,1 ms • Keine bewegten Teile, keine Tribologie, d. h. keine Reibung, kein Verschleiß • Hohe Kapazität (C-Verstärker nötig)
♦ **Piezo-Biegewandler** arbeiten mit einer Piezokeramik-Folie, die außerhalb der neutralen Faser auf ein Trägerbauteil aufgebracht wird. Die Lateral-Dehnung einer Piezokeramik bei Anlegen eines elektrischen Feldes (Spannung U) führt zu einer adaptiv nutzbaren Biegeverformung des Systems.

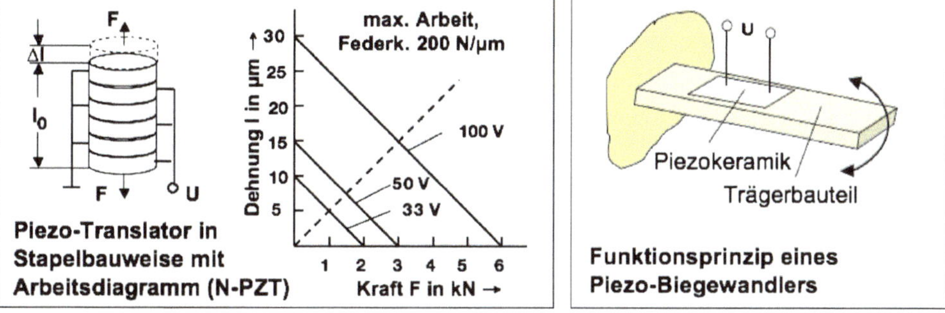

Abb. 6.26 Modell eines Piezo-Biegewandlers für die Adaptronik

Gewichts aktorisch zu bewegender Bauteile noch nicht relevant waren. Eine wichtige Auswirkung der Miniaturisierung von Aktoren sind insbesondere steigende Adhäsionskräfte zwischen Aktor und zu bewegendem Bauteil in Form elektrostatischer Kräfte und van-der-Wals-Kräfte. Sie können bewirken, dass sich Bauteile nicht mehr allein von der Berühroberfläche lösen, sondern haften bleiben. Die Adhäsionskräfte sind abstandsabhängig und nehmen mit größer werdender Distanz quadratisch ab. Wenn sich Adhäsionskräfte nicht kontrollieren lassen, z. B. durch eine geeignete Aktorbeschichtung, kann versucht werden, eine zur Haltekraft umgekehrte Kraft aufzubringen, beispielsweise durch einen Luftstoß. In der Mikroaktorik ist wie in der Mikroelektronik auch ein Schutz von Halbleiterbauelementen vor zerstörerischen elektrostatischen Entladungen, ein *ESD-Schutz (Electro Static Discharge)* erforderlich.

Die Mikroaktorik hat mit einer geeigneten Skalierung der entsprechenden mechatronischen Systeme die grundlegenden Aufgaben der Mechatronik, nämlich Bewegungs-, Energie-, Stoff- und Informationsübertragung durchzuführen. Dies wird im Folgenden an Beispielen von Mikroaktoren für die Mikromechanik, für optische Informations- und Kommunikationssysteme sowie für Fluidiktransport und Stoffdosierung dargestellt.

Mikroaktoren für mikromechanische Translation und Rotation

Für die Mikroaktorik von Bewegungsvorgängen kommen aufgrund von Skalierungserfordernissen häufig elektrostatische Prinzipien zur Anwendung. Die in Abschn. 6.1 behandelten elektromagnetischen Aktorprinzipien der Makrotechnik sind in der Mikrotechnik von geringerer Bedeutung, weil sich elektromagnetische Kraftwirkungen meist proportional zur vierten Potenz von Bauteildimensionen verringern. Elektrostatische Aktoren (Kondensatoren) können dagegen nach den Coulomb'schen Gesetzen Kraftwirkungen proportional zum Quadrat von Kondensatorabmessungen ausüben. Damit lassen sich mit elektrostatischen Aktoren kleine Massen bewegen, da Gewichtskräfte mit der dritten Potenz von Bauteilabmessungen abnehmen. Abb. 6.27 zeigt das Beispiel eines elektrostatischen *Kamm-Aktors* für Translationsamplituden bis zu etwa 100 µm je nach konstruktiver Gestaltung. Die Kraftwirkung ist proportional zum Quadrat der angelegten Spannung, und die Aktorabmessungen liegen ab 25 Kondensatorpaarungen im mm-Bereich. Mikroaktoren für Rotationsbewegungen lassen sich durch Anordnung der Kondensatorpaare tangential zum Drehpunkt gestalten. Das Funktionsprinzip elektrostatischer Mikroaktoren hat vielfältige Anwendungen, z. B. für Mikroschalter, Mikroventile oder Mikromotoren.

Neben den elektrostatischen Wirkprinzipien wird in der Mikroaktorik für Bewegungsvorgänge insbesondere der in Abschn. 6.2 mit seinem Funktionsprinzip und seinen technischen Kenndaten dargestellte *inverse piezoelektrische Effekt* genutzt. Er hat den Vorteil, dass die aktorisch genutzte Bewegung auf einer elektronisch steuer- und regelbaren „Festkörper-Expansion" basiert, wodurch – bei geeigneter Halterung und Lagerung der Bewegungsobjekte, z. B. in Federführungen – Bewegungen im Nanometer-Dimensionsbereich der Kristallgitterabmessungen der Piezo-Materialien möglich werden. Abb. 6.28 zeigt auf der linken Seite einen bimorphen Piezo-Biegewandler, der aus zwei gegensinnig polarisierten Piezokeramiken mit positiver und negativer Dehnung ε aufgebaut ist. Auf der rechten Seite ist ein piezogetriebener, federgelagerter Positioniertisch dargestellt, wie er zur nanoskaligen Positionierung von Rastertunnelmikroskopen eingesetzt wird (vgl. Abb. 8.5).

Die Piezoaktorik kann auch zur Realisierung elektronisch steuer-/regelbarer Mikroantriebe für Linear- und Rotationsbewegungen ohne zusätzliche mechanische Führung angewandt werden. Das Prinzip ist in Abb. 6.29 schematisch vereinfacht dargestellt.

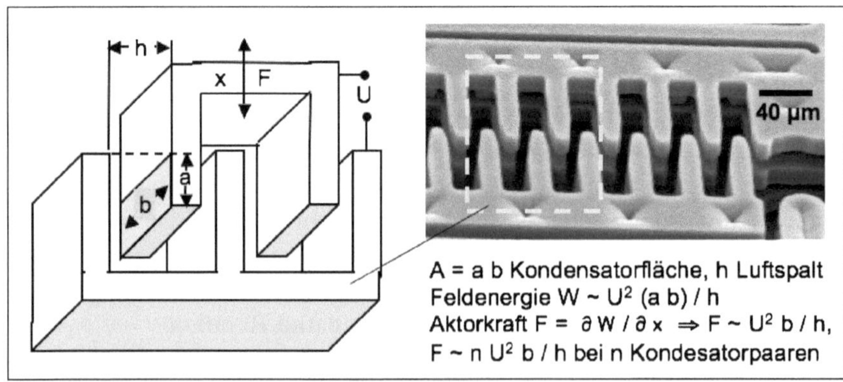

Abb. 6.27 Elektrostatischer Mikroaktor für Translationsbewegungen

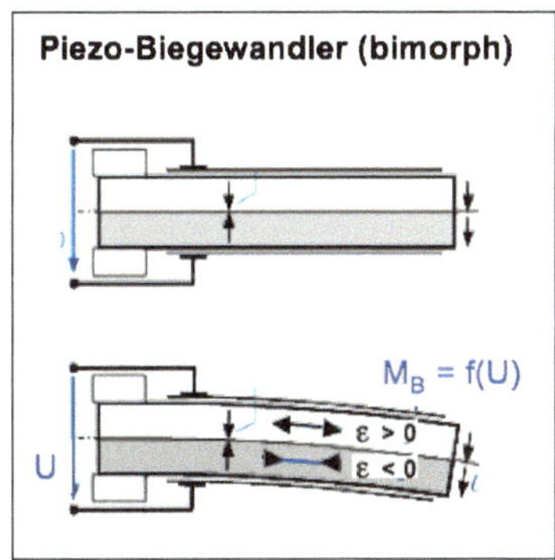

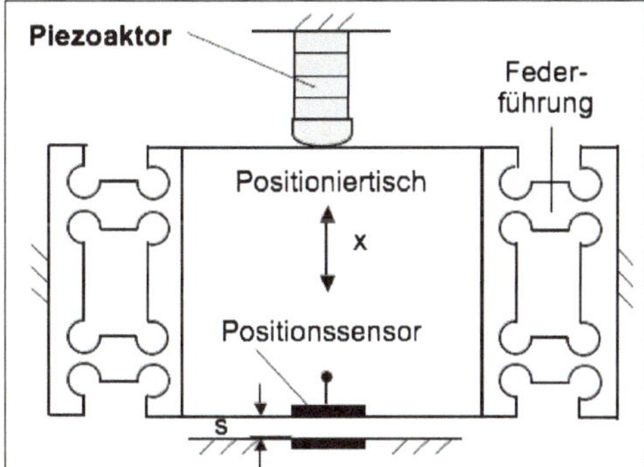

Abb. 6.28 Beispiele von Mikro-Piezoaktoren

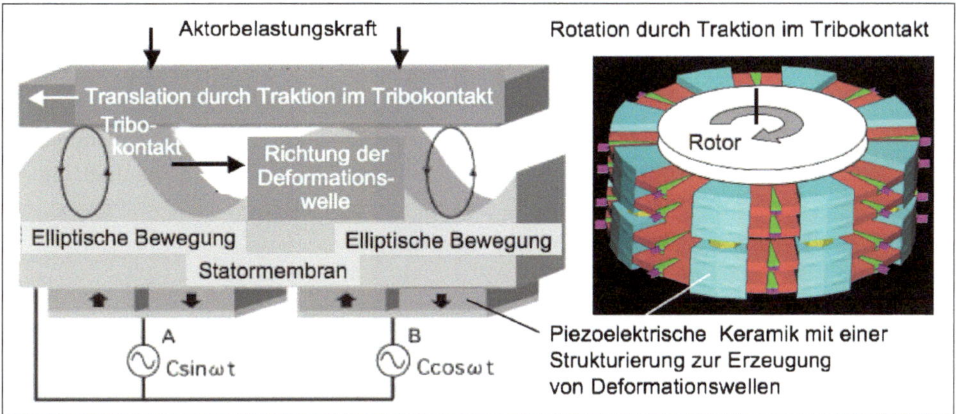

Abb. 6.29 Prinzip eines piezoelektrischen Mikroantriebs für Translation und Rotation

Piezoelektrische Mikroaktoren arbeiten mit direktem Festkörper-Reibungskontakt *(Tribokontakt)* und sind tribologische Systeme, siehe Abschn. 7.3. Durch eine geeignete konstruktive Gestaltung der Statorelemente werden bei Anlegen einer angepassten elektrischen Wechselspannung, die jeweils von einer Elektrode zur nächsten umgeschaltet wird, translatorische oder rotatorische Deformationswellen erzeugt. Die Deformationswellen bewirken in den Tribokontakten impulsförmige Kontakt-Reibungskräfte zwischen den stationären und den beweglichen Elementen des Aktorsystems und führen durch die Reibungs-Traktion zu schrittweisen Relativbewegungen, die den funktionellen Output des Mikroaktors darstellen.

Piezoelemente haben in zahlreichen Bereichen der Technik die Entwicklung innovativer mechatronischer Systeme möglich gemacht. Bedeutende Beispiele reichen vom Tintenstrahldrucker und der Motortechnik (siehe Abb. 6.11) bis hin zum nobelpreisgekrönten Rastertunnelmikroskop (siehe Abb. 8.5) und zur Sonographie in der

Medizintechnik (siehe Abb. 15.6). Im anglo-amerikanischen Sprachgebrauch werden elektromechanische Mikroaktoren als *MEMS* (Micro Electro-Mechanical Systems) bezeichnet. Beispiele von MEMS und ihre Anwendung in der Mikropositionierungstechnik sind in Abschn. 8.1 dargestellt.

Mikroaktoren für optische Informations- und Kommunikationstechnik

In der Informations- und Kommunikationstechnik wird zunehmend Licht in Verbindung mit Lasertechnik und Faseroptik als *optischer Informationsträger* zur schnellen Informationsübertragung hoher Bandbreite eingesetzt. Da die optischen Informations- und Kommunikationstechnologien nicht nur „punktuell" Informationen übertragen sollen, benötigen sie natürlich Hilfsmittel sowohl zum Schalten als auch zum zweidimensionalen oder dreidimensionalen „Display" der optisch übertragenen Informationen.

Unter Anwendung der optischen Prinzipien von Reflexion und Brechung können hierfür auch die im vorhergehenden Abschnitt beschriebenen elektrostatischen und piezoelektrischen Methoden der Mikroaktorik genutzt werden. Je nach Anwendungserfordernis lassen sich damit sehr vielfältige *MOEMS (Micro Opto-Electrical-Mechanical Systems)-Aktorsysteme* realisieren, siehe Abschn. 8.1. Wie in Abb. 6.30 vereinfacht dargestellt, kann beispielsweise zur Abbildung bzw. zum Positionieren von Lichtstrahlen ein elektrodengesteuerter Silizium-Drehspiegel, der an zwei Torsionsbändern aufgehängt ist, verwendet werden. Abb. 6.31 illustriert das Funktionsprinzip eines mit Mikro-Piezoaktoren gesteuerten flächenhaft arbeitenden Display-Systems.

Mikroaktoren für Fluidik-Transport und Stoffdosierung

Mikroaktoren können auch zur Steuerung des Transportes von Flüssigkeiten und Gasen eingesetzt werden, insbesondere für die Dosierung kleiner Mengen, wie z. B. in der analytischen Chemie oder der Medizintechnik (siehe Kap. 15). Für Mikroventile und Mikropumpen kommen sowohl elektrostatische als auch piezoelektrische Wirkprinzipien zur Anwendung. Mikropumpen besitzen eine das Medium fördernde Pumpenkammer mit

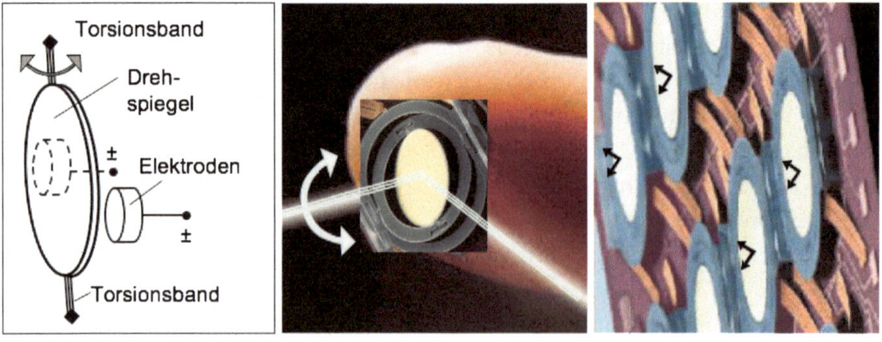

Abb. 6.30 Beispiel der optoelektronischen Positionierung informationstragender Strahlung

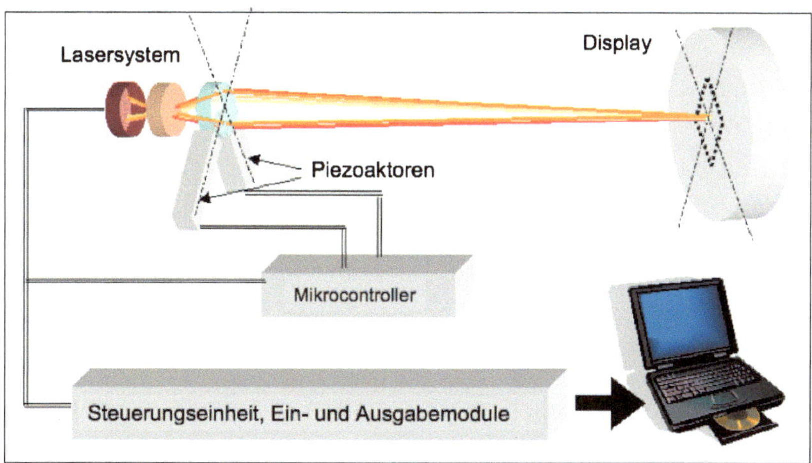

Abb. 6.31 Beispiel eines optoelektronischen Mikroaktors mit piezoelektrischem Wirkprinzip

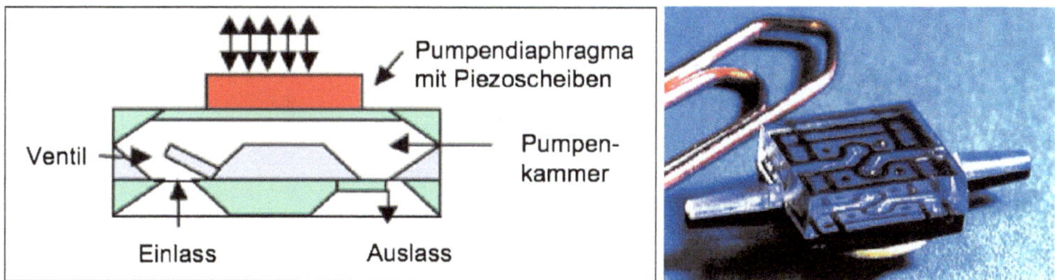

Abb. 6.32 Beispiel einer Mikropumpe mit elektrostatischem Mikroaktorprinzip

einer meist kapazitiv oder piezoelektrisch ansteuerbaren Membran (Pumpendiaphragma) und sind mit Ein- und Auslassventilen versehen. Sie werden meist mittels anisotroper Ätztechnik aus Silizium-Wafern oder mit abgeformten Polymerteilen mit dem LIGA-Verfahren hergestellt (siehe Abschn. 9.2). Das Beispiel einer Mikropumpe mit elektrostatischem Antrieb zeigt mit einem Größenvergleich Abb. 6.32.

Teil II
Anwendungen

7 Maschinenbau

Die interdisziplinäre Entwicklung des Maschinenbaus und die Bedeutung mechatronischer Systeme werden im Standardwerk des Maschinenbaus, dem *DUBBEL, Taschenbuch für den Maschinenbau*, wie folgt beschrieben: *Waren früher Maschinen und feinwerktechnische Geräte dadurch gekennzeichnet, dass sie hauptsächlich aus mechanischen Komponenten bestanden, so zeigt sich heute, dass durch das Zusammenwirken mechanischer, elektrischer und elektronischer Komponenten die Leistungsfähigkeit technischer Systeme erheblich gesteigert werden kann.*

7.1 Maschinenelemente

Die Maschinenelemente – Konstruktionselemente für die mechanischen Funktionen von Maschinen – lassen sich durch einen kurzen historischen Rückblick illustrieren:

- Leonardo da Vinci skizzierte bereits 1492 in dem 1965 wiederentdeckten *Codex Madrid I,* die wesentlichen Prinzipien der *Elementi macchinali.*
- Franz Reuleaux teilte in seiner *Theoretischen Kinematik* (1875) die *Mechanis*men *von Maschinen* in 22 elementare Klassen ein, siehe Abb. 7.1.

Die Prinzipien der Realisierung mechanischer Funktionen von Maschinen durch elementare Elemente, wie sie von Leonardo da Vinci als *Elementi macchinali* erstmals skizziert wurden, gelten universell – bis hin zur Mikromechanik, siehe Abb. 7.2.

Die heutige Konstruktionssystematik der Maschinenelemente gliedert nach *Funktion* und *Wirkprinzip,* siehe Tab. 7.1. Anwendungen der Mechatronik betreffen im Wesentlichen Federn und Tribologische Systeme, insbesondere Lager und Getriebe.

H. Czichos, *Mechatronik,* https://doi.org/10.1007/978-3-658-26294-5_7

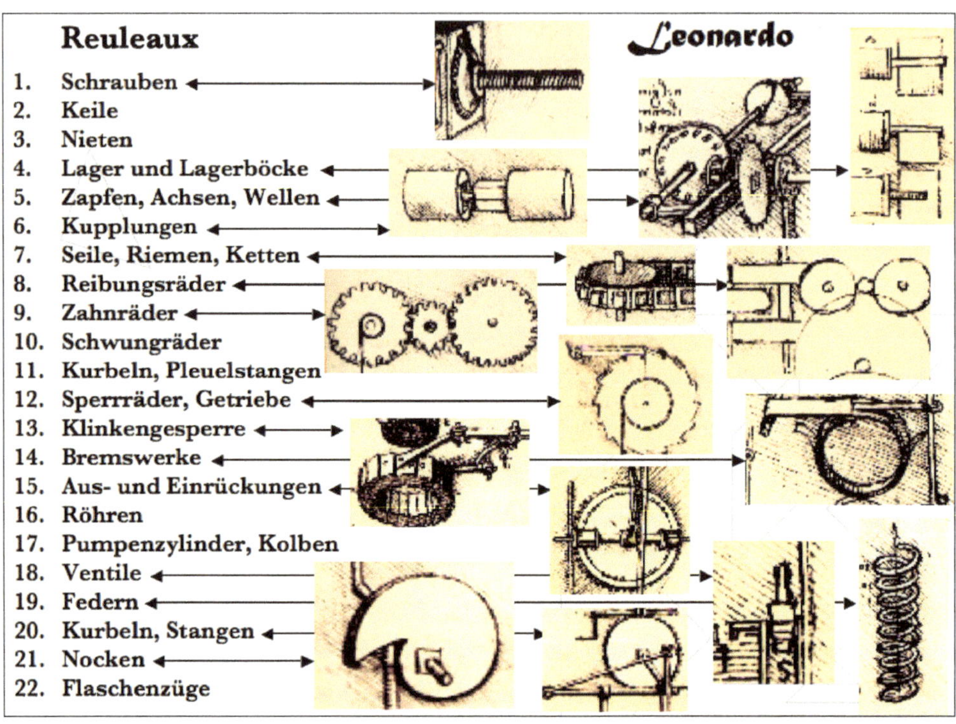

Abb. 7.1 Historische Darstellungen der klassischen Mechanismen von Maschinen

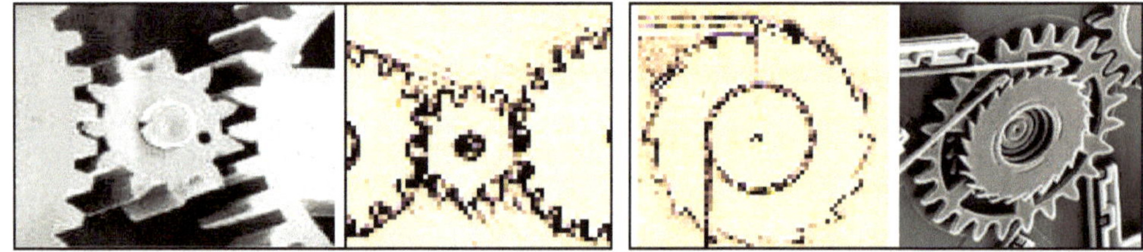

Abb. 7.2 Beispiele mikromechanischer Zahnräder und Getriebe, (Rasterelektronenmikroskopie, 100-µm-Maßstab) im Vergleich zu den Skizzen Leonardo da Vincis (Nr. 9 und 12 in Abb. 7.1)

Tab. 7.1 Die elementaren Kategorien der Maschinenelemente

Kategorie		Konstruktionselemente: Wirkprinzip
Bauteilverbindungen		Feste Lagezuordnung von Bauteilen durch Form- Kraft(Reib)- oder Stoffschluss
Federn		Aufnehmen, Speichern und Übertragen mechanischer Energie (Kräfte, Momente, Bewegungen)
Tribologische Systeme	Lager und Führungen	Aufnahme und Übertragen von Kräften zwischen relativ zueinander bewegten Komponenten mit vorgegebenen Freiheitsgraden
	Kupplungen und Gelenke	Übertragen von Rotationsenergie (Drehmomente, Drehbewegungen) über Wirkflächenpaare von Wellensystemen
	Getriebe	Übertragen von Leistungen über Formschluss oder Reibschluss von Wirkflächenpaaren bei Änderung von Kräften, Momenten und Geschwindigkeiten
Elemente zu Führung von Fluiden		Führen, Verändern und zeitweises Sperren von Fluiden nach Gesetzen der Hydro- oder Gasdynamik
Dichtungen		Sperren oder Vermindern von Fluid- oder Partikelströmen durch Fugen miteinander verbundener Bauteile

7.2 Mechatronischer Feder-Dämpfer-Modul

Das Funktionsprinzip von Federn besteht in der Aufnahme, Speicherung und Übertragung mechanischer Energie, wie in Abb. 7.3a vereinfacht dargestellt.

Durch das Zusammenschalten von Federn mit Dämpfern lassen sich mechanische Module für vielfältige Aufgaben realisieren. Ihre mechanische Funktionalität ist in der herkömmlichen Modellbildung jedoch durch ihre fest vorgegebenen Parameter Feder-*Konstante* k und Dämpfungs-*Konstante* d fixiert.

Mit Methoden der Mechatronik können „aktive" Feder-Dämpfer-Module gestaltet werden, wie sie insbesondere in der Fahrzeugtechnik benötigt werden (vgl. Abschn. 14.1). Hierzu wird, wie in Abb. 7.3b dargestellt, die Basis-Feder-Dämpfer-Einheit durch eine Kombination aus Hydraulik-Zylinder und Gasfederspeicher ersetzt. In Verbindung mit einer geeigneten Sensorik können durch diese „Aktivierung" geregelte Module mit „adaptiver Funktionalität" geschaffen werden, die aber natürlich mit größerem technischen Aufwand und höheren Systemkosten verbunden sind.

a

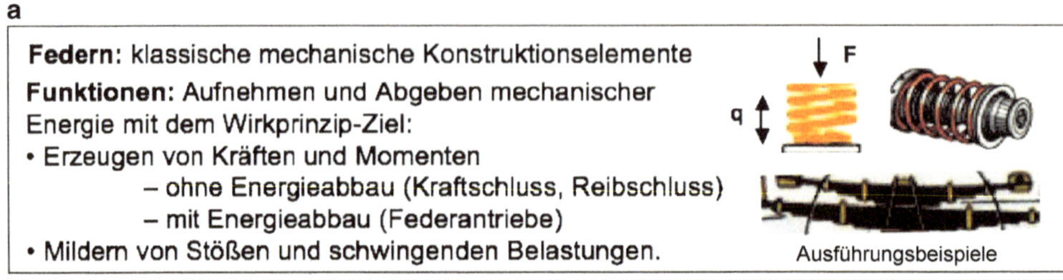

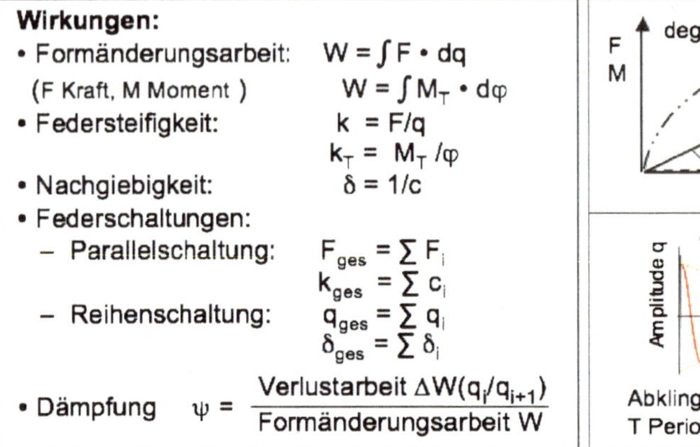

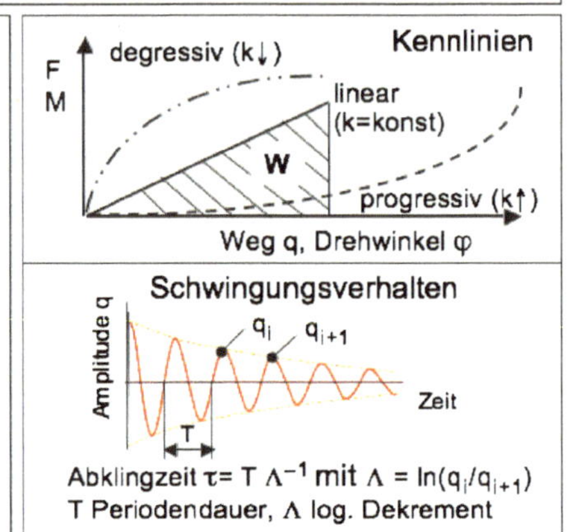

b

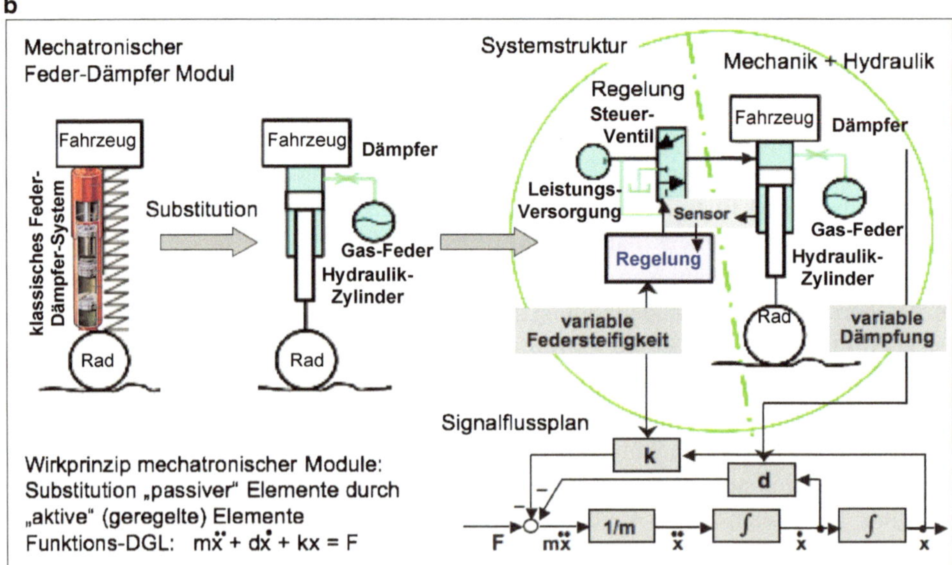

Abb. 7.3 Konstruktionselement Feder (**a**), mechatronischer Feder-Dämpfer-Modul (**b**)

7.3 Tribologische Systeme

In der Technik können Bewegungen, Kraft- und Energieübertragungen, aber auch Materialbearbeitung und -umformung, häufig nur durch kontaktierende, relativ zueinander bewegte Bauelemente realisiert werden. Dies ist stets mit Reibung sowie häufig mit Verschleiß verbunden und gehört zum Aufgabenbereich der *Tribologie* (tribein, griechisch reiben). Das fachübergreifende Wissenschafts- und Technikgebiet *Tribologie* wurde Mitte der 1960er-Jahre mit folgender Definition begründet (Peter Jost, 1966):

- Tribology is the science and technology of interacting surfaces in relative motion and of related subjects and practices.

Im deutschen Sprachgebrauch kann die Wortkombination „interacting surfaces" durch den in der Konstruktionstechnik für funktionelle Oberflächen gebräuchlichen Begriff „Wirkflächen" übersetzt werden womit die Tribologie-Definition wie folgt lautet:

- Tribologie ist die Wissenschaft und Technik von Wirkflächen in Relativbewegung und zugehöriger Technologien und Verfahren.

Das Gebiet vereinigt Elemente aus Physik und Chemie sowie den Werkstoff- und Ingenieurwissenschaften und kann unter Berücksichtigung seiner Bedeutung für die Technik wie folgt gekennzeichnet werden:

- Die Tribologie ist ein interdisziplinäres Fachgebiet zur Optimierung mechanischer Technologien durch Verminderung reibungs- und verschleißbedingter Energie- und Stoffverluste.

Eine Übersicht über tribologische Systeme des Maschinenbaus und ihre gemeinsamen Kennzeichen – Systemstruktur, Systemfunktion, tribologische Beanspruchung, Reibung und Verschleiß – gibt Abb. 7.4.

Die Funktion von Tribosystemen wird über *Wirkflächen* von Bauteilen realisiert, die durch die funktionellen Kräfte und Relativbewegungen *tribologischen Beanspruchungen* ausgesetzt sind. Tribologische Beanspruchungen sind stets mit Reibung verbunden und können zu Verschleiß führen. Reibung und Verschleiß sind keine „Materialeigenschaften", sondern entstehen durch Wechselwirkungsprozesse kontaktierender Körper oder Stoffe und müssen stets auf die Material-Paarung, d. h. allgemein auf das betreffende tribologische System, bezogen werden, in symbolischer Schreibweise:

- **Reibung, Verschleiß = f (Beanspruchungskollektiv, Systemstruktur).**

Reibung ist ein *Bewegungswiderstand.* Er äußert sich als Widerstandskraft sich berührender Körper gegen die Einleitung einer Relativbewegung (Ruhereibung, statische Reibung)

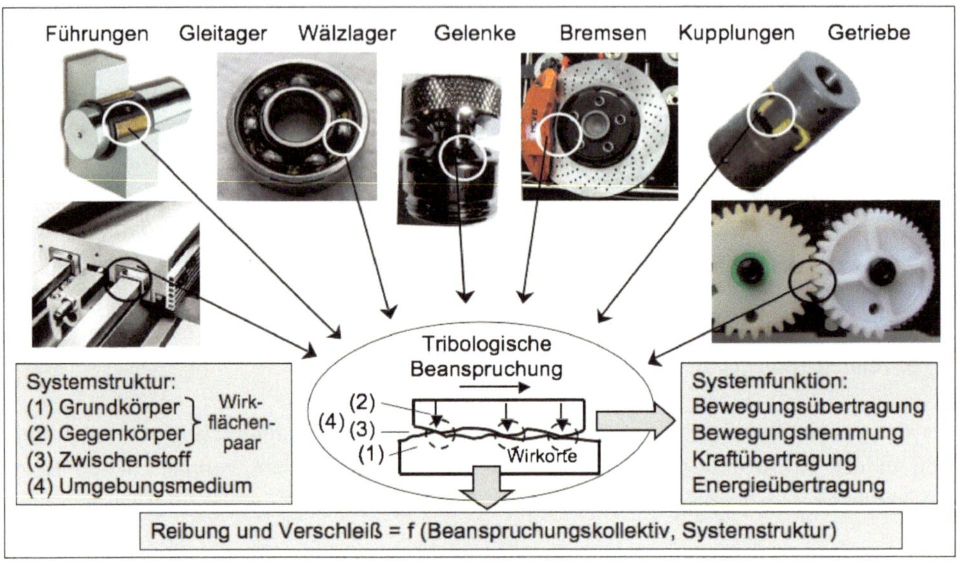

Abb. 7.4 Tribologische Systeme des Maschinenbaus und ihre gemeinsamen Kennzeichen: Systemstruktur, Systemfunktion, tribologische Beanspruchung, Reibung und Verschleiß

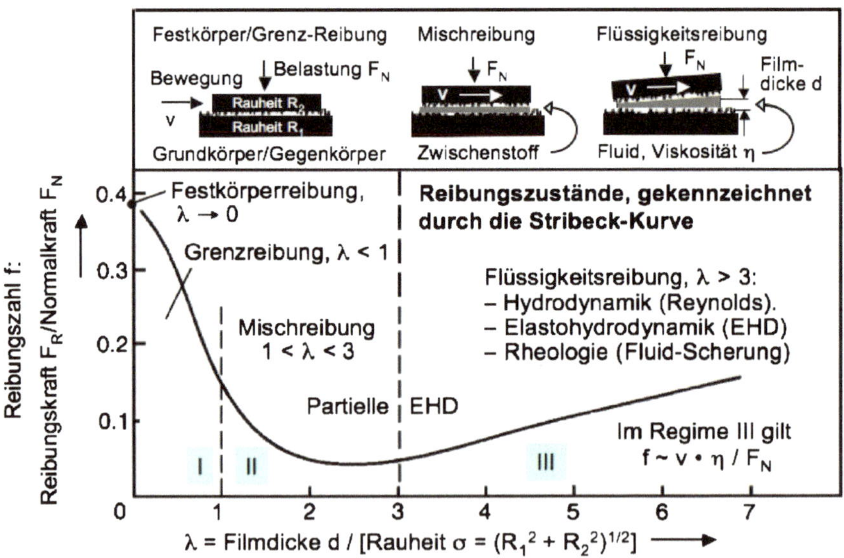

Abb. 7.5 Übersicht über die Gleitreibung in tribologischen Systemen

oder deren Aufrechterhaltung (Bewegungsreibung, dynamische Reibung). Roll- oder Wälzreibung ist der Bewegungswiderstand gegen eine Rollbewegung, Gleitreibung ist der Bewegungswiderstand gegen eine Translationsbewegung. Abb. 7.5 gibt eine Übersicht über die Reibungszustände der Gleitreibung, gekennzeichnet durch die Stribeck-Kurve.

- *Festkörperreibung:* Reibung beim unmittelbaren Kontakt fester Körper,
- *Grenzreibung/Grenzschichtreibung:* Festkörperreibung, bei der die Oberflächen der Reibpartner mit einem molekularen Grenzschichtfilm bedeckt sind,
- *Flüssigkeitsreibung:* Reibung in einem die Reibpartner lückenlos trennenden flüssigen Film, der hydrostatisch oder hydrodynamisch erzeugt werden kann,
- *Gasreibung:* Reibung in einem die Reibpartner lückenlos trennenden gasförmigen Film, der aerostatisch oder aerodynamisch erzeugt werden kann,
- *Mischreibung:* Reibung, bei Koexistenz von Festkörperreibung und Flüssigkeitsreibung.

Reibung hat in der Technik eine „duale Rolle". Einerseits ist sie als Dissipationseffekt mit Energieverlusten verbunden. Anderseits basieren ganze Wirtschaftszweige, wie Transport und Verkehr, technisch auf *Haftreibung* und *Traktion* von Reifen/Straße- oder Rad/Schiene-Systemen. Reibung ermöglicht auch durch *Reibschluss* die Übertragung mechanischer Leistungsflüsse. Abb. 7.6 zeigt dazu Beispiele aus den Bereichen I und III der Stribeck-Kurve.

Verschleiß ist der fortschreitende Materialverlust aus der Oberfläche eines festen Körpers (Grundkörper), hervorgerufen durch tribologische Beanspruchungen, d.h. Kontakt und Relativbewegung eines festen, flüssigen oder gasförmigen Gegenkörpers. Er tritt in technischen Bewegungssystemen in Abhängigkeit von der tribologischen Beanspruchung in den Verschleißarten: *Gleitverschleiß, Wälzverschleiß, Stoßverschleiß, Schwingungsverschleiß, Furchungsverschleiß, Strahlverschleiß, Erosion* auf. Die Elementarprozesse des Verschleißes – die meist in einer dynamischen Überlagerung auftreten – sind die Verschleißmechanismen *Oberflächenermüdung, Abrasion, Adhäsion und physikalisch-chemische Triboreaktionen.* Abb. 7.7 gibt eine Übersicht über die Detailprozesse der Verschleißmechanismen und zeigt charakteristische Verschleißerscheinungsbilder.

Verschleiß kann in tribologischen Systemen die Strukturintegrität negativ verändern. Verschleißbeeinflussende Maßnahmen müssen in jedem Falle von einer individuellen Systemanalyse des jeweiligen Problems ausgehen. Zunächst muss generell geprüft werden, ob der betreffende Tribokontakt „eliminiert" werden kann, d.h., ob die „äußere Reibung" durch „innere Reibung" (z.B. Fluide, elastische Festkörper) ersetzt werden kann. Falls dies nicht möglich ist, ist entweder das Beanspruchungskollektiv zu variieren – z.B.

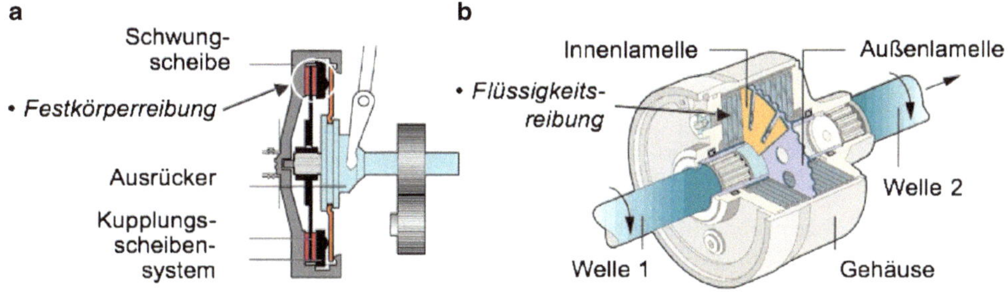

Abb. 7.6 Tribotechnische Kupplungen. **a** Reibungskupplung, **b** Visco-Kupplung

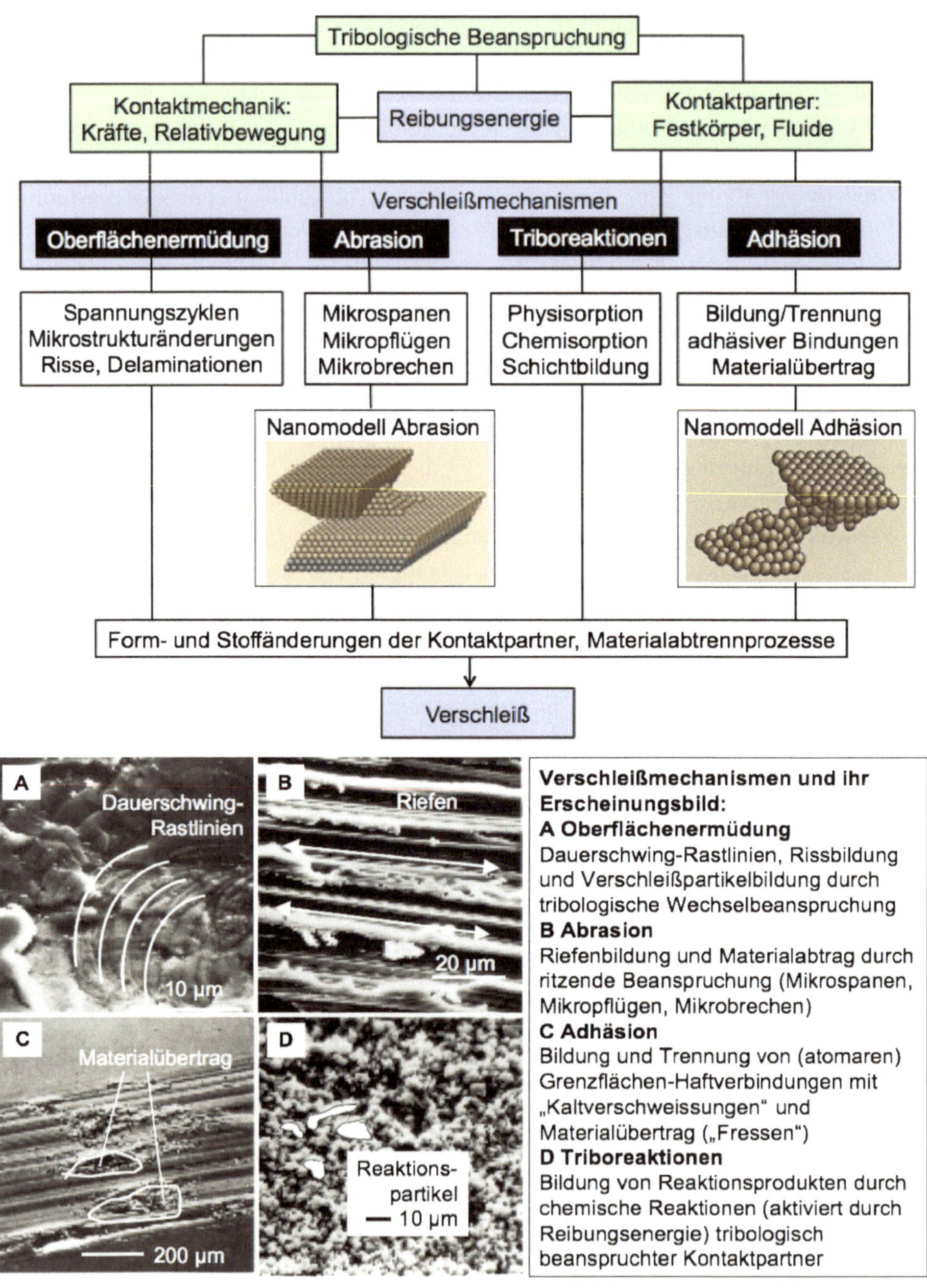

Abb. 7.7 Die elementaren Verschleißmechanismen und ihr Erscheinungsbild

Vermindern der Flächenpressung, Verbessern der Kinematik (Wälzen statt Gleiten) – oder die Struktur des tribologischen Systems ist durch geeignete Konstruktion, Werkstoffwahl, Schmierung zu modifizieren. Von besonderer Bedeutung ist die gezielte Beeinflussung der wirkenden Verschleißmechanismen:

- Beeinflussung der Abrasion: Für den Widerstand gegenüber der Abrasion ist die sogenannte Verschleiß-Tieflage-Hochlage-Charakteristik besonders wichtig. Danach ist der Verschleiß nur dann gering, wenn das tribologisch beanspruchte Bauteil mindestens um den Faktor 1,3 härter als das angreifende Material ist.
- Beeinflussung der Oberflächenzerrüttung: Werkstoffe mit hoher Härte und hoher Zähigkeit (Kompromiss), homogene Werkstoffe (z. B. Wälzlagerstähle), Druckeigenspannungen in den Oberflächenzonen.
- Beeinflussung der Adhäsion: Schmierung, Vermeiden von Überbeanspruchungen, durch die ein Schmierfilm und Adsorptions- und Reaktionsschichten von Werkstoffen durchbrochen werden können, Vermeidung der Paarung Metall/Metall, statt dessen Bauteilpaarungen von metallischen Werkstoffen mit Polymerwerkstoffen oder mit ingenieurkeramischen Werkstoffen.
- Beeinflussung tribochemischer Reaktionen: keine Metalle, statt dessen Kunststoffe und keramische Werkstoffe, formschlüssige anstelle von kraftschlüssigen Verbindungen, Zwischenstoffe und Umgebungsmedium ohne oxidierende Bestandteile.

Modellierung tribologischer Systeme
Reibung und Verschleiß von Werkstoffen werden labormäßig oft mit geometrisch einfachen Tribosystemen untersucht, die auch für die tribologische Modell- und Simulationsprüftechnik verwendet werden, Abb. 7.8 zeigt zwei elementare Modell-Tribosysteme und erläutert die grundlegenden Reibungszustände.

Kontraforme Kontakte haben einen „punkt- oder linienförmigen" Wirkort mit Hertz'schen Kontaktmechanik-Spannungsverteilungen.

Bei konformem Kontakt (Gleitlagergeometrie) können im Regime III der Stribeck-Kurve durch geeignete Fluide als Zwischenstoff und die Wirkung von Hydrodynamik (z. B. Gleitlager) oder Aerodynamik (z. B. Computer-Festplattenlaufwerk) die Wirkflächen vollständig getrennt und eine praktisch verschleißfreie Funktion mit geringer Fluidreibung realisiert werden.

7.3.1 Mechatronisches Magnetlager

Die klassischen Gleitlager des Maschinenbaus sind durch folgende Merkmale gekennzeichnet: Aufnahme, Übertragung und Begrenzung mechanischer Bewegungsenergie

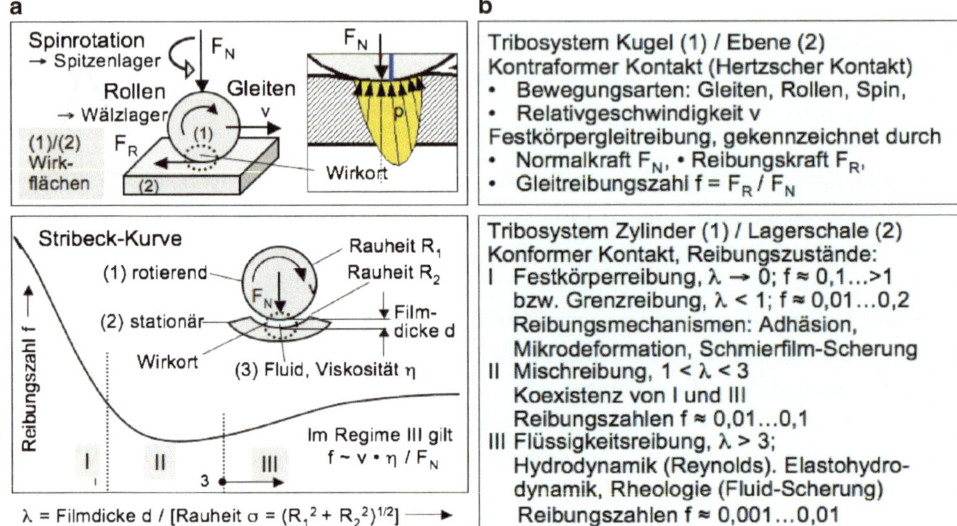

Abb. 7.8 Modell-Tribosysteme mit einfachen Kontaktgeometrien (**a**), kennzeichnende Parameter (**b**)

zwischen relativ zueinander bewegten Komponenten mit folgenden Spannweiten der Reibungszahlen:

Festkörper-Gleitreibung $\mu = F_R / F_N \approx 0{,}1$ bis > 1,
Mischreibung $\mu = F_R / F_N \approx 0{,}01$–$0{,}1$,
Flüssigkeitsreibung $\mu = F_R / F_N \approx 0{,}001$–$0{,}01$.

Reibungsarme Lagerungen können durch die folgenden tribologischen Gestaltungsregeln realisiert werden, siehe Abb. 7.9:

- Ersatz von Festkörper-Gleitreibung durch Roll/Wälzreibung
  → Reibungszahl $\mu = F_R / F_N \approx 0{,}001$–$0{,}005$,
- Realisierung von Luftlagern und mechatronischen Lagern
  → Reibungszahl $\mu = F_R / F_N\ \mu \approx 0{,}0001$.

Das in Abb. 7.9 dargestellte Prinzip eines Luftlagers ermöglicht erst bei einer ausreichenden Relativbewegung zur Bildung eines aerodynamischen Luftfilms eine niedrige Reibung. Durch die Anwendung von Sensorik, Aktorik und Regelungstechnik können reibungsarme mechatronische Magnetlager entwickelt werden, die sowohl bei statischem als auch bei dynamischem Betrieb eine niedrige Reibung aufweisen. Abb. 7.9 gibt dazu eine stichwortartige Übersicht.

Tribologische Systeme für reibungsarme Führungen und Lager:

Rotationsbewegung: Kugellager
(a) Kugellager mit freien Rollbewegungen: Leonardo da Vinci (Codex Madrid, 1492)
(b) Kugellager-Urform: direkter Kugel/Kugel-Kontakt behindert Rollbewegungen
(c) Kugellager mit Kugelkäfig: Stand der Technik, Reibungszahl $\mu \approx 0{,}001 \ldots 0{,}005$

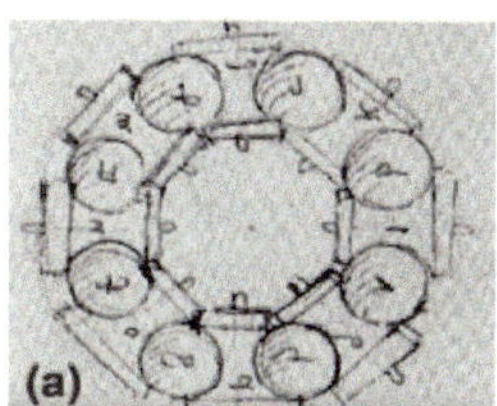

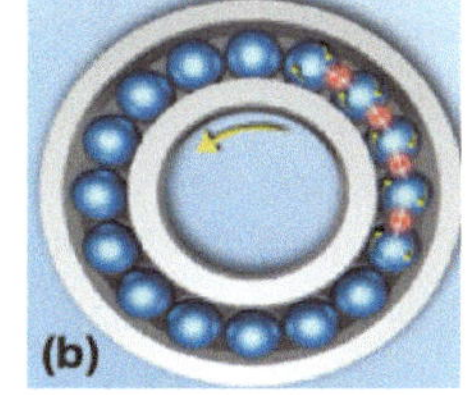

Translationsbewegung: Kugelumlaufspindel
(a) Prinzip: geführte Kugel-Wälzbewegung zwischen Spindelnut und Spindelmutter
(b) Ausführungsbeispiele, Reibungszahl $\mu \approx 0{,}01 \ldots 0{,}02$; Wirkungsgrad 0,95 … 0,99

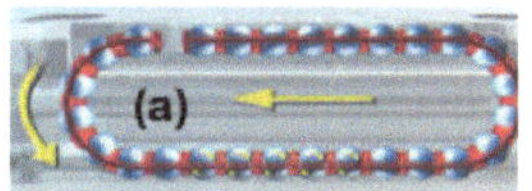

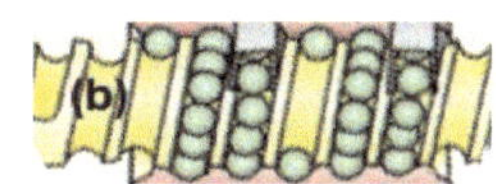

Translationsbewegung: Luftlager
Das linear bewegte Gleitelement wird durch komprimierte ausströmende Luft getragen.

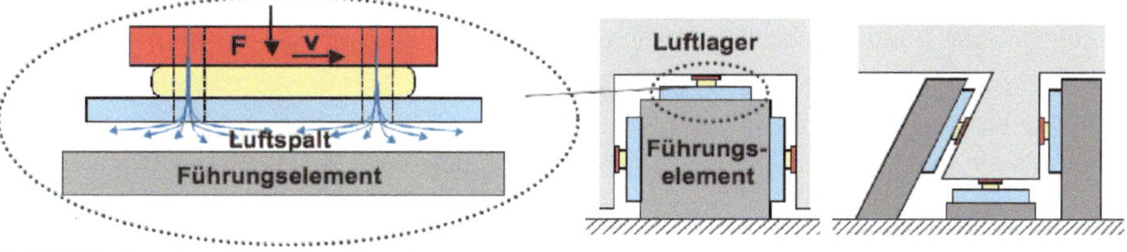

Mechatronisches Magnetlager :

Funktionsprinzip:
Trennung der rotierenden Welle (1) von den Tragflächen (2) durch einen Luftspalt (3), erzeugt durch magnetische Kräfte, die durch Aktor-Stellmagnete in Verbindung mit Positions-Sensoren geregelt werden: *Active Magnetic Bearings, AMB.*
Anwendung z,B, in Werkzeugmaschinen-Spindeln mit optimaler Spanleistung, n > 20000 Umdrehungen/min.

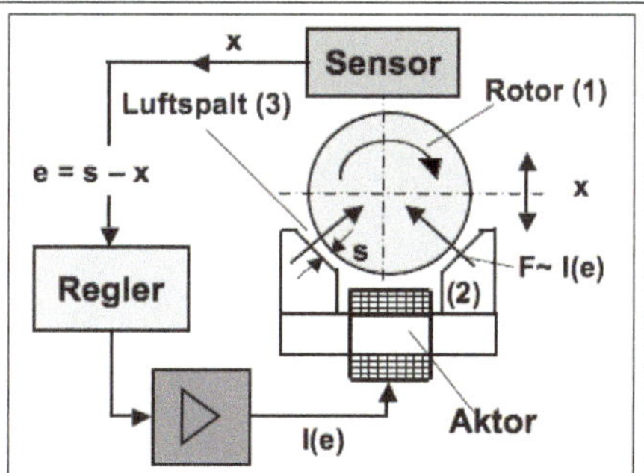

Abb. 7.9 Tribologische Systeme für Translation und Rotation mit geringer Reibung

7.3.2 Automatisiertes Getriebe

Aufgabe von Getrieben ist das Übertragen von Leistungen über Formschluss oder Reibschluss von Wirkflächenpaaren bei Änderung von Kräften, Momenten und Geschwindigkeiten. Wichtig für die mechanisch-dynamische Funktion von Getrieben sind insbesondere die folgenden Module, siehe Abb. 7.10:

- Zahnradgetriebe mit Schaltung dienen der Antrieb/Abtrieb-Synchronisierung,
- Planetengetriebe ermöglichen mit drei koaxialen Wellen in kompakter Bauweise eine Drehzahlwandlung ohne Trennung des Kraftflusses.

Durch Anwendung der Mechatronik können Kupplungs-Getriebe-Systeme automatisiert werden. Dies ist insbesondere für die Fahrzeugtechnik von Bedeutung, um in Automobilen den Drehmoment-Geschwindigkeitsbereich der einzelnen Getriebegänge optimal nutzen zu können, siehe Abb. 7.11.
Bei automatisierten Getrieben wird die Ausführung manuell eingeleiteter Schaltvorgänge von elektronisch gesteuerten Aktorsystemen übernommen. Das Funktionsprinzip automatisierter Getriebe ist in Abb. 7.12 stichwortartig erläutert.

Dem Funktionsablauf eines automatisierten Getriebes liegt der in Abb. 7.13a dargestellte Wirkplan zugrunde. Ein Schaltaktor als Stelleraktuator am Getriebe schaltet elektrisch, hydraulisch oder pneumatisch die einzelnen Gänge und aktiviert die Kupplung. Die Signale für die Schaltung kommen von dem Getriebesteuergerät. Der Systemzusammenhang eines mechatronisch automatisierten Getriebes ist in Abb. 7.13b dargestellt. Er illustriert blockschaltbildartig das Zusammenwirken von Sensorik, Aktorik und Informatik.

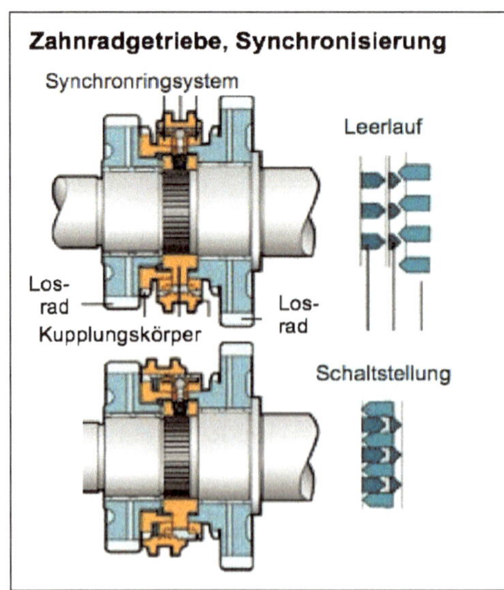

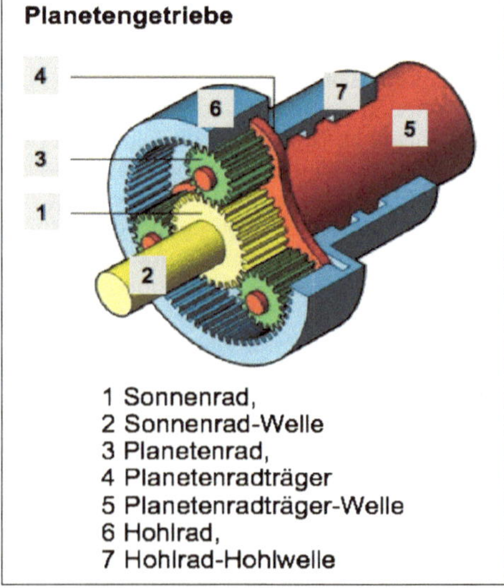

Abb. 7.10 Module herkömmlicher Kupplungen und Getriebe

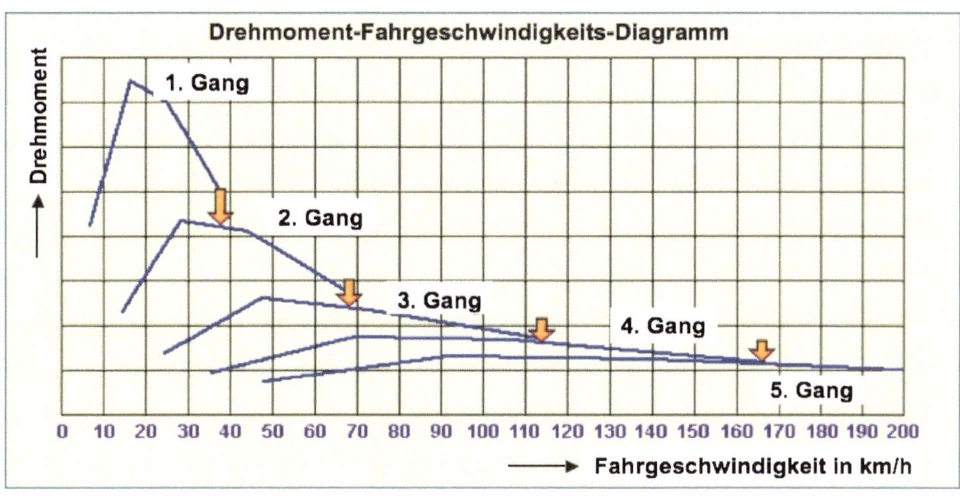

Abb. 7.11 Drehmoment-Geschwindigkeits-Diagramme für die Getriebegänge eines Automobils

Automatisiertes Getriebe, Funktionsprinzip:

- Mechanisches Getriebe mit zusätzlicher Hydraulikeinheit, Steuergerät zur Prozessorik von Magnetventilen und Zusatzaggregaten am Getriebegehäuse
- Schalthebel ohne mechanische Verbindung zum Getriebe, Kupplungspedal entfällt.
- Schaltvorgänge werden nicht mechanisch, sondern elektro-hydraulisch durchgeführt und durch Sensoren elektronisch gesteuert.
- Die Trennung von Motor und Getriebe erfolgt hydraulisch durch den Zentralausrücker.
- Die Schalteinheit (Schaltstangen und Schaltgabeln) bewirkt das Einlegen der angewählten Gänge.
- Die Zentralschaltwelle mit den Schaltfingern ist mit dem Schalt-Aktor verbunden. Der Aktor ist ein Hydraulikzylinder zur Längsbewegung der Zentralschaltwelle.

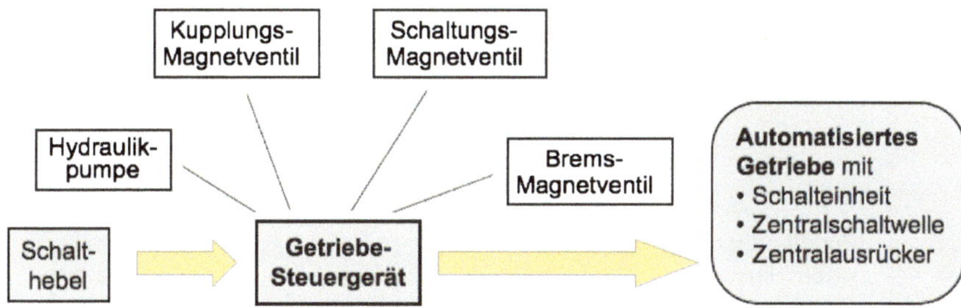

Abb. 7.12 Funktionsprinzip und Module eines automatisierten Getriebes

a

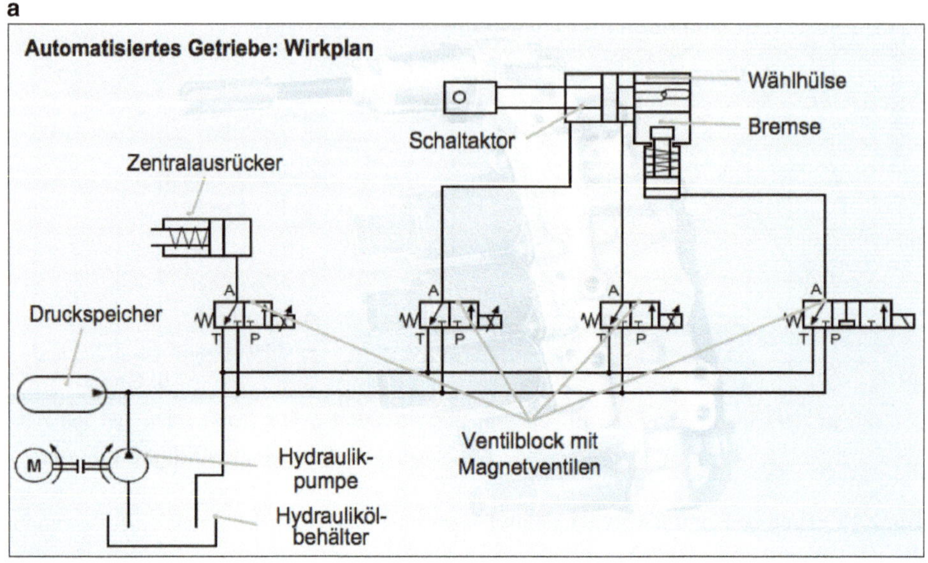

b

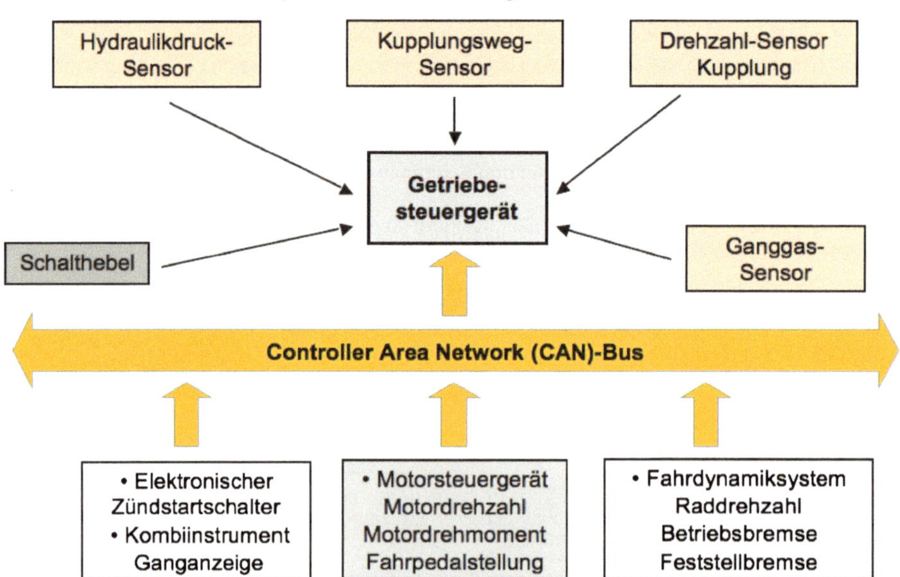

Abb. 7.13 Wirkzusammenhang (**a**) und Systemzusammenhang (**b**) eines automatisierten Getriebes

7.4 Zustandsüberwachung von Maschinen

Die Anwendung und Nutzung von Maschinen und technischen Anlagen erfordert einen sicheren und zuverlässigen Betrieb. Aufbauend auf den systemtechnischen Prinzipien der Mechatronik ist das Konzept des *Condition Monitoring* (Zustandsüberwachung) entwickelt worden, siehe Abschn. 2.6. Das Condition Monitoring basiert auf der permanenten oder momentanen Erfassung des Maschinenzustands durch Messung und Analyse relevanter Systemparameter.

Die internationale Norm ISO 17359:2003, *Condition monitoring and diagnostics of machines – general guidelines* gibt eine Übersicht über die für die Zustandsüberwachung von Maschinen und technischen Anlagen relevanten Systemparameter. Für wichtige Maschinentypen, wie Elektromotoren, Gasturbinen, Pumpen, Kompressoren u. a. sind in Tab. 7.2 die spezifischen Systemparameter zusammengestellt. Für alle in Tab. 7.2 genannten Maschinentypen sind die (Betriebs)-*Temperatur* und die mechanischen Größen *Geschwindigkeit* und *Vibration* die wichtigsten Systemparameter für die Zustandsüberwachung.

Die Analyse und sensortechnische Bestimmung relevanter Systemparameter ist nicht nur für die Beurteilung der Funktionssicherheit, sondern auch für die Beurteilung der Strukturintegrität technischer Systeme von Bedeutung. Tab. 7.3 nennt charakteristische Systemparameter als Indikatoren für mögliche Veränderungen der Strukturintegrität.

Tab. 7.2 Systemparameter, die für die Zustandsüberwachung geeignet sind

System-parameter	**Technisches System** (Maschinentyp)						
	Elektro-motor	Gas-turbine	Pumpe	Kompressor	Generator	Lüfter	Verbrennungs-motor
Temperatur	★	★	★	★	★	★	★
Drehmoment	★	★		★	★		★
Druck		★	★	★		★	★
Geschwindigkeit	★	★	★	★	★	★	★
Vibration	★	★	★	★	★	★	★
Elektr. Spannung	★				★		
Elektr. Strom	★				★		
Lutstrom		★		★		★	★
Fluidstrom			★	★			
Treibstofffluss		★					★
Öldruck		★	★	★		★	★
Eingangsleistung	★		★	★	★	★	
Ausgangsleistung	★	★			★		★
★ Systemparameter, die für die Zustandsüberwachng geeiegnet sind							

Tab. 7.3 Systemparameter als Indikatoren für mögliche Veränderungen der Systemstruktur

Veränderungen der Strukturintegrität	**Systemparameter**						
	Betriebstemperatur	Zylinderdruck	Treibstofffluss	Vibration	Ausgangsleistung	Ölverbrauch	Öldebris Verschleißpartikel
Lufteintrittsblockade	★	★					
Einspritzdüsenfehler	★	★	★	★	★	★	
Zündfehler	★	★	★	★	★	★	
Kühlerdefekt	★		★			★	★
Dichtungsleck						★	
Kolbenringdefekt		★			★	★	★
Getriebedefekt				★			★
Lagerschaden				★			★
★ Indikatoren für Veränderungen der Strukturintegrität							

Die wichtigsten Methoden der messtechnischen Erfassung der relevanten Systemparameter für die Zustandsüberwachung von Maschinen sind die *Sensorik* und die *Zerstörungsfreie Prüfung (ZfP)*.

Sensorik zur Zustandsüberwachung
Die Methoden der Sensorik sind in Kap. 5 dargestellt. Die Anwendung der Sensorik zur Zustandsüberwachung technischer Systeme lässt sich nach Funktionsgrößen der Technik gliedern:

- Sensorik geometrischer Größen → Abschn. 5.3,
  - Längenmesstechnik – Form- und Maßsensorik,
  - Dehnungssensorik mechanisch oder thermisch beanspruchter Bauteile,
- Sensorik kinematischer Größen → Abschn. 5.4,
  - Positionssensorik (Wege, Winkel) – Geschwindigkeitssensorik,
  - Drehzahlsensorik – Beschleunigungssensorik,
- Sensorik dynamischer Größen → Abschn. 5.5,
  - Kraftsensorik – Drehmomentsensorik – Drucksensorik,
- Sensorik von Einflussgrößen → Abschn. 5.6,
  - Temperatursensorik – Feuchtesensorik.

Anwendungsbeispiel: Vibrationsanalyse
Eine wichtige Methode des Condition Monitoring von Maschinen und technischen Anlagen ist die Vibrationsanalyse, siehe Abb. 7.14.

Wie am Beispiel von technischen Systemen mit rotierenden Strukturelementen illustriert, werden Vibrationen mit geeigneten Sensoren detektiert. Anhand der in elektrische

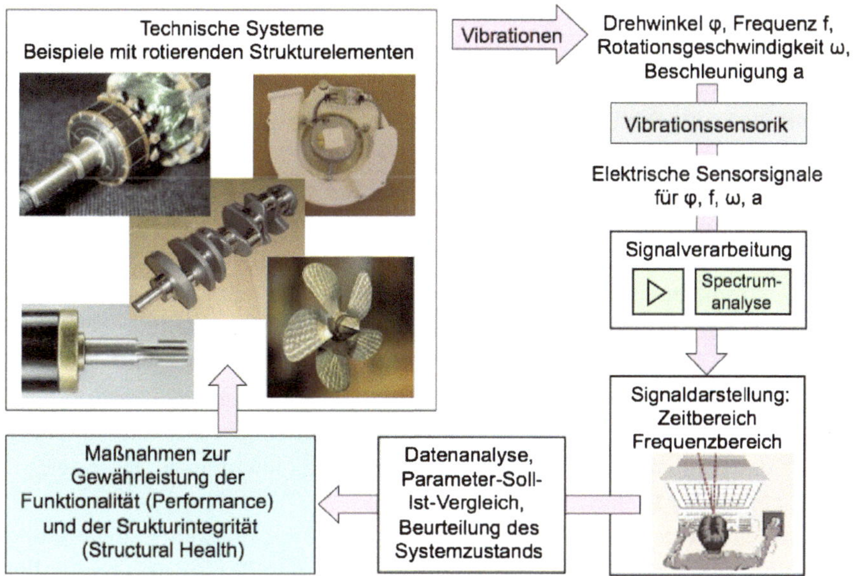

Abb. 7.14 Die Methodik der Vibrationsanalyse von Maschinen und technischen Anlagen

Sensorsignale überführten Vibrationscharakteristik wird ein Parameter-Soll-Ist-Vergleich durchgeführt und der Systemzustand beurteilt. Dies bildet die Grundlage für Maßnahmen zur Gewährleistung der Funktionssicherheit und der Strukturintegrität.

ZfP zur Zustandsüberwachung

Die Methoden der Zerstörungsfreien Prüfung (ZfP) sind nichtinvasive Techniken zur Bestimmung geometrischer Kenngrößen von Bauteilen zur Schadensfrüherkennung. Die wichtigsten Methoden nutzen Ultraschall oder elektromagnetische Strahlung verschiedener Frequenz als Detektor:

- **Ultraschallsensorik**
  Durch Luftschall- oder Körperschall-Analysen (Frequenzanalysen, Fourieranalysen) können mit geeigneten Messaufnehmern (Sensoren mit inversem piezoelektrischen Effekt, vgl. Abschn. 6.2) in Verbindung mit computerunterstützter Signalverarbeitung laufende Maschinenanlagen, wie Motoren oder Turbinen, überwacht und Hinweise auf eventuelle Betriebsstörungen gewonnen werden. Durch elektronisch gesteuerte Schallfelder mit Signal- und Bildverarbeitung können mittels Ultraschall-Echotomografie aufschlussreiche Schnittbilder erzeugt werden: von einem Prüfkopf werden Impulse einer geeigneten Frequenz (0,05 bis 25 MHz; Spezialanwendungen bis 120 MHz) in das Prüfobjekt gestrahlt und nach Reflexion an einer Wand oder an Fehlern von demselben oder einem zweiten Prüfkopf empfangen, in ein elektrisches Signal umgewandelt, verstärkt und auf einem Bildschirm dargestellt (DIN EN 583).

Schallrichtung und Laufzeit entsprechen der Weglänge zwischen Prüfkopf und Reflexionsstelle und geben Auskunft über die Lage der Reflexionsstelle im Prüfobjekt. Merkmale von US-Impulsechogeräten: Messbereich <1 mm bis 10 m; Ableseunsicherheit <0,1 mm; Prüfobjekttemperatur: <80 °C, mit Spezialprüfköpfen bis 600 °C.

- **Elektrische und magnetische ZfP-Verfahren**
  Sie dienen hauptsächlich zum Nachweis von Materialfehlern im Oberflächenbereich von Werkstoffen und Bauteilen. Das Wirbelstromverfahren (DIN EN 12 084) nutzt die durch den Skineffekt an der Oberfläche konzentrierten, bei der Wechselwirkung eines elektromagnetischen Hochfrequenz-(HF-)Feldes mit einem leitenden Material induzierten Wirbelströme aus ($f \approx 10\,kHz$ bis 5 MHz, für Sonderfälle auch tiefer, z. B. 40 Hz bis 5 kHz). Inhomogenitäten in Bauteiloberflächen oder Gefügebereiche mit veränderter Leitfähigkeit (z. B. Anrisse, Härtungsfehler, Korngrenzenausscheidungen) verändern die Verteilung der Wirbelströme in der Oberflächenschicht und beeinflussen dadurch das Feld und die Impedanz einer von außen einwirkenden HF-Spule.
- **Radiographische Verfahren**
  Sie basieren auf der Durchstrahlung von Prüfobjekten mit kurzwelliger elektromagnetischer Strahlung und vermitteln durch Registrierung der Intensitätsverteilung nach der Durchstrahlung eine schattenrissartige Abbildung der Dicken- und Dichteverteilung. Die Bildaufzeichnung hinter dem Prüfobjekt erfolgt überwiegend mit Röntgenfilmen, sowie zunehmend durch direkte Aufzeichnung der Intensitätsverteilung der Strahlung mit Gamma-Kamera, Bildverstärker, Fluoreszenzschirm und zugehöriger Fernsehkette (Radioskopie-System, DIN EN 13068).

Die Methoden der Sensorik und der Zerstörungsfreie Prüfung (ZfP) zur Zustandsüberwachung von Maschinen werden unter Einbeziehung weiterer messtechnisch-analytischer Methoden heute international unter dem Begriff „Technical Diagnostics“ zusammengefasst, siehe Abschn. 2.6.

Positionierungstechnik und Robotik

8

Die Positionierungstechnik hat die Aufgabe, technische Objekte (Bauteile) mit Aktorik, Sensorik, Steuer/Regelungstechnik in definierten Koordinatensystemen zu bewegen, in Soll-Positionen zu bringen, Ist-Positionen zu bestimmen und das Positionierungsergebnis zu kontrollieren. Die *Seriell-Kinematik* operiert mit separaten Aktorfunktionen. Bei der*Parallel-Kinematik* erfolgt die Positionierung in allen Freiheitsgraden durch Simultansteuerung von sechs Aktoren. Hierzu sind die Eckpunkte zweier, um 60° horizontal gedrehter Dreiecke auf Basis und Effektor durch Aktoren mit zwei Eckpunkten des jeweils anderen Dreiecks verbunden. Abb. 8.1 zeigt die Grundlagen und Abb. 8.2 das Zusammenwirken von Sensorik, Aktorik und Regelung in der Positionierungstechnik.

8.1 Mechatronische Positionierungstechnik

Die Aufgaben der Positionierungstechnik erstrecken sich über alle Dimensionen der Technik. Die **Makro-Positionierungstechnik** wird in Abb. 8.3 am Beispiel der zu regelnden Translationsbewegung eines Positioniertischs dargestellt.

Für die **Mikro-Positionierungstechnik** wurden neue mechatronische Systeme mit Hilfe der Mikrosystemtechnik entwickelt (siehe Abschn. 10.1). Die Mikrosystemtechnik nutzt Effekte, die erst durch Miniaturisierung möglich werden (z. B. geringere thermische Trägheit, veränderte Volumen/Oberflächen-Relationen) und integriert unterschiedliche Funktionsmodule zu kompletten technischen Systemen. Neben der Mikro-Positionierung mechanischer Funktionsmodule ist die Nutzung „informationstragender optischer Strahlung“ heute von großer Bedeutung, (Grundlagen siehe Abschn. 3.3). Wichtige Beispiele sind miniaturisierte Torsions- und Kippspiegel, die mittels elektrischer Anziehungskräfte

H. Czichos, *Mechatronik*, https://doi.org/10.1007/978-3-658-26294-5_8

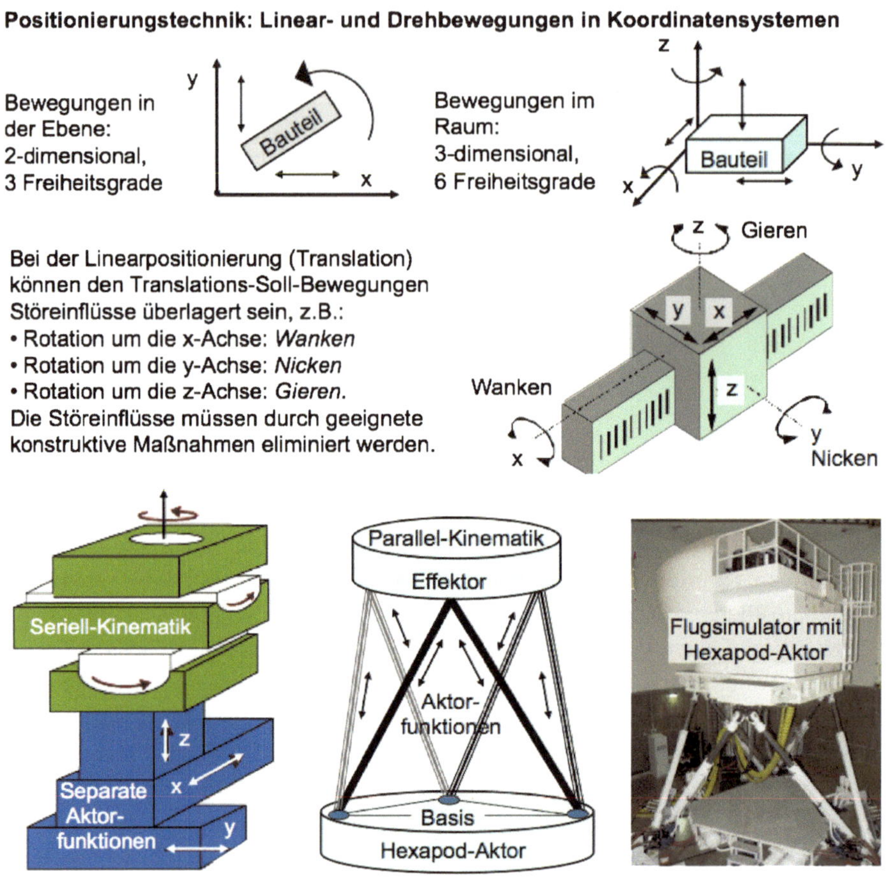

Abb. 8.1 Kinematische und technische Grundlagen der Positionierungstechnik

(Elektro-Aktoren) eine Rotations- und Translationspositionierung optischer Strahlengänge möglich machen. Die wichtigsten Technologien für die Mikro-Positionierungstechnik sind *MEMS* und *MOEMS*, sie werden in Abb. 8.4 erläutert.

Das bekannteste Anwendungsbeispiel der **Nano-Positionierungstechnik** ist das Rastertunnelmikroskop (Physik-Nobelpreis 1986, Binnig und Rohrer). Abb. 8.5 illustriert das Prinzip in vereinfachter Weise in Seitenansicht und Aufsicht. Die mit dieser neuen Technik erreichbare Darstellung von Materialoberflächen im atomaren Maßstab wurde insbesondere durch die Entwicklung von Nanometer-Piezo-Aktoren möglich.

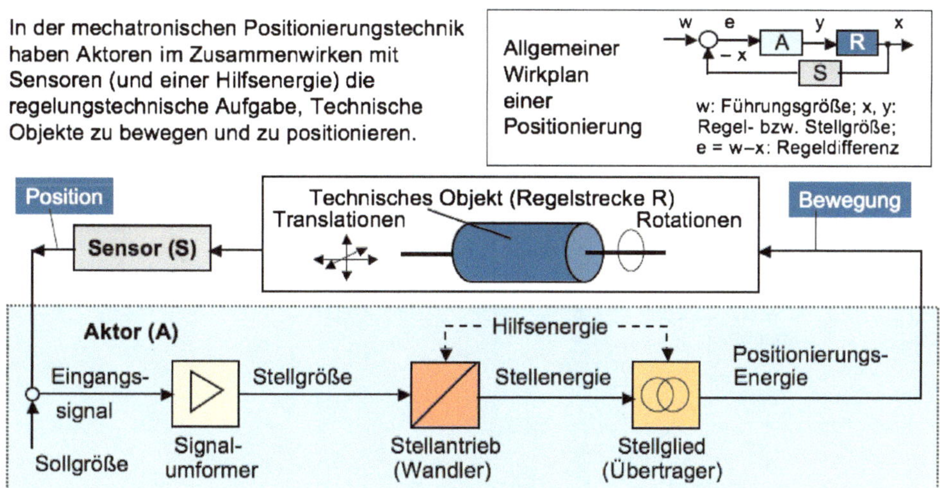

Abb. 8.2 Das Zusammenwirken von Aktorik, Sensorik, Regelung in der Positionierungstechnik

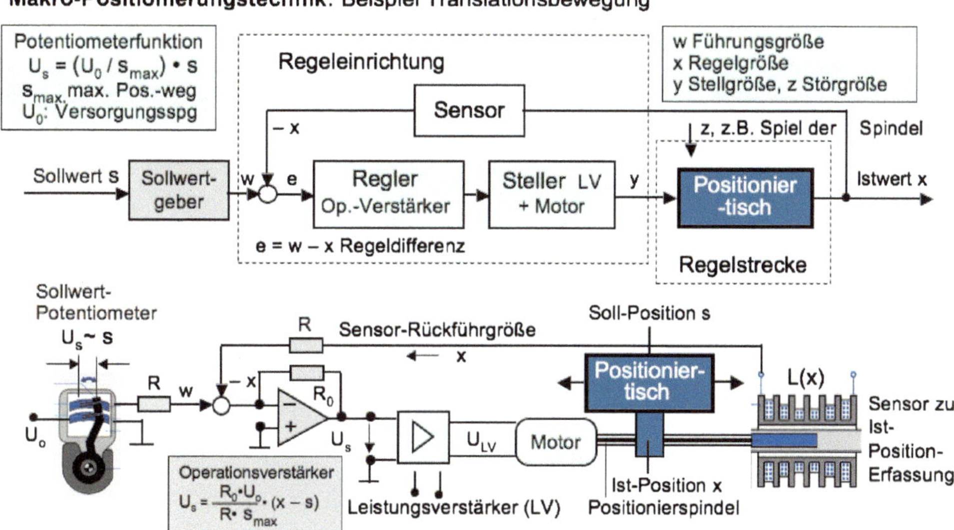

Abb. 8.3 Makro-Positionierungstechnik mit Sensorik und Aktorik als Regelkreis

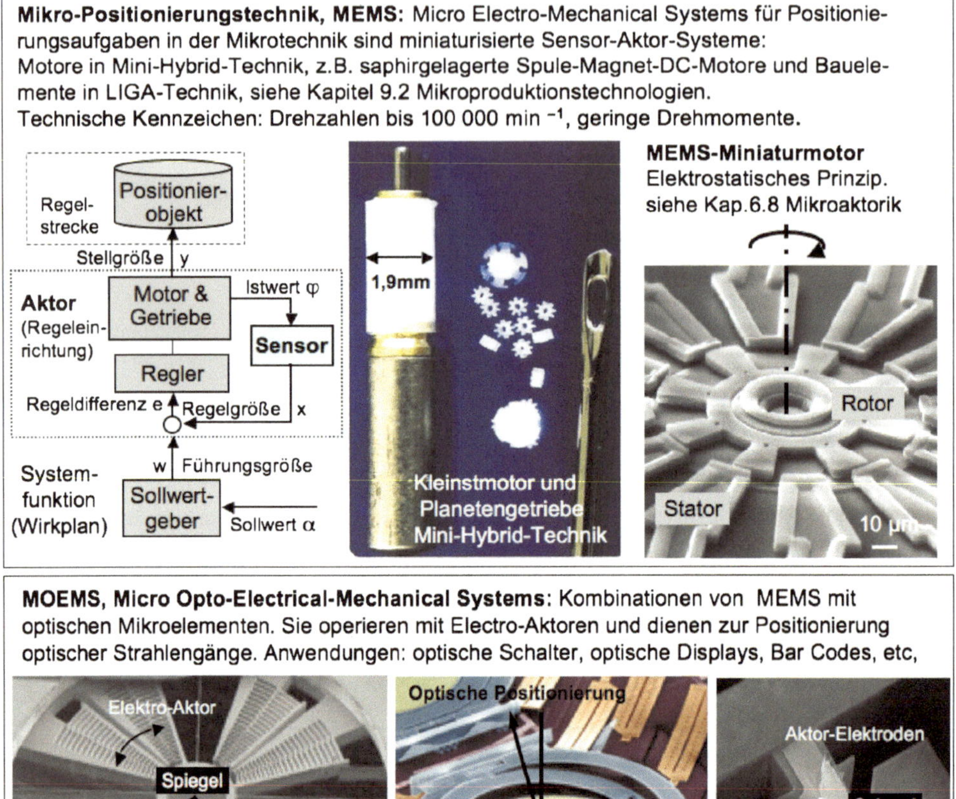

Abb. 8.4 Mikro-Positionierungstechnik mit MEMS und MOEMS, Beispiele

8.2 Handhabungs- und Robotertechnik

„Handhaben“ ist ein wichtiger Teil kinematischer Funktionalität und gemäß VDI-Richtlinie 2860 wie folgt definiert: *Handhaben ist das Schaffen, Verändern oder Aufrechterhalten einer vorgegebenen räumlichen Anordnung von geometrisch bestimmten Körpern in einem Bezugskoordinatensystem; Teilfunktionen sind:*

- *Speichern:* geordnet, teilgeordnet, ungeordnet,
- *Mengen verändern:* teilen, vereinigen, verzweigen, zusammenführen, sortieren,

a

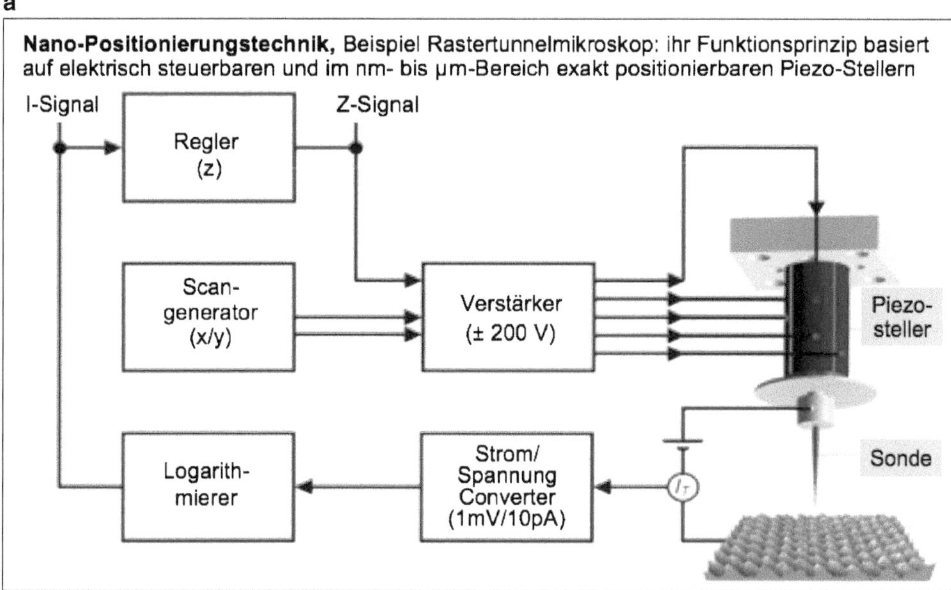

b

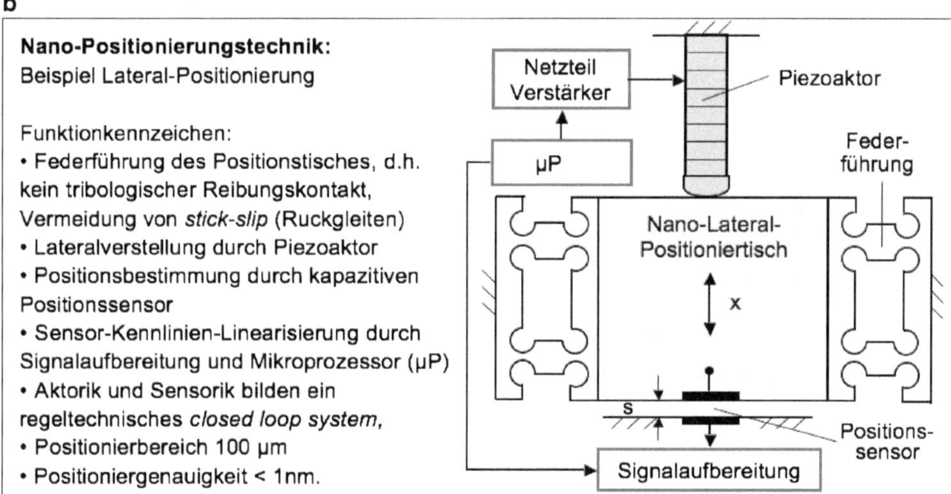

Abb. 8.5 Nano-Positionierungstechnik des Rastertunnelmikrokops. **a** Blockschaltbild des Regelkreises für die Abtastung der Probenoberfläche bei konstantem „Tunnelstrom" als Indikator des konstanten Abstands zwischen Sonde und Probenoberfläche, **b** Prinzip der Lateral-Positionierung im nm-Maßstab

- *Bewegen:* drehen, verschieben, orientieren, ordnen, führen, weitergeben,
- *Sichern:* halten, lösen, spannen, entspannen,
- *Kontrollieren:* prüfen, messen, zählen.

Die Aufgaben für Handhabungssysteme umfassen zwei große Bereiche:

- Bewegungsfunktionen von mit Greifern erfassten technischen Objekten, z. B. Beschicken/Wechseln von Fertigungszellen, Palettieren, Logistikprozesse.
- Positionierungs- und Fertigungsfunktionen von Werkzeug/Werkstück-Systemen, z. B. Punkt/Bahn-Schweißen, Lackieren, Beschichten, Fügen von Bauteilen, Führen von Montagewerkzeugen, Entgraten, Gussputzen, Kleben, Laserschneiden.

Die für Handhabungsaufgaben eingesetzten Handhabungssysteme unterscheiden sich durch die Art ihrer Steuerung und Programmierung, siehe Abb. 8.6.

Manipulatoren sind manuell gesteuerte und Teleoperatoren ferngesteuerte Bewegungssysteme. *Einlegegeräte oder Pick-and-Place-Geräte* sind fest programmierte Bewegungsautomaten; sie werden häufig in der Großserienfertigung für Punkt-zu-Punkt-Bewegungen eingesetzt. Dabei ist eine koordinierte, gleichzeitige Bewegung mehrerer Achsen meist nicht vorgesehen.

Aus mechatronischer Sicht können Manipulatoren und Pick-and-Place-Geräte als „gesteuerte Aktoren" angesehen werden. Sie stellen nach den Regeln der Steuerungstechnik (siehe Kap. 4) und den Prinzipien der Aktorik (siehe Kap. 6) offene Steuerketten dar und arbeiten – je nach der technisch zu erfüllenden Manipulatorfunktion – mit elektromechanischer, hydraulischer oder pneumatischer Hilfsenergie. Ihr Funktionsprinzip mit den grundlegenden Modulen ist in Abb. 8.7 dargestellt.

Industrieroboter sind universell einsetzbare Bewegungsautomaten mit mehreren Achsen, deren Bewegungen hinsichtlich Geometrie und Ablauf frei programmierbar und sensorgeführt sind. Sie sind mit Greifern, Werkzeugen oder anderen Fertigungsmitteln (Effektoren) ausrüstbar und können Handhabungs- und/oder Fertigungsaufgaben ausführen. Sie arbeiten mit „geregelten Aktoren" (siehe Kap. 4 und 6) nach dem in Abb. 8.8

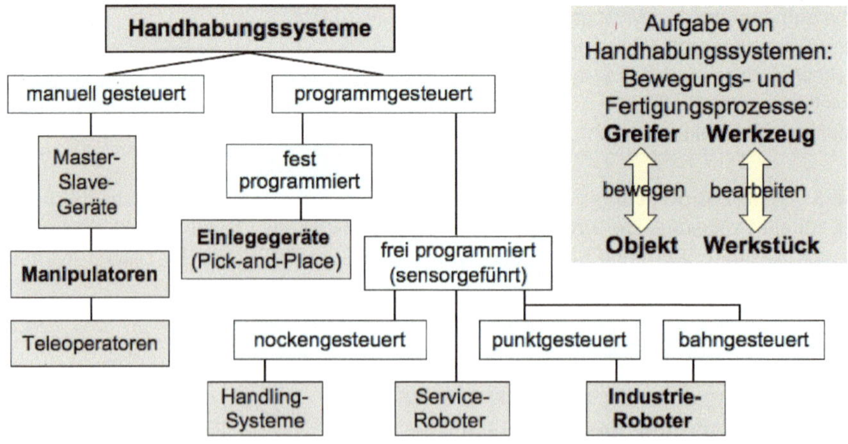

Abb. 8.6 Klassifikation von Handhabungssystemen nach Steuerungs- und Programmierungsart

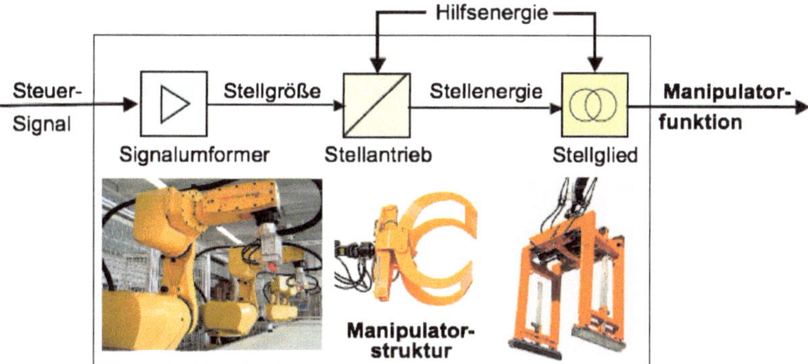

Abb. 8.7 Manipulatoren und Pick-and-Place-Geräte: Darstellung als mechatronische Systeme

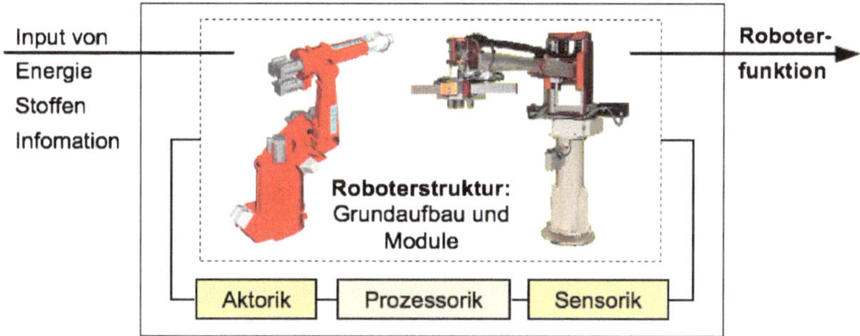

Abb. 8.8 Industrieroboter: Darstellung als mechatronisches System

dargestellten Prinzip mechatronischer Systeme. Ihre grundlegenden Module – Roboterstruktur, Aktorik, Sensorik, Prozessorik – und der Systemzusammenhang der Roboterfunktion werden im Folgenden in knapper Form beschrieben.

Roboterstruktur

Die mechanische Grundstruktur von Robotern wird durch *Gestellbauarten* gekennzeichnet. Sie beschreiben die Lage und Verankerung (bzw. Beweglichkeit) eines Roboters im umgebenden Raum und gliedern sich wie folgt:

- *Standgeräte* besitzen eine Grundplatte, die fest auf ein Fundament montiert ist.
- *Konsol- oder Anbaugeräte* sind mit einer Arbeitseinheit (z. B. Werkzeugmaschine) fest verbunden.
- *Portale* werden eingesetzt, wenn spezielle Zugänge für den Arbeitsraum (z. B. für andere Maschinen) erhalten werden müssen.
- *Mobile Roboter* sind auf einem frei beweglichen Transportsystem montiert.

Weitere Strukturelemente von Robotern sind geführte, unabhängig voneinander angetriebene Translations- und Rotationsachsen (Roboterarme), Schub-, Dreh- und Drehschubgelenke.

Ihre Aneinanderreihung wird als *kinematische Kette* bezeichnet und gibt die Bewegungsmöglichkeit des Roboters an. Am Ende der kinematischen Kette befindet sich der mit Greifern oder Fertigungsmitteln ausrüstbare Effektor. Die Bauarten der Industrieroboter werden nach der Roboter-Kinematik eingeteilt:

Roboter mit Seriell-Kinematik

- Portalroboter mit Linearachsen, Bewegung in kartesischen Koordinaten,
- Gelenkarm-Roboter:
  - SCARA-Roboter mit 3 parallelen Rotationsachsen und einer Linearachse,
  - Palettier-Roboter mit 4 angetriebenen Rotationsachsen,
  - 6-Achs-Roboter mit 6 Rotationsachsen.

Roboter mit Parallel-Kinematik

- Hexapod-Roboter, 6 Linearachsen in Winkelstellungen (siehe Abb. 8.1),
- Delta-Roboter, 3 Rotationsachsen und Arbeitsplattform-Parallelogrammführung.

Die elementaren Strukturen eines Portalroboters und eines Gelenkarmroboters sind in Abb. 8.9 in stark vereinfachter Form skizziert.

Technisch vielseitig anwendbar sind SCARA- und 6-Achs-Roboter, siehe Abb. 8.10.

- *SCARA-Roboter:* Schneller Gelenkarmroboter mit 4 Achsen (vertikal steif, horizontal nachgiebig) und 4 Freiheitsgraden. Arbeitet in nierenförmigen planparallelen Arbeitsebenen in serieller Kinematik d. h. der Koordinatenursprung der folgenden Achse ist abhängig von der Position der vorhergehenden. Geeignet für Pick-and-Place-Aufgaben z. B. Montage elektronischer Komponenten.
- *Sechsachsgelenkroboter (Knickarmroboter):* Universalroboter mit sechs rotatorischen Gelenken. Geeignet für komplexe Bahnbewegungen, z. B. Bahnschweißaufgaben, Lackieren, etc.

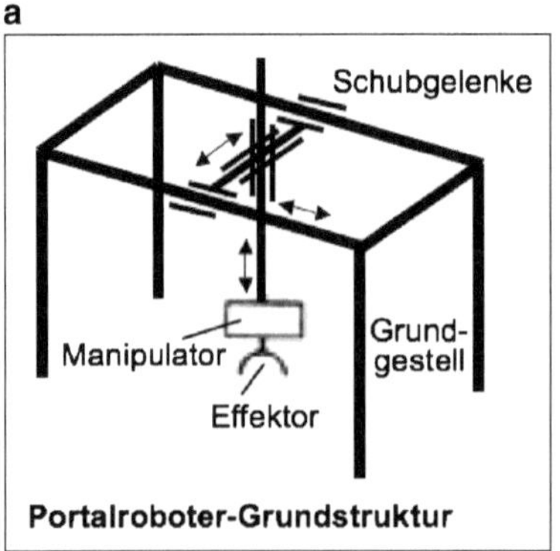

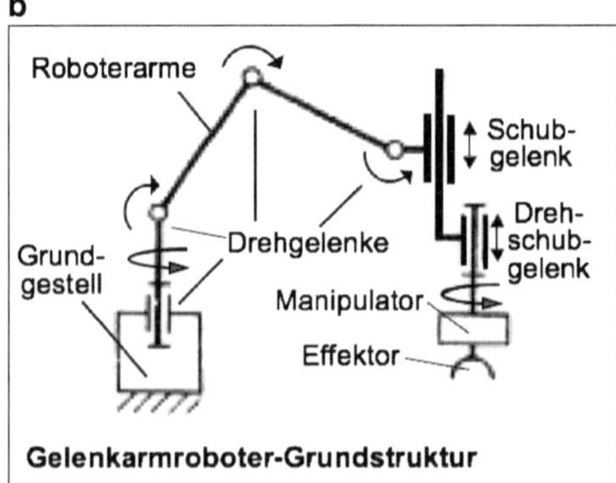

Abb. 8.9 Struktur und elementare Elemente eines Portalroboters (**a**) und eines Gelenkarmroboters (**b**)

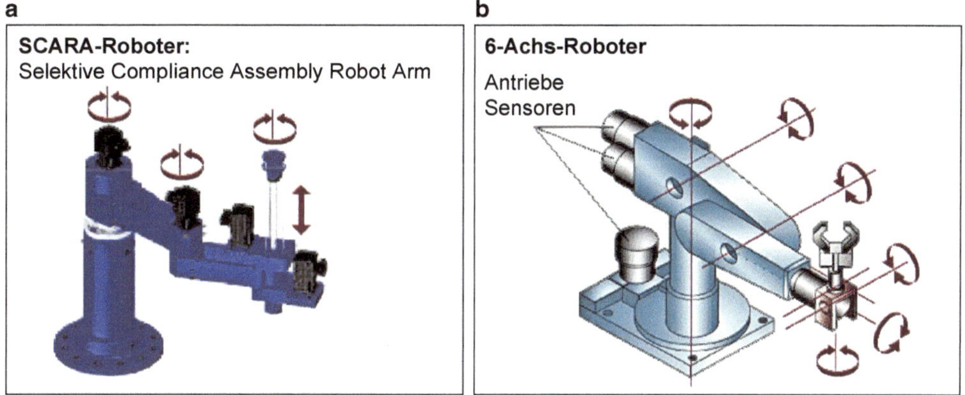

Abb. 8.10 Struktur eines SCARA- (**a**) und 6-Achs-Roboters (**b**) mit elementaren kinematischen Achsen

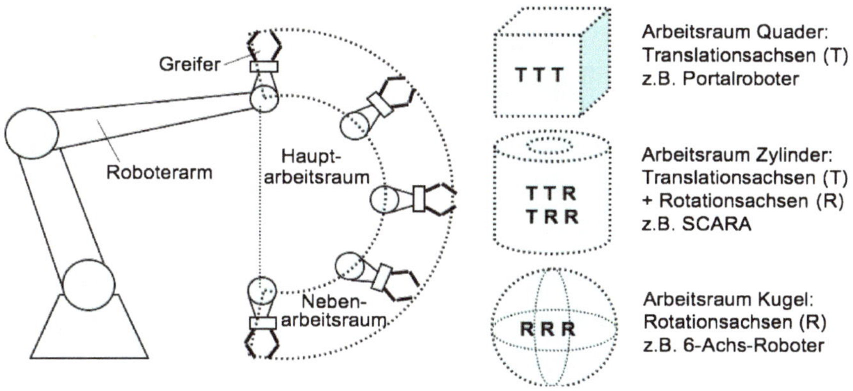

Abb. 8.11 Arbeitsraum und Koordinatensysteme von Robotern

Die Roboterstruktur definiert den geometrisch-operativen Funktionsbereich, den *Arbeitsraum* eines Roboters, siehe Abb. 8.11. Er wird gekennzeichnet durch die Freiheitsgrade f der Bewegung ($f_{max} = 6$; vgl. Abb. 8.1). Die drei Dimensionen des Raumes (Länge, Breite und Höhe) müssen durch die Hauptachsen erreicht werden, und um jede dieser Achsen muss eine Drehung (Nebenachsen) möglich sein.

Aktorik

Als Antriebsmodule für Industrieroboter werden Elektromotoren, Hydraulikmotoren und Hydraulikzylinder sowie für Robotergreifer auch pneumatische Systeme eingesetzt. Die Prinzipien elektromechanischer Aktoren wurden in Abschn. 6.1 und die von fluidmechanischen Aktoren in Abschn. 6.3 behandelt. Stellkraft-Stellweg-Diagramme für elektromotorische, elektromagnetische, hydraulische und pneumatische Aktoren sind in Abb. 6.19 zusammengestellt.

Ein charakteristischer Aspekt der Roboteraktorik ist, dass die Bewegung schnelldrehender Elektromotoren in langsame Drehungen der Robotergelenke (z. B. 1:300) überführt werden muss. Hierfür kommen *Planetengetriebe* (siehe Abb. 7.10), Bauart „Harmonic Drive“ zur Anwendung. Prinzip und Funktionsweise sind in Abb. 8.12 dargestellt. Grundelemente dieser Getriebeart sind eine elliptische Drehscheibe mit zentrischer Nabe und aufgezogenem, elliptisch verformbaren Spezialkugellager, ein zylindrischer Ring (A) mit Innenverzahnung und ein leicht ellipsenförmiger, verformbarer Innenring (B) mit Außenverzahnung. Durch feine Verzahnungen mit hohen Zähnezahlen lassen sich große Untersetzungen erzielen, z. B. beträgt bei $z_A = 200$ Zähnen und $z_B = 198$ Zähnen die Untersetzung 100:1. Bei hundert Umdrehungen der elliptischen Scheibe dreht sich der Innenring als Output einmal.

Die *Greifertechnik* ist ein wichtiger Bestandteil der Roboteraktorik. Sie stellt mit der Kombination des *Erfassens-Haltens* von Objekten die Verbindung zwischen Roboter und Werkstück her und ist durch die Art der Wirkpaarung und die Anzahl der Kontaktebenen zu kennzeichnen. Greiferwirkungen können prinzipiell erzielt werden durch:

- Kraftschluss: Druckausübung durch den Greifer auf die Objektoberfläche, wobei Greifer und Objekt ein tribologisches Haftreibungssystem bilden (siehe Abschn. 7.3).
- Formschluss: Formgleiche Umschließung des Objekts durch den Greifer, wobei bei geometrisch sicherer Führung die übertragenen Klemmkräfte klein sein können.
- Stoffschluss: Realisierung der Erfassen/Halte-Funktion durch Adhäsion zwischen Greifer und Objekt, zunehmend angewendet bei der Mikromontage.

Elementare Aspekte der Greifertechnik und das Labormodell eines kraftschlüssigen Greifers mit Dehnungsmessstreifen (DMS, siehe Abschn. 5.4.3) zur Erfassung von Greifer-Haltekräften zeigt Abb. 8.13.

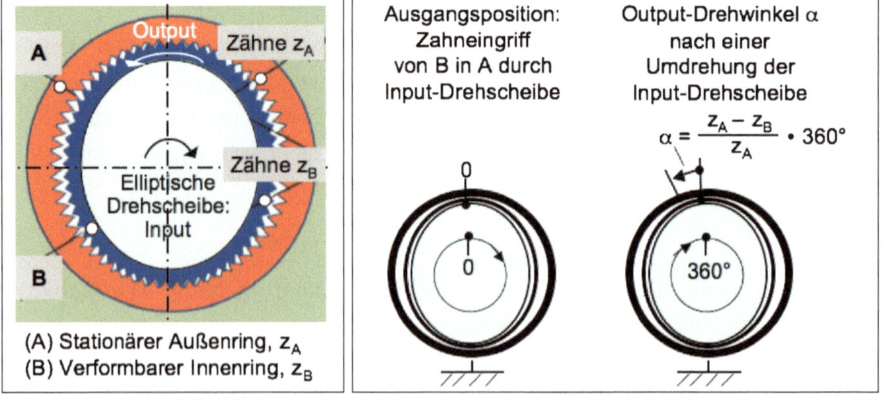

Abb. 8.12 Aufbau und Funktion eines Getriebes mit hoher Untersetzung: *Harmonic Drive*

Sensorik

Die Funktion von Robotern als mechatronische Systeme erfordert die Kombination von Aktorik und Sensorik. Neben den in Abb. 8.13 genannte Sensoraufgaben für die Greiferaktorik umfassen die allgemeinen Aufgaben der Sensorik in der Robotik folgende Schwerpunkte:

- Bewegungsführung von Robotern
  - Identifikation von Werkstücken
  - Positionierung von Werkzeugen
  - Kontrolle von Position und Orientierung von Werkstücken
  - Greifpunktbestimmung
- Steuerungsaufgaben in Roboterzellen
  - Anwesenheitskontrolle von Werkstücken
  - Palettenidentifikation
  - Erkennen von Ablaufstörungen
- Prozessüberwachung und -regelung
  - Überwachung von Kräften und Momenten (z. B. beim Schrauben)
  - Schweißstromregelung
  - Steuerung des Kleberauftrags
- Qualitätskontrolle
  - Vollständigkeitsprüfung bei Baugruppen
  - Oberflächenprüfung
  - Erkennen von Toleranz- und Lagefehlern
- Sicherheitsüberwachung von Roboterzellen
  - Arbeitsraumüberwachung (keine Menschen in der Zelle)
  - Kollisionskontrolle

Greiferaktorik:
- mechanisch, magnetisch, pneumatisch, Antrieb meist elektromechanisch

Greifer-Halteprinzipien:
- Kraftschluss: Reibkräfte, Unterdruckkräfte, Magnetkräfte
- Formschluss: Formelemente, Klett-Prinzip
- Stoffschluss: Molekularkräfte

Greiferaktorik erfordert Sensorik:
- Interne Sensorik: Erfassung der Bewegungen (s, v) von Gelenken und Antrieben
- Externe Sensorik: Objekt-Positionsbestimmung, Messung von Greiferkräften F

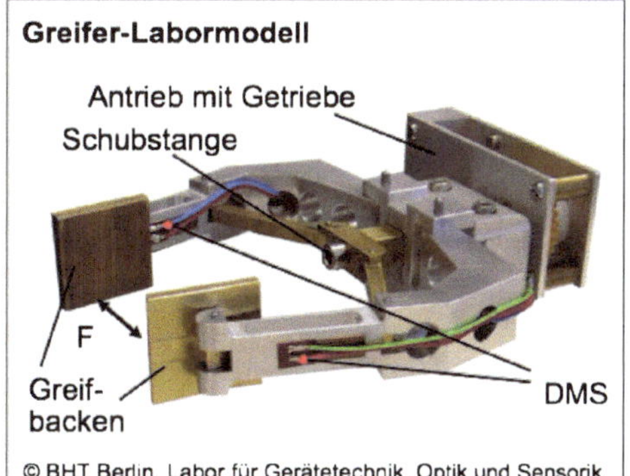

Abb. 8.13 Kennzeichen der Roboter-Greifertechnik und ein Greifer-Labormodell

Für die Aufgaben der Sensorik in der Robotik gibt es heute eine Vielfalt industriell anwendbarer Sensoren. Sie arbeiten „berührend“ oder „berührungslos“ und basieren auf den in Kap. 5 behandelten Sensorprinzipien. Daneben kommen vielfältige *Mustererkennungs- und Bildverarbeitungssysteme* für die externe Sensorik in der Robotik zum Einsatz.

Sensoren in der Robotik müssen im Allgemeinen über elektrische Signalausgänge für ihre Aufgaben als integrierte Funktionsmodule in mechatronischen Robotersystemen verfügen. Tab. 8.1 gibt eine Übersicht über Sensorprinzipien für sensorisch zu erfassende elementare Messgrößen der Robotik und nennt die Abschnitte des Kap. 5 *Sensorik,* in denen diese Prinzipien dargestellt sind. Für die vielfältigen und auch sehr unterschiedlichen Anwendungen von Robotern in der Technik müssen die benötigten Sensoren natürlich aufgabenspezifisch ausgewählt und ausgelegt werden.

Prozessorik

Die Prozessorik bezeichnet in der Mechatronik im engeren Sinne das funktionelle Zusammenwirken von Sensorik und Aktorik (siehe Abschn. 6.6) und im weiteren Sinne die für die Funktion mechatronischer Systeme erforderliche Steuerungs- oder Regelungstechnik

Tab. 8.1 Übersicht über Sensorprinzipien für elementare Messgrößen in der Robotik

Messgröße	Sensorprinzipien mit elektrischem Sensor-Signalausgang				
	resistiv	induktiv	kapazitiv	Spannung	Strom
Position: Länge l, Weg s Winkel φ (5.4.1, 5.5.1)	Potentiometer, Magnetoresistiver Sensor, Gauß-Feldplatte	Differenzial-Transformator, Tauchanker-Wegsensor	Kapazitiver Wegsensor	Hall-Sensor, Optoelektronischer Lichtschranken-Sensor	Wirbelstrom-Sensor
Dehnung $\varepsilon = \Delta l / l_0$ (5.4.3)	Dehnungsmessstreifen (DMS)				Faser- optische Sensoren
Geschwindigkeit v=ds/dt (5.5.2)	Magnetoresist. Drehwinkel-S.	Indukt. Drehwinkel-S.		Magnetpol-Drehzahl-S.	Optoelektron. Drehzahl-S.
Beschleunigung a=dv/dt (5.5.4)	Seismische Masse-Dämpfer-Feder-Systeme, Rückführung auf Wegmessung: resistiv, induktiv, kapazitiv, optoelektronisch, piezoresistiv ; Hall/Gauß-Sensorik oder Dehnungsmessung (DMS)				
Kraft F (5.6.1) Moment F• l (5.6.2)	Piezoresistiver Sensor, Dehnstoffe	Magneto-elastischer Sensor	Kraftkompensations-Sensor	Federelemente oder DMS, Rückführung auf s-, ε-Messung	
Druck p = Kraft/Fläche (5.6.3)	Piezoresistiver Sensor Dehnstoffe	Magnetoelastischer Sensor	Kapazitiver Drucksensor	Federelemente oder DMS:Rückführung auf s-, ε-Messung	
Temperatur T (5.7.1)	NTC/ PTC-Widerstände			Thermoelemente	Optoelektron. Pyrometer

(siehe Kap. 4). In der Robotik hat die Steuerungstechnik die für die Roboterfunktion zentral wichtigen Aufgaben der Bahnplanung, der Koordinatentransformationen und die Vorgaben für die Bewegungsschritte durchzuführen. Dabei dient die „externe Sensorik“ der Objekt-Positionsbestimmung und der Erfassung von Roboter-Funktionsgrößen und die „interne Sensorik“ der Steuerung und Regelung der Gelenk- und Antriebsmodule eines Roboters. Wie in Abb. 8.14 übersichtsmäßig dargestellt, sind Roboter-Steuerung und Roboter-Sensorik mit der Aktorik-Regelung für die Roboter-Module, dem Bediensystem, der Programmierumgebung und Schnittstellen zu anderen Systemen strukturell und funktionell verknüpft.

Die Steuerung von Industrierobotern kann durch „On-line-Programmierung“ oder „Off-line-Programmierung“ erfolgen. Die kinematischen Aufgaben der Roboter-Steuerung werden unterstützt durch die interne Sensorik. Sie bestimmt Ort s und Geschwindigkeit v der Gelenkstellungen als Grundlage für eine „Vorwärtstransformation“ von Bewegungsabläufen und die mögliche Ansteuerung der Zielposition durch eine „Rückwärtstransformation“, wobei folgende Methoden unterschieden werden:

- Zur textuellen Programmierung wird der Programmablauf durch Anweisungsbefehle für jede Achse in einer „Roboter-Programmiersprache“ geschrieben, was bei vielen Freiheitsgraden sehr aufwendig ist.
- Im Teach-in-Verfahren wird der Roboter von Hand an die Raumpunkte angefahren. Die Stellung der Achsen wird gespeichert und anschließend vom Roboter nachgefahren.
- Die Play-back-Programmierung wird bei besonders schwierigen Bahnen (z. B. beim Lackieren) eingesetzt. Hierbei wird die Roboterhand (oder eine entsprechende Messsensorik) manuell geführt und die jeweilige Position der Bahnbewegung in kurzen Intervallen (ca. alle 20 Millisekunden) gespeichert.

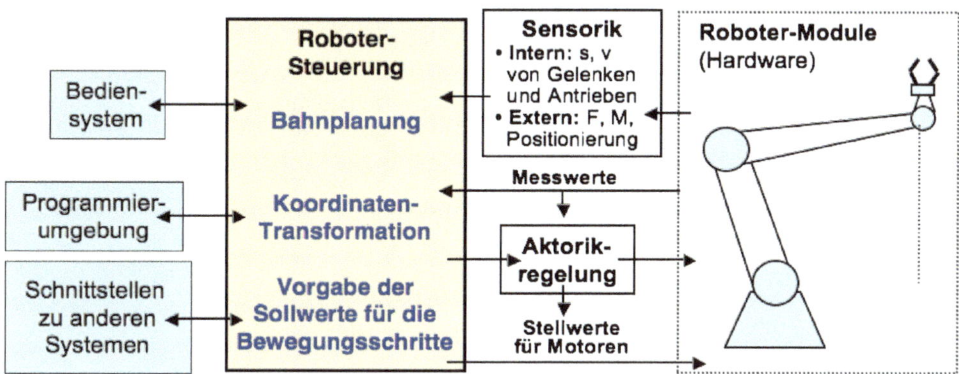

Abb. 8.14 Module und Funktionszusammenhang der Prozessorik von Industrierobotern

- Bei der Off-line-Programmierung werden Roboter-Bewegungsabläufe auf der Basis von Konstruktionszeichnungen, mathematischen Algorithmen oder Gleichungssystemen (z. B. Lagrange-Gleichungen) modelliert und der gesamte Bewegungsablauf in einer dreidimensionalen Bildschirmumgebung simuliert.

Die verschiedenen Möglichkeiten der Programmierung der Roboterkinematik sind in Abb. 8.15 in knapper Form für das Beispiel eines SCARA-Roboters zusammengefasst.

Roboterfunktionalität: Kennzeichen und Systemzusammenhang

Die hauptsächlichen Kategorien der Kennzeichnung der Roboterfunktionalität sind:

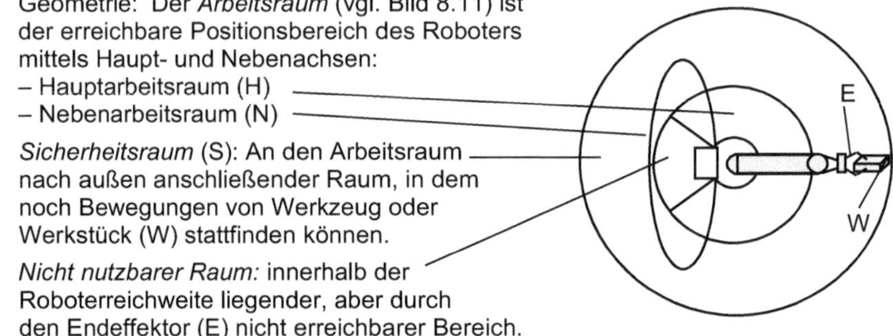

- Tragvermögen: Die *Traglast* eines Roboters kennzeichnet die vom Endeffektor maximal bewegbare Masse. Zu berücksichtigen sind ggfs. Drehmomente, die auftreten können wenn Traglastangriffspunkt und Endeffektor vertikal nicht fluchten. Traglast von Gelenkarmrobotern: 2…1000 Kilogramm je nach Roboterbauart.
- Kinematik; Die Roboter-Kinematik setzt sich aus aufgabenspezifisch zu programmierenden Teilbewegungen der einzelnen Roboterarme *(Weg s, Geschwindigkeit v, Beschleunigung a, Zykluszeit t_Z)* zusammen. Sie hat folgende Ablaufkette:

  Startpunkt → Beschleunigungsphase → Bahngeschwindigkeit (v_{max} ist last- und wegabhängig) → Bremsphase → v = 0 an „Knickpunkten" (v ≠ 0 beim „Überschleifen"). Die Größen v_{max} (bis zu mehreren m/s) und a_{max} (bis zu mehr als 10 m/s^2) sowie t_Z kennzeichnen die einzelnen Arbeitszyklen und damit auch die Wirtschaftlichkeit eines Robotersystems.
- Funktionsgenauigkeit: Ein Gütekriterium für die Roboterfunktion bei der „Teach-in-Bahnprogrammierung" ist die Wiederholgenauigkeit. Sie kennzeichnet die Zielpunktabweichung Δs bei wiederholtem Anfahren. Typische Werte liegen zwischen $\Delta s < \pm$ 0,02 mm bei 10 kg Nennlast und $\Delta s < \pm$ 0.2 mm bei 150 kg Nennlast. Die Bahngenauigkeit ist die Istbahn-Sollbahn-Abweichung. Sie liegt bei Industrierobotern zwischen ± 0,1 und ± 2 mm.

Roboterkinematik: Wirkzusammenhang und Modellbildung, Beispiel SCARA

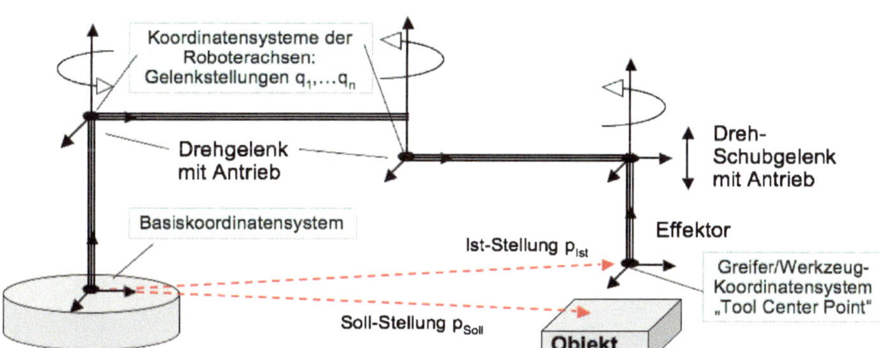

Kinematische Aufgabe der Roboter-Steuerung:
- Interne Sensorik misst Gelenk-Ist-Stellungen q_{Ist} → Vorwärtstransformation p = f (q)
- Ansteuerung der Zielposition p_{Soll} → Rückwärtstransformation $q = f^{-1}$ (p)

On-line Programmierung: Bahnfestlegung durch empirische Bahnpunkte (Teachen)
Off-line Programmierung: Computersimulation, Modellierung, z.B. Lagrange-Gleichungen

Abb. 8.15 Grundzüge der Steuerung von Industrierobotern

Der Systemzusammenhang von Industrierobotern ist in zusammenfassender Darstellung in Abb. 8.16 wiedergegeben. Abb. 8.16a illustriert in vereinfachter Form den Aufbau einer Roboterzelle, Abb. 8.16b zeigt den generellen Funktionsplan.

Die schematische Darstellung einer Roboterzelle in Abb. 8.16a zeigt, dass sich zwischen dem Roboter und dem Mensch als Operator der Robotersteuerung eine Sicherheitseinrichtung befindet. Die Europäische Union hat dafür mit der neuen Maschinenrichtlinie 2006/42/EG allgemeine Sicherheitsanforderungen festgelegt. In der Roboterproduktnorm DIN EN ISO 10218 sind rechtliche Rahmenbedingungen für eine Mensch-Roboter-Kooperation gegeben. Die Norm legt Anforderungen und Anleitungen für die inhärent sichere Konstruktion, für Schutzmaßnahmen und die Benutzerinformation für Industrieroboter fest. Sie beschreibt grundlegende Gefährdungen in Verbindung mit Robotern und stellt Anforderungen, um die mit diesen Gefährdungen verbundenen Risiken zu beseitigen oder hinreichend zu verringern.

Neuere Entwicklungen der Robotik gehen dahin, „Assistenzroboter" in einer Mensch-Maschine-Kooperation in Handhabungs- und Fertigungsprozesse direkt einzubeziehen. Assistenzroboter besitzen integrierte Gelenksensoren, sodass der Roboter mittels Sensorik die Annäherung eines Fremdobjekts oder eines Menschen rechtzeitig erkennt und seine Bewegung verlangsamt, stoppt, oder selbsttätig zurückführt. Somit wird ein gemeinsames

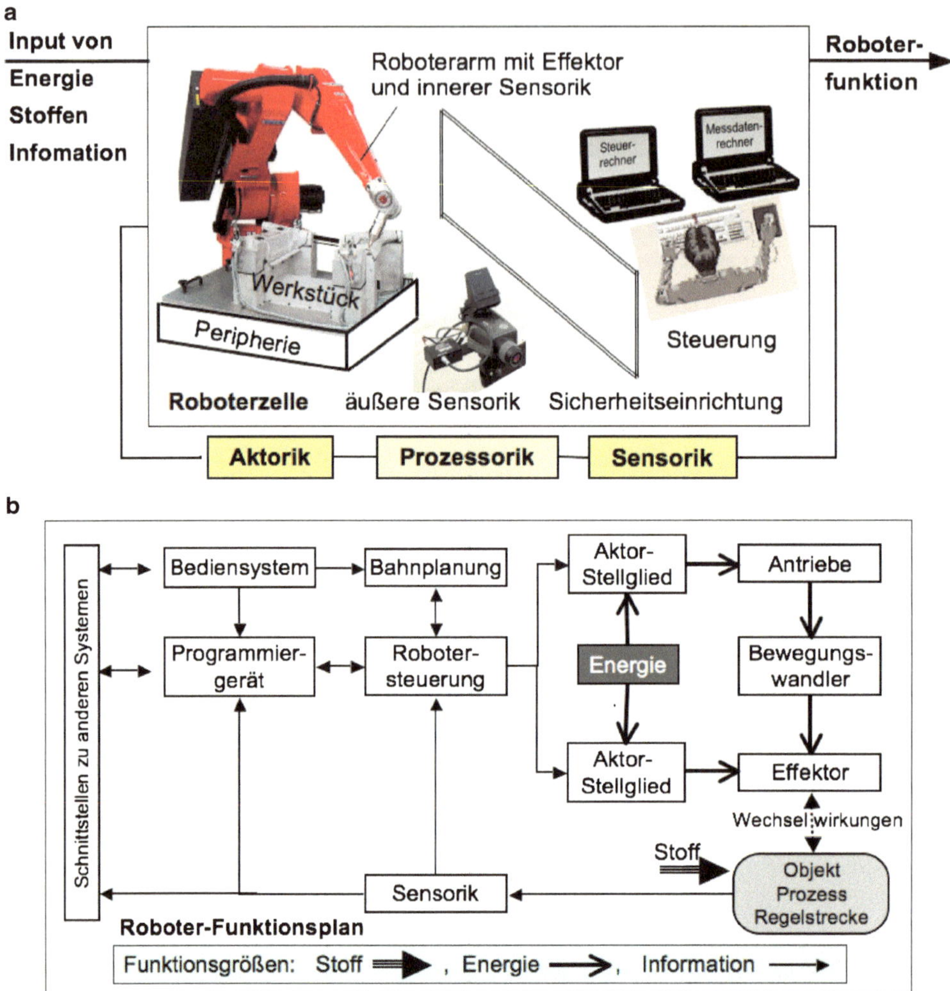

Abb. 8.16 Systemzusammenhang von Industrierobotern

Zusammenarbeiten mit dem Roboter in seiner unmittelbaren Nähe möglich. Alle Steuerkreise mit Funktionen für die Personen-Sicherheit werden redundant ausgelegt und überwacht, sodass auch bei einem technischen Fehler, zum Beispiel durch einen elektrischen Kurzschluss, die Arbeitssicherheit des Assistenzroboters gewährleistet ist.

9 Produktionstechnik

Produktion ist die Gesamtheit wirtschaftlicher, technologischer und organisatorischer Maßnahmen, die unmittelbar mit der Be- und Verarbeitung von Stoffen zusammenhängen. Hierbei verbindet die Güterproduktion Rohstoff-, Informations- und Energiemärkte miteinander und erzeugt daraus Produkte in lokalen, regionalen oder globalen Wertschöpfungsketten. Aufgabe der *Produktionstechnik* ist die Anwendung geeigneter Produktionsverfahren und Produktionsmittel zur Durchführung von Produktionsprozessen bei möglichst hoher Produktivität. Die Produktionstechnik gliedert sich in folgende Bereiche:

- Die *Produktionstechnologie* ist als Verfahrenskunde der Gütererzeugung die Lehre von der Umwandlung und Kombination von Produktionsfaktoren in Produktionsprozessen unter Nutzung materieller, energetischer und informationstechnischer Wirkflüsse.
- *Produktionsmittel* sind Anlagen, Maschinen, Vorrichtungen, Werkzeuge und sonstige Produktionsgerätschaften. Für sie existiert eine spezielle Konstruktionslehre, gegliedert in den Entwurf von Universal-, Mehrzweck und Einzwecksystemen. Zur Produktionsmittelentwicklung gehört ferner die Erarbeitung geeigneter Programmiersysteme.
- Die *Produktionslogistik* umfasst alle Funktionen von Gütertransport und -lagerung im Wirkzusammenhang eines Produktionsbetriebes. Sie gliedert sich in die Bereiche Beschaffung, Produktion und Absatz.

Die Formgebung von Werkstoffen zu Bauteilen und ihre Kombination zu gebrauchsfertigen Gütern erfolgt durch *Fertigungstechnik* und *Montagetechnik.* Man kann abbildende, kinematische, fügende und beschichtende Formgebung sowie die Änderung von Stoffeigenschaften unterscheiden. Fertigungssysteme benötigen Relativbewegungen von Werkzeug und Werkstück und sind tribologische Systeme (siehe Abschn. 7.3). Eine stichwortartige Übersicht über die Fertigungsverfahren gibt Abb. 9.1.

H. Czichos, *Mechatronik,* https://doi.org/10.1007/978-3-658-26294-5_9

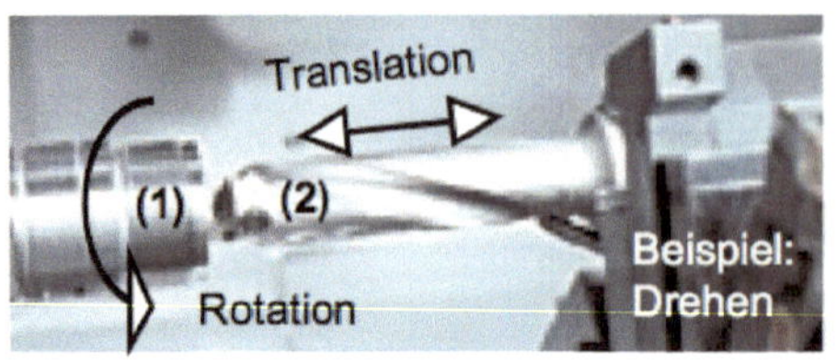

Fertigungsverfahren (DIN 8580, Beispiele)
- Urformen: Giessen, Pressformen
- Umformen: Walzen, Schmieden,
- Trennen: Drehen. Bohren, Fräsen, Schleifen,
- Fügen: Schweißen, Löten Kleben,
- Beschichten: Lackieren, Galvanisieren,
- Stoffeigenschaftsändern: Härten.

Abb. 9.1 Übersicht über die Fertigungsverfahren

Für die computerintegrierte Fertigung wurde die Bezeichnung CIM (computer-integrated manufacturing) geprägt: *CIM beschreibt den integrierten EDV-Einsatz in allen mit der Produktion zusammenhängenden Betriebsbereichen. Es umfasst das informationstechnische Zusammenwirken zwischen CAD (rechnergestützte Konstruktion), CAP (rechnergestützte Arbeitsplanung), CAM (rechnergestützte Fertigung), CAQ (rechnergestützte Qualitätssicherung) und PPS (Produktionsplanung und -steuerung)* [AWF, Ausschuss für wirtschaftliche Fertigung, 1985].

9.1 Mechatronik in Werkzeugmaschinen

Die Formgebung in der Fertigungstechnik erfolgt mit Werkzeugmaschinen. Werkzeugmaschinen sind Arbeitsmaschinen zur spanenden oder spanlosen Formung von Gegenständen mittels Dreh-, Fräs-, Hobel-, Bohr-, Schleifmaschinen, Pressen, Scheren, Stanzen, Walzen, Maschinenhämmer. Man unterscheidet Einfachmaschinen oder Produktionsmaschinen für einen oder wenige Arbeitsgänge sowie Universalwerkzeugmaschinen für verschiedene Arbeitsgänge und Bearbeitungsarten. Bei Werkzeugmaschinen mit Programmsteuerung läuft eine Folge von Bearbeitungsvorgängen auch an verschiedenen Werkstücken selbsttätig ab. In Abb. 9.2 sind die Hauptbaugruppen von Werkzeugmaschinen zusammen mit typischen Werkzeugen dargestellt:

Werkzeugmaschinen sind heute mechatronische Systeme mit mechanischer Grundstruktur, elektro-mechanisch-fluidischen Antrieben, numerischer Steuerung, Sensorik, Aktorik, Prozessorik, Schmierstoff- und Energieversorgung sowie Sicherheitseinrichtungen. Werkzeugmaschinen haben viele mechatronische Module, teilweise in Form räumlich integrierter Sub-Systeme mit Mechanik, Elektrik, Elektronik und Software. Einige in Werkzeugmaschinen übliche mechatronische Teilsysteme nennt Abb. 9.3.

Zur präzisen Werkstück-Formgebung dienen hochdynamische mechatronische Antriebsmodule, durch die Werkzeugmaschinenkomponenten, wie Tische, Schlitten oder Roboterarme angetrieben werden. Präzisionssensoren bestimmen die genaue Translations- oder Rotations-Position. Ist/Soll-Abweichungen werden in Echtzeit erfasst und einem Regelalgorithmus zugeführt, der geeignete Steuersignale für den Motor-Steller erzeugt. In Abb. 9.4 sind in vereinfachter Form für das mechatronische System eines Antriebsmoduls das Funktionsprinzip, der regelungstechnische Wirkplan und der prinzipielle Aufbau dargestellt.

Werkzeugmaschinen sind mechatronische Systeme mit folgenden Haupt-Baugruppen:

1 Gestell/Fundament → Mechanik
2 Führungen → Mechanik/Tribologie/Robotik
3 Antrieb → Elektromechanik/Fluidik
4 Steuerung → Regelungstechnik/Informatik
5 Werkstückwechsler → Mechanik
6 Werkzeugwechsler → Aktorik
7 Messeinrichtungen → Sensorik
8 Ver- u. Entsorgung →Energetik/Schmierung
9 Sicherheitseinrichtungen → Sensorik/Aktorik

Man unterscheidet umformende, trennende, spanende, abtragende Werkzeugmaschinen.

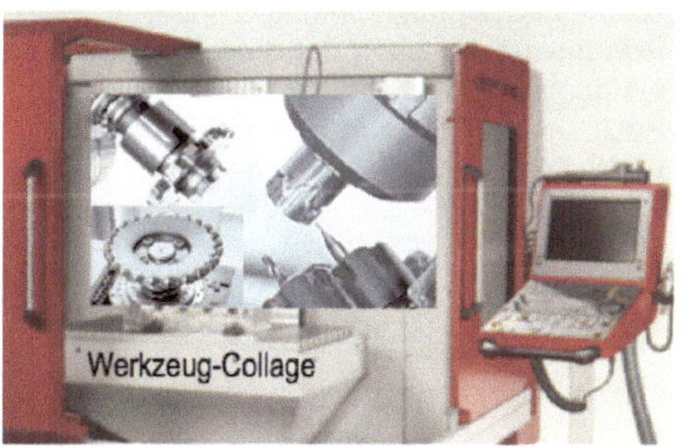

Abb. 9.2 Übersicht über die Baustruktur von Werkzeugmaschinen

Hauptspindel mit integrierter Prozess-analyse-Sensorik und integrierten Schmier- und Überwachungssystemen der Wälzlager	**Werkzeugspeicher- und Werkzeugwechselsystem** mit integrierter Werkzeugverwaltung und Werkzeugzustands- und -geometrievermessung
Vorschub-Antriebs-module mit integrierter Verschleißanalyse der Führungsbahnen und Führungsbahnabdeckungen	**Werkstück-Handlingsystem** Palettenwechsler mit integriertem Spannsystem und Spannkraft- sowie Positionsüberwachung
Funktions- und Sicherheitsüberwachung durch Sensorik und Speicherprogrammierbare Steuerungen (SPS)	**Fertigungsleitsystem** zur Anbindung der Maschine an die Werkzeug- und Werkstücklogistik über flexible Transportsysteme

Abb. 9.3 Mechatronische Baugruppen von Werkzeugmaschinen

Die Einführung der CNC-Technik (oder einfach NC-Technik) hat der Fertigungstechnik neue Möglichkeiten eröffnet. So lassen sich beispielsweise NC-Drehmaschinen in zwei Achsen frei programmieren: eine Achse für die Längenmaße (Koordinatenachse Z) und eine Achse für die Durchmessermaße (Koordinatenachse X). Dafür sind zwei Schlitten mit Kugelumlaufspindeln mit drehzahlgesteuerten Vorschubmotoren gekoppelt. Optoelektronische Sensorik ermittelt die Position der Schlitten für die Steuerung. Die Hauptspindel wird ebenfalls über einen drehzahlgesteuerten Antriebsmotor angetrieben, sodass für jeden Drehdurchmesser die optimale Schnittgeschwindigkeit am Drehmeißel vom CNC-Rechner eingeregelt werden kann. Die Kontur des Werkstücks wird in Koordinatentechnik programmiert. Jeder Punkt der Werkstückkontur des Drehteils wird im Koordinatensystem durch zwei Zahlen festgelegt: die X-Koordinate (Durchmesser) und die Z-Koordinate (Länge). Mit den G-Befehlen (G = go) wird die

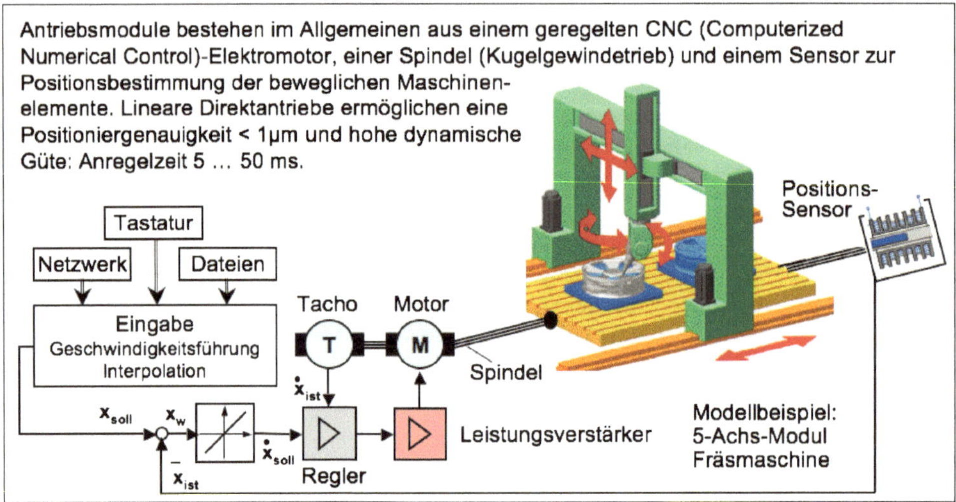

Abb. 9.4 Mechatronischer Modul für Werkzeugmaschinen-Antriebe, Prinzipdarstellung

Art, wie das Werkzeug bewegt wird, festgesetzt, beispielsweise: G0 – Werkzeugposition im Eilgang verändern, G1 – Geradenverbindung, G2 – Kreisverbindung im Uhrzeigersinn, G3 – Kreisverbindung gegen den Uhrzeigersinn. Durch diese Kombination von NC-Steuermodulen mit mechatronischer Aktorik und Sensorik lassen sich komplizierte Bauteile, wie Dreh- oder Frästeile mittels Programmierung der geometrischen Informationen (Kontur des Werkstücks), der technologischen Informationen (z. B. Drehzahl, Vorschub) und der Werkzeuginformationen (z. B. Geometrie, Position) schnell und mit hoher Wiederholgenauigkeit fertigen.

9.2 Mikro-Produktionstechnologien

Neben der herkömmlichen Makro-Produktionstechnik mit Bauteilabmessungen vom mm- bis zum m-Bereich sind im Zuge der Miniaturisierung technischer Produkte neue Mikro-Produktionstechniken entwickelt worden. Die Mikrotechnik hat im Mikromaßstab mechanische, elektronische, fluidische und optische Funktionselemente herzustellen, zu integrieren und in großen Stückzahlen zu fertigen. Diese Strukturen sind in aller Regel aber nicht wie elektronische Schaltkreise planar aufgebaut, sondern wie auch im Makromaßstab dreidimensional – wie z. B. miniaturisierte Motoren, Mini-Schwingkörper, Mikro-Optik oder die in Kap. 8 behandelten MEMS- und MOEMS-Systeme. Die Mikro-Produktionstechnik muss dafür eine große Vielfalt von Materialien strukturieren: von Metallen und Legierungen über keramische Werkstoffe und Glas bis hin zu den Kunststoffen und den Partikel-, Faser- und Schichtverbundwerkstoffen. Für die Mikro-Produktionstechniken wird natürlich auch die Mechatronik eingesetzt – z. B. zur

Positionierung von „Laser-Werkzeugen", zur Prozessführung von PVD- und CVD-Dünnschichttechniken oder als „Stepper-Aktorik" für die Lithographie. Die Anwendungen der Mechatronik richten sich dabei nach den jeweiligen Fertigungstechnologien, die in einer Analogiebetrachtung für die verschiedenen Dimensionsbereiche in Tab. 9.1 zusammengestellt sind.

Substraktiv-Techniken

Mikro-Zerspanen mit Formdiamanten: Durch die Kombination konventioneller mechanischen Fertigungsverfahren mit Elektronik und Informatik sind heute computergesteuerte Fräs-, Bohr- und Drehmaschinen in der Lage Mikrostrukturen zu erzeugen. Diese Techniken sind in den letzten Jahren so stark verbessert und verfeinert worden, dass zum Beispiel Löcher mit 50 μm Durchmesser gebohrt werden können. Um mikroskopisch exakte Strukturen herzustellen, bedient man sich heute Formdiamanten, die von ultrapräzisen Führungen für Rotation und Vorschub positioniert werden. Besonders das Stirn-, Finger- und Umfangsfräsen sind Bearbeitungsformen aus der Feinmechanik, die auch in der Mikrotechnik angewendet werden können. Mit Mitteln der Mechatronik sind auch Hochpräzisionsdrehvorrichtungen entwickelt worden. Einen mechatronischen Präzisionsmodul für Werkzeugmaschinen, der zur dynamischen Rundlauf-Korrektur von Drehmaschinen eingesetzt werden kann, zeigt Abb. 9.5. Die mit Abstandssensoren erfassten Lageabweichungssignale werden über einen Mikroprozessor (μP) in Korrektur-Stellsignale eines Piezo-Aktors zu Verbesserung der Werkstückrundheit überführt.

Tab. 9.1 Übersicht über Fertigungstechnologien der Makro-, Mikro- und Nanotechnik

<table>
<tr><th>Fertigungs-verfahren</th><th>Makrotechnik</th><th>Mikrotechnik</th><th>Nanotechnik</th></tr>
<tr><td>Trennen</td><td>Formänderung fester Körper durch Zerteilen, Zerlegen, Abtragen oder Zerspanen, z.B. Bohren, Drehen, Fräsen, Schleifen</td><td>Subtraktiv-Techniken
• Mikro-Zerspanen mit Formdiamanten • Ätztechniken
• Funkenerosion • Laser-Mikroablation</td><td rowspan="7">Additiv-Techniken
„Nano-Fertigen" von Stoffen aus Atomen/ Molekülen unter Anwendung der Nano-Positionierungstechnik</td></tr>
<tr><td>Urformen</td><td>Fertigen fester Körper aus formlosem Stoff</td><td rowspan="2">Mikro-Formtechniken
• Abformverfahren
• Heißprägen
• Spritzgussverfahren</td></tr>
<tr><td>Umformen</td><td>Formänderung bei Erhaltung von Masse und Kohäsion</td></tr>
<tr><td>Fügen</td><td>Dauerhaftes Zusammenbringen von Werkstücken oder mit formlosen Stoff</td><td>Aufbau- und Verbindungstechniken
• Laserstrahlfügen • Elektronenstrahlschweißen • Bonden
• Löten • Kleben</td></tr>
<tr><td>Beschichten</td><td>Aufbringen von fest haftenden Schichten aus formlosem Stoff auf Werkstücke, z.B.Galvanik, Emaillieren</td><td>Dünnschichttechniken
• Aufdampfen • Sputtern
• Physical Vapor Deposition
• Chemical Vapor Deposition</td></tr>
<tr><td>Stoffeigen-schafts-ändern</td><td>Fertigen fester Körper durch Umlagern, Aussondern oder Einbringen von Stoffteilchen</td><td>Lithographie, LIGA-Technik:
• Lithographie + Galvanoformung + Abformung</td></tr>
</table>

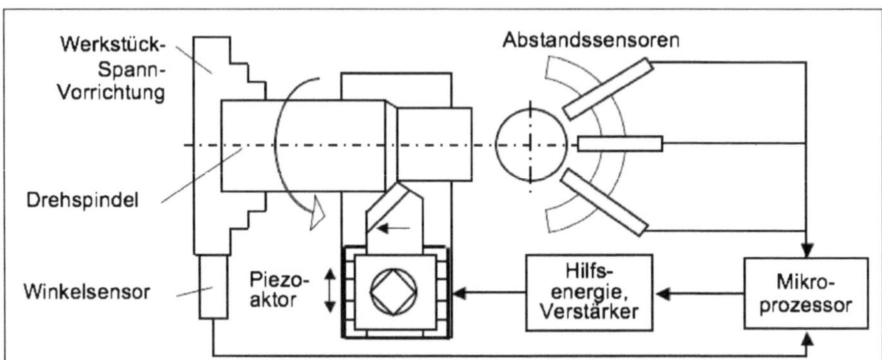

Abb. 9.5 Mechatronischer Modul für eine Hochpräzisionsdrehvorrichtung

Ätztechniken Für die Mikro-Mechanik können durch Nass- oder Trockenätzprozesse Bauelemente, z. B. aus Silizium strukturiert werden. Die Form der geätzten Bereiche kann sehr unterschiedlich sein. So richten sich einige Ätzprozesse nach der Ausrichtung der Kristallstruktur relativ zur Oberfläche. Andere Prozesse ätzen das Siliziummaterial nicht nur in die Tiefe, sondern auch lateral. Dies ermöglicht beispielsweise die Realisierung von dünnen Brückenstrukturen für statische oder dynamische Biegebalken, wie z. B. in Beschleunigungs- oder Drucksensoren, siehe Abschn. 9.3.

Funkenerosion Hierbei wird zwischen eine Bearbeitungselektrode und dem Werkstück, die sich beide in einer elektrisch isolierenden Flüssigkeit befinden, eine Spannung angelegt. Nähert man die Elektrode dem Werkstück, so kommt es zu Funkenüberschlägen. Diese führen zu einem Materialabtrag am Werkstück. Die entstandene Vergrößerung des Abstandes wird durch den Vorschub der Elektrode ausgeglichen. Diese Senkerosion lässt sich vergleichen mit dem Eindrücken eines heißen Stempels in einen Eisblock. Die Drahterosion, bei der man einen dünnen Metalldraht (oft nur wenige 10 µm dünn) als Elektrode wählt, gleicht eher einem „Laubsägeprozess". Auf diese Weise sind z. B. Stahlrohlinge sehr präzise mikrostrukturierbar.

Laser-Mikroablation Auch Laserstrahlung lässt sich zur Mikrostrukturierung nutzen. UV-Pulse hoher Energie, produziert von Excimerlasern, können z. B. dazu benutzt werden, Materie zu verdampfen. Dazu wählt man meist ein Direktschreibverfahren, das auf einer Bewegung des Werkstücks relativ zum Laserstrahl beruht. So können je nach Anzahl der deponierten Pulse flachere oder tiefere Abtragsmuster nebeneinander mit Mikrometerpräzision produziert werden. Mit Laserstrahlen anderer Wellenlänge können winzige Schweißpunkte und -nähte erzeugt werden, mit denen Mikrosysteme aufgebaut oder abgedichtet werden können. Bei Verwendung spezieller Gase in der Bearbeitungskammer kann mit fokussierten Laserstrahlen eine Materialabscheidung und damit der Aufbau filigraner Mikrostrukturen erreicht werden. Eine Übersicht über Subtraktivverfahren der Mikro-Produktionstechnik mit den erzielbaren Oberflächengüten und zugehörigen Abtragraten der einzelnen Verfahren gibt Abb. 9.6.

Mikro-Formtechniken

Abformverfahren beruhen darauf, dass die Form eines Werkzeugs (Formwerkzeug, Master) einem weicheren Material mechanisch eingeprägt wird. Industriell lassen sich am einfachsten Kunststoffe abformen, vor allem Thermoplaste, die beim Erwärmen schmelzen, dabei chemisch stabil bleiben und nach dem Abkühlen ihre vorherigen Eigenschaften beibehalten.

Heißprägen liefert ein getreues Formnegativ des Metall-Masters. Bekannte Anwendungen dieser Mikro-Formtechnik sind beispielsweise miniaturisierte Tripelspiegel als Reflexfolien für Fahrzeuge, Fahrbahnbegrenzungen und Sicherheitskleidung. Abformverfahren sind nicht auf Kunststoffe beschränkt. Keramische Mikrostrukturen können dadurch hergestellt werden, dass ein Schlicker, eine Aufschlämmung von feinem keramischen Pulver in Wasser, in eine Kunststoffmikrostruktur einfüllt, getrocknet und in einem Ofen erhitzt wird. Dabei verfestigt sich die Keramik, die Kunststoffform verbrennt und die entstandene keramische Mikrostruktur wird bei noch höheren Temperaturen gesintert und verfestigt.

Spritzgussverfahren sind bezüglich Formenvielfalt und Materialien sehr vielfältig. Die Ausgangsmaterialien (Kunststoffgranulat, Keramik/Metallpulver mit Kunststoff als Binder) werden in einer Spritzgussmaschine kontinuierlich aus einem Vorratsbehälter in eine Heizkammer transportiert, dort aufgeschmolzen und von einer Transportschnecke unter hohem Druck weiterbefördert. Bei Öffnung eines Düsenventils wird die heiße Schmelze in einen Werkzeughohlraum (Formnest) hineingepresst, der das Negativ des

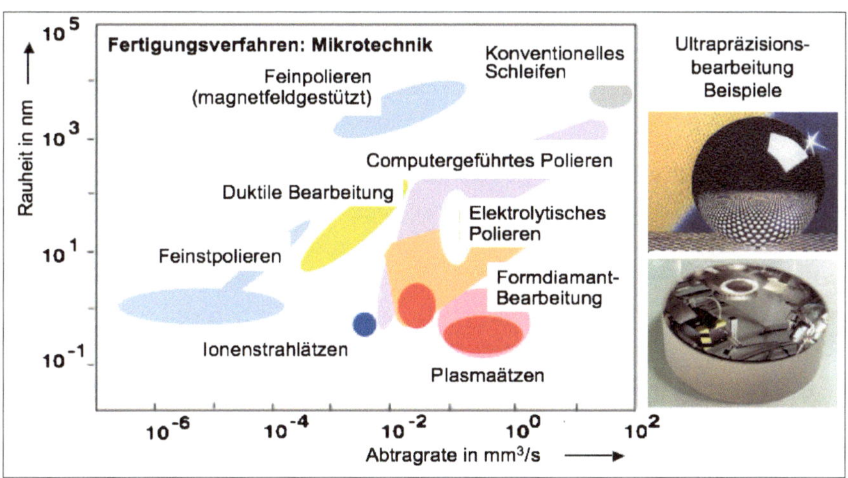

Abb. 9.6 Kennfelder der Methoden der Mikro-Produktionstechnik (Subtraktivverfahren)

gewünschten Formteils darstellt. In diesem Hohlraum erkaltet der Kunststoff, sodass der erstarrte Anguss entnommen werden kann (Entformen). Da für Mikrospritzgussteile dünnflüssige Schmelzen verwendet werden müssen, können in den Werkzeugen keine Luftauslassfugen vorgesehen werden, und das Formnest wird vor dem Einspritzen leer gepumpt. Mikrostrukturen haben ein hohes Oberfläche-Volumen-Verhältnis. Der Schmelze/Formnest-Kontakt entzieht der heißen Schmelze rasch Wärme, sodass it aktivem Heizen/Abkühlen gearbeitet wird. Die Anwendungen der Spritzgussverfahren sind außerordentlich vielfältig. Beispielsweise ermöglichen sie mit Taktraten von zehn Sekunden die effiziente Herstellung von Compact Discs (CDs) für die mechatronischen Systeme der CD/DVD-Player (siehe Kap. 11).

Aufbau- und Verbindungstechniken
Die geringen Bauteilabmessungen der Mikrotechnik machen den Einsatz miniaturisierter Aufbau- und Verbindungstechniken durch Kraft-, Form- oder Stoffschluss erforderlich. Folgende Fügeverfahren werden in der Elektronik und Feinwerktechnik eingesetzt: *Laserstrahlfügen, Elektronenstrahlschweißen, Bonden, Löten, Kleben.*

Laserstrahlfügen befasst sich mit laserbasierten Technologien wie Schweißen und Löten zur Verbindung metallischer elektrotechnischer und feinwerktechnischer Komponenten. Durch die Einbeziehung neuer Werkstoffkombinationen, insbesondere von Verbindungen wie Glas/Kunststoff, Silizium/Metall, wird neuen Aufgabenstellungen in der Mikrotechnik Rechnung getragen. Durch die steigenden Anforderungen an Miniaturisierung der Fügestelle, Verringerung der thermomechanischen Belastung und Erhöhung der Sauberkeit des Fügeprozesses liegt der Schwerpunkt der Entwicklung auf neuen Strahlquellen mit höherer Strahlqualität und alternativen Prozessführungen. Dabei werden fasergekoppelte Nd:YAG-Laser, Faserlaser und Diodenlaser betrachtet, Grundlagen siehe Abschn. 3.3. Verfahrenstechnisch wichtige Aspekte sind die Strahlquellencharakterisierung und Methoden zur Prozessüberwachung zum Schweißen und Löten. Die Anwendungsfelder erstrecken sich von der Automobilzulieferindustrie bis zur Medizintechnik.

Elektronenstrahlschweißen Beim Elektronenstrahlschweißen wird die benötigte Energie von durch Hochspannung beschleunigten Elektronen in die Prozesszone eingebracht. Der Schweißvorgang wird zumeist im Vakuum ausgeführt, es gibt jedoch auch Systeme, die in der Atmosphäre arbeiten. Das Elektronenstrahlschweißen ermöglicht hohe Schweißgeschwindigkeiten, aber auch tiefe und schmale Schweißnähte. Es sind auch sehr kleine Schweißnähte möglich, da der Elektronenstrahl durch angelegte elektrische Felder exakt abgelenkt werden kann. Die hohe Energiedichte erlaubt das Verschweißen aller, auch höchstschmelzender Metalle sowie die Herstellung von Mischverbindungen durch das Verschweißen verschiedener Werkstoffe. Wichtig für die Verfahrenstechnik ist die Konstruktion der Elektronenstrahlquelle, die aufgrund ihres extrem feinen Strahles bei mehreren hundert Watt Leistung neben der reinen Fügetechnik auch Materialbearbeitung und -abtrag realisieren kann.

Bonden kennzeichnet Mikrotechnologien zum Verbinden von Halbleiterbauelementen (Dioden, Transistoren, integrierte Schaltungen, etc.) oder von Schaltkreisen in Hybridschaltungen durch Thermokompressionsschweißen (Thermokompressions-Bonden) oder Ultraschallschweißen (Ultraschall-Bonden). Das Waferbonden ist ein Verfahrensschritt in der Halbleitertechnologie und Mikrosystemtechnik, bei dem zwei Wafer oder Scheiben (Silizium, Quarz, Glas) miteinander verbunden werden. Weitere Bondverfahren sind das Silizium-Direkt-Bonden, das Anodische Bonden, das eutektische Bonden, das Glas-Frit-Bonden sowie adhäsive Bondverfahren. Die Verfahrenstechnologie erfordert das abgestimmte Zusammenwirken von Werkstoffen, Werkzeugen und Equipment. Eine wichtige Rolle spielen dabei die entsprechenden Prüfverfahren (visuelle und mechanische Tests) bis hin zur Werkstoffanalytik.

Löten gehört in der Industrie zu den am weitesten verbreiteten Aufbau- und Verbindungstechniken und wird zum Montieren von elektronischen Baugruppen auf Leiterplatten in allen erdenklichen Bereichen genutzt. Zum Löten werden die bestückten Leiterplatten über eine breite Lötwelle geführt (Wellenlöten) oder als ganzes in einem „Reflow-Prozess" erwärmt. Der Reflow-Prozess bezeichnet ein in der Elektrotechnik gängiges Weichlötverfahren zum Löten von SMD-Bauteilen *(Surface Mounted Devices).* Bei der Herstellung von Dickschicht-Hybridschaltungen ist es das häufigste Lötverfahren. Das Laserstrahllöten ist ein selektives Verfahren und wird in der Elektronikproduktion unter anderem zum Löten von Kontakten, Sensoren und Schaltern sowie zur Nachbestückung von Leiterplatten angewendet. Es zeichnet sich gegenüber konventionellen Lötverfahren durch einen berührungslos arbeitenden Prozess mit lokal begrenzter Wärmeeinbringung aus. Die genaue Dosierung der eingebrachten Energie und die gute Zugänglichkeit auch bei schwierigen Geometrien sind weitere Vorteile.

Kleben erlangt eine immer größere Bedeutung bei der Fertigung von hybriden Mikrosystemen. Gründe hierfür sind die Möglichkeit, unterschiedliche Werkstoffpaarungen ohne thermischen Verzug mit ausreichender Festigkeit und guten dynamischen Eigenschaften zu verbinden. Weiterhin können Klebstoffe eine elektrische und thermische Leitfähigkeit, optische Transparenz oder eine entsprechende Isolation übernehmen. Gründe, die einen noch stärkeren Einsatz des Klebens in der Mikrosystemtechnik verhindern, liegen in den Eigenschaften derzeit eingesetzter viskoser Klebstoffe.

Dünnschichttechniken

Physikalische Gasphasenabscheidung (Physical Vapour Deposition, PVD) Erzeugung gleichmäßig dünner Schichten eines Materials dadurch, dass dieses bis zum Verdampfen erhitzt und das zu beschichtende, kühlere Substrat in die Nähe der Dampfquelle gebracht wird. Auf dem Substrat schlägt sich dann eine dünne Schicht des Materials nieder.

Sputtern Kathodenzerstäubungs-PVD-Verfahren, bei dem das zu beschichtende Substrat als Anode und das Beschichtungsmaterial als Kathode in einem Prozessreaktor angeordnet sind. Durch Anlegen einer elektrischen Spannung wird die Atmosphäre im Reaktor (z. B. Argon) teilweise ionisiert. Die entstandenen Ionen werden durch das Spannungsgefälle zur Kathode (Target) hin beschleunigt und schlagen kontinuierlich Atome des Targetmaterials heraus, welche dann auf die Substrate treffen und sich dort niederschlagen. Je nach Zusammensetzung des zu ionisierenden Gases wird dieses mit in die entstehende Schicht eingebaut oder dient nur als Energieüberträger.

Chemische Gasphasenabscheidung (Chemical Vapour Deposition, CVD) Chemische Reaktion des Prozessgases an der Substratoberfläche. Da dies in der Regel in einem Prozessgas geringen Drucks stattfindet, spricht man von LPCVD (Low Pressure CVD). Die Reaktion kann durch eine erhöhte Temperatur (einige hundert Grad Celsius) und eine gewisse katalytische Eigenschaft des Substrates selbst ausgelöst werden. Oft müssen solche Beschichtungen aber auch bei relativ niedrigen Temperaturen durchgeführt werden. Dann wird das Prozessgas durch eine Plasmaentladung teilweise ionisiert, wodurch sich auch reaktive Molekülbruchstücke bilden, die dann mit der Substratoberfläche reagieren können. In diesem Fall spricht man von Plasmaunterstützter CVD (Plasma Enhanced CVD, PECVD).

Lithographie

Die Fotolithografie ist eine Produktionstechnologie zur Herstellung dreidimensionaler Mikrostrukturen. Die Strukturinformation für das Bauteil wird durch Belichtung verkleinert (z. B. 5 : 1) von einer Fotomaske latent in ein mit einem Fotolack überzogenes Bauteil-Substrat übertragen. Nach Entwicklung des latenten Bildes können mittels Ätzen die Strukturinformationen in das Substrat eingeprägt und additive oder subtraktive Bauteilstrukturen erzeugt werden. Abb. 9.7 illustiert das Prinzip der Fotolithografie und die Prozessschritte.

Für die Mikro-Elektronik und ihre funktionale Integration zu Schaltkreisen hoher Komplexität mittels Parallelfertigungsmethoden – bei denen viele Bauelemente auf

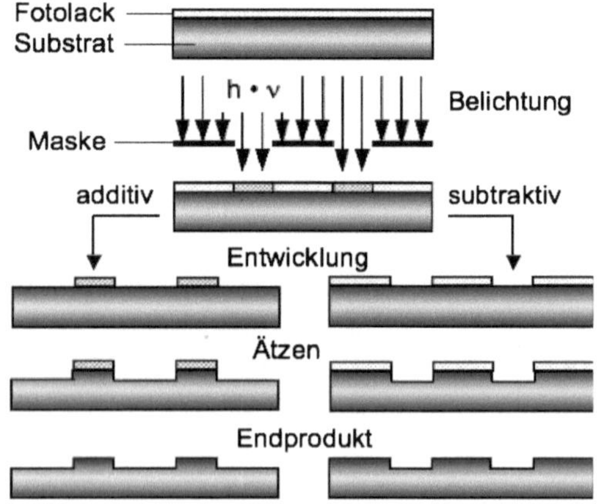

Abb. 9.7 Das Prinzip der Fotolithografie

demselben Träger gleichzeitig einem Herstellungsschritt unterworfen werden – müssen strukturierte Siliziumplättchen (Chips) in großen Stückzahlen hergestellt werden. Das Siliziumrohsubstrat (Wafer) wird mit einer dünnen Fotolackschicht bedeckt und diese durch eine Maske mit UV-Licht bestrahlt. Die Maske besteht aus einem UV-durchlässigen Träger (z. B. Quarzglas) und UV-undurchlässigen Strukturen (z. B. Chrom). Je nachdem, ob ein Positiv- oder Negativlack benutzt wird, werden die durch die Strahlung veränderten oder unveränderten Bereiche des Lackes chemisch entfernt. Sie können anschließend einem Ätz-, Aufdampf- oder Ionenimplantationsschritt ausgesetzt werden. So kann man die Materialeigenschaften der freigelegten Bereiche gezielt verändern: Leiterbahnen oder Isolationsschichten können erzeugt oder p- bzw. n-Dotierungen eingebracht werden. Für komplexere Schaltungen können sich diese Vorgänge mehrfach wiederholen. Die Maske selbst muss einmal mit mechatronischer Positionierung direkt geschrieben werden. Dazu dient ein Elektronenstrahlschreiber, der einen fein gebündelten Strahl von Elektronen erzeugt, mit dem eine sensitive Lackschicht beschrieben wird. Die mit dieser Maske durchgeführte UV-Lithographie wird im Auflösungsvermögen durch die UV-Wellenlänge beschränkt.

Da die Abbildung einer Maske nicht den ganzen Wafer abdecken kann, werden die Wafer mittels Präzisionsantriebe (z. B. Piezo-Linearantriebe) verfahren und so positioniert, dass die Maskenabbildungen auf einem Raster mit engen Toleranzen liegen (*Step-and-Repeat-Verfahren* mit *Wafer*-Steppern), siehe Abb. 9.8. Es lassen sich bei Verwendung von Optiken aus Quarz Auflösungen von etwa 100 nm mit Quecksilberhochdrucklampen ($\lambda = 365$ nm, I-Linie) und mit Excimerlasern ($\lambda = 193$ nm) auch darunter herstellen. Neuerdings können mit der *Extreme Ultra Violet Lithography EUVL*

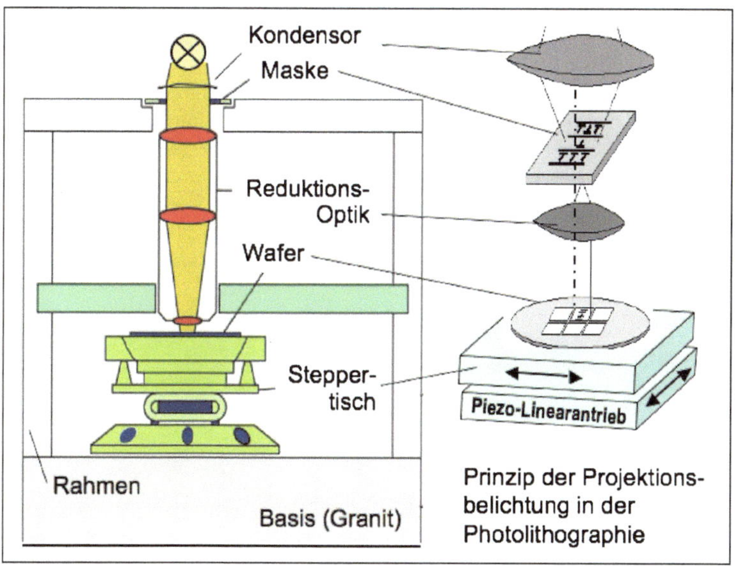

Abb. 9.8 Aufbau und Funktion der Gerätetechnik für die Lithographie

($\lambda = 13\,\text{nm}$, Hochvakuum) unter Verwendung von Spiegeloptik, da Linsensysteme im EUVL-Wellenlängenbereich nicht mehr transparent sind, Strukturen im Dimensionsbereich von 30 nm erzeugt werden.

LIGA-Technik

Das Verfahren besteht aus den Hauptschritten Lithographie, Galvanoformung und Abformung. Für eine dreidimensionale Struktur wird beim Lithographieschritt eine bis zu 1 mm dicke Fotolackschicht (Resist) ausgeformt. Um eine solche Schichtdicke durchstrahlen und chemisch verändern zu können, benutzt man vorzugsweise Synchrotronstrahlung (Röntgenlicht mit typischerweise 1 nm Wellenlänge) geringer Divergenz (Streuung) und hoher Intensität. Nach dem Entwickeln dient die elektrisch leitfähige Trägerplatte in einem Galvanikbad als Kathode. Dies führt dazu, dass die Zwischenräume des Fotolackreliefs sich mit Metall füllen und eine metallene Komplementärstruktur entsteht. Diese wird von den Lackresten befreit und kann nun in einem Prägewerkzeug oder einer Spritzgussmaschine als Urform (Master) zum massenhaften Übertragen der Präzisionsstrukturen in Kunststoffprodukte benutzt werden. Das Verfahren ist auf Massenprodukte aus Metallen, Legierungen und keramischen Werkstoffen erweiterbar.

Nanotechnik

Ganz neue Möglichkeiten einer „Nano-Produktionstechnik“ eröffnen die Nano-Piezo-Steller der Rastertunnelmikroskopie (vgl. Abb. 8.5). Im Unterschied zu der stets aus „Vollmaterial“ arbeitenden spanenden Fertigung können in „Additiv-Technik“ Stoffe aus elementaren atomar/molekularen Bausteinen synthetisiert werden, siehe Abb. 9.9.

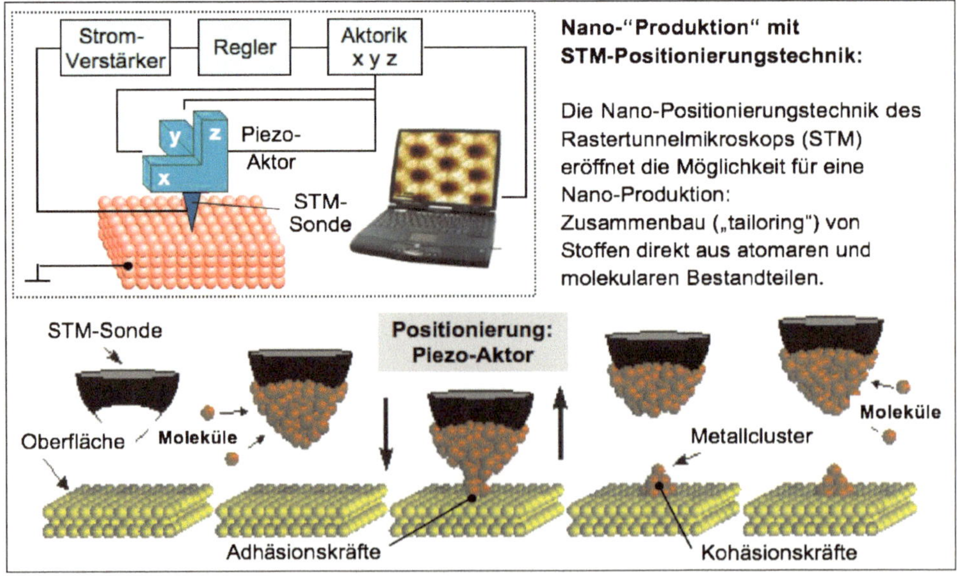

Abb. 9.9 Prinzip einer Nano-Produktionstechnik

9.3 Mikrotechnologien für Sensoren und Aktoren

Von den dargestellten Mikrotechnologien haben für die Mechatronik die Herstellungstechnologien für Mikrosensoren (siehe Abschn. 5.9) und Mikroaktoren (siehe Abschn. 6.8) die größte Bedeutung. Die Herstellung von Mikrosensoren beruht weitgehend auf Techniken, die von der Mikroelektronik her bekannt sind, wobei allerdings Planartechniken häufig zu dreidimensionalen Herstellungstechnologien erweitert werden müssen. Grundlegende Prozessschritte sind: a) Bereitstellung geeigneter Substrate: Keramiken, Halbleiter, Piezoelektrika, b) Abscheidung von Schichten, c) Strukturübertragung von computergestützten Entwurfsdateien auf Wafer (Lithographie), d) Entfernung von Schichten: Nassätzen in Ätzlösungen, Trockenätzen durch Beschuss mit physikalisch oder chemisch ätzenden Teilchen, e) Modifikation von Schichten, z. B. Oxidation, Dotieren.

Bei der *Dickschichttechnik* wird eine Paste durch ein Sieb auf das Substrat (häufig Aluminiumdioxid, Al_2O_3) gedrückt, getrocknet und eingebrannt. Die damit herstellbaren Strukturen sind typisch 10 µm dick und 100 µm breit. Damit können zahlreiche sensorische Funktionen im mikrotechnischen Maßstab realisiert werden, z. B.

- Piezoresistive Drucksensoren, verwirklicht mit Bi_2Ru_{2O}
- Widerstandsthermometer mit Pasten aus Pt oder Ni
- Thermoelemente aus Au/PtAu
- NTC-Temperatursensoren aus MnO oder RuO_2
- Gassensoren aus SnO_2.

Bei der *Dünnschichttechnik* werden Schichten mit Dicken <1 µm auf das Substrat aufgebracht und strukturiert. Das am häufigsten benutzte Substrat ist einkristallines Silizium (Si), das über zahlreiche Sensoreffekte verfügt, sowie Glas, Quarz und einkristallines Siliziumdioxid, SiO_2. Der elektrische Widerstand von Silizium ist als Sensor-Ausgangsgröße eine Funktion von mechanischer Beanspruchung (Piezowiderstandseffekt), Magnetfeld (Hall-Effekt), Lichteinstrahlung (innerer lichtelektrischer Effekt), Temperatur (Thermowiderstandseffekt). Alternativ werden häufig Dünnschicht-Materialien mit sensorischen Eigenschaften auf einem Substrat abgeschieden und damit beispielsweise folgende Mikrosensoren realisiert:

- mechanische Sensoren: Zinkoxid oder andere Piezoelektrika,
- Widerstandsthermometer: Pt oder Ni,
- Fotowiderstände: Cadmiumsulfid,
- Magnetfeldsensoren: Ferromagnetika,
- Gassensoren: Metalloxide, wie SnO_2.

Das Schichtwachstum geht entweder auf physikalische Effekte wie Kondensation oder auf chemische Reaktionen zurück und wird in der Regel im Vakuum durchgeführt: physikalische bzw. chemische Dampfabscheidung (physical vapor deposition PVD bzw. chemical vapor deposition CVD).

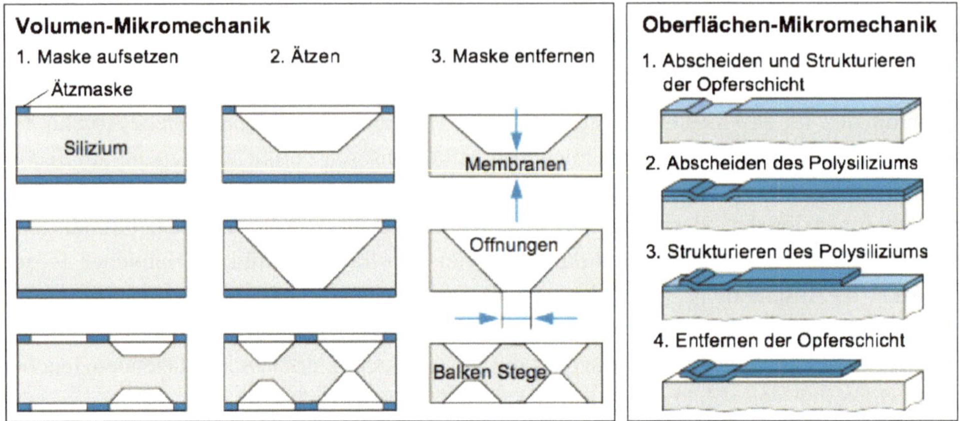

Abb. 9.10 Technologien zur Herstellung mikromechanischer Bauelemente aus Halbleitern

Mikroaktoren für Mikro-Bewegungsvorgänge oder die Positionierung informationstragender optischer Strahlung erfordern miniaturisierte Bauelemente, die mechanisch beweglich sind. Mikromembranen, Mikrobiegebalken und ähnliche Elemente lassen sich durch die in Abb. 9.10 in vereinfachter Weise erläuterten Technologien herstellen.

Die Mikromechanik-Technologien haben folgende Verfahrensschritte und Resultate:

- Volumenmikromechanik: Strukturierendes Ätzen eines Siliziumsubstrates in den nicht durch eine Ätzmaske abgedeckten Bereichen zur Realisierung von Membranen, Öffnungen, Balken und Stegen mit Abmessungen von 5–50 µm.
- Oberflächenmikromechanik: Realisierung von Mikrostrukturen durch Abscheiden und Strukturieren einer Opferschicht, Abscheiden und Strukturieren des Sensormaterials (Polysilizium), Entfernen der Opferschicht.

Anwendungsbeispiele dieser Technologien in der Mikrosensorik und in der Mikroaktorik sind in den Abschn. 5.9 und 6.8 mit charakteristischen Beispielen dargestellt.

Gerätetechnik 10

Die mechatronische Gerätetechnik hat sich aus der *Feinwerktechnik* entwickelt, die im internationalen Sprachgebrauch als *Precision Engineering* bezeichnet wird und bereits vor Begründung der Mechatronik eine interdisziplinäre Ingenieurwissenschaft mit der Kombination *Feinmechanik – Optik – Elektrik* war. Die mechatronische Gerätetechnik wird einleitend in Abb. 10.1 am Beispiel eines Fahrscheinautomaten – einem technischen System der Verkehrsinfrastruktur – illustriert, das sämtliche Merkmale mechatronischer Systeme gerätetechnisch konkretisiert: Mechanik – Elektronik – Informatik – Optik + Sensorik – Prozessorik – Aktorik + Information – Stoff – Energiefluss. Die Abb. 10.2 zeigt den Fahrscheinautomaten auf der U-Bahnstation bei der Beuth Hochschule für Technik in Berlin.

10.1 Mikrosystemtechnik

Mikrosysteme vereinen mit Bauteilabmessungen im mm/µm-Bereich Funktionalitäten aus Mikromechanik, Mikrofluidik, Mikrooptik, Mikromagnetik, Mikroelektronik mit Bauteilen und Modulen, die durch Mikro-Produktionstechnologien und miniaturisierte Aufbau- und Verbindungstechnik erstellt werden. Abbildung 10.3 zeigt eine Übersicht.

In Abb. 10.3a sind die für die Mikrosystemtechnik erforderlichen Mikro-Produktionstechnologien sowie die Aufbau- und Verbindungstechniken zusammengestellt. Die Abb. 10.3b nennt die grundlegenden Module mechatronischer Mikrosysteme:

- Struktur- und Funktionskomponenten,
- Mikroaktorik,
- Mikroprozessorik,
- Mikrosensorik.

H. Czichos, *Mechatronik*, https://doi.org/10.1007/978-3-658-26294-5_10

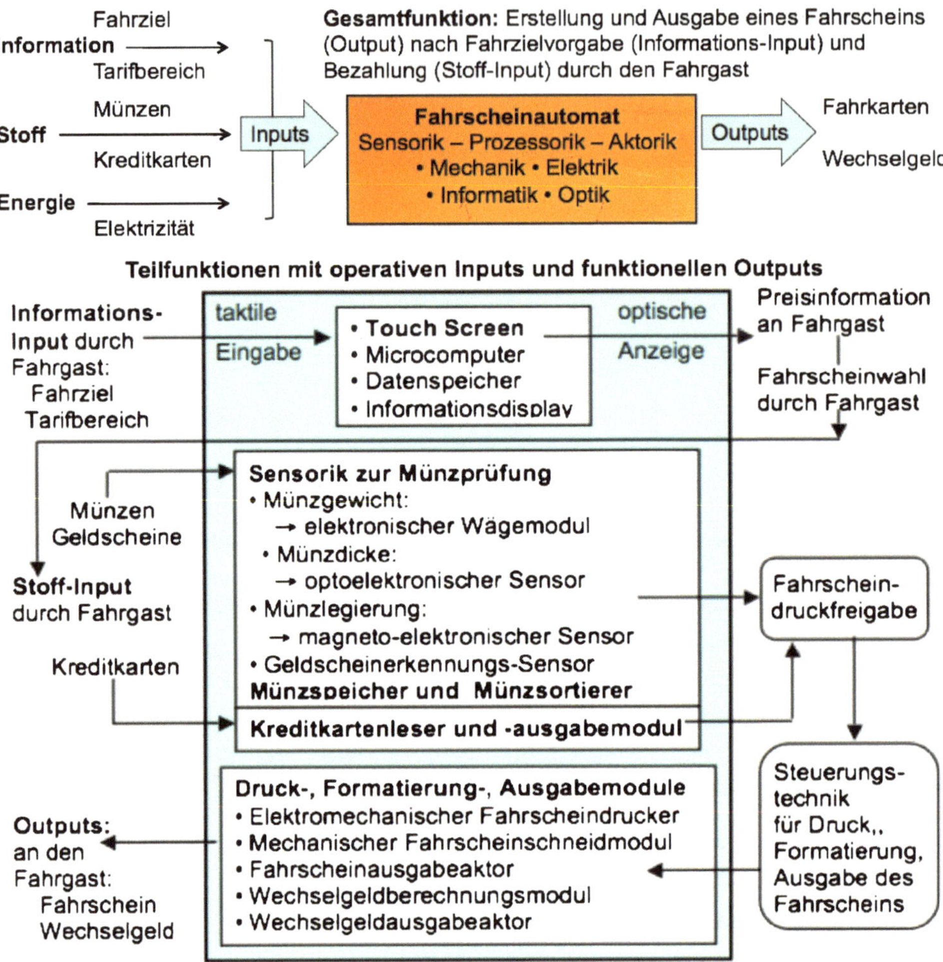

Abb. 10.1 Fahrscheinautomat als charakteristisches mechatronisches Gerät

Das Zusammenwirken von Sensorik, Aktorik und Prozessorik in mechatronischen Systemen wurde in Abschn. 6.6.1 behandelt und das Prinzip der Vernetzung von Sensorik und Aktorik in der Mikrosystemtechnik in Abb. 6.22 illustriert. Typische Beispiele miniaturisierter Systeme sind in Abb. 10.3c dargestellt:

- Miniaturmotor (MEMS, Micro Electro-Mechanical System),
- Lichtmodulator (MOEMS, Micro Opto-Electrical-Mechanical System),
- Computer-Festplatten-Magnetkopf (HDD, Hard Disc Drive).

Alle in Abb. 10.3 genannten Teilaspekte mechatronischer Systeme der Mikrosystemtechnik sind in den in Klammern genannten Kapiteln dieses Buches behandelt.

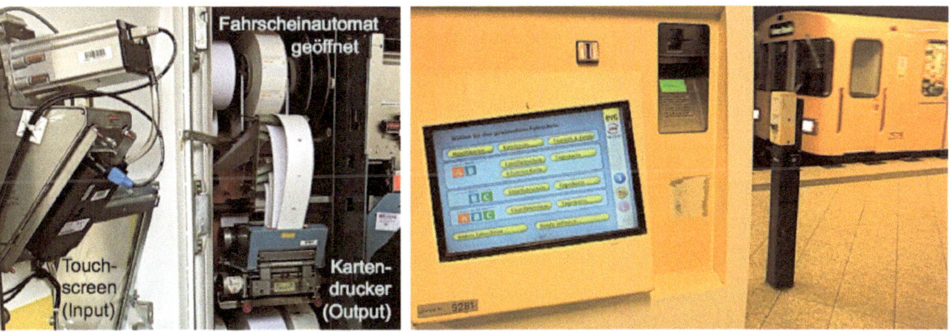

Abb. 10.2 Fahrscheinautomat als Teil der Verkehrsinfrastruktur. Dieses mechatronische Gerät steht allein in Berlin mehr als 700-mal und liefert im Dialogbetrieb mit Fahrgästen von S-Bahn, U-Bahn und Bussen täglich viele Tausend fahrgastspezifisch ausgestellte Fahrscheine

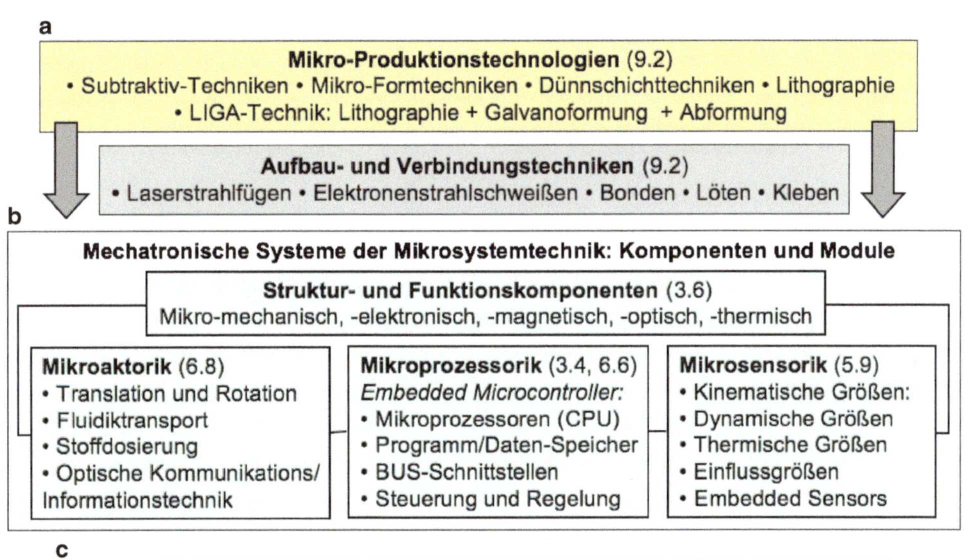

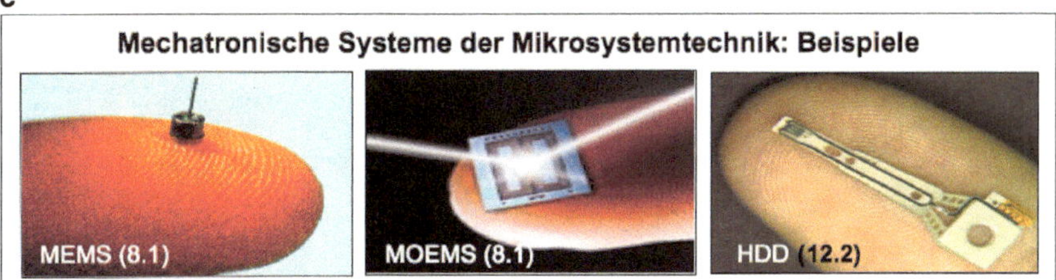

Abb. 10.3 Mechatronik in der Mikrosystemtechnik: die grundlegenden Module (**b**) und Technologien (**a**)

10.2 Mechatronisches Gerät Waage

Waagen sind klassische mechanische Systeme zur Bestimmung der Masse von Objekten aller Art. Die Wägetechnik hat dementsprechend eine große Bedeutung für Technik, Wirtschaft und die Erfordernisse des täglichen Lebens: von der Mengenbestimmung von Lebensmitteln und Konsumgütern über die Kennzeichnung des Gewichts von Transportbehältern und Postgut bis zur Dosierung von Arzneimitteln.

Masse m
Kraft F
g_{loc}
Gravitation

Physik der Wägetechnik

- Masse: Die Masse m beschreibt die Eigenschaft eines Körpers, die sich sowohl in Trägheitswirkungen gegenüber der Änderung seines Bewegungszustands als auch in der Anziehung auf andere Körper äußert. Die Masse ist eine Basiseinheit des Internationalen Einheitensystems (SI).
- Kraft: Ein Newton (N) ist die Kraft, die notwendig ist, um einer Masse von 1 kg eine Beschleunigung von 1 m/s² zu erteilen.
- Die Schwerkraft (Gewichts-Kraft) ist abhängig von: Masse m, Erdbeschleunigung g_{loc}, Dichte von Luft ρ_L und Körper ρ_K am Ort des Körpers → $F = m \cdot g_{loc} \cdot (1 - \rho_L / \rho_K)$. In der Metrologie wird durch diese Definition die Krafteinheit (N) auf die Einheiten Masse (kg), Länge (m), Zeit (s) des SI-Systems zurückgeführt.
- Waage: Messgerät, das die Masse eines Körpers durch die Einwirkung der Schwerkraft auf diesen Körper ermittelt. Der Wägewert ist der Messwert der Wägung.

Die klassischen feinmechanischen Prinzipien der *Neigungswaage* und der *Balkenwaage* zeigt Abb. 10.4. Durch Anwendung eines Laserinterferometers als Nullindikator konnte bei dem historischen Massekomparator der Physikalisch-Technischen Bundesanstalt (PTB) eine Anzeigegenauigkeit <10 µg erreicht werden.

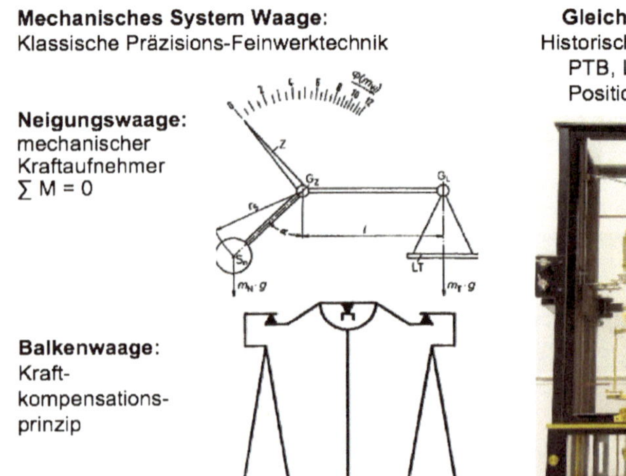

Abb. 10.4 Die klassischen mechanischen Systeme der Wägetechnik

Mechatronische Waagen basieren auf verschiedenen Wirkprinzipien. Abb. 10.5 zeigt dazu eine allgemeine Übersicht für die Funktionskette

Masse → Gewicht → elektrische Größe → Wägewert.

Dehnungsmessstreifen-Wägeprinzip
Das DMS-Wägeprinzip verwendet *Verformungskörper,* mit denen die Wägemasse in eine mit DMS durchzuführende *Kraft-Sensorik* (siehe Abschn. 5.6.1) überführt wird; es ist durch folgende Wirkprinzip-Messkette gekennzeichnet:
Wägemasse m → Kraft $F = m \cdot g$ → DMS Kraft-Sensorik → elektrischer Wägewert.

Eine mechatronische Waage nach dem DMS-Prinzip besteht gemäß Abb. 10.6 aus zwei grundlegenden Modulen, die sich wiederum aus verschiedenen Elementen zusammensetzen:

- Kraft-Sensor-Modul, bestehend aus Verformungskörper, Signalumformer, elektronische Auswerteschaltung,
- Messverstärker, bestehend aus Verstärkereinheit, Anzeigegerät, Hilfsenergie.

Die technische Gestaltung einer mechatronischen Waage nach dem DMS-Prinzip mit ihren grundlegenden Modulen ist in Abb. 10.7 dargestellt.

Interferenzoptisches Wägeprinzip
Bei diesem Prinzip bewirkt die zu bestimmende Masse die elastische Auslenkung eines Wägearms, die interferenzoptisch gemessen wird (vgl. Abb. 5.52) und über eine Auswerteelektronik den Wägewert ergibt, siehe Abb. 10.8.

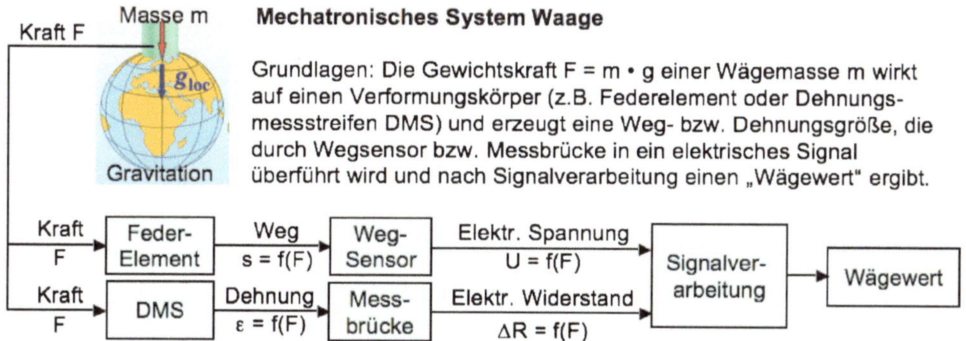

Abb. 10.5 Die mechatronischen Prinzipien der Wägetechnik

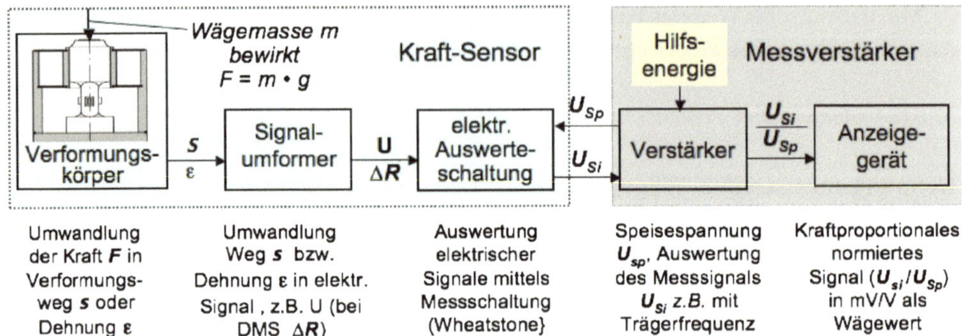

Abb. 10.6 Messkette für die Kraft-Sensorik in Waagen mit dem DMS-Prinzip

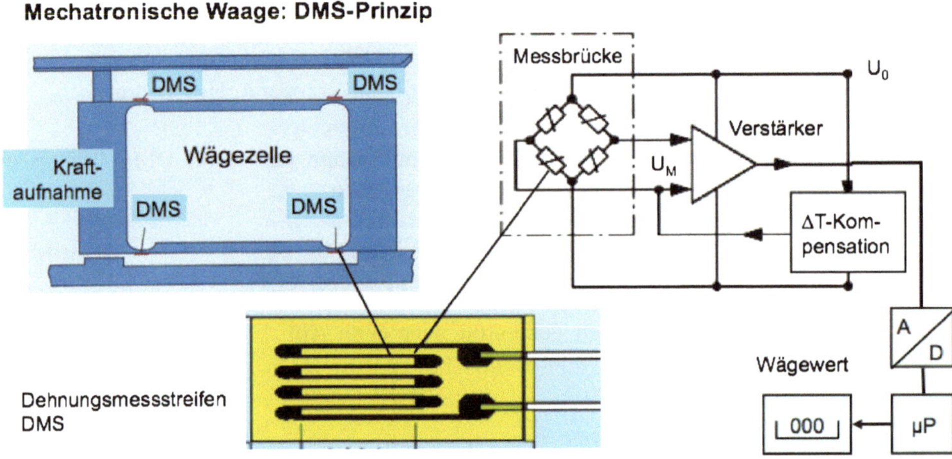

Abb. 10.7 Mechatronische Waage nach dem DMS-Prinzip

EMKK-Wägeprinzip (Elektromagnetische Kraftkompensation)

Die Gewichtskraft der zu bestimmenden Wägemasse wird durch eine, von einem elektrodynamischen Aktor erzeugte und mittels Positionssensorik geregelte Gegenkraft kompensiert. Abb. 10.9 zeigt den Funktionszusammenhang.

Der Systemzusammenhang der mechatronischen EMKK-Waage besteht gemäß Abb. 10.10 im Zusammenwirken von Hebelsystem, Positionssensor, Aktor und Regler (PID, vgl. Abb. 4.9), dargestellt sind auch der Wirk- und Bauzusammenhang.

Funktion und Struktur: Systemtechnische Kombination von Mechanik + Optik + Elektronik + Informatik. Die Wägemasse m bewirkt über ihre Gewichtskraft F = m • g eine kraftproportionale elastische Auslenkung des Wägearms Δl = f(F), die interferenzoptisch bestimmt und mit einer Auswerteelektronik als digitaler Wägewert ausgegeben wird.

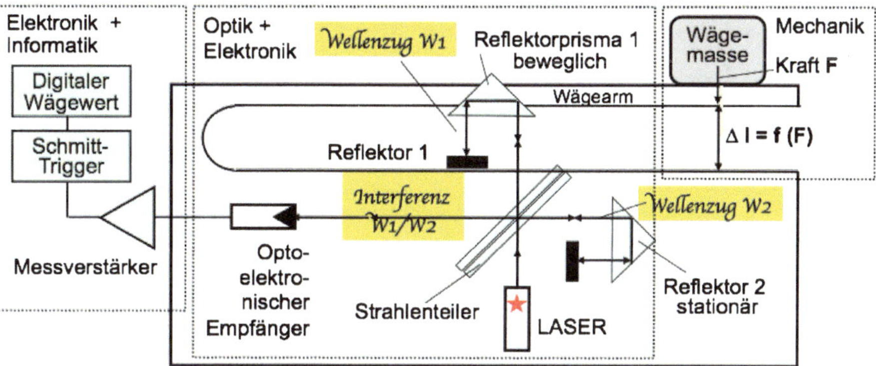

Abb. 10.8 Das interferenzoptische Prinzip der mechatronischen Wägetechnik

Funktionszusammenhang

- Kompensation der zu messenden Gewichtskraft durch eine gleich große Lorentz-Kraft.
- Ein elektrodynamischer Aktor erzeugt durch ein Spulensystem im Feld eines Permanent-magneten, sowie mit Hilfe eines Positionssensors und eines Regelsystems, eine der Gewichtskraft F = f(m) entgegen gerichtete Lorentz-Kraft.
- Der zur Kompensation erforderliche elektrische Strom ist ein Maß für die Gewichtskraft und damit für die Wägemasse.

Gewichtskraft F = f(m)
Permanent-magnet
Elektro-dynamischer Aktor
s
Spulensystem
Strahler
Führung
Optoelektr. Positions -Sensor
(Wheatstone-Brücke)
ΔF(m) ~ ΔU ~ Δl

Abb. 10.9 Funktionsprinzip einer EMKK-Waage und prinzipieller Aufbau

In der technischen Anwendung werden Waagen – gemäß der Terminologie der International Organization of Legal Metrology (OIML) – eingeteilt in: Nicht-selbsttätige Waagen (NSW): Waagen, die das Eingreifen eines Bedieners während des Wägevorgangs erfordern, um ein korrektes Wägeresultat zu erhalten, siehe Abb. 10.11. Die europäische Zulassung von NSW erfolgt auf der Basis der Europäischen Norm EN 45501. *Selbsttätige Waagen (SW):* Waagen, die vorgegebenen Programmen charakteristischer Abläufe folgen und ohne Eingriff eines Bedieners korrekte Wägeresultate erzielen, siehe Abb. 10.12.

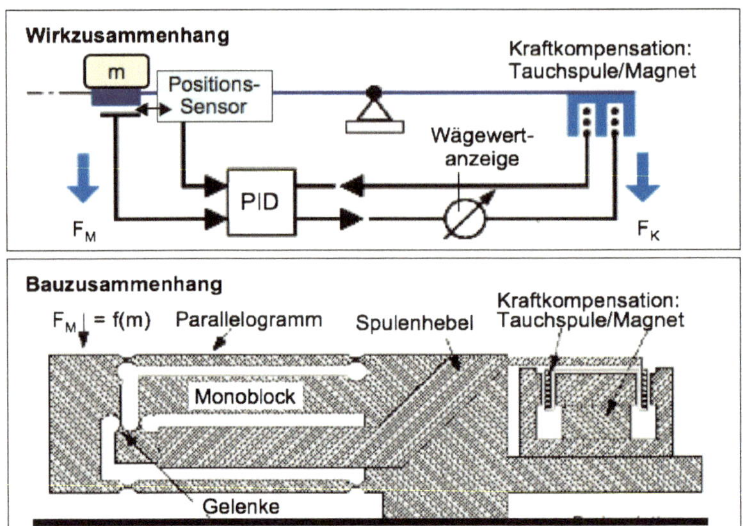

Mechatronische EMKK-Waage: Systemzusammenhang

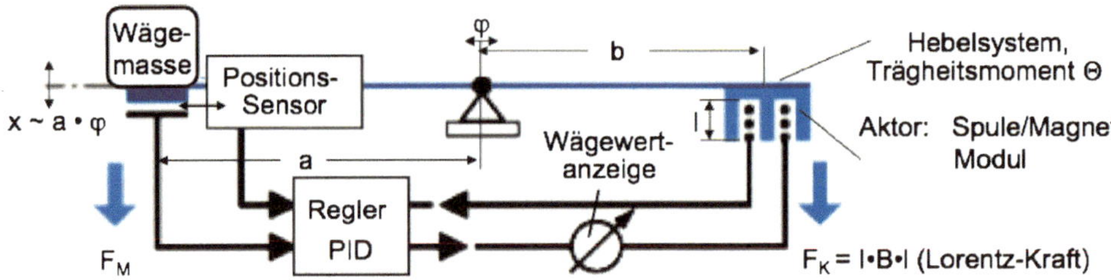

Gleichgewichtsbedingung: $\sum M = 0 \Rightarrow F_M \cdot a = \Theta \cdot \ddot{\varphi} = F_K \cdot b$

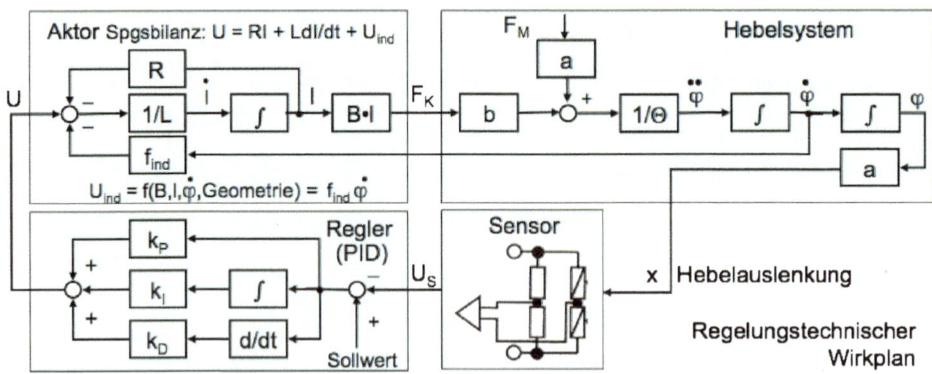

Abb. 10.10 Mechatronische EMKK-Waage: Wirk-, Bau- und Systemzusammenhang

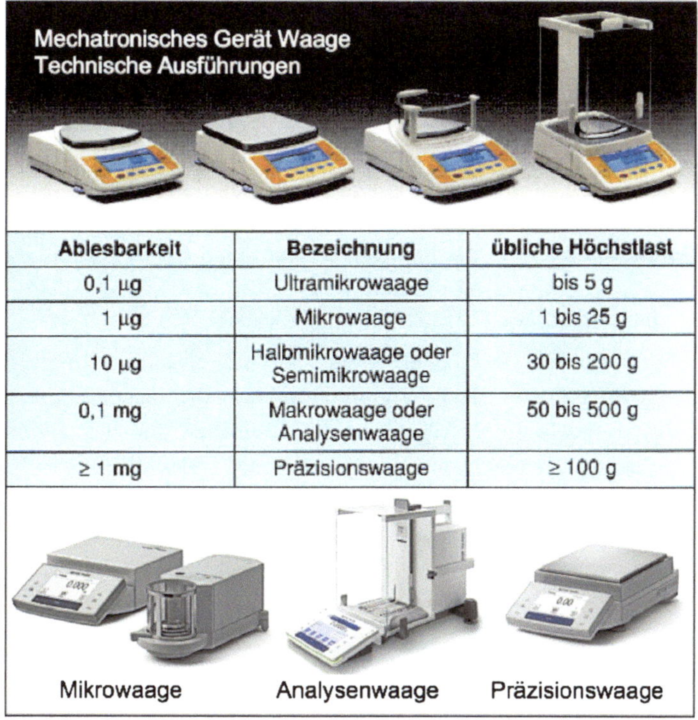

Ablesbarkeit	Bezeichnung	übliche Höchstlast
0,1 µg	Ultramikrowaage	bis 5 g
1 µg	Mikrowaage	1 bis 25 g
10 µg	Halbmikrowaage oder Semimikrowaage	30 bis 200 g
0,1 mg	Makrowaage oder Analysenwaage	50 bis 500 g
≥ 1 mg	Präzisionswaage	≥ 100 g

Abb. 10.11 Technische Ausführung von Analysen- und Laborwaagen

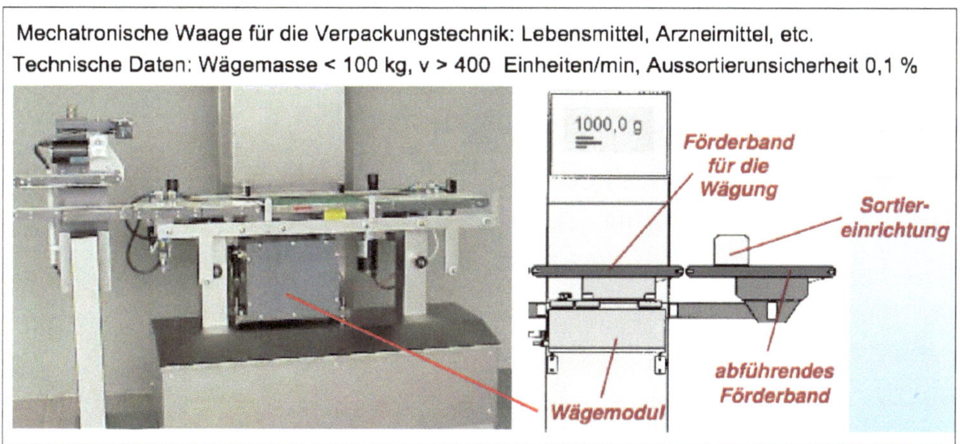

Abb. 10.12 Technische Ausführung eines selbsttätigen Waagensystems

10.3 Mechatronisches Gerät Fotokamera

Fotokameras haben die Aufgabe, speicherbare Bilder eines Objektraumes herzustellen. Die fotografische Abbildung basiert darauf, dass durch Licht beleuchteten Objekte das Licht entsprechend Form und Farbe des Objektes zurückstrahlen und dadurch optisch als Bild dargestellt werden können. Die auf die Bildebene auftreffende Strahlungsenergie löst in Bildspeichermedien chemische oder physikalische Prozesse aus. Kameras sind heute mechatronische Systeme mit optischem Strahlengang, optisch-elektronisch-akustischen sowie taktilen Sensorfunktionen und elektro-mechanischen Aktorfunktionen. Abb. 10.13 zeigt die hauptsächlichen technischen Ausführungen.

Digitalkameras wandeln durch Halbleitersensoren die Licht- und Farbinformation der Abbildung punktweise in elektrische Signale um. Die vom Sensor erzeugten Bildsignale werden ausgelesen und in einem separaten elektronischen Speicher abgelegt. Die Bildinformation ist damit jeder elektronischen Darstellungs- oder Weiterverarbeitungstechnik

Abb. 10.13 Kameratypen. Messsucherkamera (**a**), Digitalkamera (**b**), Spiegelreflexkamera (**c**), Bridge-Kamera *All-in-One* (**d**)

zugänglich. *Spiegelreflexkameras* besitzen im Strahlengang hinter dem Objektiv und vor der Filmebene einen mechanisch schwenkbarer Umlenkspiegel, der das Bild umlenkt. Mittels optischer Umkehrsysteme entsteht – auch bei der Verwendung unterschiedlicher Objektive – ein aufrechtes, seitenrichtiges und parallaxenfreies Bild im Sucher bzw. ein speicherfähiges Bild in der Abbildungsebene.

Die Gesamtfunktion einer Fotokamera, die „Erzeugung eines speicherbaren Bildes", erfordert zahlreiche Teilfunktionen, die durch geeignete Wirkprinzipien und mechatronische Baugruppen technisch zu realisieren sind. Dabei sind unterschiedliche optische, mechanische, elektronische und informationstechnisch Aufgaben zu erfüllen sowie steuer- und regelungstechnisch aufeinander abzustimmen. Abb. 10.14 zeigt an Beispielen von Spiegelreflexkameras die grundlegenden mechanisch-taktilen und optisch-sensorischen Komponenten.

Digitalkameras basieren auf dem in Abb. 10.15 erläuterten Funktionsprinzip der „pixelhaften" Bildspeichertechnik unter Anwendung von Halbleiterspeichern; die Funktionsprinzipien sind in Abschn. 3.3 und die Herstellungstechnik in Abschn. 9.2 dargestellt.

Die Struktur- und Funktionsmodule einer Kamera zeigt zusammenfassend Abb. 10.16.

Die Funktionsdarstellung einer Kamera macht darauf aufmerksam, dass der „Kamera-Output", nämlich Bildspeicherung und Darstellung, durch Störeinflüsse, z. B. durch „Verwacklung" der Kamera während der Aufnahme beeinflusst werden können. Diese Störeinflüsse lassen sich durch mechatronische Verfahren der *Bildstabilisierung* weitgehend eliminieren. Die Prinzipien basieren darauf, dass Verwacklungsbewegungen und die sie kennzeichnenden Geschwindigkeiten und Beschleunigungen durch (Gyro)-Sensoren erfasst und regelungstechnisch durch Aktoren kompensiert werden. Abb. 10.17 zeigt das Prinzip der Anordnung des Sensor-Aktor-Systems der Bildstabilisierung in der Abbildungsoptik einer Kamera.

Neben der objektivseitigen Anordnung kann die Mechatronik der Bildstabilisierung auch im CCD-Empfängersystem angeordnet sein, siehe Abb. 10.18. Die Verwacklungsimpulse werden sensorisch erfasst und der CCD-Empfänger durch elektromagnetische Wechselwirkungen zwischen den Permanentmagneten an der Frontplatte und den Aktorspulen an der CCD-Platte gegenläufig bewegt.

Das in Abb. 10.17 dargestellte mechatronische Prinzip wird heute auch zur Bildstabilisierung in **Ferngläsern** angewendet. Abb. 10.19 zeigt ein geöffnetes Fernglasgehäuse mit den Optikfassungen, den Sensor- und Aktormodulen sowie den elektronischen Regler-Chipelementen. Die Funktion des Bildstabilisierungssystems wird durch den regelungstechnischen Wirkplan erläutert (Grundlagen siehe Kap. 4). Das Prinzip des Wirkplans gilt auch für die in Abb. 10.17 gezeigte Kamera-Bildstabilisierung.

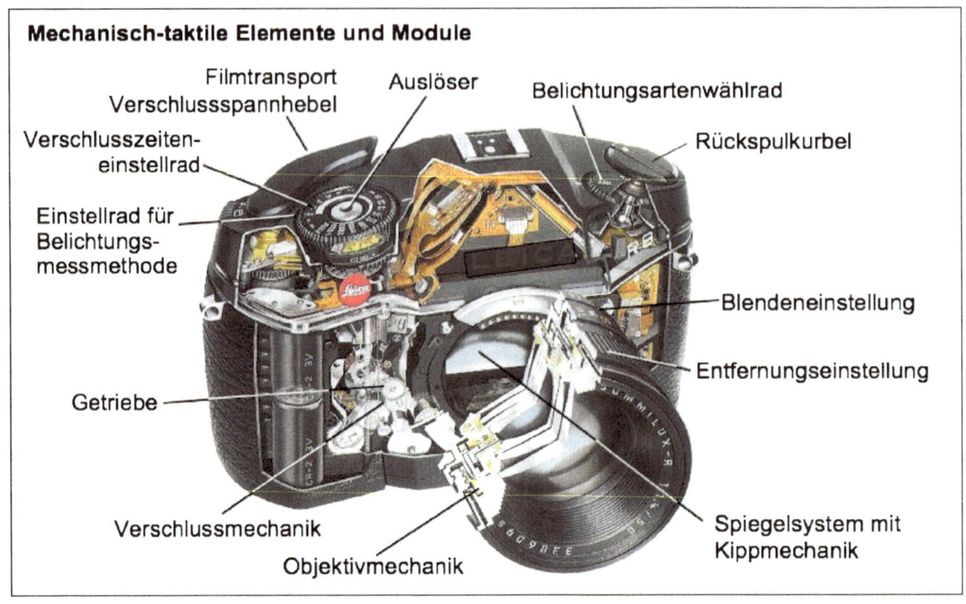

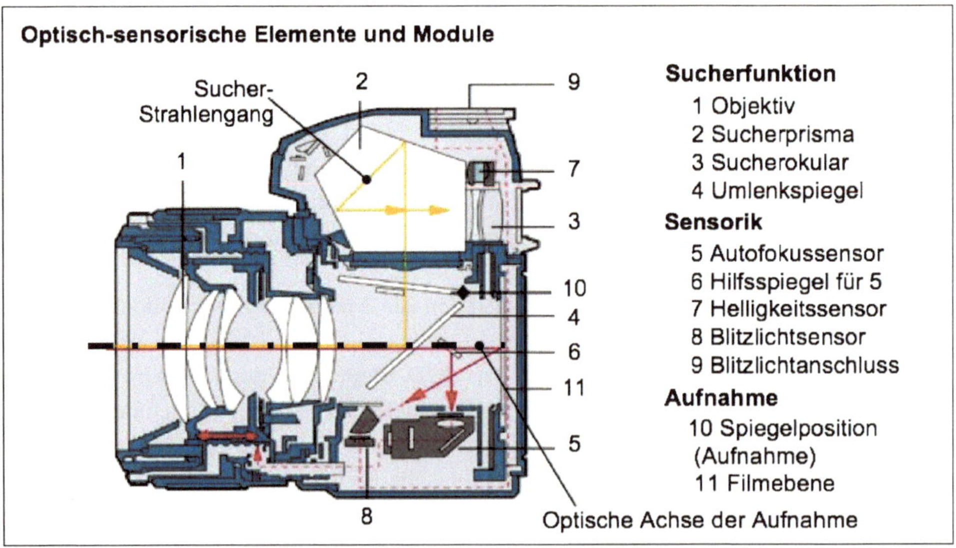

Abb. 10.14 Mechanisch-taktile und optisch-sensorische Elemente von Spiegelreflexkameras

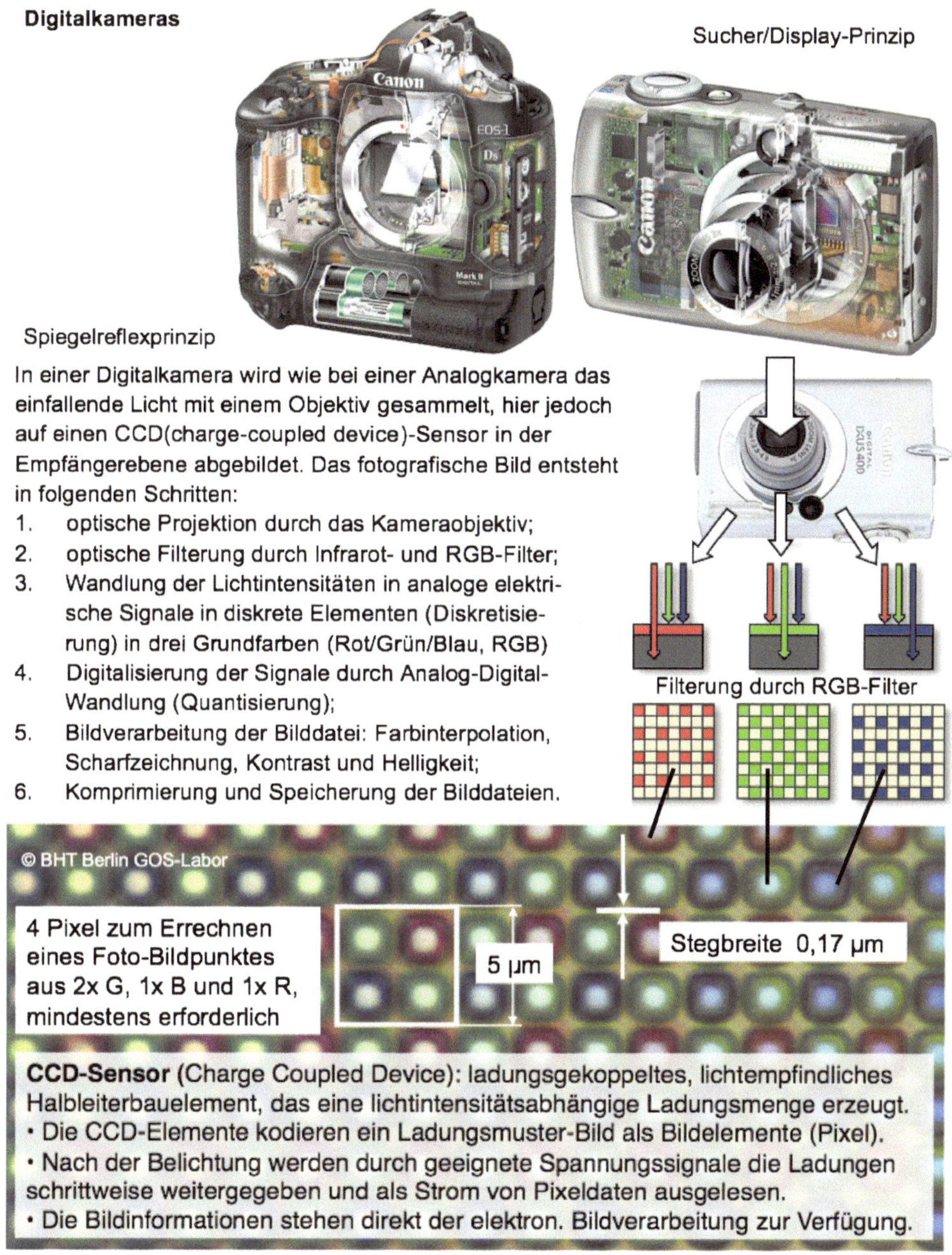

Digitalkameras

Sucher/Display-Prinzip

Spiegelreflexprinzip

In einer Digitalkamera wird wie bei einer Analogkamera das einfallende Licht mit einem Objektiv gesammelt, hier jedoch auf einen CCD(charge-coupled device)-Sensor in der Empfängerebene abgebildet. Das fotografische Bild entsteht in folgenden Schritten:

1. optische Projektion durch das Kameraobjektiv;
2. optische Filterung durch Infrarot- und RGB-Filter;
3. Wandlung der Lichtintensitäten in analoge elektrische Signale in diskrete Elementen (Diskretisierung) in drei Grundfarben (Rot/Grün/Blau, RGB)
4. Digitalisierung der Signale durch Analog-Digital-Wandlung (Quantisierung);
5. Bildverarbeitung der Bilddatei: Farbinterpolation, Scharfzeichnung, Kontrast und Helligkeit;
6. Komprimierung und Speicherung der Bilddateien.

Filterung durch RGB-Filter

© BHT Berlin GOS-Labor

4 Pixel zum Errechnen eines Foto-Bildpunktes aus 2x G, 1x B und 1x R, mindestens erforderlich

5 μm

Stegbreite 0,17 μm

CCD-Sensor (Charge Coupled Device): ladungsgekoppeltes, lichtempfindliches Halbleiterbauelement, das eine lichtintensitätsabhängige Ladungsmenge erzeugt.
• Die CCD-Elemente kodieren ein Ladungsmuster-Bild als Bildelemente (Pixel).
• Nach der Belichtung werden durch geeignete Spannungssignale die Ladungen schrittweise weitergegeben und als Strom von Pixeldaten ausgelesen.
• Die Bildinformationen stehen direkt der elektron. Bildverarbeitung zur Verfügung.

Abb. 10.15 Funktionsprinzip und Speichermedium einer Digitalkamera

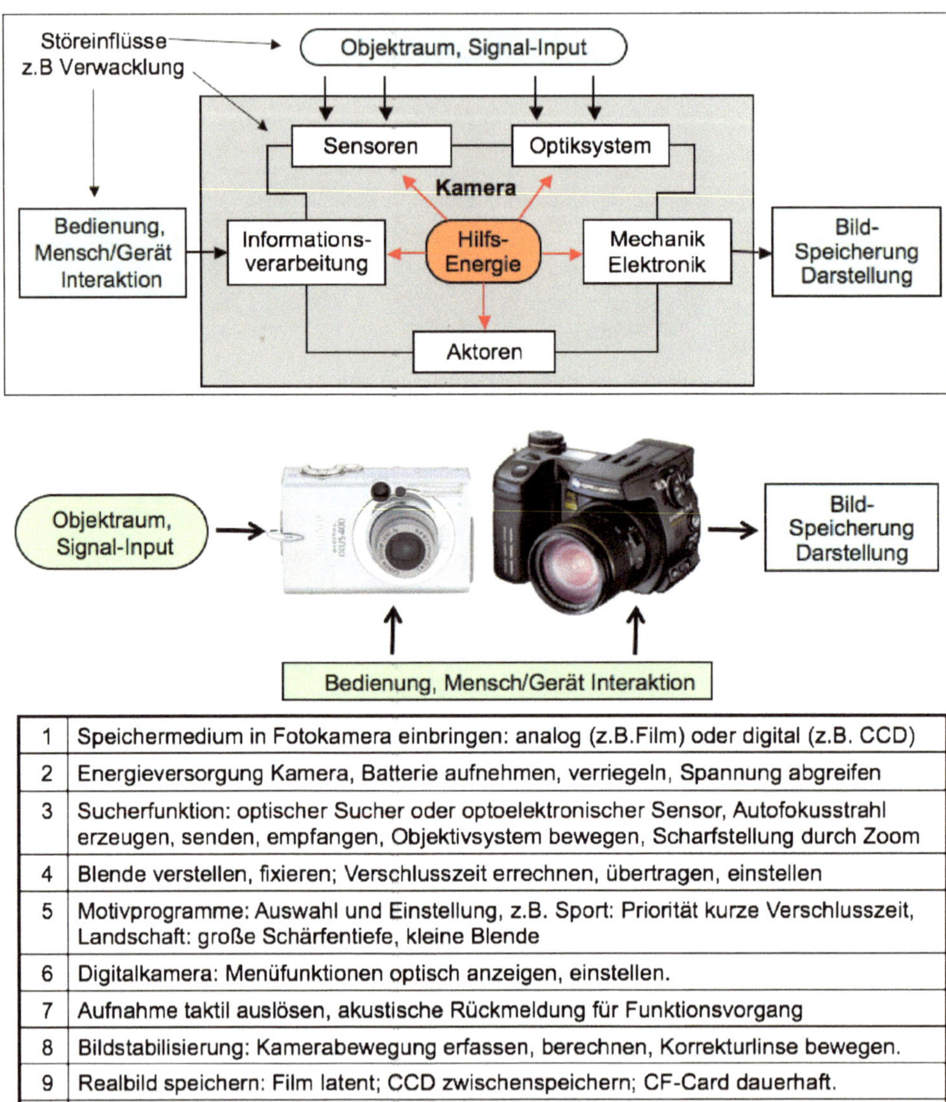

1	Speichermedium in Fotokamera einbringen: analog (z.B.Film) oder digital (z.B. CCD)
2	Energieversorgung Kamera, Batterie aufnehmen, verriegeln, Spannung abgreifen
3	Sucherfunktion: optischer Sucher oder optoelektronischer Sensor, Autofokusstrahl erzeugen, senden, empfangen, Objektivsystem bewegen, Scharfstellung durch Zoom
4	Blende verstellen, fixieren; Verschlusszeit errechnen, übertragen, einstellen
5	Motivprogramme: Auswahl und Einstellung, z.B. Sport: Priorität kurze Verschlusszeit, Landschaft: große Schärfentiefe, kleine Blende
6	Digitalkamera: Menüfunktionen optisch anzeigen, einstellen.
7	Aufnahme taktil auslösen, akustische Rückmeldung für Funktionsvorgang
8	Bildstabilisierung: Kamerabewegung erfassen, berechnen, Korrekturlinse bewegen.
9	Realbild speichern: Film latent; CCD zwischenspeichern; CF-Card dauerhaft.
10	Aufnahmedaten Zeit, Blende, Bild Nr., Blitzfunktion, Film etc., anzeigen und speichern

Abb. 10.16 Blockschaltbild der Struktur- und Funktionsmodule einer Fotokamera

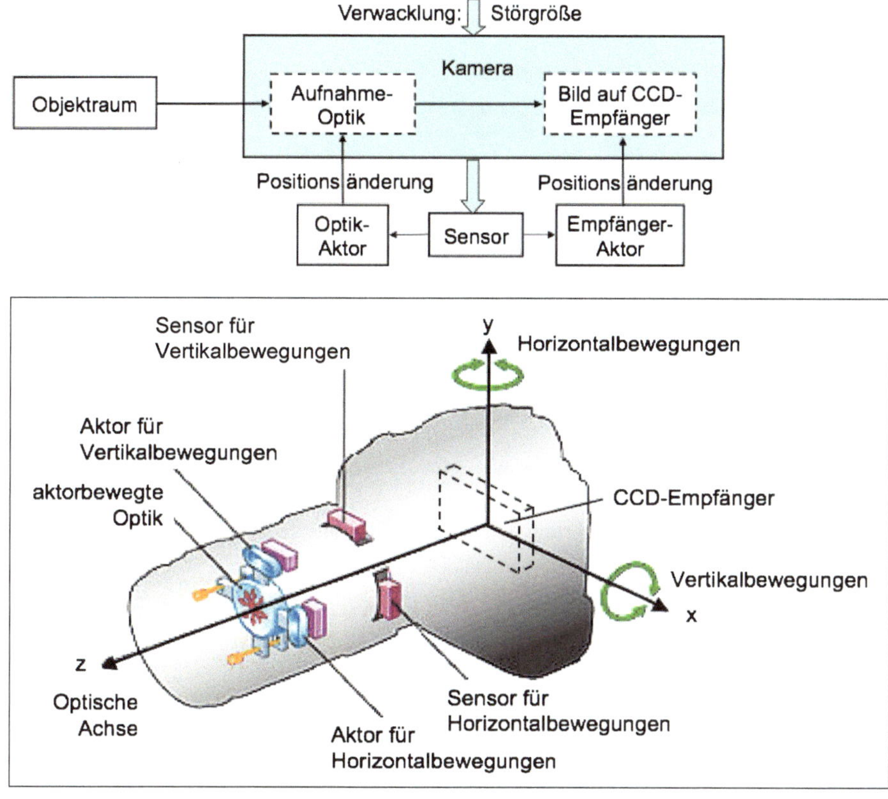

Abb. 10.17 Mechatronisches Bildstabilisierungssystem in der Abbildungsoptik einer Fotokamera

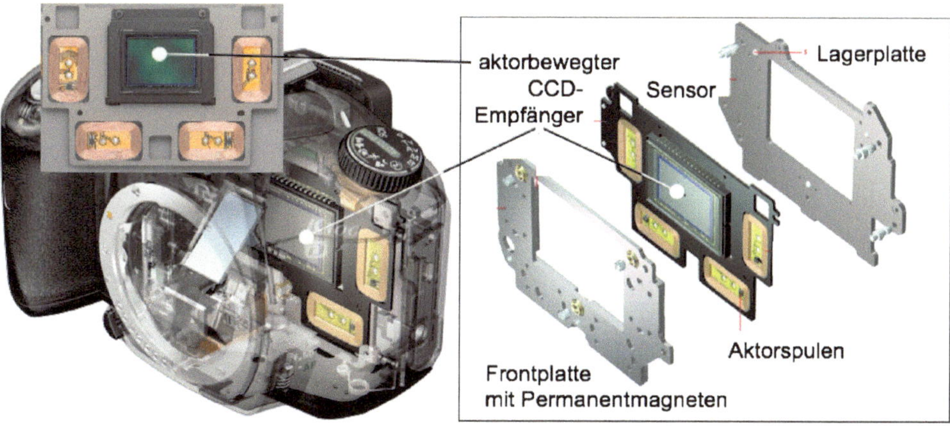

Abb. 10.18 Mechatronisches Bildstabilisierungssystem im CCD-Empfänger einer Fotokamera

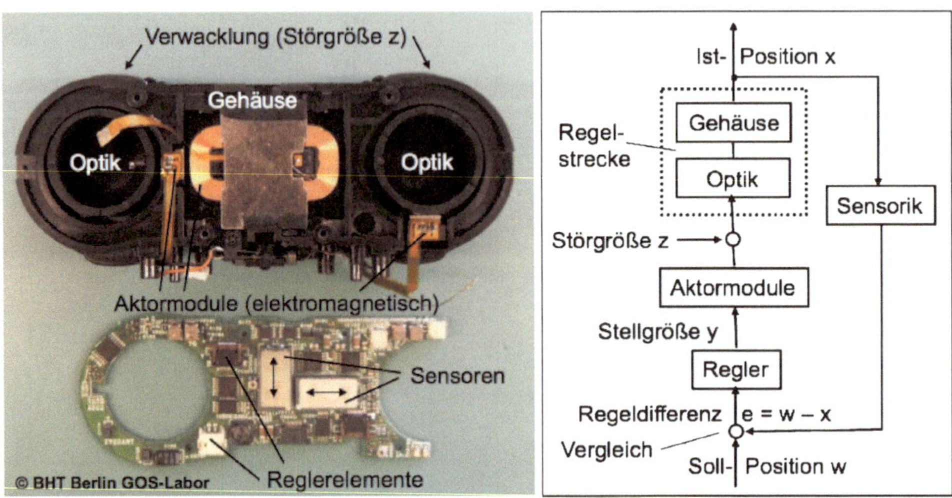

Abb. 10.19 Fernrohr-Bildstabilisierung und regelungstechnischer Wirkplan

Audio-Video-Technik 11

Als Audio-Video-Technik wird die Gesamtheit der Technologien und Verfahren bezeichnet, die es gestattet, Ton- und Bildsignale aufzunehmen, zu speichern und wiederzugeben. Das Prinzip der Audio-Video-Technik basiert auf der Kombination informationstechnischer mit optisch-mechanisch-magnetisch-elektronischen Aufnahme-, Speicher- und Wiedergabetechnologien. Abb. 11.1 zeigt die elementare Aufnahme/-Wiedergabe-Kette und nennt die gebräuchlichen Speichertechnologien in einer vergleichenden Speicherkapazität/Zugriffszeit/Kosten-Graphik.

Die Magnetbandtechnik hat eine breite Speicherkapazität und ist vergleichsweise preiswert, benötigt aber längere Zugriffszeiten. Magnetspeicher und so genannte optische Speicher haben eine für viele Anwendungen interessante Position im Kapazität/Zugriffszeit/Kosten-Diagramm. Halbleiter-Speicher (Dynamic Random Access Memory DRAM) zeichnen sich bei allerdings geringerer Speicherkapazität durch sehr kurze Zugriffszeiten aus, Prinzip und Kenndaten sind in Abschn. 3.3, Abb. 3.9, dargestellt.

Die zeitliche Entwicklung der Speicherdichte und ein Vergleich der Speicherdichte für Magnetspeicher-Festplattenlaufwerke (hard disk drives HDD), Bänder und Halbleiterspeicher zeigt Abb. 11.2. Es ist zu erkennen, dass in den letzten Jahren der Anstieg der Speicherdichte in Festplattenspeichern und Halbliterspeichern geringer geworden ist. Der Grund für diese Verlangsamung der Entwicklung ist, dass physikalische Grenzen bei beiden Arten der Speicherung nahezu erreicht sind, und es immer schwieriger wird, die Speichergröße eines Bits zu verringern.

H. Czichos, *Mechatronik*, https://doi.org/10.1007/978-3-658-26294-5_11

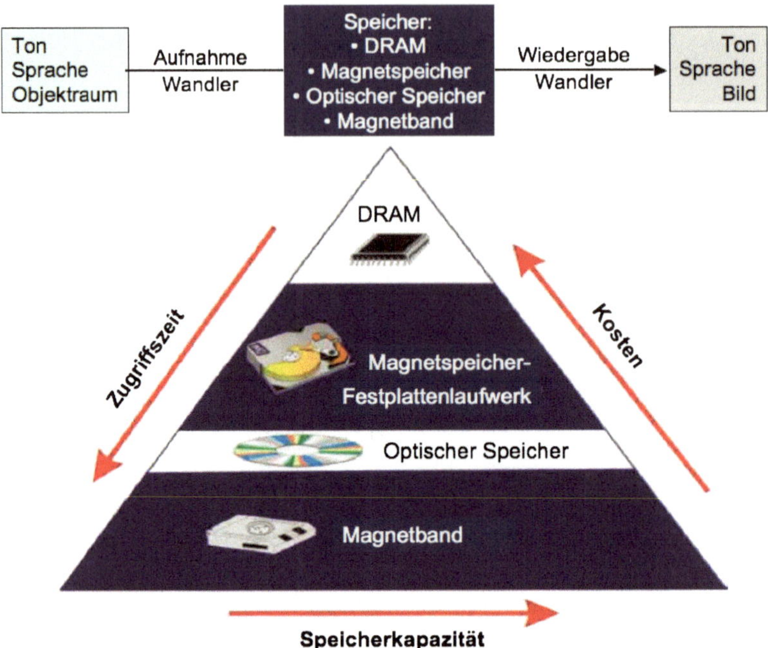

Abb. 11.1 Übersicht über die Audio/Video-Technik und die hauptsächlichen Speichertechniken

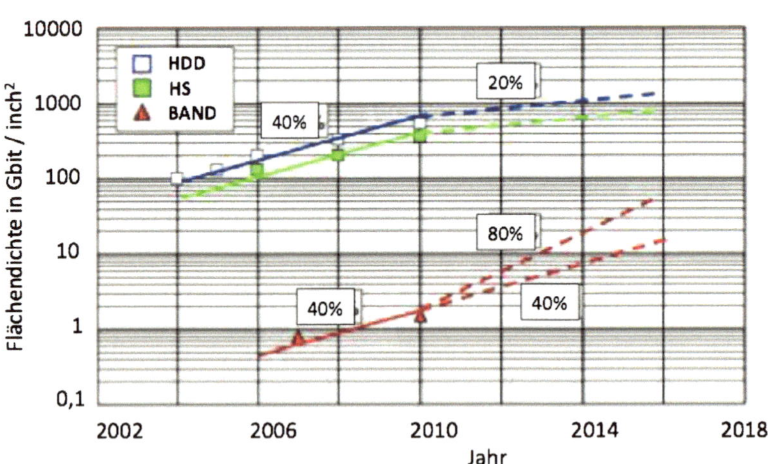

Abb. 11.2 Zeitliche Entwicklung der Speicherdichte der verschiedenen Speichertechniken: Festplattenlaufwerke (HDD), Halbleiterspeicher (HS) und Magnetbänder (BAND) (IEEE Transactions on Magnetics Vol. 48, May 2012)

11.1 Optische Datenspeicher

Bei „optischen Datenspeichern“ werden digitalisierte Informationen in mikrogeometrischer Form auf *Compact Discs (CD)* mittels Lasern „geschrieben“ und „gelesen“, wobei optische Reflexions- und Beugungseigenschaften des Speichermediums genutzt werden. Eine CD besteht aus einer Polycarbonat-Scheibe, die auf der Labelseite mit einer Schutzschicht und auf der Abspielseite mit einer spiegelnden Aluminium-Schicht versehen ist, siehe Abb. 11.3.

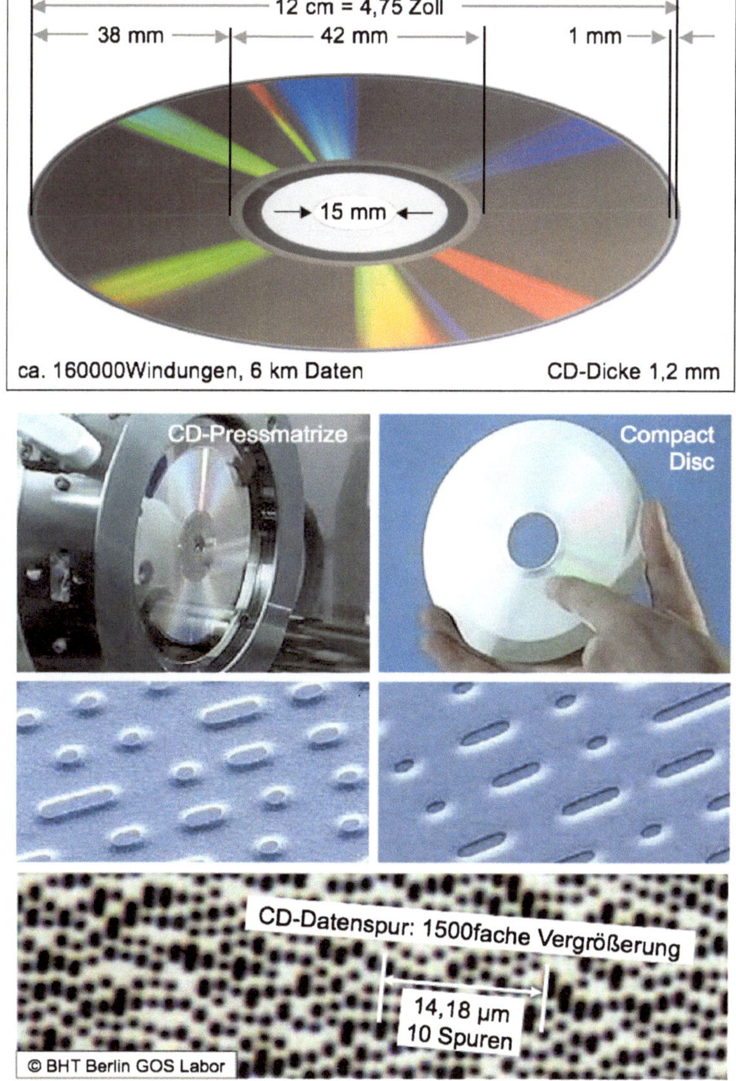

Abb. 11.3 Die Compact Disc (CD) mit ihren standardisierten Abmessungen, die CD-Pressmatrize und die Datenspur einer CD

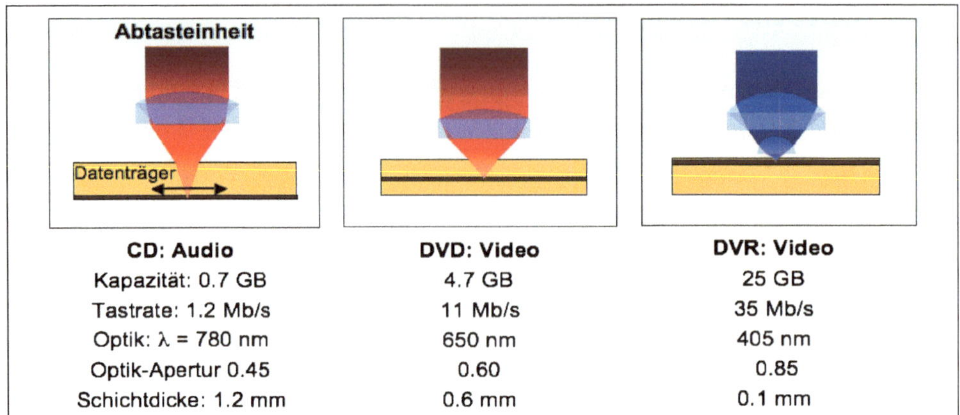

Abb. 11.4 Datenträger der Audio-Video-Technik und ihre technischen Kenndaten

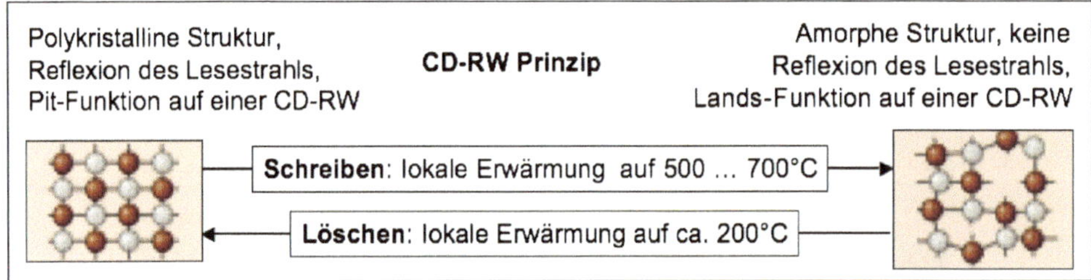

Abb. 11.5 Funktionsprinzip und Struktur einer CD-RW (compact disc re-writeable)

Die digitalisierten Ton- oder Bildinformationen sind – gesehen von der Abspielseite – in einer spiralförmigen Datenspur mikrogeometrisch als „Pits“ und „Lands“ gespeichert. Informationstechnisch entsprechen Pits oder Lands der binären 0 und Wechsel zwischen Pits und Lands der binären 1. Die optischen Datenträger der Audio-Video-Technik werden – ausgehend von einem mittels Lasertechnik gebrannten „CD-Master“ – durch die in Abschn. 9.2 beschriebene Spritzgusstechnik hergestellt. Abb. 11.3 zeigt das Prägeprofil einer CD-Pressmatrize und die sich durch die Pressung ergebende Compact-Disc-Abformung sowie die digitalmikroskopisch aufgenommene Datenspur.

Optische Plattenspeichermedien mit einer gegenüber der CD-Technik höheren Speicherkapazität sind die Techniken der *DVD, Digital Versatile Disc* und der DVR, *Digital Video Recorder.* In Abb. 11.4 sind die technischen Kenndaten der verschiedenen Speichermedien zusammengestellt.

CD-R (compact disc recordable) sind beschreibbare CDs, die mit handelsüblichen Brennern, die heute meist integrale Bestandteile von Computern sind, beschrieben werden können. CD-RW (compact disc re-writeable) sind wiederbeschreibbare und löschbare CDs. Bei ihnen werden die 0-1-Bit-Informationen nicht mikro-*geometrisch* sondern mikro-*strukturell* „gebrannt“ und „gelesen“. Das Prinzip ist stichwortartig in Abb. 11.5 dargestellt. Die Anwendung von CD-R und DC-RW erfordert auch die Verwendung der technisch zugehörigen Schreib- und Lesetechniken.

11.2 CD-Player und DVD-Player

Bei einem CD/DVD-Player werden die Datenspur-Informationen mechanisch berührungslos durch eine Laser-Abtasteinheit bei Rotation der CD/DVD und gleichzeitigem radialen Vorschub der Abtasteinheit mit einem Schlitten-Servo von innen nach außen abgetastet, siehe Abb. 11.6. Die optische Weglänge l in der CD-Polycarbonatscheibe (optische Brechzahl $n = 1{,}585$) ist $l = n \cdot s$.; s bezeichnet die geometrische Weglänge.
Zum Auslesen der Daten aus der CD fokussiert eine Abtastoptik den Laserstrahl ($\lambda = 780\,\text{nm}$) auf die CD-Datenspur. Pits und Lands haben eine zur Laserstrahl-Interferenz-Auslöschung führende Höhendifferenz von $\Delta = (\lambda/4)/n = 0{,}12\,\mu\text{m}$. Der Wechsel von Pits und Lands wird somit im Fotodetektor als Dunkel/Hell-Wechsel (Bit „1“) detektiert. Die Laserstrahlreflexion an einzelnen Pits oder Lands liefert Bits „0“. Es resultiert ein serieller 1-0-Datenstrom (Daten-Output), der einem Fotodetektor zugeleitet wird. Um bei gleicher Pit-Länge eine konstante Taktgeschwindigkeit v zu erzielen, muss gemäß $v = \omega \times r$ die Winkelgeschwindigkeit ω der CD entsprechend der Laserposition r geregelt oder eine informationstechnische Datenegalisierung vorgenommen werden. Den Aufbau eines CD-Players zeigt Abb. 11.7.

Zur vertikalen Fokussierung und lateralen Ausrichtung des abtastenden Laserstrahls auf der Datenspur ist die Abtast-Optik in einem dynamischen Zwei-Achsen-Fokus/Tracking-Servo geführt. Er erhält seine regelungstechnischen Korrektursignale von einem 4-Segment-Fotodetektor. Das Funktionsprinzip erläutert Abb. 11.8.

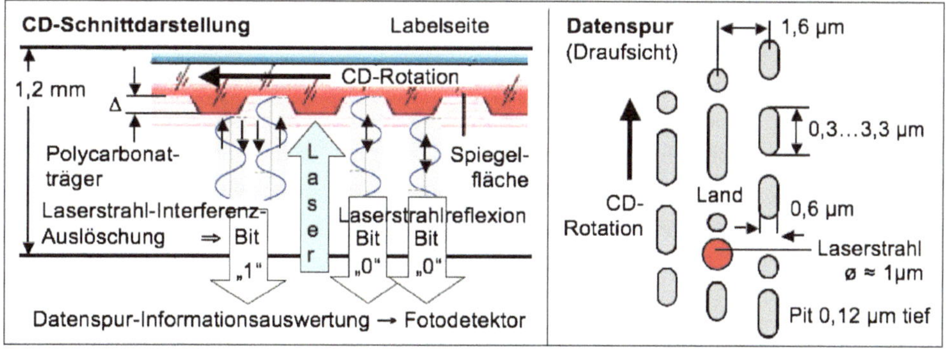

Abb. 11.6 Querschnitt und Datenspur einer CD

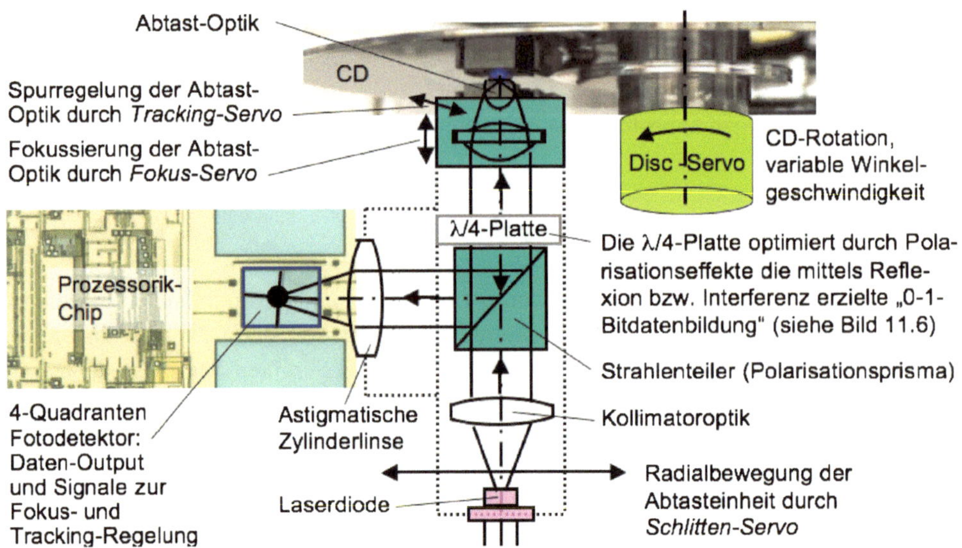

Abb. 11.7 Funktionsprinzip, Strahlengang und Module eines CD-Players

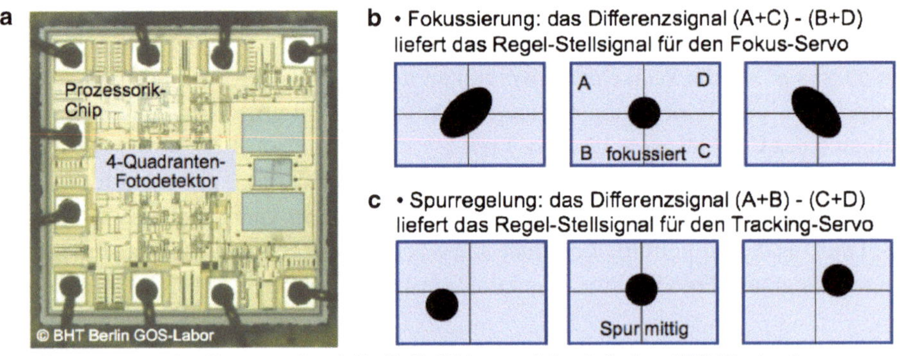

Abb. 11.8 Prinzip des Fotodetektors eines CD-Players

- Fokussierung (Abb. 11.8b): Bei vertikaler Defokussierung liefert die astigmatische Zylinderlinse (siehe Abb. 11.7) ein elliptisches Signal für die Fokusregelung.
- Spurregelung (Abb. 11.8c): Der spurabtastende Laserstrahl wird an einem optischen Gitter in der Linse gebeugt und die bei nicht „mittiger Lage“ des Laserstrahls in der Datenspur auftretende Signalunsymmetrie mit dem 4-Quadranten-Fotodetektor erfasst und als regelungstechnisches Signal einem Aktor zugeführt.

Wie in Abb. 11.8 erläutert, liefert der 4-Quadranten-Fotodetektor die regelungstechnischen Signale für Fokussierung und Spurregelung der Abtast-Optik. Mit dem

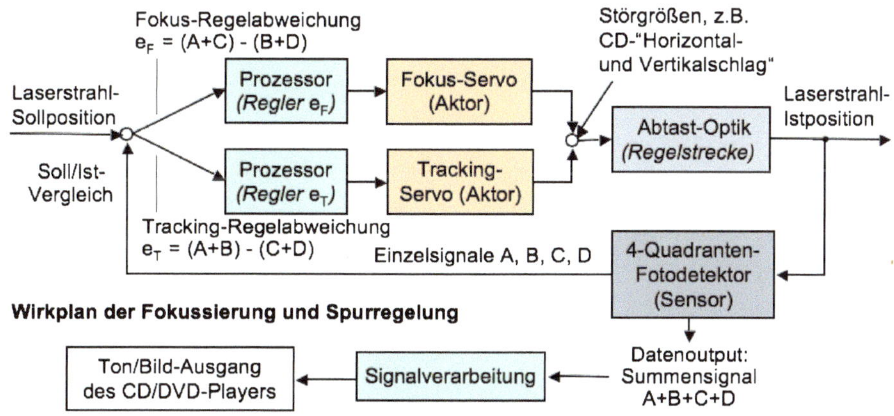

Abb. 11.9 Blockschaltbilddarstellung der Funktionsabläufe in einem CD-Player

Summensignal A + B + C + D des Auslesens der in der Pit/Land-Struktur gespeicherten Daten gibt er gleichzeitig den Datenoutput für den Ton/Bild-Ausgang des CD/DVD-Players. Der prinzipielle Funktionsablauf ist in Abb. 11.9 wiedergegeben.

Die konstruktive Gestaltung der CD-Player-Module *Abtast-Optik, Fokussierung* und *Spurregelung* zeigt Abb. 11.10. Die unterhalb der CD oder DVD angeordnete Abtast-Optik ist in einer elastischen Drahtführung (Prinzip der kinematischen Parallelkurbel) gehalten und kann durch die aktorische Wirkung der Magnet/Spulen-Systeme (magnetische Flussdichte B) des Fokus/Tracking-Servos sowohl horizontal (Tracking) als auch vertikal (Fokussierung) regelungstechnisch bewegt werden.

Die automatische Fokussierung der Laserstrahlabtastung der CD/DVD-Datenspur basiert auf dem in Kap. 6 (vgl. Abb. 6.4) beschriebenen elektrodynamischen Aktorprinzip der *mechatronischen Elementarmaschine.* Der aus diesem Prinzip ableitbare Wirkplan für den Fokussier-Regelkreis eines CD-Players ist Abb. 11.11 dargestellt. Eingangssignal U_e für den **Fokussier-Regelkreis** ist die von dem 4-Quadranten-Fotodetektor (Abb. 11.8) gelieferte Fokus-Regelabweichung $e_F = (A + C) - (B + D)$, siehe Abb. 11.9. Sie bewirkt mittels des in Abb. 11.10 abgebildeten Fokus-Servo gemäß Wirkplan von Abb. 11.11 die korrekte Position der Datenspur-Abtasteinheit in der Fokus-Achse z.

Der Wirkplan für die **Radialpositionierung** – die durch einen Tracking-Aktor für kleine Auslenkungen und durch den Schlitten-Servo für große Auslenkungen über mehrere Datenspuren hinweg durchgeführt wird – ist in Abb. 11.12 dargestellt.

Die konstruktive Ausführung des Tracking-Aktors zeigt Abb. 11.10 und die Modul-Elemente des Schlitten-Servos sind in Abb. 11.13 abgebildet.

Kompakte Geräte verwenden als Abtasteinheit eine so genannte FOP-Optik (Flat Optical Pick-up), siehe Abb. 11.14. Bei der FOP-Technik wird durch ein Umlenkprisma (Abb. 11.14 unten rechts) der in Abb. 11.7 dargestellte Strahlengang „horizontal geklappt“ und dadurch eine raumsparende konstruktive Gestaltung erreicht.

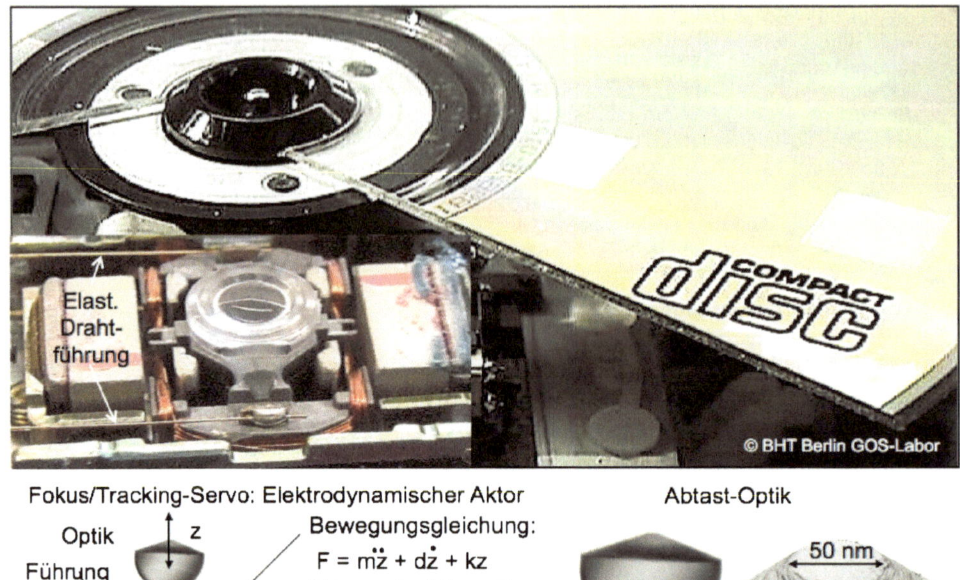

Abb. 11.10 Die CD-Player-Module der Abtast-Optik, Fokussierung und Spurregelung

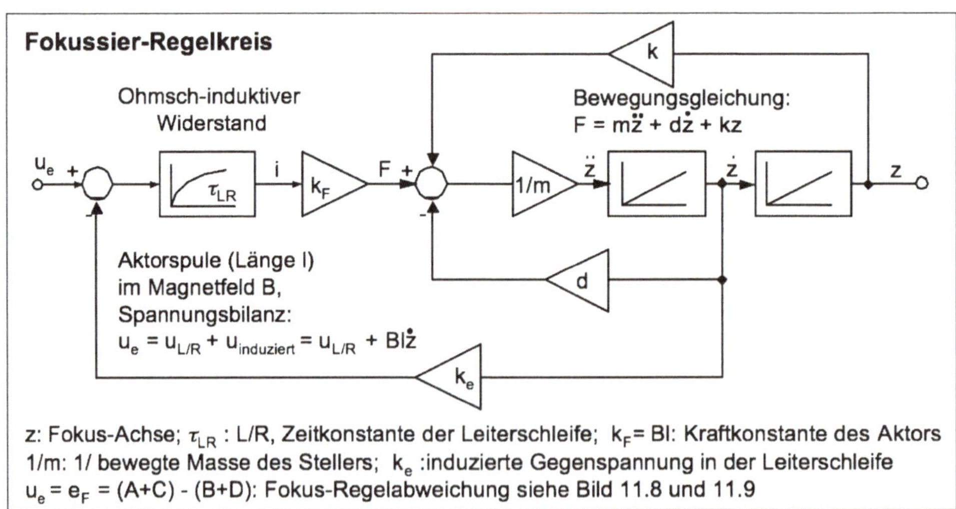

Abb. 11.11 Der elektromechanische Wirkplan für die Fokussierung eines CD-Players

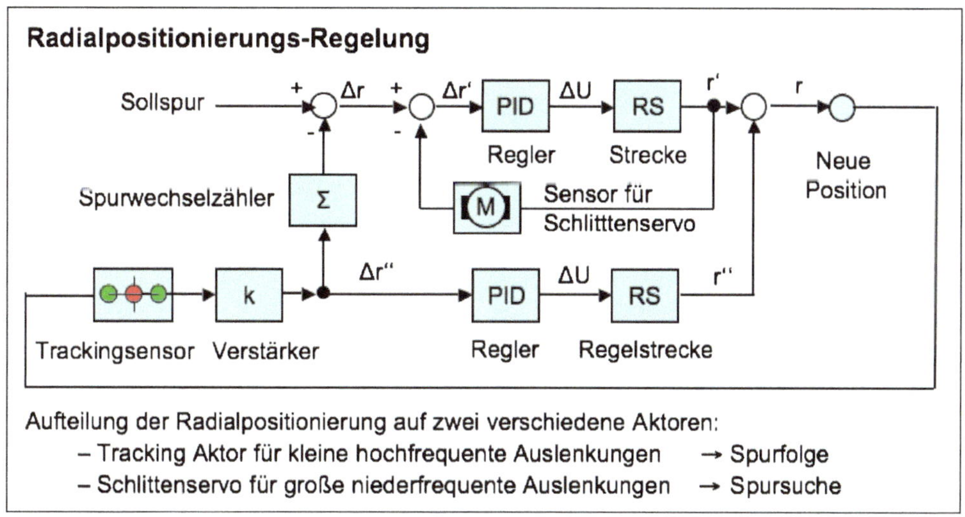

Abb. 11.12 Der elektromechanische Wirkplan für die Radialpositionierung eines CD-Players

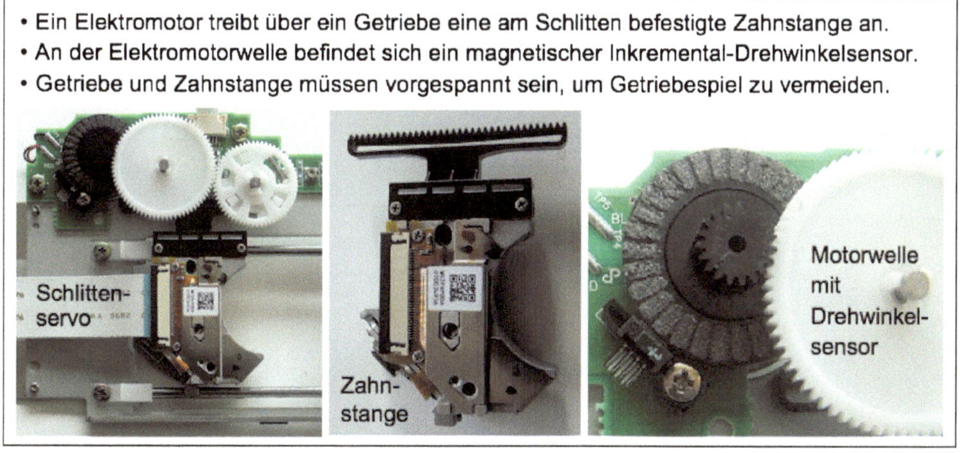

Abb. 11.13 Der Schlitten-Servo eines CD-Players zur Radialbewegung der Laser-Abtasteinheit

Ergänzend zu dem in Abb. 11.7 dargestellten Funktionsprinzip des mechatronischen Systems CD/DVD-Player ist der Funktionszusammenhang zusammenfassend als Blockschaltbild in Abb. 11.15 dargestellt.

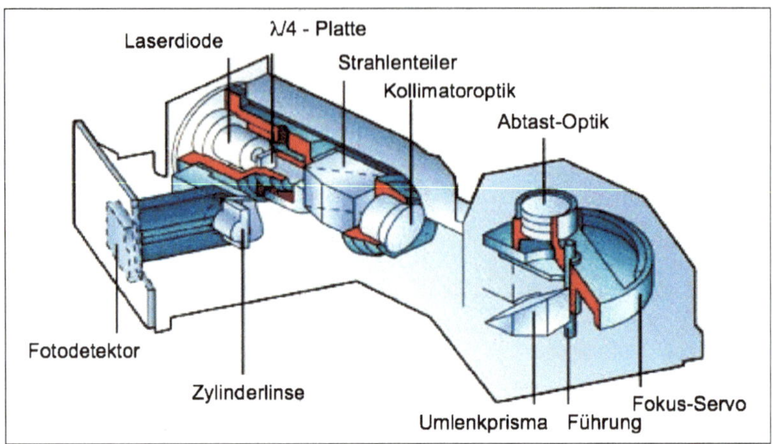

Abb. 11.14 Abtasteinheit eines CD-Players in FOP-Bauweise

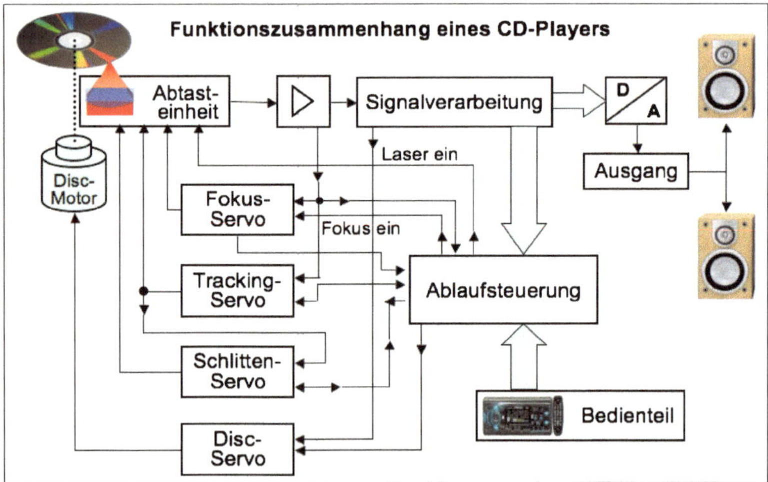

Abb. 11.15 Aufbaumodule und Funktionszusammenhangs eines CD/DVD-Players

Computertechnik 12

Computer sind als „programmierbare Rechengeräte" (lat. *computare* berechnen) heute von zentraler Bedeutung für die Informationsverarbeitung und Informationsdarstellung in Wissenschaft, Technik, Wirtschaft und Gesellschaft. Beispiele reichen von den vielfältigen Personal Computern bis hin zu Supercomputern für die Verkehrstechnik, die Klimaforschung und die Medizintechnik.

Die Funktion von Computern basiert auf dem Zusammenwirken geeigneter Programme (Software) und gerätetechnischer „Hardware" nach der „Von-Neumann-Architektur". In der Computertechnik, die heute magnetische Speichermedien verwendet, sind für die Datenaufzeichnung und Datenwiedergabe mechanische Bewegungsvorgänge zwischen dem Speichermedium und der Schreib/Leseeinheit erforderlich. Damit hat das mechatronische System *Festplattenlaufwerk (hard disc drive, HDD)* eine bedeutende Funktion in der Computerarchitektur, siehe Abb. 12.1.

12.1 Magnetische Datenspeicher

Die magneto-mechanische Datenspeichertechnik basiert physikalisch auf der „0-1-Magnetisierung" von Mikrodomänen. Technisch erforderlich sind Datenkodierung und Partitionierung des Speichermediums sowie eine Relativbewegung von Schreib/Lesekopf und Speichermedium. Eine schematische Darstellung des Schreib- und Lesevorgangs zeigt Abb. 12.2. Beim Schreibvorgang wirkt der Schreibkopf als Elektromagnet. Der Schreibkopf magnetisiert im Rhythmus der 0-1-Informationssequenz das kleinkörnige Speichermedium in Form kleiner Permanentmagnete mit unterschiedlicher Orientierung. Beim Lesen bewirken die kleinen Permanentmagnete des rotierenden Speichermediums im stationären Lese-Sensor die Induktion von Lese-Spannungsimpulsen, die als Lese-Strom im Binärcode ausgegeben werden. Bei einem erneuten Schreibvorgang wird das

H. Czichos, *Mechatronik*, https://doi.org/10.1007/978-3-658-26294-5_12

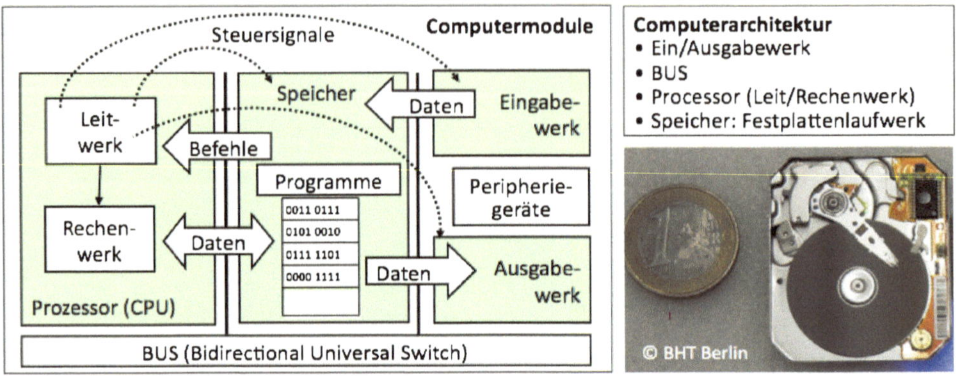

Abb. 12.1 Prinzipdarstellung eines Computers

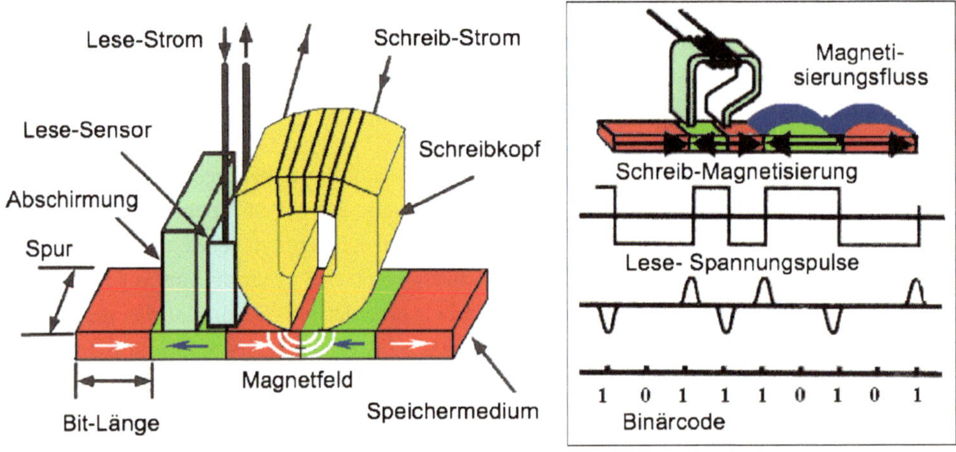

Abb. 12.2 Funktionsprinzip der magneto-mechanischen Datenspeichertechnik

Speichermedium „überschrieben", d. h. die kleinen Speicher-Permanentmagnete werden entsprechend der neuen 0-1-Sequenz neu ausgerichtet.

Das in Abb. 12.2 gezeigte Prinzip der Magnetspeicherung ist seit 2005 vom „in-plane" oder „horizontalem" Recording zum out-of-plane oder „perpendicular" Recording (PMR) übergegangen. Abb. 12.3 zeigt das Funktionsprinzip der vertikalen magnetischen Datenaufzeichnung. Der Lese-Sensor basiert auf dem quantenmechanischen GMR (Giant Magneto Resistance)-Effekt (Physik-Nobelpreis 2007, siehe Abb. 3.10). Mit einem GMR-Sensor kann die unterschiedliche Orientierung der Magnetisierung mit hoher Empfindlichkeit als Widerstandsänderung detektiert werden.

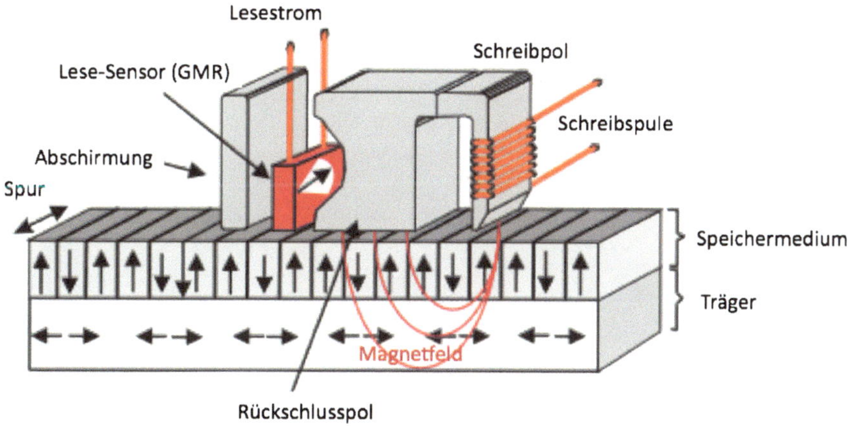

Abb. 12.3 Funktionsprinzip der vertikalen magnetischen Datenaufzeichnung

12.2 Mechatronisches System Festplattenlaufwerk

Ein typisches Festplattenlaufwerk besteht aus einer Anzahl von Platten, dem Magnetkopf am freien Ende der Aufhängefeder (suspension) und dem Schwingarm-Aktor, der den Kopf über die Festplatte bewegt. In Festplattenspeichern ist der Magnetkopf aerodynamisch über der Festplatte gelagert. Der Aufbau eines Festplattenlaufwerks mit Federarm, Schreib/Lesekopf, Antrieb und die Schichtstruktur einer magnetischen Speicherscheibe sind in Abb. 12.4 dargestellt.

Das Substrat der Festplatte besteht aus Aluminium oder Glas. Auf einer dünnen Zwischenschicht wird die Magnetschicht (Co, Pt, Cr, etc.) durch Kathodenzerstäubung (sputtering) aufgetragen. Eine dünne, Abnutzung verhindernde Kohlenstoffschicht schützt die Magnetschicht. Auf der Kohlenstoffschicht ist ein dünner Ölfilm aus perfluoriniertem Polyether aufgetragen, welcher die Kohlenstoffschicht und die Magnetschicht schützt.

Für eine hohe Speicherdichte muss der Schreib/Lese-Kopf möglichst dicht – aber durch einen Luftspalt aerodynamisch getrennt – über die Festplatte geführt werden. Die erforderliche „HDD-Aerodynamik“ ist durch geeignete konstruktive Gestaltung des Systems und passende operative Variable zu realisieren, siehe Abb. 12.5.

12.3 Mikromechanik und Tribologie in Festplattenlaufwerken

In systemtechnischer Betrachtung ist ein Festplattenlaufwerk ein tribologisches System (vgl. Abschn. 7.3). Es besteht aus den Komponenten 1) Lese/Schreibkopf, auch kurz Magnetkopf genannt; 2) Speichermedium; 3) Luftfilm, siehe Abb. 12.6.

Der Ruhezustand des HDD-Systems ist gekennzeichnet durch die Mikro-Kontaktmechanik. Aufgrund der Magnetkopfkontur ergibt sich eine Kontaktdruckverteilung (siehe Abb. 12.6e)

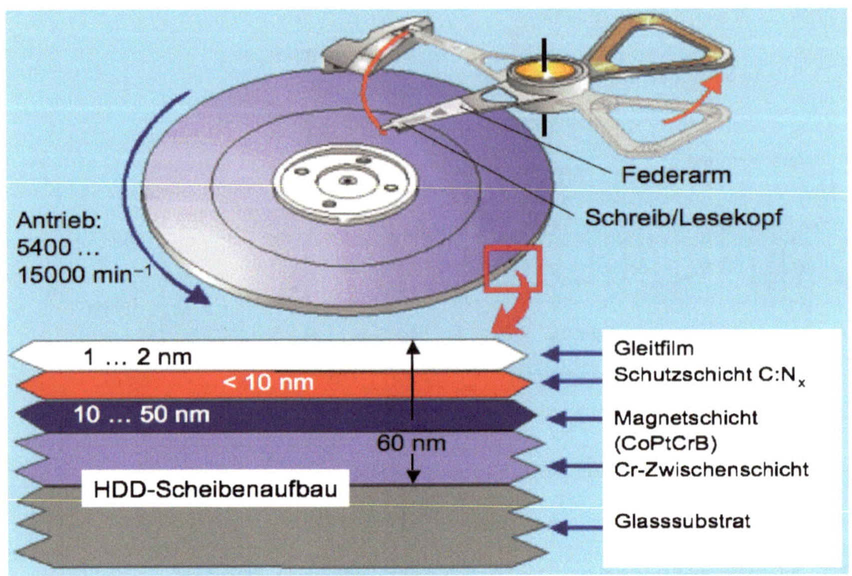

Abb. 12.4 Aufbau eines Festplattenlaufwerks

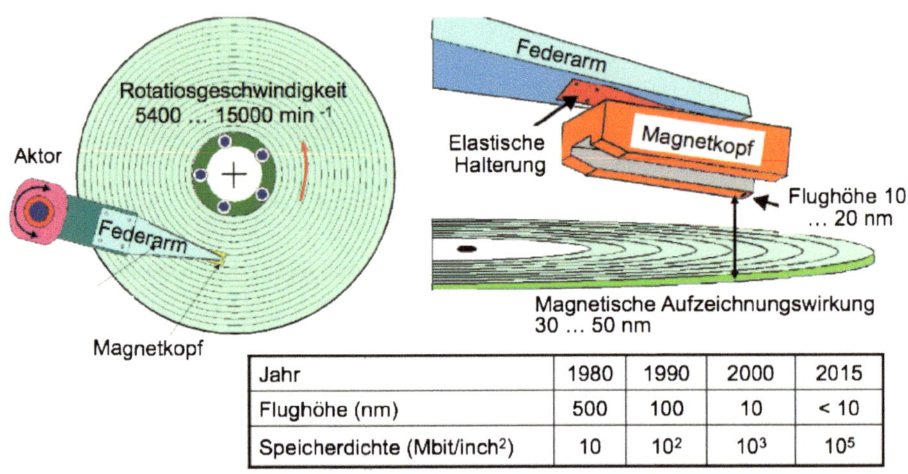

Jahr	1980	1990	2000	2015
Flughöhe (nm)	500	100	10	< 10
Speicherdichte (Mbit/inch^2)	10	10^2	10^3	10^5

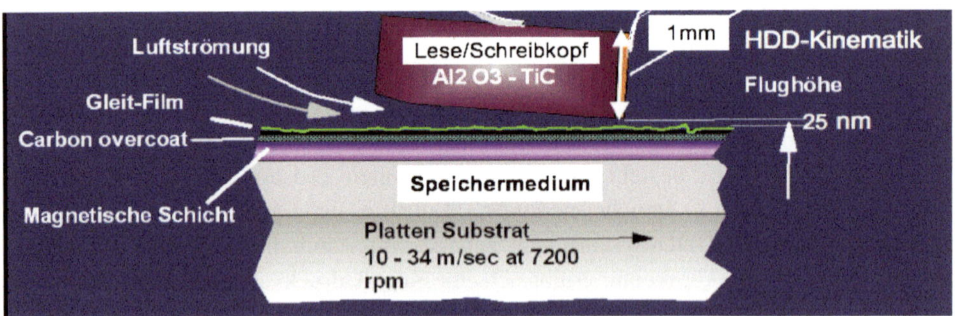

Abb. 12.5 Funktionsprinzip, Kenndaten und Kinematik eines Festplattenlaufwerks

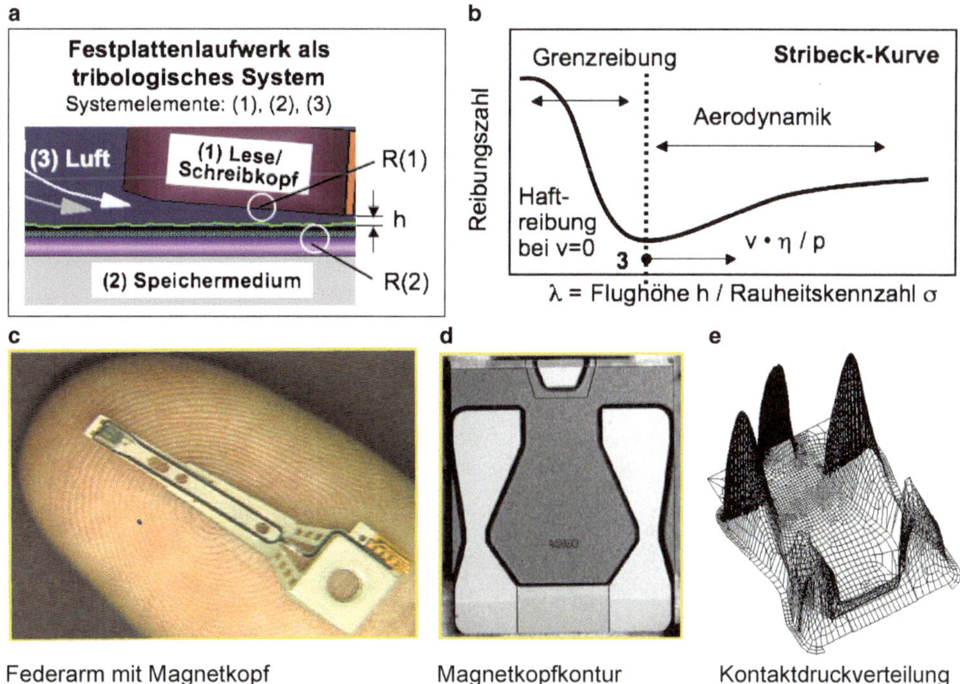

Abb. 12.6 Die tribologischen Komponenten eines Festplattenlaufwerks und die Stribeck-Kurve

über dem Magnetkopf mit einer resultierenden Gesamtkraft, die mit der Vorspannkraft der Aufhängefeder im Gleichgewicht ist.

Im Betriebszustand hat das tribologische System diese Kennzeichen:

- Bei jedem Start-Lande-Zyklus durchläuft das System die „Stribeck-Kurve".
- Bei niedriger Rotationsgeschwindigkeit v ist der Lese/Schreibkopf (1) in Kontakt mit dem Platten-Speichermedium (2); es liegt Grenzreibung vor.
- Bei höherer Rotationsgeschwindigkeit trennt die Aerodynamik (1) von (2).
- Die Flughöhe h des aerodynamischen Fliegens wird bestimmt durch die Reynolds-Gleichung für kompressible Strömungen. Parameter: Auflagedruck p, Längs- und Quergeschwindigkeit, Viskosität η, Knudsenzahl.
- Die berührungslose Funktion eines Festplattenlaufwerks erfordert, dass gilt: $\lambda = (\text{Flughöhe } h / \text{Rauheitskennzahl } \sigma) > 3$; die Rauheitskennzahl $\sigma = f\,[R(1), R(2)]$ ist durch geeignete Rauheiten R(1) und R(2) dementsprechend zu optimieren.

Während der Schreib- und Leseoperation eines Festplattenspeichers fliegt der Magnetkopf über die Festplatte ohne die Platte zu berühren. Wird der Computer ein- oder ausgeschaltet, läuft der Kopf entweder auf der Platte an oder aus und hat Kontakt mit der Festplatte (Kontakt Start-Stop), oder es wird ein besonderer Start/Landebereich vorgesehen. Der Reibungskoeffizient zeigt beim Start- und Stoppbetrieb „Haftreibungs-Peaks“, sie können durch Optimierung der Magnetkopfgestaltung und der Oberflächenrauheit beeinflusst werden, siehe Abb. 12.7.

Zur Funktionsoptimierung von Festplattenlaufwerken werden auch Finite-Elemente-Methoden eingesetzt. Abb. 12.8 illustriert dies für Beispiele der Untersuchung von Computer-Störeinflüssen und der HDD-Systemgestaltung.

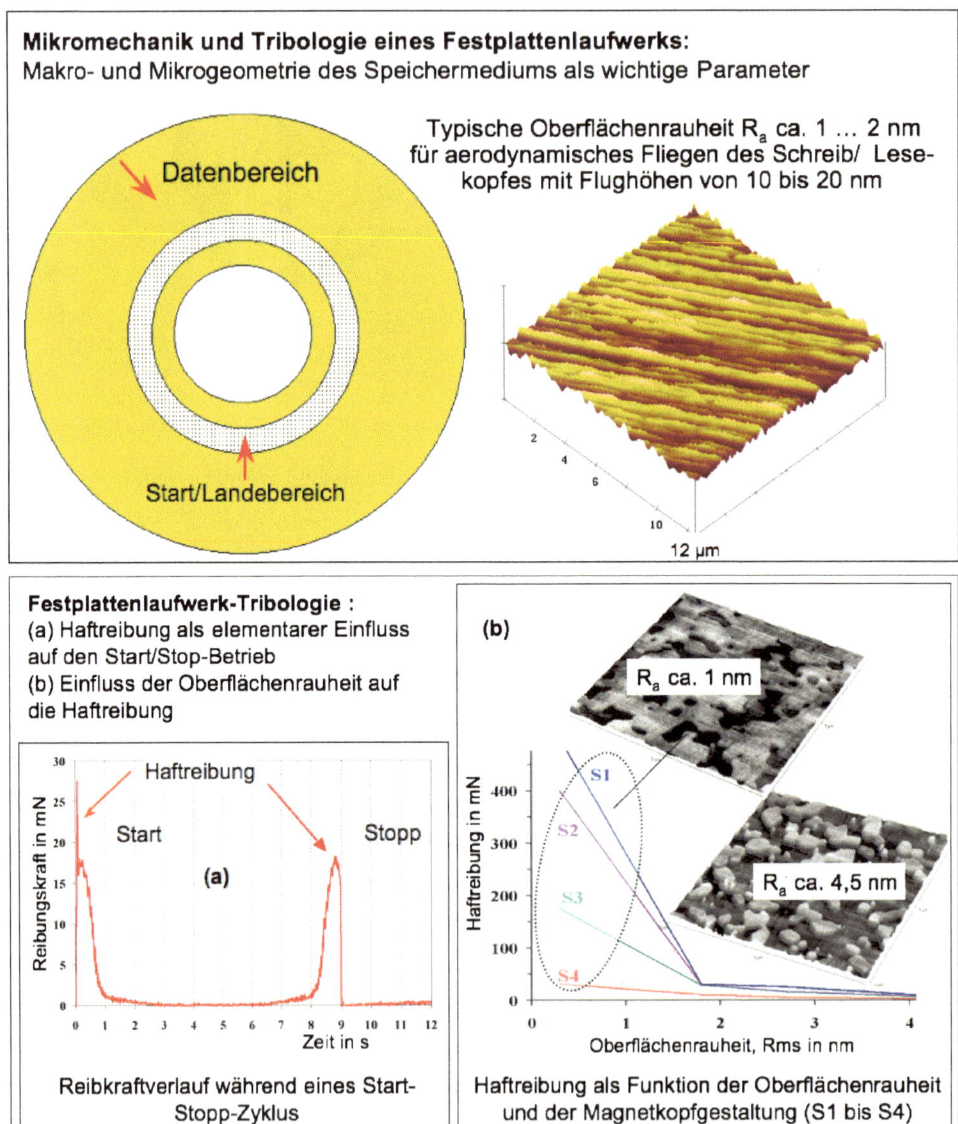

Abb. 12.7 Optimierung von Festplattenlaufwerken durch Makro- und Mikrogestaltung

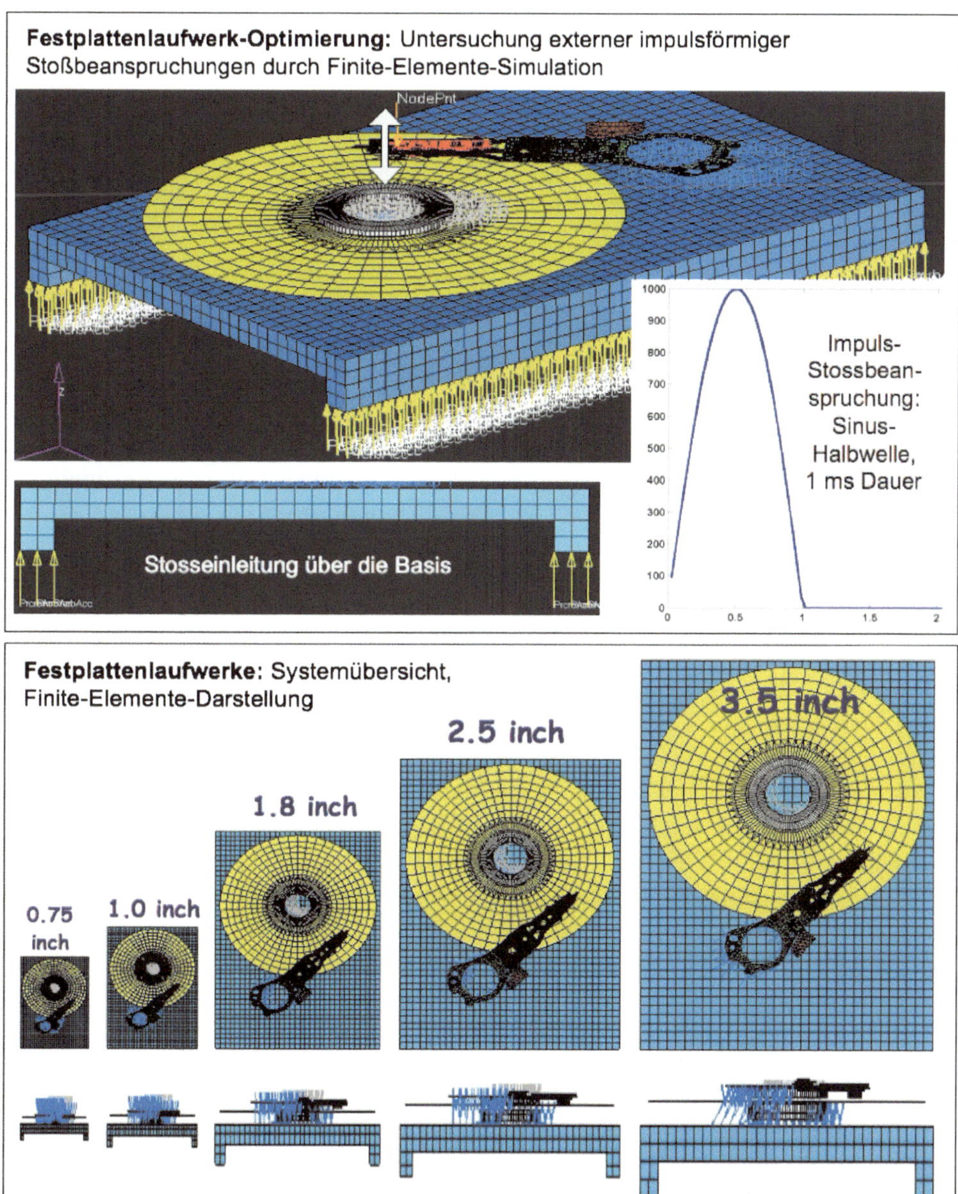

Abb. 12.8 Optimierung der HDD-Systemgestaltung durch Finite-Elemente-Methoden

12.4 Nano-Interface-Technologie in Festplattenlaufwerken

Die Festplattentechnologie hat in den letzten Jahren weitere große Fortschritte in Bezug auf Kapazität und Speicherdichte gemacht, die noch vor wenigen Jahren als unvorstellbar angesehen wurden. Gegenwärtig ist eine Speicherdichte von fast 1 Terabit/inch^2 erreicht, mit einem Kopf-Plattenabstand von 1–2 nm und einer Spurenbreite von etwa 50 nm (500.000 Spuren pro inch). Die Implementierung dieser winzigen Abmessungen beruht auf einer engen Verbindung von Materialwissenschaft, Mechatronik und Tribologie und ist ein hervorragendes Beispiel für die Nanotechnologie.

Um einen Kopf-Plattenabstand von 1–2 nm zu erreichen, ist in den letzten Jahren eine „thermo-mechanische Flughöhen-Regelungstechnik“ die sogenannte „Thermal Flying Height Control“ Technik (TFC Technik) eingeführt worden. Diese Technik benutzt die thermische Verformung des Schreib/Lesekopfes durch lokale Erhitzung, und erlaubt den Schreib/Lesekopf dichter an die Speicherplatte heranzubringen, wenn ein Schreib- oder Lesevorgang vorgenommen werden soll. Abb. 12.9 zeigt das Aufbauschema eines typischen TFC Schreib/Lesekopfes.

Wie in Abb. 12.9 schematisch vereinfacht dargestellt, besteht der Schreib/Lese-Kopf, unter dem sich mit der Geschwindigkeit U das Speicherelement (disk) bewegt, aus dem Lese-Sensor mit Abschirmungen und dem Schreibkopf mit Schreibpol und Schreibspule (vgl. Abb. 12.2). Zusätzlich zum Schreib- und Leseelement sind eingebettete Heizelemente zu sehen, die in unmittelbarer Nähe des Schreib/Leseelements positioniert sind. Wenn der Kopf zur Datenaufzeichnung oder zum Datenabruf eingesetzt werden soll, wird ein elektrischer Strom am Heizstreifen angelegt, der zu einer thermisch induzierten lokalen Verformung (thermal protrusion) der Luftlageroberfläche des Schreib/Lese-Kopfes führt. Die lokale Verformung bewirkt, dass der Abstand zwischen Kopf und Speicherelement in der Nähe des Schreib/Leseelements verringert wird. Mit einer Erhöhung des Stromes wird die thermische Verformung am Schreibe/Leseelement

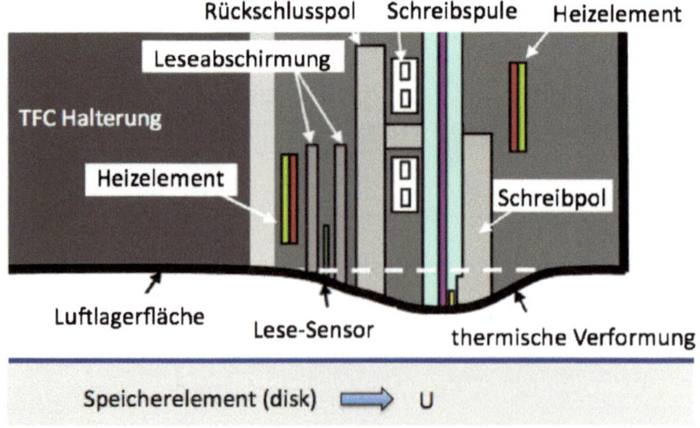

Abb. 12.9 Das Prinzip der Thermal-Flying-Height-Control-Technik

größer und der Kopf-Plattenabstand kleiner. Je nach der Größe des angelegten Stromes kann ein Kopf-Plattenabstand von 1–2 nm erreicht werden. Erfolgt kein Schreib- oder Lesevorgang auf der Platte, wird kein Strom am Heizstreifen angelegt und es tritt auch keine thermische Verformung auf. In diesem Zustand fliegt der Kopf mit einem Abstand von etwa 10–12 nm über die Platte.

Kontaktsensor

Da direkte Kontakte zwischen Speicherplatte und Schreib/Lesekopf zu Störeffekten und zur Abnutzung führen können, ist es wichtig, dass der Strom am Heizelement so angelegt wird, dass keine Berührung von Kopf und Platte auftritt. Gleichzeitig ist erforderlich, dass der Kopf-Plattenabstand minimiert wird, d. h., dass der Kopf-Plattenabstand so gering wie möglich ist, um ein optimales Lesesignal zu erhalten.

Um den Kopf-Plattenabstand zu optimieren, wird in neueren Magnetköpfen ein zusätzlicher Sensor eingebaut, der sogenannte „Kontaktsensor", welcher Kontakte zwischen Kopf und Platte misst. Ein Kontaktsensor besteht aus einem dünnen Streifen eines magnetoresistiven Materials positioniert zwischen Schreib- und Lesekopf. Das Aufbauschema eines typischen Schreib/Lesekopfes mit Kontaktsensor ist in Abb. 12.10 dargestellt. Falls eine Oberflächenunebenheit (asperity) auf der mit der Geschwindigkeit V rotierenden Platte mit dem Kopf in Berührung kommt, findet eine lokale Erhitzung des Sensors am Kontaktpunkt statt, was zur Änderung des elektrischen Widerstands und dadurch zu einer Spannungsänderung des Kontaktsensors führt, die zur Abstandsregelung des Kopf-Plattenabstands genutzt wird.

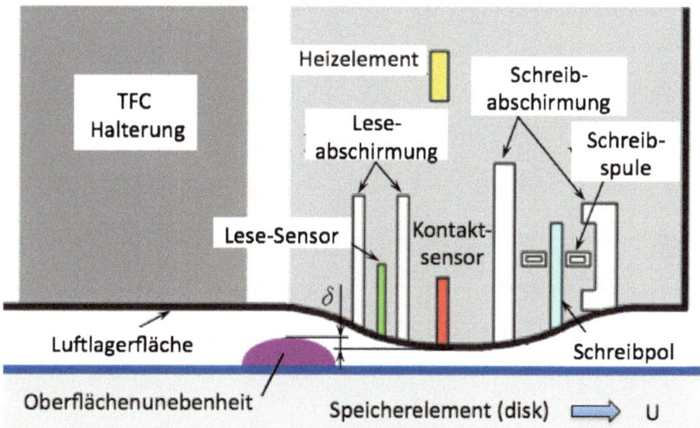

Abb. 12.10 Typischer Schreib/Lesekopf mit Kontaktsensor

13 Fahrzeugtechnik

Bei Anwendungen der Mechatronik in der Fahrzeugtechnik muss die mechatronische Technik im Zusammenwirken mit Mensch und Umwelt gesehen werden. Dementsprechend ist in der Fahrdynamik das Fahrverhalten eines Kraftfahrzeugs allgemein als das Gesamtverhalten des Systems *Fahrer – Fahrzeug – Umwelt* definiert. Der Fahrer als Operator dieses „virtuellen Regelkreises“ beurteilt aufgrund der Summe seiner subjektiven Eindrücke die Güte des Fahrverhaltens. Die elementaren Funktionen des mechatronischen Systems Kraftfahrzeug als Teil dieses virtuellen Regelkreises sind nach der plakativen Darstellung von Abb. 13.1:

- **Fahren**
- **Lenken**
- **Bremsen**
- **Beleuchten**
- **Tasten.**

13.1 Funktion Fahren: Fahrdynamik und Fahrwerk

Wie jeder Bewegungsvorgang in der Technik muss auch die Fahrfunktion eines Kraftfahrzeugs auf ein Bewegungs-Koordinatensystem bezogen sein. In Abb. 13.2 sind die in der Kraftfahrtechnik verwendeten Bezugsgrößen dargestellt.

Die vom Fahrer vorgegebene Soll-Bewegungsfunktion muss das Fahrzeug technisch umsetzen. Es muss die dafür erforderliche *Fahrdynamik* ermöglichen, die sich aus dem Zusammenwirken von Massen, Federung und Dämpfung des Fahrzeugs ergibt. Zur Optimierung der Fahrdynamik werden heute computerunterstützte Modellierungs- und Simulationsmethoden eingesetzt. In diesem Zusammenhang ist ein retrospektiver Blick auf Feynmans *Analogs in Physics* interessant:

H. Czichos, *Mechatronik,* https://doi.org/10.1007/978-3-658-26294-5_13

Exkurs:
Analogs in Physics → Analogs in Technology

Feynman Lectures on Physics, 1963

Die Modellierung mechanischer Systeme durch elektrische Systemanalogien wurde von Richard Feynman am Beispiel der Fahrdynamik des Systems Automobil wie folgt dargestellt:

Suppose we design an automobile, and we want to know its behavior when it goes over a bumpy road. We build an electrical circuit with

- *inductances to represent the inertia of the wheels,*
- *spring constants as capacitances to represent the springs of the wheels,*
- *resistors to represent the shock absorbers.*

Then we need a bumpy road. We apply a voltage from a generator which represents this electrically, and then we look at the response. We can adjust all these things electrically. This imitates the problem that we want to solve by making another problem, which has the same equation but is easier to build, to measure, and to adjust. This is an analog computation.

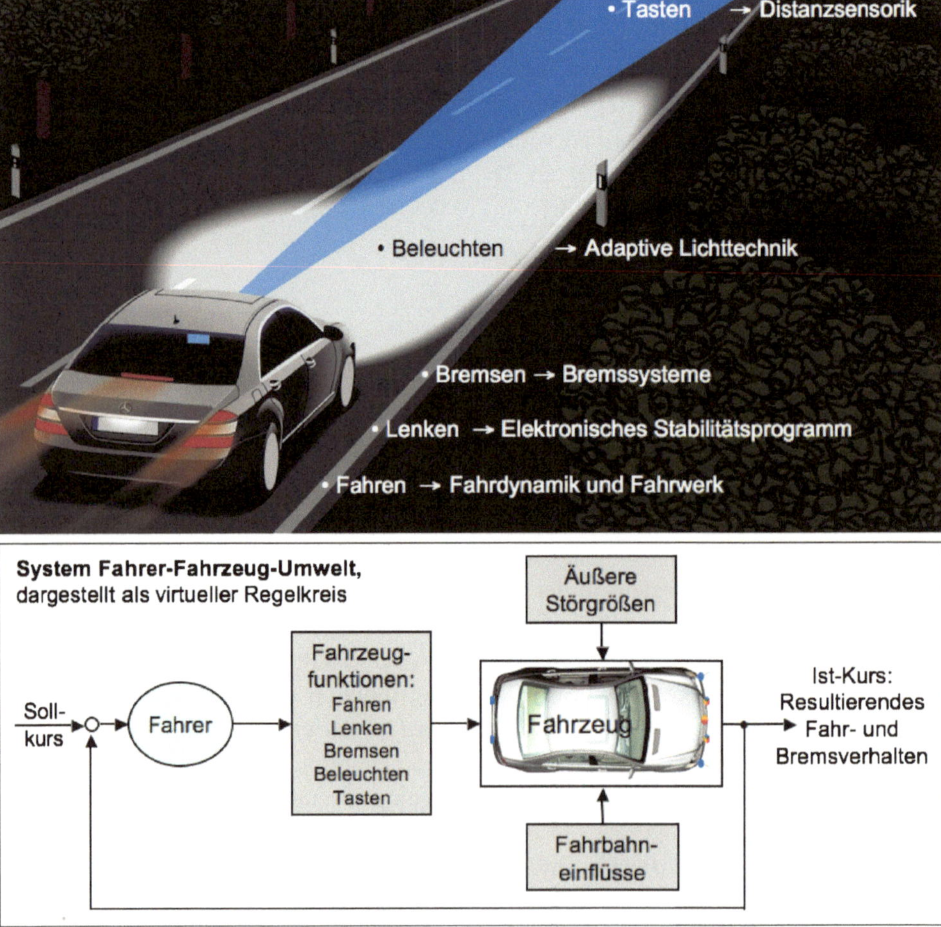

Abb. 13.1 Das Gesamtsystem Fahrer-Fahrzeug-Umwelt und seine elementaren Funktionen

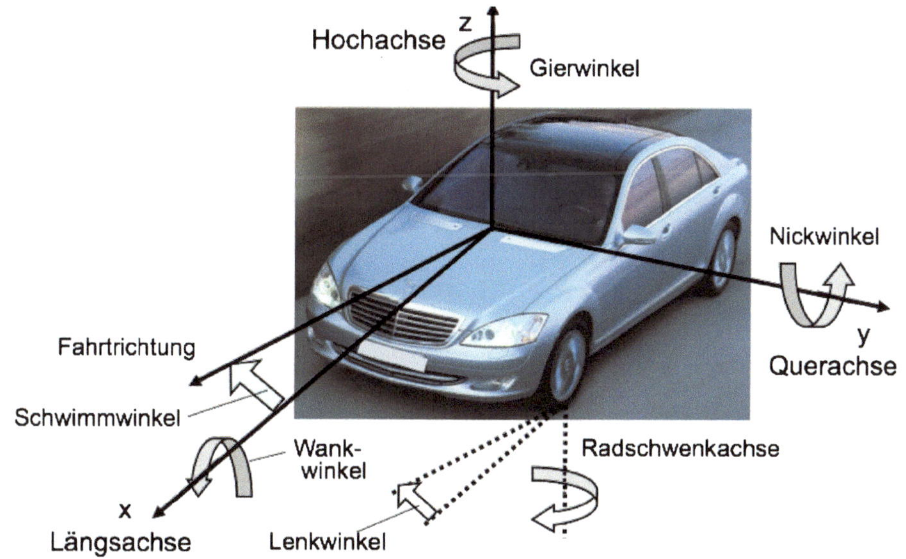

Fahrdynamik: Bewegungsarten
Den vom Fahrer vorgegebenen
Soll-Bewegungsfunktionen
• Geradeausfahrt • Kurvenfahrt
können folgende Fahrzeugbewegungen überlagert sein:

- **Hubbewegungen** durch
  - Beladung und Entladung
  - Überfahren einer Bodenwelle
  - Durchfahren eines Schlaglochs
- **Nickbewegungen** beim
  - Anfahren
  - Bremsen
- **Wankbewegungen** bei
  - Kurvenfahrten

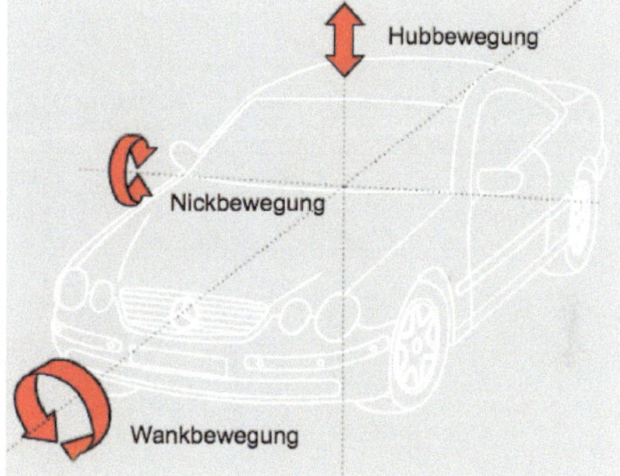

Abb. 13.2 Fahrdynamik: Bezugskoordinatensystem, Bewegungsarten, Bewegungskenngrößen

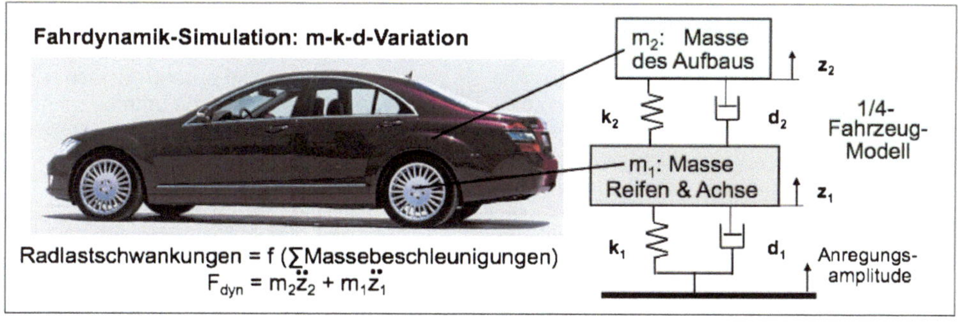

Abb. 13.3 Fahrdynamik-Modellierung und technische Komponenten

Aktive Fahrwerke

Die heutige Fahrzeugtechnik verwendet *Aktive Fahrwerke (Active Body Control, ABC).* Sie optimieren Federung und Dämpfung des mechatronischen Systems Automobil durch Regelsysteme mit Sensoren und Aktoren sowie fahrdynamisch aktiven Bauelementen variabler Federsteifigkeit k und Dämpferkonstante d. Abb. 13.3 zeigt ein 1/4-Fahrzeug-Modell und Abb. 13.4 erläutert die Funktion des aktiven Fahrwerks. Die

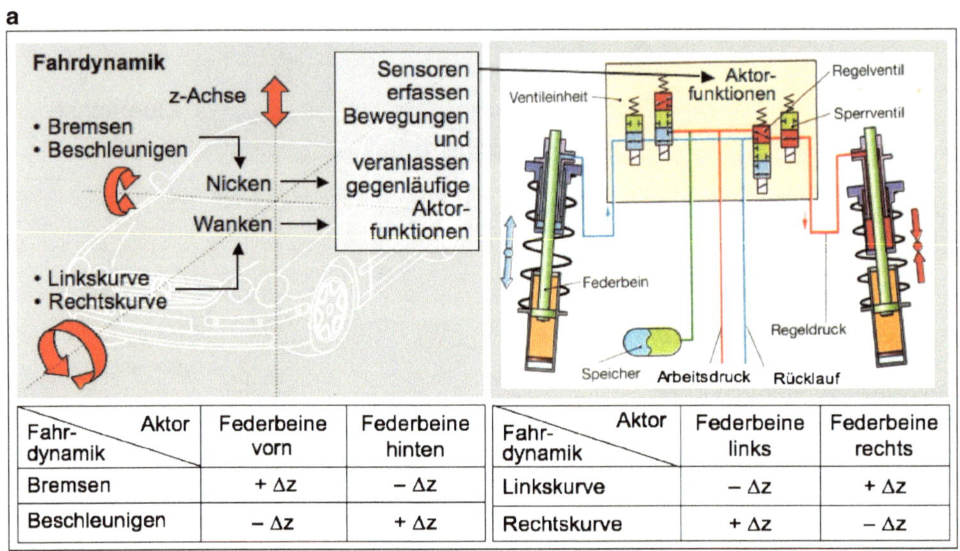

Fahrdynamik \ Aktor	Federbeine vorn	Federbeine hinten
Bremsen	+ Δz	– Δz
Beschleunigen	– Δz	+ Δz

Fahrdynamik \ Aktor	Federbeine links	Federbeine rechts
Linkskurve	– Δz	+ Δz
Rechtskurve	+ Δz	– Δz

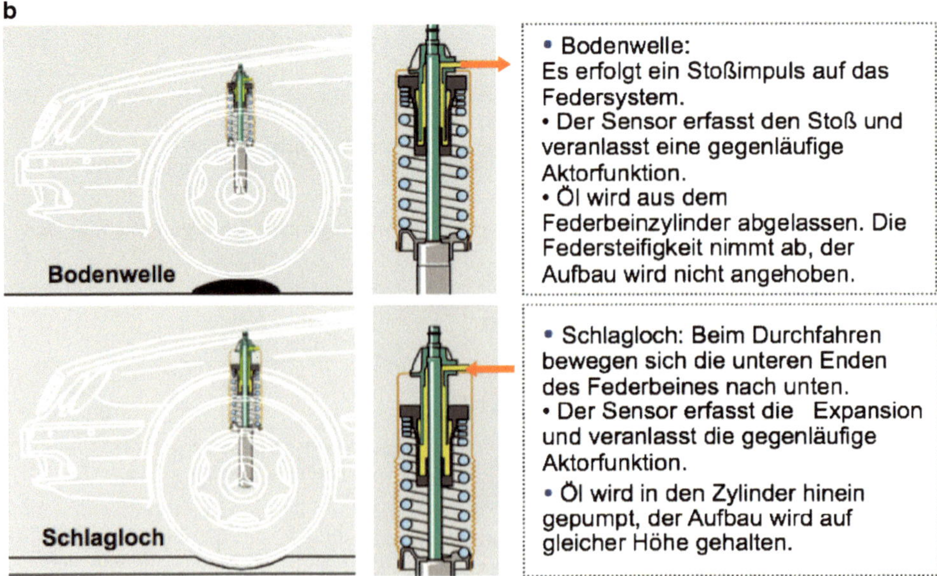

Abb. 13.4 Funktionsweise des Aktiven Fahrwerks ABC

Federbein-Regelung erfolgt mit vertikal verstellbaren Hydraulikzylindern (Plunger) bei Drücken bis 200 bar. Federkraft und Federsteifigkeit der Federbein-Aktoren werden durch den Öldruck im Hydraulikzylinder eingestellt und einzeln geregelt. Ein Wegsensor am Hydraulikzylinder erfasst die Kolbenstangenstellung und gibt eine Rückmeldung an das ABC-Steuergerät. Regel- und Sperrventile steuern den Ölfluss zum Hydraulikzylinder oder zum Rücklauf. Die Regelventile werden elektromagnetisch betätigt und sind als Ventileinheiten an den Achsen angeordnet. Die Sperrventile schließen bei stehendem Motor oder Fehlern das Regelsystem.

Bei Fahrzeugen mit ABC wird in Abhängigkeit der sensordetektierten Fahrsituation durch Aktoren die Ölmenge in den Federbeinzylindern je nach Bedarf erhöht ($+\Delta z$) oder reduziert ($-\Delta z$), um die Spannung der Schraubenfeder fahrsituationsunabhängig konstant zu halten. In Abb. 13.4b sind die Aktorwirkungen in Abhängigkeit der einzelnen Fahrdynamiksituationen zusammengestellt. Die Reaktionszeit des mechatronischen Systems beträgt wenige Millisekunden. Die Räder behalten Kontakt mit der Fahrbahn. Die Lage des Aufbaus bleibt stabil, und er schwingt erheblich weniger als ohne ABC. Niederfrequente Schwingungen bis zu 5 Hz werden von ABC, höherfrequente Schwingungen von den Stoßdämpfern gedämpft.

13.2 Funktion Lenken: Elektronisches Stabilitätsprogramm

Die Funktion Lenken erfordert das gezielte Zusammenwirken von Mensch und Technik unter Berücksichtigung der Einflüsse von Straßen- und Wetterverhältnissen.

Funktion Fahren und Lenken

Fahrdynamik-Situation:

- Auge und Ohr des Fahrers nehmen die Fahrsituation war.
- Durch subjektive Auswertung der Fahrsituation im Gehirn entsteht der Fahrerwunsch des Sollverhaltens.

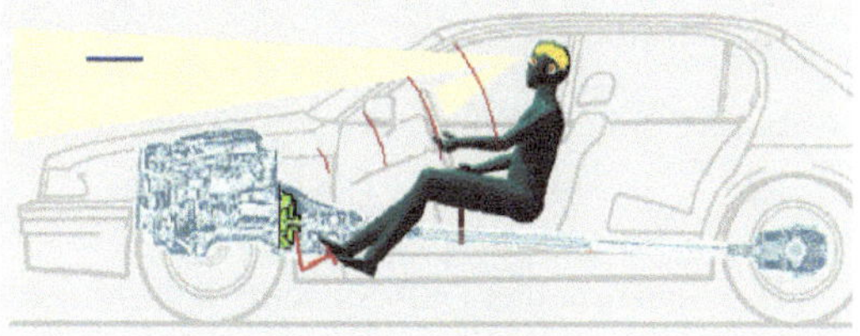

Der durch den Fahrer über das Lenkrad eingebrachte Lenkwinkel und das Lenkmoment werden sensorisch erfasst und bilden den Input für die mechatronische Fahrdynamikregelung, siehe Abb. 13.5.

Die Fahrstabilität wird durch den Schwimmwinkel gekennzeichnet, siehe Abb. 13.6, Fahrdynamik-Instabilitäten sind durch Seitenwind, Übersteuern, Untersteuern illustriert Abb. 13.7.

Das **Elektronische Stabilitätsprogramm ESP** soll Fahrdynamik-Instabilitäten entgegenwirken. Das Gesamtsystem wird gebildet durch das Fahrzeug (Regelstrecke), Sensoren, Aktoren und das ESP-Steuergerät, siehe Abb. 13.8.

Fahrdynamikregelung:
Das Elektronische Stabilitätsprogramm **ESP** hat die Aufgabe, durch **Sensorik**, d.h. durch Messungen und Schätzungen von Bewegungsgrößen und **Aktorik**, d.h. gezielte Bremseingriffe die drei Freiheitsgrade der Fahrzeuggeschwindigkeit in der Ebene in beherrschbaren Grenzen zu halten:

- Längsgeschwindigkeit
- Quergeschwindigkeit und
- Giergeschwindigkeit

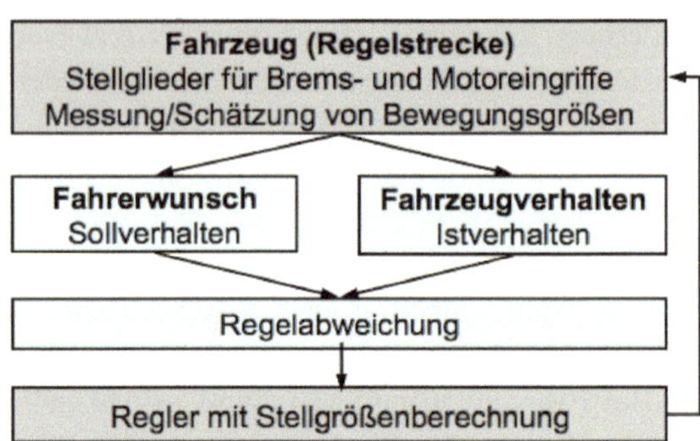

Abb. 13.5 Fahrdynamik-Situation und Fahrdynamikregelung

- Der **Schwimmwinkel** ist der Winkel zwischen der Fahrzeuglängsachse und der tatsächlichen momentanen Fahrrichtung.
- Durch Ermittlung des Schwimmwinkels stellt man fest, ob eine stabile oder instabile Fahrsituation vorliegt.
- Solange die Fahrzeuglängsachse in die Richtung zeigt, in die sich das Fahrzeug bewegt, ist der Schwimmwinkel gleich null.
- Bei instabilen Fahrsituationen ist der Schwimmwinkel von null verschieden, dies kennzeichnet „Übersteuern" oder „Untersteuern".

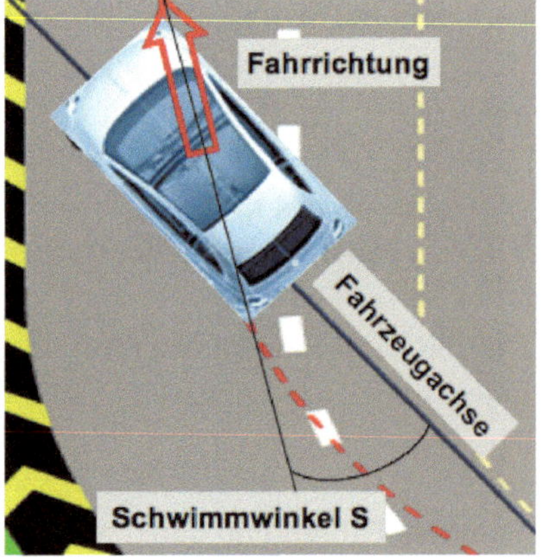

Abb. 13.6 Der Schwimmwinkel als Indikator der Fahrstabilität

Die Sensorik des ESP-Systems besteht aus fünf Sensoren zur Fahrdynamikregelung:

1. Lenkrad-Winkel-Sensor,
2. Gier-Drehmoment-Sensor,
3. Beschleunigungs-Sensor,
4. Rad-Drehzahl-Sensor,
5. Bremskreis-Druck-Sensor.

Die Sensorprinzipien sind in Abb. 13.9 dargestellt und stichwortartig beschrieben.

Fahrdynamik-Instabilität durch Seitenwind

• Der Seitenwind greift nicht am Schwerpunkt des Fahrzeugs sondern am Druckpunkt an.
• Die Lage des Druckpunkts hängt von der Form der Karosserie ab.
• Der Abstand zwischen Schwerpunkt und Druckpunkt bildet einen Hebelarm.
• Der Winddruck erzeugt eine Kraft.
• Es resultiert ein Drehmoment um die Gierachse, das **Giermoment** M = Kraft x Hebelarm.

Instabile Fahrdynamik: Übersteuern

• Das Auswandern der Vorderachse ist kleiner als das der Hinterachse.
• Der Kurvenradius ist kleiner als es dem Lenkeinschlag entspricht.
• Zu starke Drehung des Fahrzeugs.

Merkmale des Übersteuerns:

– Hohe Querbeschleunigung.
– Erhöhter Schlupf an den Hinterrädern.
– Der Schwimmwinkel S übersteigt den vorgegebenen Grenzwert.
– Es resultiert ein Giermoment M.

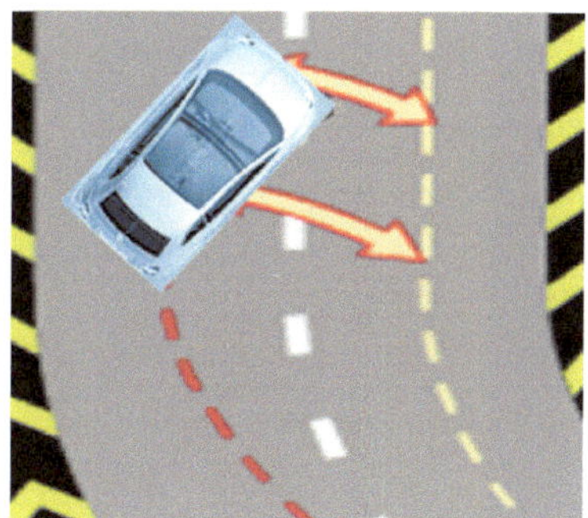

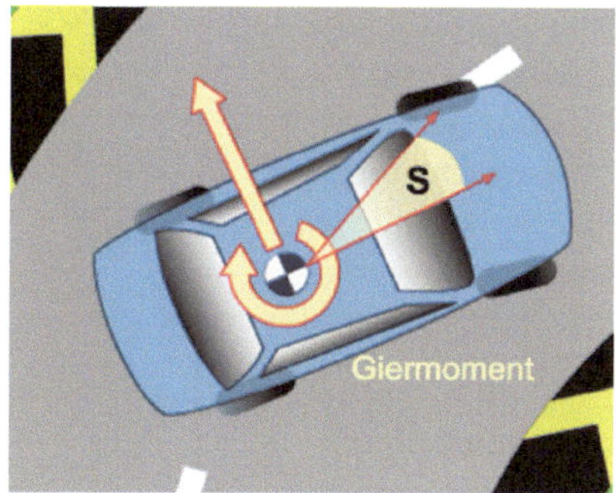

Instabile Fahrdynamik: Untersteuern

• Die Merkmale sind denen des Übersteuerns entgegengesetzt.

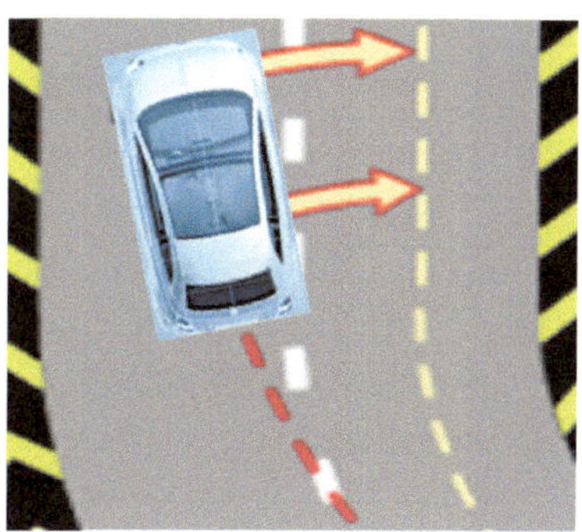

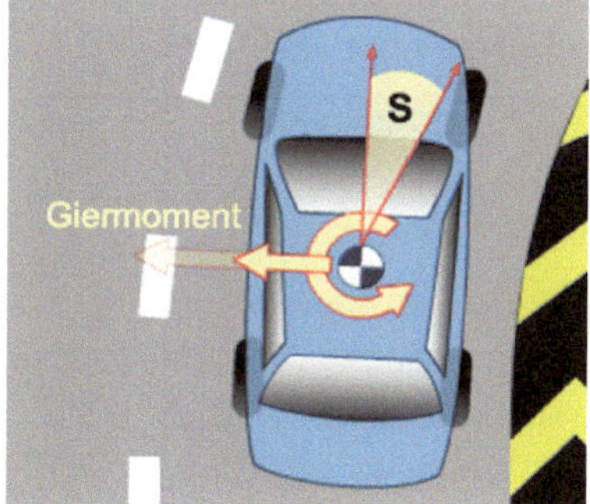

Abb. 13.7 Instabile Fahrdynamik durch Seitenwind, Übersteuern, Untersteuern

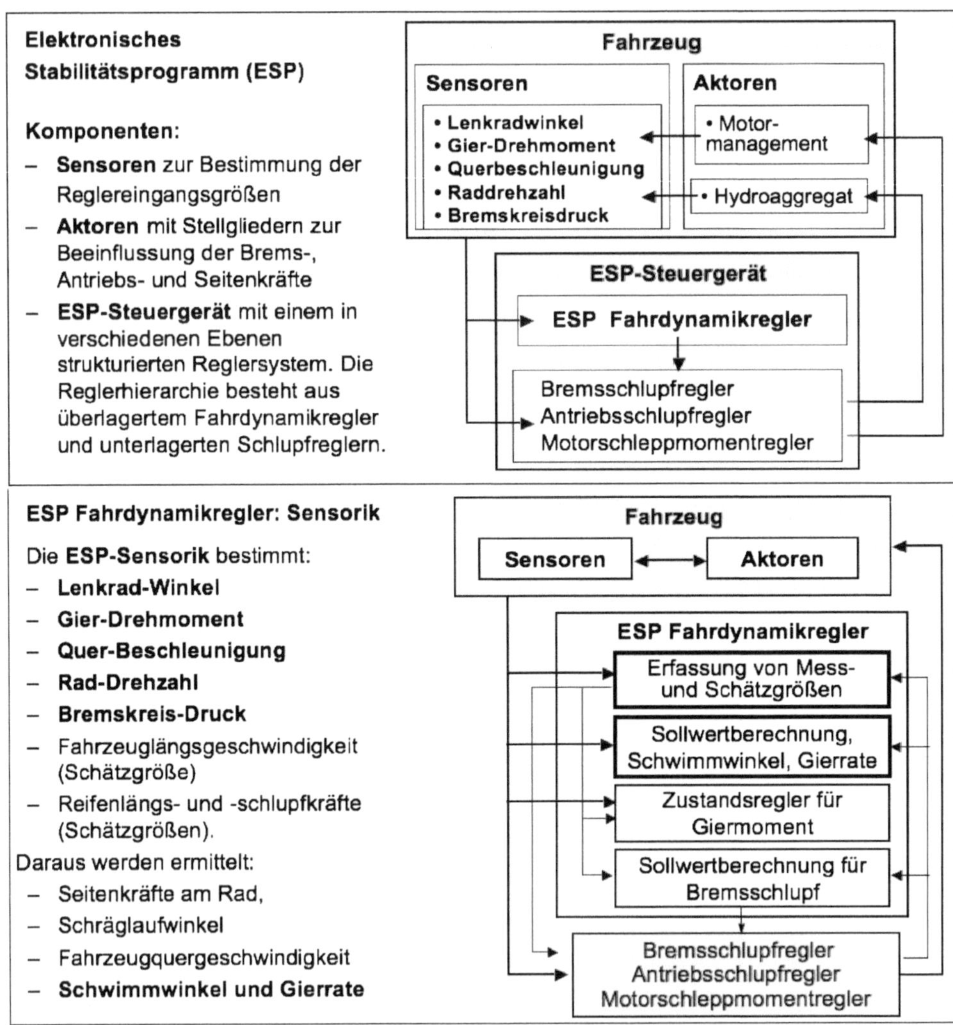

Abb. 13.8 Das Elektronische Stabilitätsprogramm: Aufbau und Funktion

ESP-Systemzusammenhang

Das ESP-System regelt die Zustandsgrößen der Fahrdynamik-Stabilität Gierrate und Schwimmwinkel zu null. Dem Regelprogramm liegen die maximal mögliche Querbeschleunigung und andere fahrdynamisch wichtige Größen zugrunde. Diese werden in praktischen Fahrversuchen mit einer „stationären Kreisfahrt“ bestimmt (Road Vehicles: Steady State Circular Test Procedure. ISO 4138/82). Dabei wird neben der maximal erzielbaren Querbeschleunigung auch deren Einfluss auf die anderen fahrdynamisch wichtigen Größen ermittelt. Der Zusammenhang zwischen Lenkwinkel,

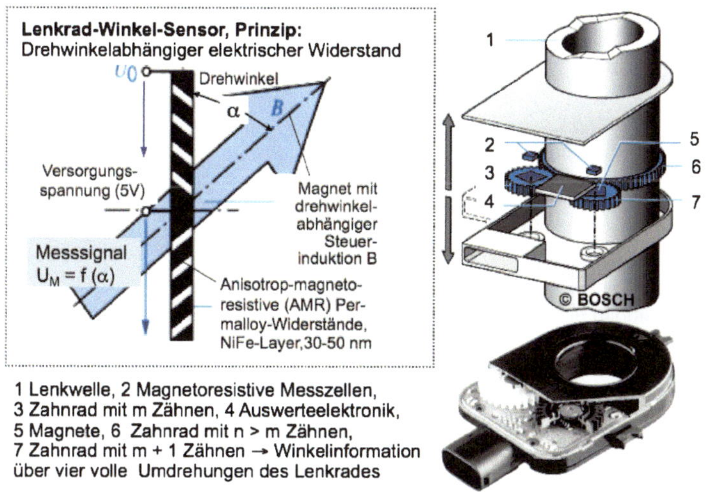

Gier-Drehmoment-Sensor, Prinzip: Drehratesensoren (Gyrometer) erfassen zur ESP-Fahrzeugdynamik-Regelung die Drehbewegungen eines Fahrzeugs um seine Hochachse. Corioliskräfte erzwingen an einem elektrostatisch angetriebenen Drehschwinger ($C_{Antrieb}$) eine drehratenproportionale Kippbewegung, detektiert mit kapazitiven Sensoren C_{Mess}.

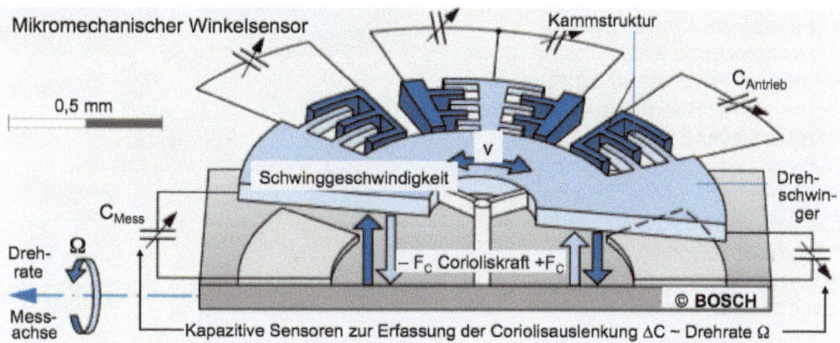

Beschleunigungs-Sensor, Prinzip: Die zu messende Beschleunigung a bewirkt eine Auslenkung der federnd aufgehängten seismischen Masse und damit eine Kapazitätsänderung zwischen Messelektrode C_M und den beiden stationären Bezugselektroden C_1 und C_2.

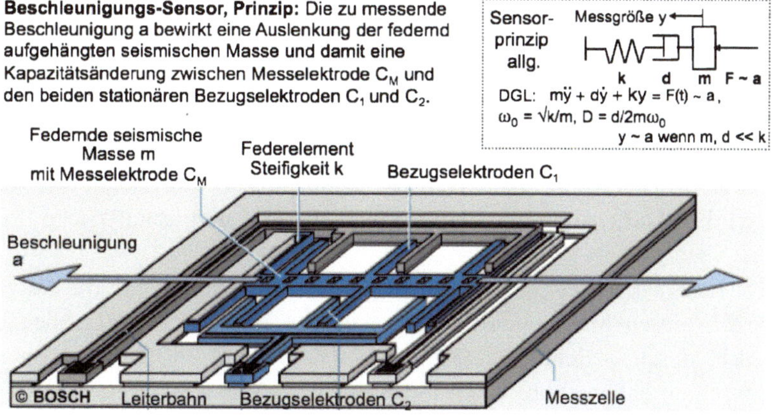

Abb. 13.9 Die Sensorprinzipien zur Fahrdynamikregelung

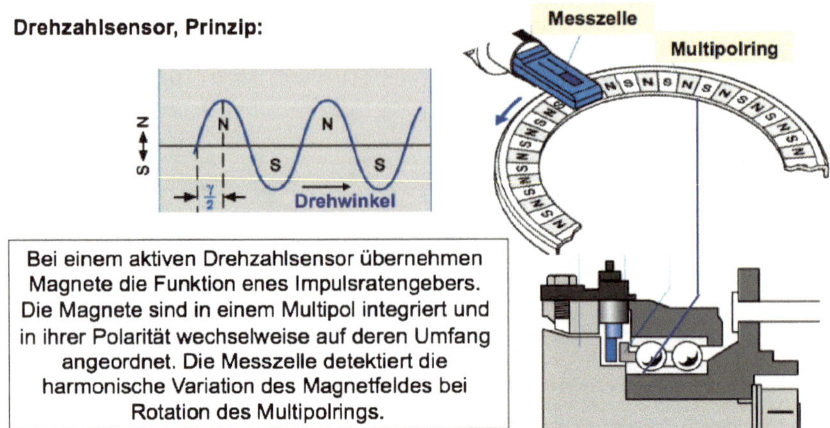

Drucksensor, Prinzip:

- Der zu messende Druck bewirkt die Durchbiegung (10 … 1000 µm) einer Membran, die mikromechanisch in einen Silizium-Chip eingeätzt ist.
- Auf der Membran sind vier Dehnwiderstände eindiffundiert, deren elektrischer Widerstand sich unter mechanischer Spannung ändert (piezoresistiver Effekt).
- Die vier Dehnwiderstände bilden eine Wheatstone-Messbrücke.
- Die dehnbedingten Widerstandsänderungen ergeben eine Messspannung U_M als Maß für den zu messenden Druck p.

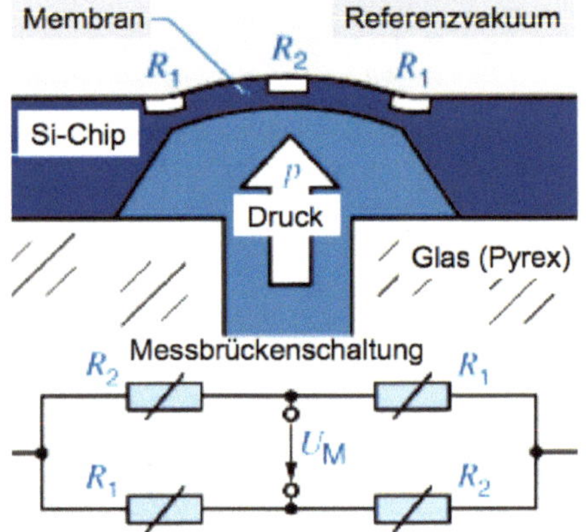

Abb. 13.9 (Fortsetzung)

Fahrzeuggeschwindigkeit und Gierrate bildet sowohl bei gleichförmiger Fahrt als auch beim Bremsen und Beschleunigen die Grundlage für die fahrdynamisch stabile Fahrzeug-Sollbewegung. Die zuverlässige Funktion von ESP erfordert auch eine lückenlose Überwachungsmethodik aller Systemkomponenten. Die Sensoren werden während des ganzen Fahrbetriebs durch „out-of-range-checks“ und „analytische Redundanz“ überwacht.

Das System *Elektronisches Stabilitätsprogramm ESP* erfüllt damit die Aufgabe, durch Sensorik, d. h. durch Messungen und Schätzungen von Bewegungsgrößen und durch Aktorik, d. h. durch gezielte Bremseingriffe Fahrdynamik-Instabilitäten in beherrschbaren Grenzen zu halten. Abb. 13.10 illustriert dies für die Beispiele der Korrektur des Übersteuerns oder Untersteuerns.

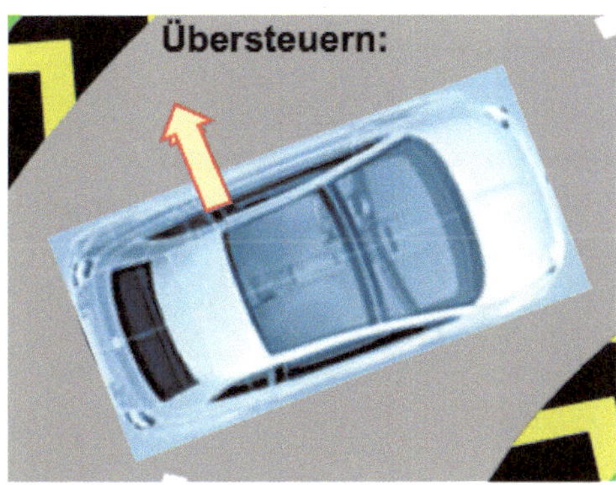

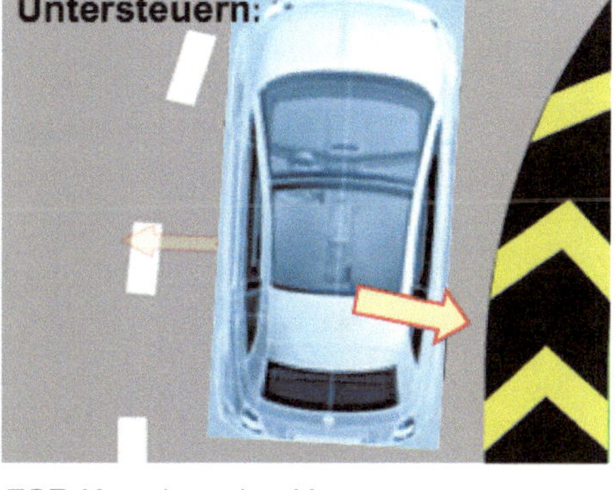

ESP-Korrektur des Übersteuerns:
Bremsimpuls am kurvenäußeren Vorderrad
erzeugt ein korrigierendes Giermoment

ESP-Korrektur des Untersteuerns:
Bremsimpuls am kurveninneren Hinterrad
erzeugt ein korrigierendes Giermoment

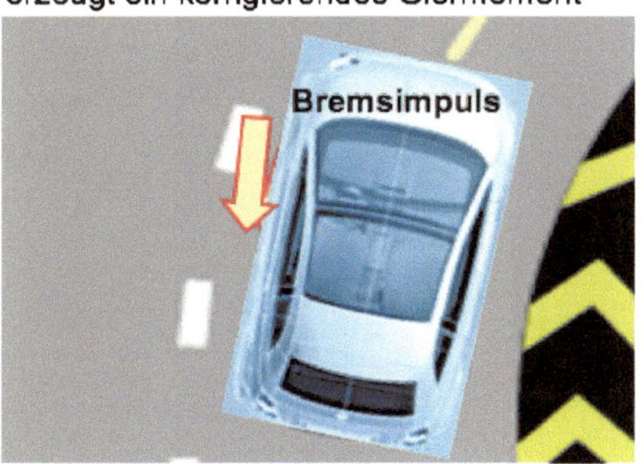

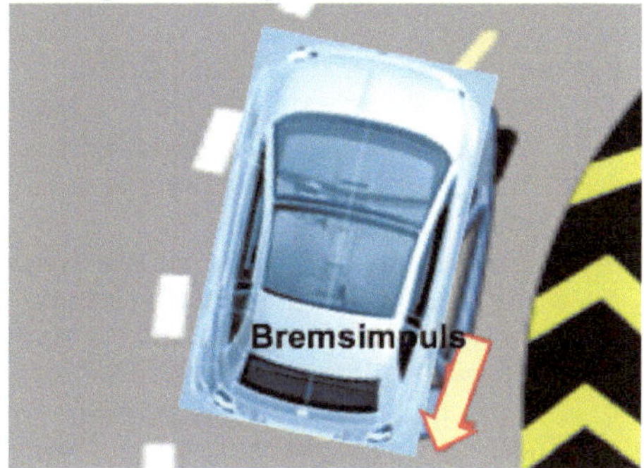

Abb. 13.10 Wirkungsweise von ESP: Korrektur des Übersteuerns oder Untersteuerns durch gezielte Bremseingriffe

13.3 Funktion Bremsen: Bremssysteme

Bremseingriffe mittels ESP, wie auch ganz allgemein die Bremsfunktion von Kraftfahrzeugen – die Geschwindigkeit eines Fahrzeuges kontrolliert zu verringern oder es im Stillstand zu halten – werden in zweifacher Weise durch die Tribologie beeinflusst:

1. Die Aufgabe von Bremssystemen wird technisch über tribologische „Wirkflächenpaare“ in Scheiben- oder Trommelbremsen realisiert.
2. Die Bremsfunktion betrifft das Gesamtverhalten des Systems Fahrer-Fahrzeug-Umwelt und muss damit die Tribophysik des Systems Reifen/Straße berücksichtigen, siehe Abb. 13.11.

Konventionelles Bremssystem

Die Bremskraft des Fahrers wird mittels Bremspedal-Hebelübersetzung mechanisch-hydraulisch auf Bremskraftverstärker und Hauptbremszylinder übertragen und die Bremskraftwirkung F an den einzelnen Radbremsen erzielt. Zweikreis-Bremsanlagen bestehen aus zwei getrennten Druckräumen, sodass bei Defekt eines Bremskreises die Bremsfunktion trotzdem erhalten bleibt, siehe Abb. 13.12.

Tribophysik

- Die größte übertragbare Kraft F_{Res} am Reifen ist begrenzt durch den Reibungskreis
- Definition: Schlupf S
  $S = (s_{theor.} - s_{real}) / s_{theor.}$
- Maximale Kraftübertragung bei ca. 10 % Schlupf
- Beim Bremsen gilt:
  $F_{Res} = F_B + F_{S1}$
- Wenn $F_{Res} \approx F_B \rightarrow F_s \approx 0$, d.h. es kann keine Seitenführungskraft übertragen werden: ein blockierendes Rad ist nicht lenkbar.

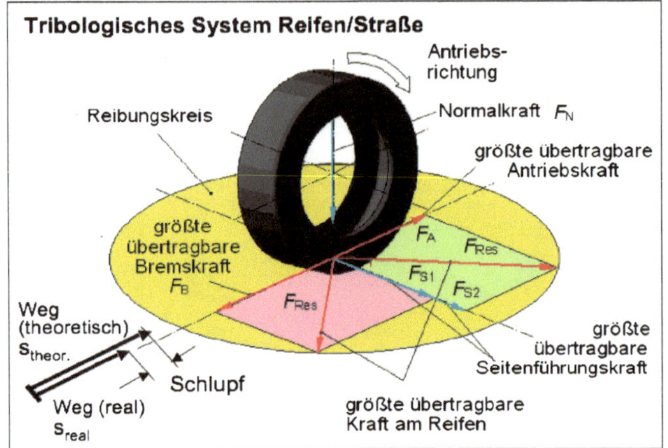

System Reifen/Straße: Fahrsituationen, Bodenhaftung und Bremsverhalten

- 1. Weite Kurve: Große Längskräfte ermöglichen gutes Beschleunigungs- und Bremsverhalten.
- 2. Enge Kurve: Die Seitenkräfte nehmen zu und für Antriebskräfte bleibt weniger Potential; das Fahrzeug kann nicht mehr so stark beschleunigt oder gebremst werden.
- 3. Geringe Bodenhaftung (z.B. auf nasser Straße): Die Möglichkeit, enge Kurven zu fahren und die maximal möglichen Antriebs- und Bremskräfte sind eingeschränkt.
- 4. Gute Bodenhaftung (z.B. warmer Asphalt in der Mittagssonne): Kurven können schneller gefahren werden und das Fahrzeug lässt sich stärker bremsen.

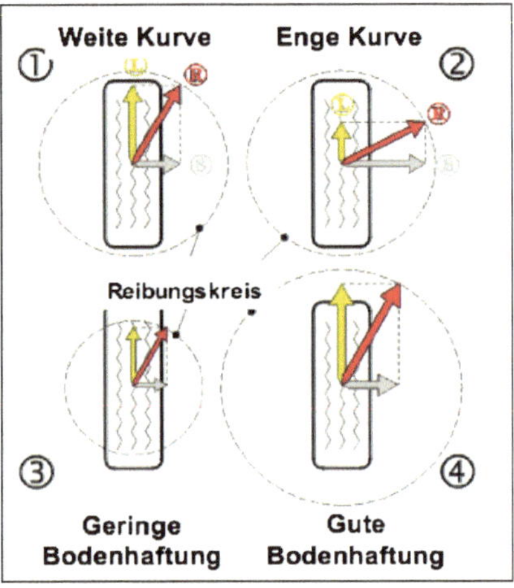

Abb. 13.11 Tribophysik des Systems Reifen/Straße

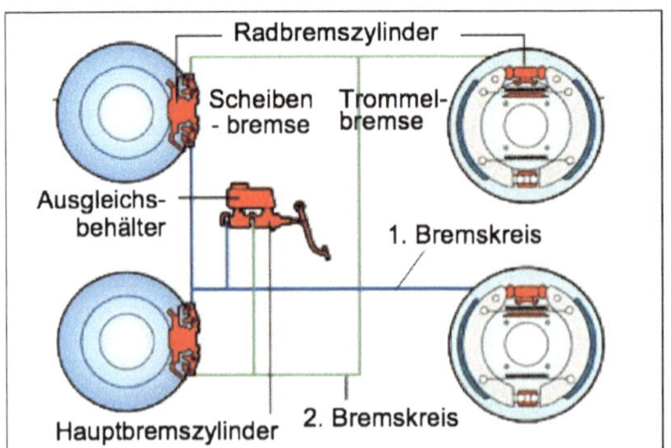

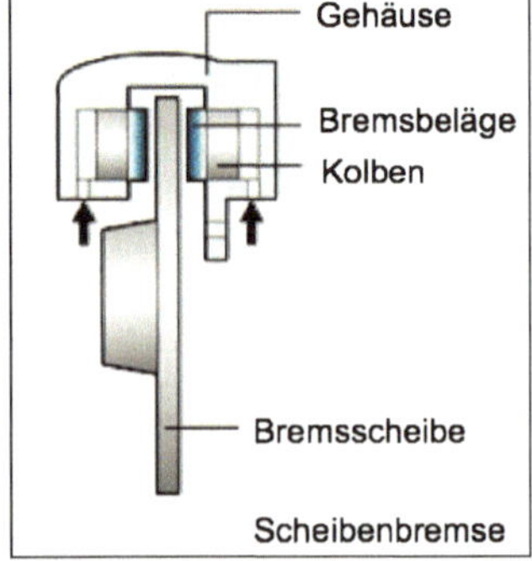

Abb. 13.12 Aufbau eines konventionellen Zweikreis-Bremssystems

Die konventionellen Bremssysteme der Fahrzeugtechnik sind durch Anwendungen der Mechatronik um folgende Systeme erweitert worden:

- Bremskraftverstärker oder Brems-Assistent (BAS),
- Antiblockiersystem (ABS),
- Antischlupfregelung (ASR),
- Elektrohydraulisches Bremssystem, Sensotronic Brake Control (SBC).

Ein *Brems-Assistent* ist ein Bremskraftverstärker mit einer pedalseitigen Arbeitskammer, die durch eine Membran von der Unterdruckkammer getrennt ist. Der Unterdruck (maximal 0,8 bar) stellt sich bei Ottomotoren bei geschlossener Drosselklappe im Saugrohr ein. Die aus der Druckdifferenz resultierende Kraft auf die Arbeitsmembran bewirkt einen die Fusskraft unterstützenden Kraftanteil. Abb. 13.13 bezeichnet die hauptsächlichen Module und erläutert ihre Funktion.

Antiblockiersysteme, ABS sind Regeleinrichtungen, die als mechatronisch geregelte „Stotterbremsen" das Blockieren der Räder beim Bremsen verhindern, Abb. 13.14.

Die *Anti-Schlupfregelung, ASR* dient der Optimierung von Traktion und Fahrzeugstabilität, siehe Abb. 13.15, sie arbeitet nach folgendem Prinzip:

- Drehzahlsensoren melden dem Steuergerät die Ist-Räderdrehzahlen.
- Das Steuergerät vergleicht diese Ist-Werte mit den hinterlegten Soll-Werten.
- Bei einer Soll-Ist-Differenz erfolgt Schlupfregelung durch Motor- oder Bremseingriff.

Das *Elektrohydraulische Bremssystem, SBC* vereint als ein mechatronisches Bremsregelsystem mit elektronischer Sensorik und hydraulischer Aktorik die Funktionen von

◆ **Wegsensor**: Das Mess-Potentiometer erfasst Pedalstellung s und -geschwindigkeit v.

◆ **Steuereinheit:** Das BAS-Steuergerät bewertet die Sensorsignale von s und v in einem Soll-/Ist-Wert-Datenvergleich.

◆ **Magnetventil**
Bei hoher Betätigungsgeschwindigkeit (Notbremsung) wird der Schaltmagnet-Aktor angesteuert, die Arbeitskammer wird belüftet und die volle Verstärkungskraft kann wirken.

◆ **Löseschalter**
Der Löseschalter schaltet nach vollständigem Lösen des Bremspedals den Schaltmagneten ab. Die Bremskraftverstärkung ist beendet.

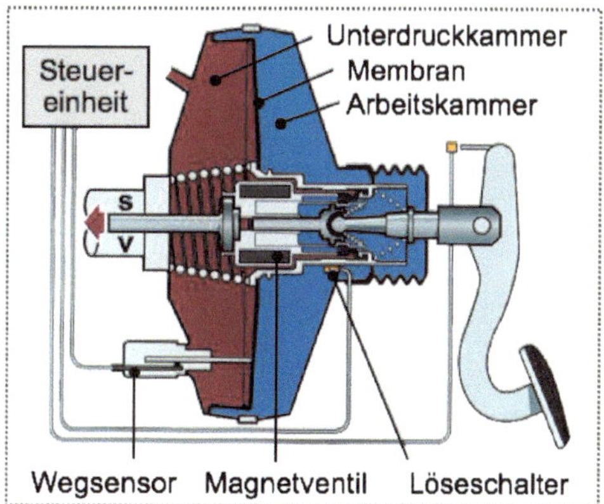

Abb. 13.13 Bremskraftverstärker

- Die Drehgeschwindigkeiten der Räder werden von Drehzahlsensoren erfasst und dem Steuergerät gemeldet.
- Das Steuergerät berechnet ständig Drehgeschwindigkeit und Schlupf.
- Bei einer Rad-Blockiertendenz erfolgen Stellbefehle an die Magnetventile.
- Der Bremsdruck wird gesenkt, dadurch die Bremswirkung reduziert und das Rad wieder beschleunigt. Wenn es zu schwach gebremst wird, wird es durch eine Druckerhöhung wieder verzögert.
- ABS führt diesen Regelvorgang für jedes Rad einzeln durch.

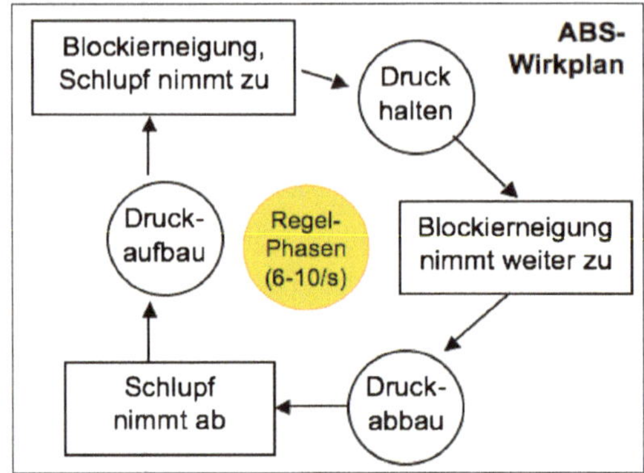

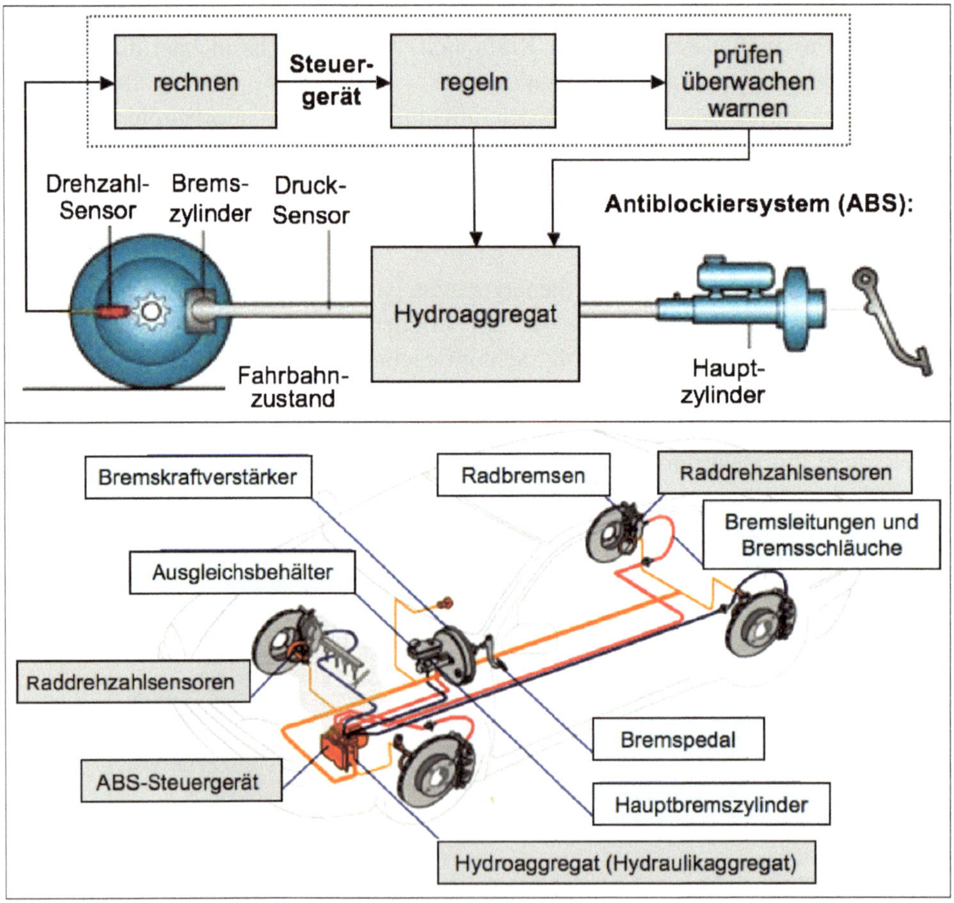

rechnen
Steuer-gerät
regeln
prüfen überwachen warnen
Drehzahl-Sensor
Brems-zylinder
Druck-Sensor
Antiblockiersystem (ABS):
Hydroaggregat
Fahrbahn-zustand
Haupt-zylinder

Bremskraftverstärker
Radbremsen
Raddrehzahlsensoren
Bremsleitungen und Bremsschläuche
Ausgleichsbehälter
Raddrehzahlsensoren
ABS-Steuergerät
Bremspedal
Hauptbremszylinder
Hydroaggregat (Hydraulikaggregat)

Abb. 13.14 Antiblockiersystem: Funktionsweise und Aufbau

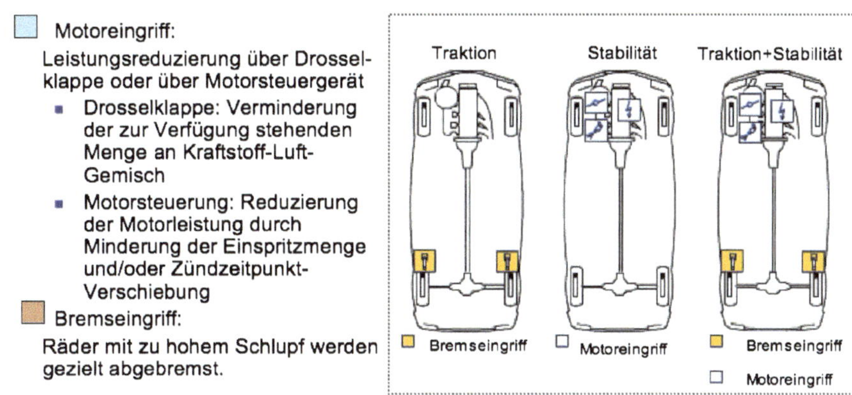

Abb. 13.15 Prinzip der Antuschlupfregelung

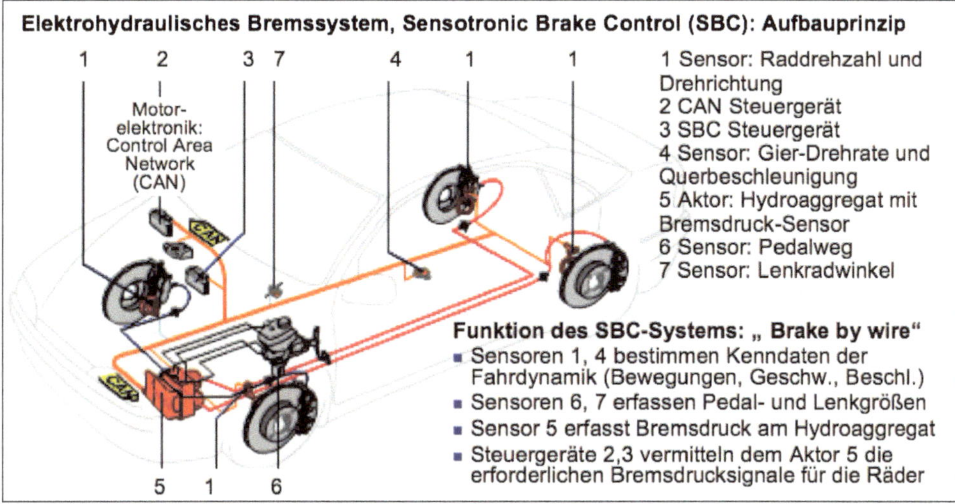

Abb. 13.16 Das Elektrohydraulische Bremssystem wird englisch als „brake-by-wire“ bezeichnet

Bremskraftverstärker, Antiblockiersystem und Elektronischem Stabilitätsprogramm. Die mechanische Betätigung des Bremspedals wird mit Sensoren redundant erfasst und über das Steuergerät mittels geeigneter Algorithmen in radindividuelle Steuerbefehle für die hydraulische Bremsdruckmodulation umgewandelt. Abb. 13.16 und 13.17 erläutern Aufbau, Funktion, Wirkzusammenhang und Module.

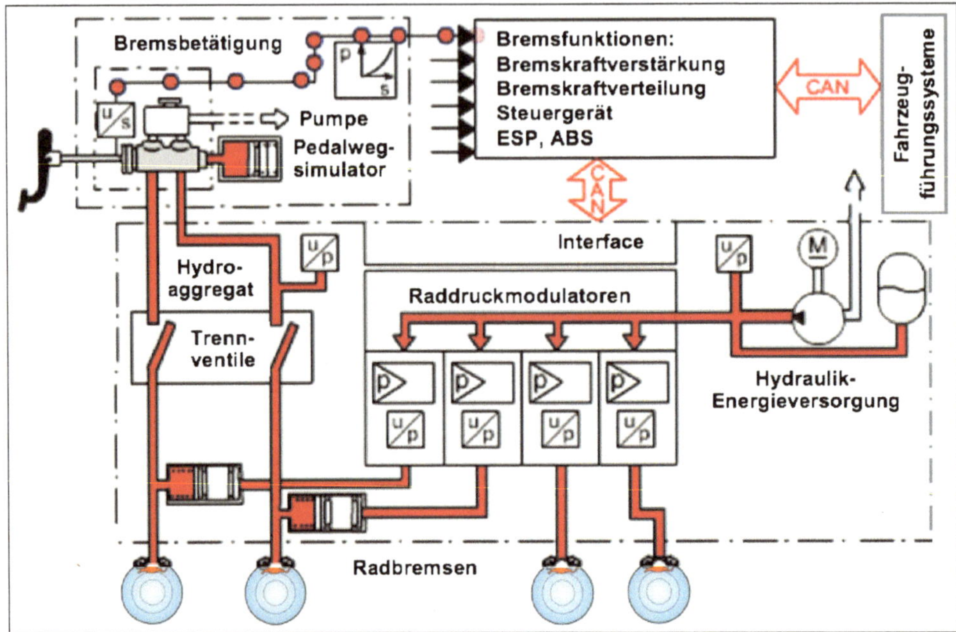

Abb. 13.17 Elektrohydraulisches Bremssystem: Funktion, Wirkzusammenhang und Module

13.4 Funktion Tasten: Distanzsensorik

Unter der Funktion „Tasten" wird die dynamische Abstandsbestimmung bei Vorwärts- oder Rückwärtsfahrt gemäß Abb. 13.18 verstanden:

- *Tastfunktion Rückwärts:* Sensorik-Einparksysteme mit Ultraschall (20–150 cm) oder Radar (bis 11 m) Reichweite.
- Tastfunktion *Vorwärts:* Sensorik zur Abstandserfassung und Erkennung von Hindernissen: Nahbereichsradar (24 GHz) 0,2–30 m; Fernradar (77 GHz) bis 150 m.

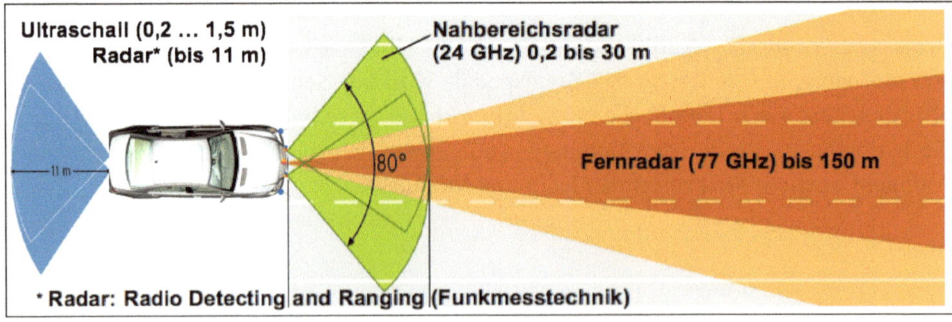

Abb. 13.18 Distanzsensorik für die Fahrzeugtechnik

Für die Rückwärts-Tastfunktion können mit Ultraschallsensoren Hindernisse erkannt und durch optische oder akustische Mittel zur Anzeige gebracht werden. Abb. 13.19 erläutert das Funktionsprinzip mit der zweidimensionalen Richtcharakteristik und zeigt das Blockschaltbild des Sensorsystems.

Für die Vorwärts-Tastfunktion werden Radar-Sensoren in dem *Adaptive Cruise Control System, ACC* verwendet. Mit diesen weit reichenden Distanzsensoren ist die automatische Erkennung von Fahrzeugen, die in der Fahrspur voraus fahren und eventuell ein Abbremsen erfordern, möglich, siehe Abb. 13.20.

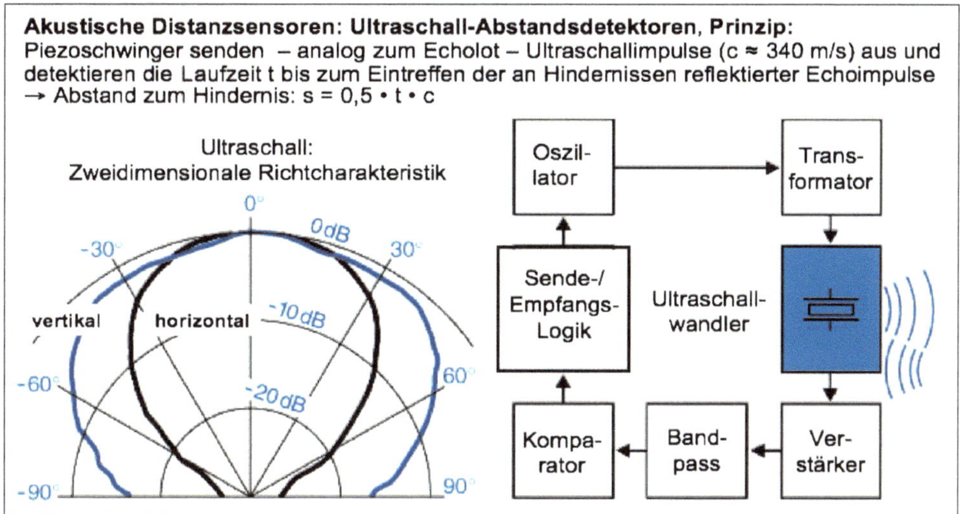

Abb. 13.19 Funktionsprinzip und Blockschaltbild von Ultraschall-Distanzsensoren

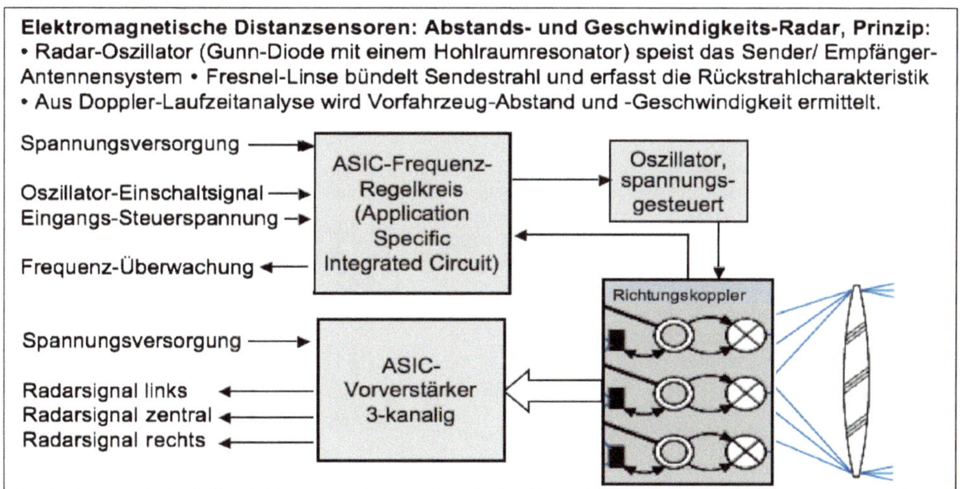

Abb. 13.20 Funktionsprinzip und Blockschaltbild elektromagnetischer Distanzsensoren

13.5 Funktion Beleuchten: Adaptive Lichttechnik

Für die **Funktion Beleuchten** des mechatronischen Systems Automobil ist eine fahrdynamisch orientierte Regelung der Lichttechnik in zwei Dimensionen zu realisieren:

(a) Leuchtweitenregelung (LWR)
→ **Statische LWR**: Vertikale Scheinwerferlicht-Höheneinstellung in Abhängigkeit vom Beladungszustand des Fahrzeugs.
→ **Dynamische LWR**: Ausregelung von Fahrzeugnickbewegungen, z.B. beim Bremsen und Beschleunigen.
(b) Adaptives Kurvenlicht: Fahrtrichtungsgeregelte Horizontalbewegung der Beleuchtung bei Kurvenfahrten.

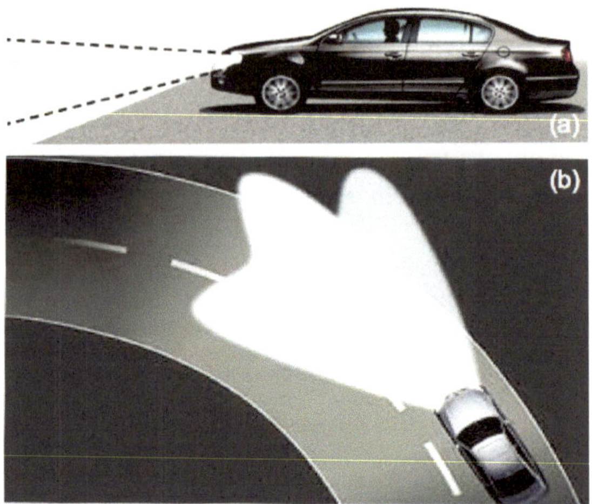

Zur dynamischen Leuchtweitenregelung müssen Kraftfahrzeug-Scheinwerfer entsprechend der Fahrzeugbewegungen „geometrisch geführt" werden. Achssensoren erfassen dazu den Neigungswinkel der Karosserie. Das Funktionsprinzip ist in Abb. 13.21 dargestellt. Die dynamische LWR korrigiert somit durch Mechatronik fahrdynamisch bedingte Nickbewegungen bei Brems- oder Beschleunigungsvorgängen.

Das Prinzip der adaptiven Lichttechnik in der Fahrzeugtechnik erläutert Abb. 13.22

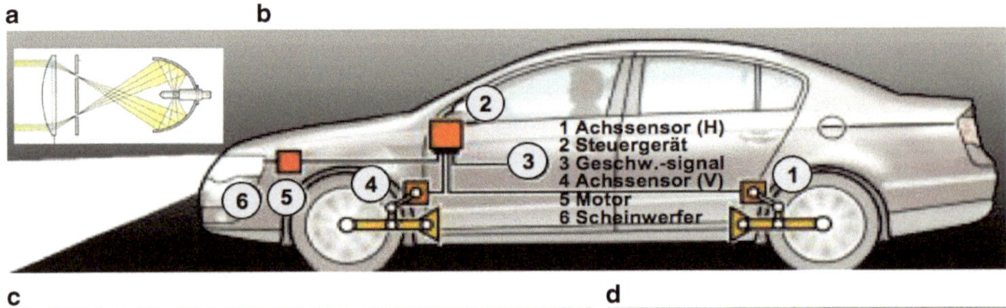

c

Dynamische Leuchtweitenregelung, Prinzip:
- Eine Fahrzeug-Nickbewegung wird über einen Drehhebel auf einen Sensor mit einem drehbaren Magnet der magnetischen Induktion B übertragen.
- Die Drehhebelrotation φ erzeugt an einem stromdurchflossenen Halbleiterplättchen eine drehwinkelproportionale Hallspannung $U_{hall} = f(\varphi)$.
- Der Nickwinkelauslenkung des Fahrzeugs – als Regelgröße der Leuchtweiteneinstellung – berechnet sich aus der Differenz der Hallspannungen des Vorderachssensors (V) und Hinterachssensors (H).

d

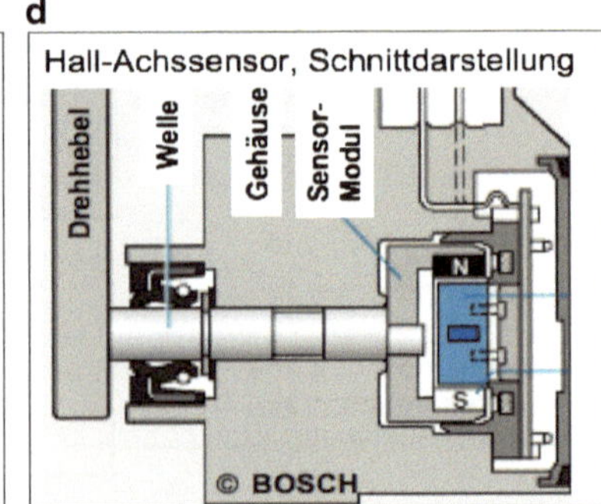

Abb. 13.21 Funktionsprinzip und Komponenten der dynamischen Leuchtweitenregelung. **a** Poly-Ellipsoid-System mit Abbildungsoptik für definierte Hell-Dunkel-Grenze

Adaptives Kuvenlicht: Prinzip

- Aktorische Regelung eines horizontal schwenkbaren Scheinwerfermoduls, basierend auf der Sensorik von Lenkradeinschlag und Fahrzeuggeschwindigkeit.
- Bei Kurvenfahrten schwenken die Scheinwerfer um ± 15 Grad.(maximal bis zur Fahrbahnmittellinie in ca. 70 m Entfernung, gesetzliche Vorschrift).

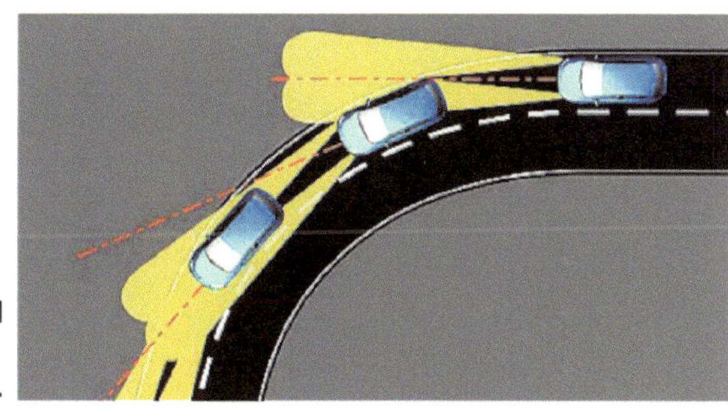

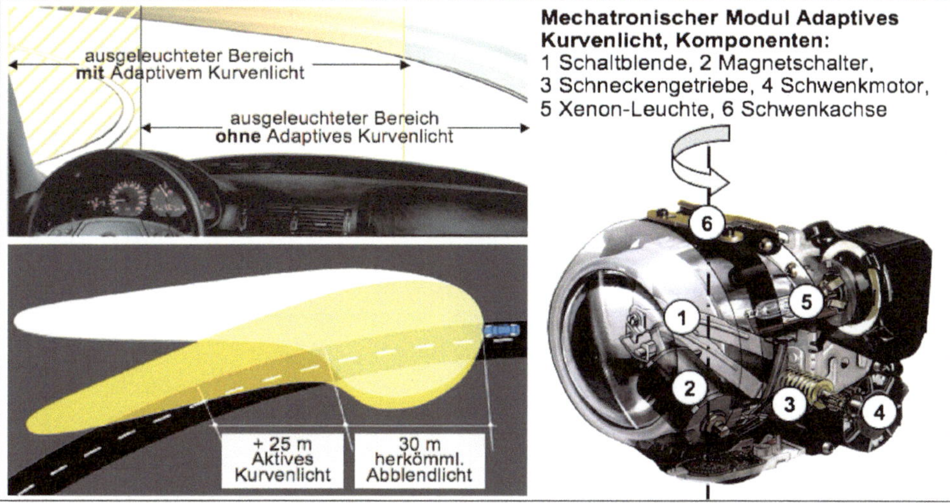

Abb. 13.22 Adaptive Lichttechnik in der Fahrzeugtechnik

14 Bauliche Infrastruktur

Der Begriff *bauliche Infrastruktur* bezeichnet die Gesamtheit aller Bauwerke, die Aufgaben der technischen Infrastruktur dienen. Die European Construction Technology Platform, (www.ECTP.org) gibt folgenden Überblick über die spezifischen technischen Funktionen der baulichen Infrastruktur:

- Öffentliche Nutzung (Verwaltung, Krankenhäuser, Theater, Kirchen),
  - gesellschaftlich-soziale Infrastruktur,
- Wohnen (Wohngebäude), Arbeiten (Industriegebäude), Handel (Märkte, Kaufhäuser),
  - ökonomische Infrastruktur,
- Transport von Menschen und Gütern (Brücken, Verkehrswege),
  - Verkehrsinfrastruktur.

Die bauliche Infrastruktur kann in *Infrastrukturbauwerke* und die zugehörige *bautechnische Infrastruktur* untergliedert werden.

Infrastrukturbauten sind *Gebäude* im Sinne der Muster-Bauordnung: *Gebäude sind selbstständig benutzbare, überdeckte bauliche Anlagen, die von Menschen betreten werden können und geeignet oder bestimmt sind, dem Schutz von Menschen, Tieren oder Sachen zu dienen. Sie müssen folgende gesetzliche Anforderungen erfüllen: Standsicherheit, Verkehrssicherheit, Brandschutz, Wärme-, Schall- und Erschütterungsschutz sowie Schutz gegen schädliche Einflüsse durch Wasser, Feuchtigkeit, pflanzliche und tierische Schädlinge oder andere chemische, physikalische oder biologische Beeinträchtigungen.*

Die **bautechnische Infrastruktur** umfasst alle technischen Netzwerke, d. h. die Gebäudeausrüstungen und Versorgungsnetzwerke. Zur technischen Gebäudeausrüstung gehören Heizungstechnik, Lüftungstechnik und Sanitärtechnik. Weitere Versorgungsnetzwerke sind Energieversorgung, Telekommunikation und Sicherheitsausrüstungen.

H. Czichos, *Mechatronik*, https://doi.org/10.1007/978-3-658-26294-5_14

14.1 Zustandsüberwachung der baulichen Infrastruktur

Infrastrukturbauwerke haben eine vorgegebene Funktion aus den genannten Bereichen der gesellschaftlich-sozialen, der ökonomischen oder der Verkehrsinfrastruktur zu erfüllen. Dem Widerstand des Bauwerkes R in Form des Zusammenwirkens von Baumaterial und statischem System steht die Einwirkung S infolge der äußere Lasten aus der spezifischer Nutzung und der Umwelt gegenüber. Zu jedem Zeitpunkt der Nutzung muss der Widerstand der Bauwerkssubstanz mit ausreichender Sicherheit γ größer sein als die äußere Einwirkung, d. h. es muss gelten: $R > \gamma S$. Die Standsicherheit und die Dauerhaftigkeit der baulichen Infrastruktur sind individuell abhängig vom Zustand des verwendeten Baumaterials und der Einhaltung der geplanten Materialparameter, von der Funktionalität des Systems, d. h. der Richtigkeit des Modells für die geplante Nutzung und der Übereinstimmung der Ausführung mit dem Modell sowie den äußeren Lasten während der Nutzung einschließlich der Umweltbeanspruchungen.

Um den Zustand von Infrastrukturbauwerken während der Nutzung beurteilen zu können, kommen bei Inspektionen, periodischer oder Langzeitüberwachung die Elemente der Mechatronik zur Anwendung. Sie sind geeignet, die Strukturintegrität (Structural Health) und die Funktionalität (performance) im Hinblick auf den Alterungszustand von Materialien, Standsicherheit, Verkehrssicherheit und Dauerhaftigkeit unter den gegebenen lokalen Beanspruchungen erfassen zu können.

Durch gezielte Anwendung von zerstörungsfreier, quasistatischer oder dynamischer Prüfung mit speziell entwickelter Sensorik und Aktorik können der Zustand des Materials lokal im Bereich vermuteter Schädigungen oder das globale Systemverhalten untersucht werden. Sensoren detektieren Fehlzustände (faults). Die verarbeiteten Sensordaten und ein Soll-Ist-Vergleich ermöglichen die realistische Einschätzung der verbleibenden Bauwerkssicherheit. Nach Auswerten der erfassten Daten und Einfügen in ein Modell kann der Grad der Sicherheit zum Zeitpunkt der Untersuchung abgeschätzt werden. Periodische oder Langzeitmessungen erlauben das Erkennen von Schädigungsmechanismen und das Ableiten von Modellen zur Prognose der Standsicherheit in der Zukunft.

Abb. 14.1 gibt eine allgemeine Übersicht über die Anwendungsmöglichkeiten der Mechatronik für Infrastrukturbauwerke.

Betrachtet man Infrastrukturbauwerke in Analogie zu anderen Technikfeldern als Technische Systeme mit einer „Soll-Funktion" und einem zu regelnden „Istzustand", so können sie gemäß Abb. 14.2 abstrakt dargestellt werden.

Aus dieser Darstellung werden die Aufgaben der Sensorik und Aktorik bei der Prüfung und Überwachung von Infrastrukturbauwerken deutlich. Die Sensorik wird bei lokaler und globaler Prüfung und Überwachung eingesetzt. Bei Überschreitung von Triggerwerten kann Aktorik in Realzeit aktiviert werden, um in das System direkt einzugreifen. Alternativ können Off-line-Maßnahmen wie Reparatur, Verstärkung oder Verringerung der äußeren Lasten (z. B. Korrosionsschutzanstriche, Reduzierung von Achslasten an Brücken oder Schutz vor Hochwasser) eingeleitet werden.

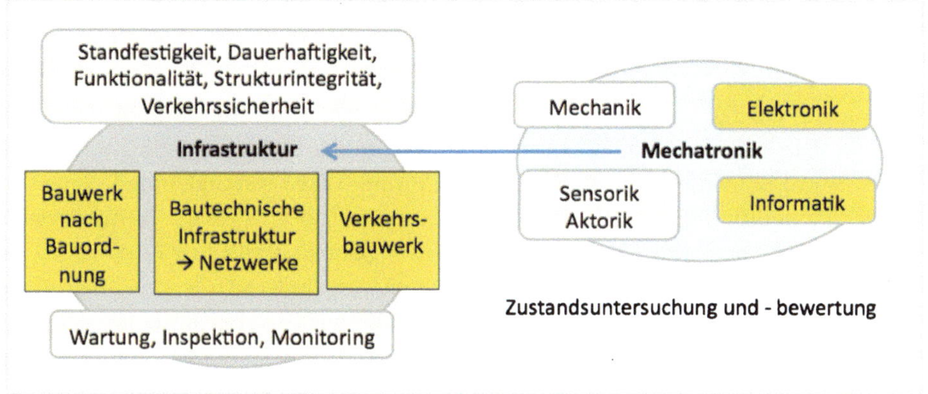

Abb. 14.1 Anwendungsmöglichkeiten der Mechatronik zur Zustandsüberwachung der baulichen Infrastruktur

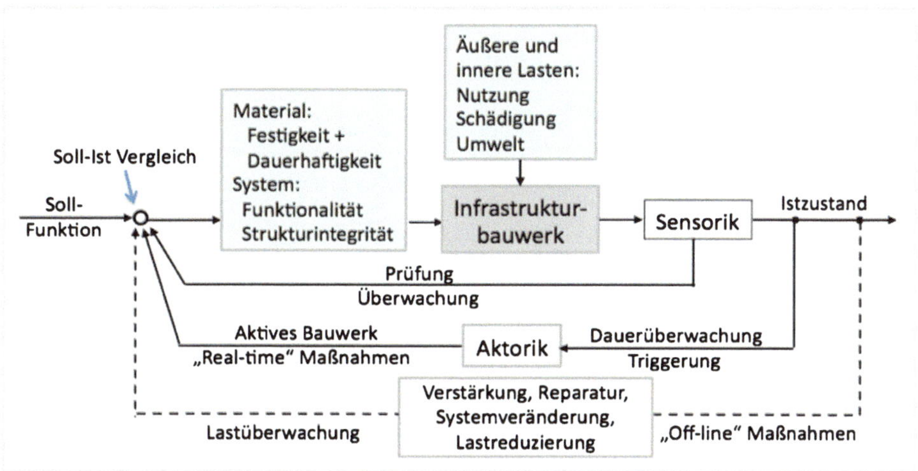

Abb. 14.2 Infrastrukturbauwerke als technische Systeme

Werden zulässige, mittels Sensorik gemessene Grenzwerte überschritten, so können durch geeignete Aktorik auch Maßnahmen in Realtime eingeleitet werden, die die Bauwerksdynamik beeinflussen. Dies kann z. B. durch Bauteile die Schwingungsdämpfungen bewirken und damit auf äußere Störungen, wie z. B. extreme verkehrsinduzierte Schwingungen oder Erdstöße infolge von Erdbeben im Sinne eines mechatronischen Regelkreises reagieren, siehe Abschn. 14.3.3 *Aktive Bauwerke.*

14.2 Bauwerksüberwachung mit zerstörungsfreier Prüfung, Sensorik und Aktorik

Die Aufgaben der Zustandsüberwachung von Bauwerken nennt Abb. 14.3 in einer kurzen Übersicht. Die Elemente der Mechatronik wie Elektronik und Informatik sind auch hier eng mit Sensorik, Aktorik, Zerstörungsfreier Prüfung (ZfP) verbunden und dienen dem Bauwerksmonitoring. Elektromagnetische, akustische oder optische Infrarotstrahlung wird Punkt für Punkt, Linie für Linie entlang von Bauteiloberflächen in direktem Kontakt oder luftgekoppelt in das Bauteil eingeleitet. Ergebnis ist ein dreidimensionaler Datensatz. Die entweder auf der gleichen Seite oder auf der gegenüberliegenden Seite des Bauteils empfangenen und durch Reflexion und Transmission am oder im Bauteil veränderten Signale geben Informationen über die innere Struktur des Bauteils.

Die Zerstörungsfreie Prüfung im Bauwesen dient in der Regel der Untersuchung von Bauelementen mit folgender Zielstellung:

- Verifizierung der Bauteilgeometrie und der Bauteildicke,
- Verifizierung und Lokalisierung von Stahlbewehrungslagen in Betonbauteilen,
- Bestimmung der Lage von Spannkanälen,
- Untersuchung des Verpressungszustands von Spannkanälen mit Mörtel zur Reduzierung der Korrosionsempfindlichkeit der Spannstähle,
- Ermittlung des dynamischen Elastizitätsmoduls,
- Untersuchen der Bauausführung,
- Qualitätskontrolle von Bauteil-Verstärkungsmaßnahmen,
- Detektieren von vorhandenen Rissen (Materialtrennungen),
- Detektieren von akutem Risswachstum.

Die verschiedenen Wellenspektren elektromagnetischer, akustischer oder Infrarotstrahlung sind in Tab. 14.1 dargestellt.

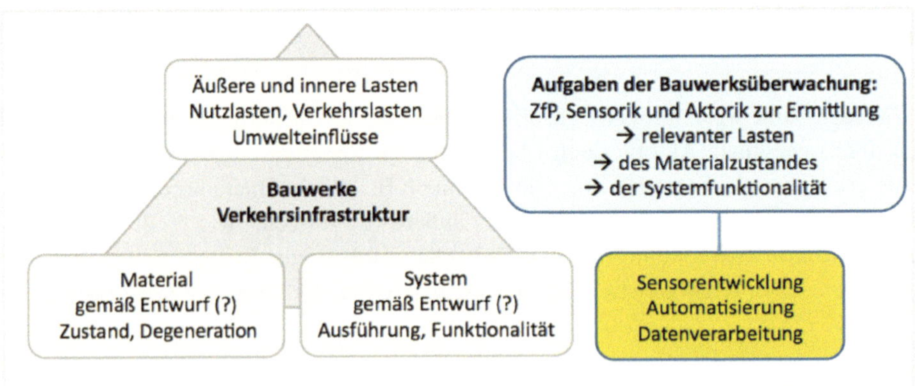

Abb. 14.3 Aufgaben der Bauwerksüberwachung

Tab. 14.1 Wellenspektrum

Spektrum	Frequenz	Wellenlänge	Anwendung
Elektromagnetische Wellen	10–100 Hz	10^3–10^4 km	Wechselspannung
Hertz-Wellen	10^2–10^4 Hz	10–1000 km	Telefon
Schallwellen	<20 kHz	>300 m/s	Hörbarer Schall
Langwellen	10 kHz–1 MHz	0,5–10 km	Radio, Radioastronomie Ultraschall
Mittelwellen	~1 MHz	~500 m	Radio, Radioastronomie
Kurzwellen	1–50 MHz	10–100 m	(Stereo-) Radio
Ultrakurzwellen	~100 MHz	~1 m	Radioastronomie, TV
Mikrowellen	1 GHz-THz 10^9-10^{12}	0,1 mm–10 cm	Geführte Radiowellen, Radar, Mikrowellenofen, Hochfrequenztechnik
Infrarotlicht	10^{12}–$4 \cdot 10^{14}$ Hz	1 mm–800 nm	Nachtsichtgeräte Infrarotlampe, Infrarotthermografie
Sichtbares Licht	4–$8 \cdot 10^{14}$ Hz	800–400 nm	Beleuchtung, Astronomie
Ultraviolettes Licht (UV)	10^{15}–10^{17} Hz	400–10 nm	Sterilisation von Medizinischen Geräten, Fotochemie
Weiche Röntgenstrahlung	10^{17}–10^{21} Hz	10 nm–1 pm	Radiografie, Element Identifizierung
Harte Röntgenstrahlung	>10^{21} Hz	<1 pm	Nuklearphysik, Elementarphysik

Beton setzt sich aus einer Zementmatrix und Gesteinskörnungen zusammen, die durch unterschiedliche Materialparameter akustische oder elektromagnetische Wellen an den Materialgrenzen teilweise absorbieren oder reflektieren können.

Die Wahl der Frequenzen und Wellenlängen für die Anwendungen von zerstörungsfreien an Konstruktionen aus Beton oder Mauerwerk muss die Heterogenität des Baustoffes bzw. der Mauerwerksstruktur berücksichtigen. Im Gegensatz zum homogenen Stahl erfordern inhomogene Baustoffe niedrigere Frequenzen mit größeren Wellenamplituden.

14.2.1 Techniken zur Bauwerksüberwachung

Akustische Verfahren (Reflexion, Tomografie) basieren auf der Messung von an Grenzschichten reflektierten Ultraschallpulsen (50–300 kHz) zur Untersuchung des Inneren von Bauteilen. Die für Untersuchungen von Betonkonstruktionen am besten geeignete Frequenz akustischer Transversal- und Longitudinalwellen liegt zwischen 50 kN und 100 kN (Ultraschall). Aktuelle Forschungen verwenden strukturintegrierte Ultraschallsensoren (embedded sensors) zur Messung von Signalen, die auf Strukturveränderungen hindeuten, um große Sensordurchmesser zu vermeiden. Im Abb. 14.4 sind verschiedene Ultraschallverfahren dargestellt, die zur Untersuchung von Rissen senkrecht zur Oberfläche dicker Betonprobekörper eingesetzt worden. Ultraschalldatensätze, die mittels automatisch abgescannter Oberflächen erfasst wurden, ermöglichen die Lokalisierung von Nuten oder Rissen. Die Ermittlung der Nut- oder Risstiefe erfordert die Weiterentwicklung der Datenverarbeitung und die Kommerzialisierung geeigneter Softwarekomponenten.

Die lineare Ultraschall-Gruppenstrahlertechnik mit dem neuentwickelten Linear-Array MIRA arbeitet mit 10×4 piezokeramischen niederfrequenten Punktkontakt-Ultraschallsensoren. Dabei werden 90 Ultraschalldatensätze zu einem annähernd in Realzeit dargestellten Ultraschallbild fusioniert, das noch direkt an der Messstelle auf dem Display des Gerätes dargestellt wird. Abb. 14.5 zeigt im oberen Teil die Gerätetechnik und im unteren Teil die Visualisierung eines Hüllrohres der Spannbewehrung in einem Betonprobekörper.

Schallemissionsanalyse bezeichnet ein Verfahren, das die bei aktivem Risswachstum, Korrosion oder tribologisch-verursachten Veränderungen entstehenden Geräusche auch in einigem Abstand von der Geräuschquelle erfasst und analysiert. Mit entsprechenden Auswertealgorithmen kann die Schallquelle (z. B. die Rissspitze oder Korrosionsaktivität)

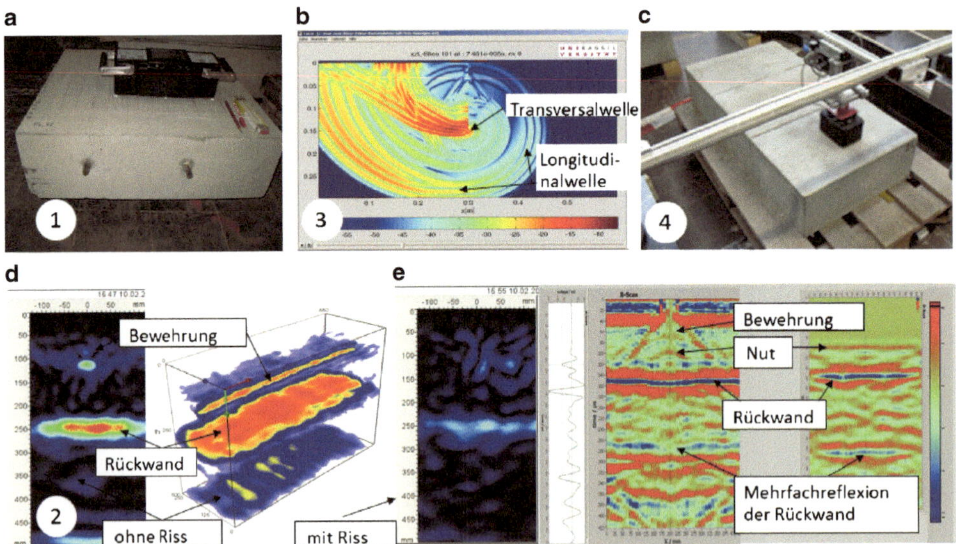

Abb. 14.4 Risstiefenuntersuchung mit Ultraschallverfahren an dickwandigen Betonprobekörpern. **a** Messung mit Lineararray MIRA, **b** Modellierung der Wellenausbreitung am Riss (Universität Kassel), **c** Automatisierte Messung an einem Probekörper mit definierter Nut mit einem trocken ankoppelnden Transversalwellenarray (A1220, Acsys Moskau), **d** Ultraschallbild des Lineararrays mit und ohne Riss in 2D und 3D, **e** Ultraschallbild in Nutrichtung und senkrecht zur Nut

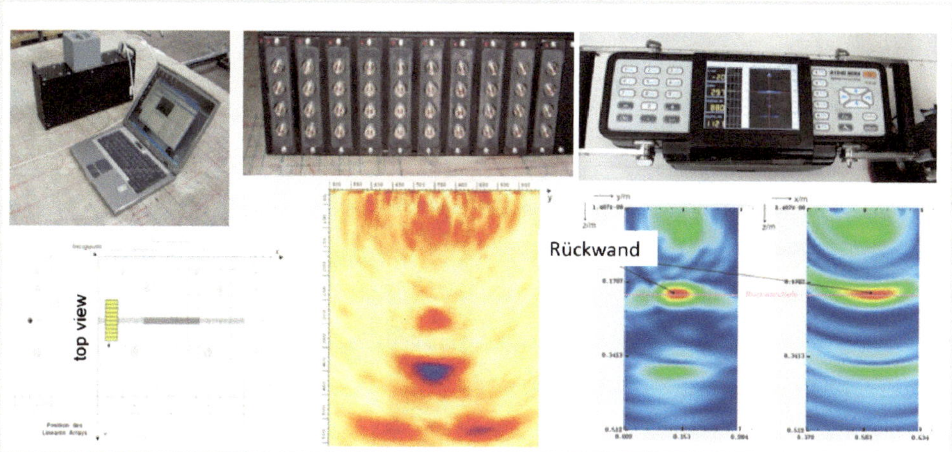

Abb. 14.5 Gerätetechnik der Ultraschall-Gruppensensorik und Visualisierung eines Spannkanals in einem Betonprobekörper

lokalisiert werden. Häufig wird nur die Anzahl der Ereignisse (hits) erfasst, die eine bestimmte Triggergröße überschreiten. Der Entstehungsort der Hits wird über die Laufzeit zurückverfolgt und die Anzahl der Ereignisse Signale kann grafisch geometrisch zugeordnet und visualisiert werden.

Mikrowellenverfahren (z. B. Impuls- oder Georadar) sind schnelle, bildgebende Ortungsverfahren unter Verwendung von elektromagnetischen Wellen. Messgrößen sind zumeist die Laufzeit des Impulses zwischen der Sende- und Empfangsantenne und dem reflektierenden Objekt sowie die Reflexionsamplitude des Impulses. Für die Anwendung an Betonbauwerken werden Antennen mit Frequenzen zwischen 400 MHz und 2,6 GHz verwendet. Elektromagnetische Wellen mit höheren Frequenzen dringen nicht sehr tief in das Bauteil ein, ermöglichen aber hochaufgelöste Darstellung der oberflächennahen Struktur. Sind die Frequenzen niedriger, so kann man geringer aufgelöste Informationen aus größeren Tiefen (bis ca. 80 cm) darstellen.

Thermografie ist ein bildgebendes Verfahren zur Messung der von der Oberfläche eines Körpers ausgehenden Infrarotstrahlung, die Strahlungsleistung korreliert mit der Oberflächentemperatur (optoelektronische Pyrometrie, vgl. Abb. 5.79). Bei aktiver Thermografie erhitzt ein Wärmeimpuls eine Oberfläche. Das Abkühlverhalten der Oberfläche ist beeinflusst von Wärmeströmen im Innern des Bauteils und ist ein Maß für im Inneren vorhandene Inhomogenitäten.

Abb. 14.6 zeigt Beispiele für die Anwendung der passiven und aktiven Thermografie. Die passive Thermografie nutzt Temperaturunterschiede am Bauwerk, die Hinweise auf Wärmebrücken infolge entweichender Wärme aus Bauwerken oder Technischen Infrastruktursystemen wie Fußbodenheizungen gibt. Bei der aktiven Thermografie wird die

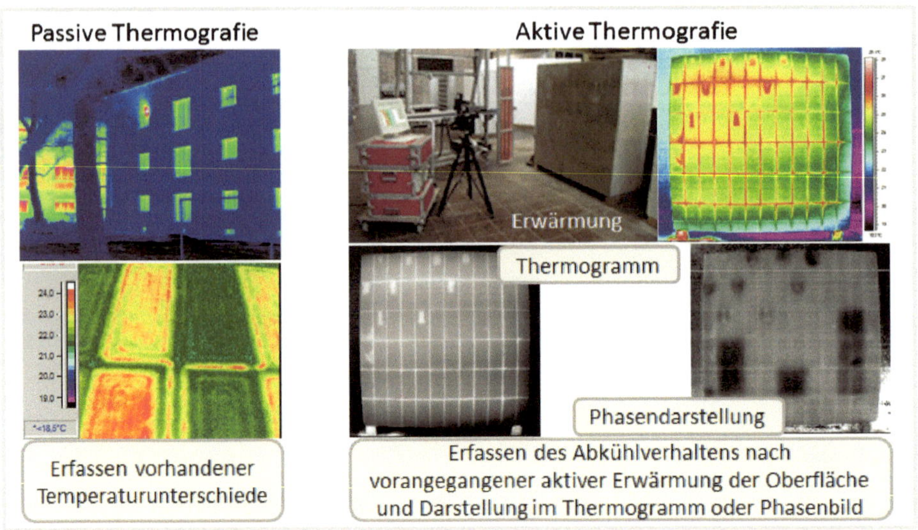

Abb. 14.6 Aktive und passive Thermografie im Bauwesen

Oberfläche eines Bauteils erwärmt und der Abkühlungsprozess wird aufgezeichnet. Zur Erhöhung der Aussagekraft von Thermogrammen erfolgt eine Auswertung der Abkühlungskurve in jedem einzelnen Pixel der Aufnahme mit einer Thermokamera. Die Daten können dann als Thermogramm als Amplitudendarstellung oder als Phasendarstellung visualisiert werden.

14.2.2 Automatisierung der Infrastrukturüberwachung

In den letzten Jahren ist die Automatisierung der Infrastrukturüberwachung stetig mit hohem Tempo vorangeschritten. Sensoren, automatisierte Datenerfassung und Datenauswertung werden heute mit integrierten elektronischen Komponenten und automatisierten Abläufen verwendet. Beispiele zeigen die Abb. 14.7 und 14.8.

Die selbstnavigierende Plattform, Betoscan, wurde für die gleichzeitige Erfassung von Zustandsdaten von horizontalen Flächen, z. B. in Parkhäusern entwickelt. Gleichzeitig können in einer Messfahrt Ultraschalldaten, Potenzialfeldmessungen, Radar mit verschiedener Polarisierung und eine fotografische Dokumentation durchgeführt werden. Nach Eingabe des Messrasters und der Messflächengröße navigiert sich die Plattform selbst über Laserabstandsmessungen, Abb. 14.9.

Das Prinzip der Messablaufsteuerung für gleichzeitige mechatronische Bauwerksuntersuchungen mit Ultraschall- und Impactecho-Sensoren ist in Abb. 14.10 dargestellt. Die Messelektronik ist zusammen mit einem Rechner in einem kompakten Gehäuse integriert und über eine Netzwerkverbindung steuerbar. Die Messdaten werden auf einem externen Rechner gespeichert und weiterverarbeitet. Die parallele Messdatenaufnahme mit verschiedenen Sensoren ermöglicht eine *Datenfusion* und erhöht die Aussagesicherheit.

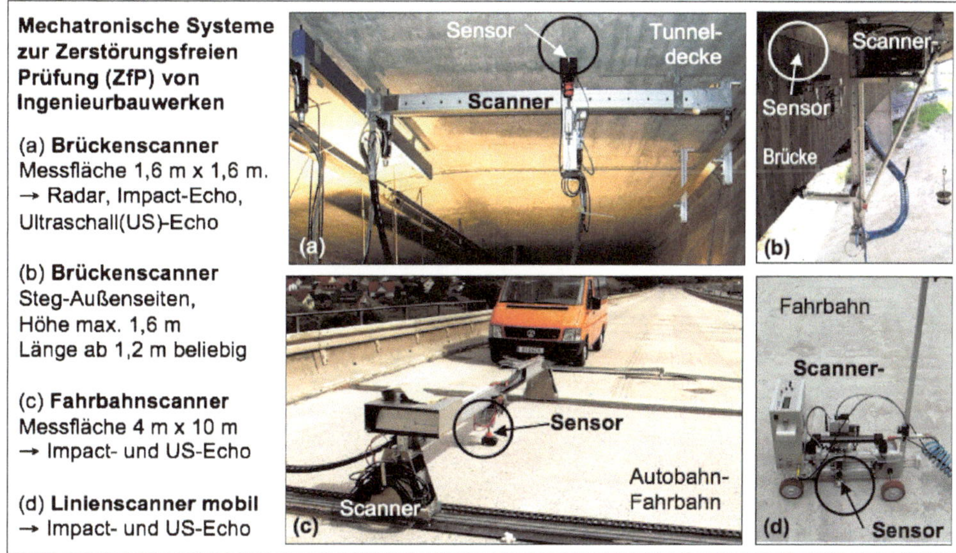

Abb. 14.7 Zerstörungsfreie Prüfung von Ingenieurbauwerken der Verkehrsinfrastruktur

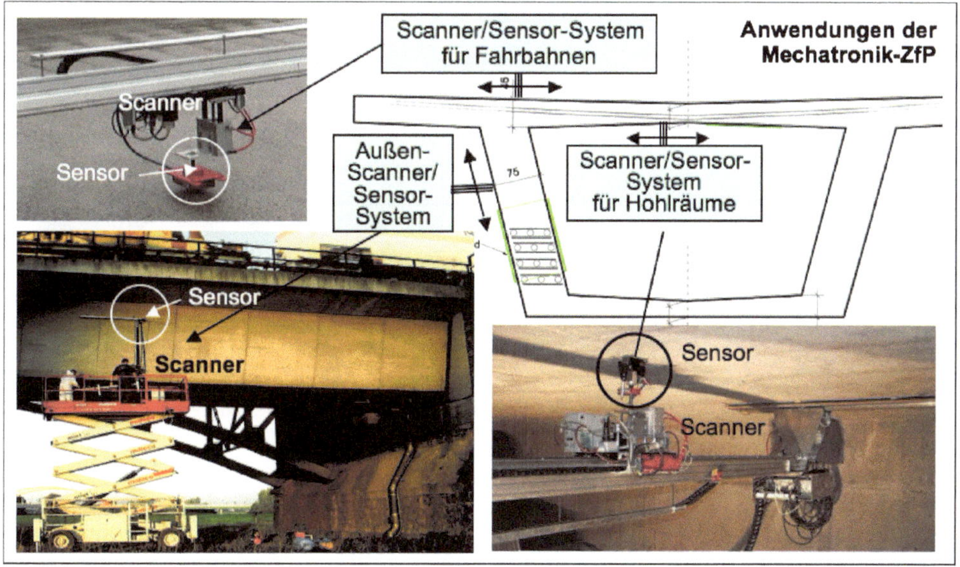

Abb. 14.8 Automatisierung der zerstörungsfreien Brückenuntersuchung mittels automatisierter Scannersysteme

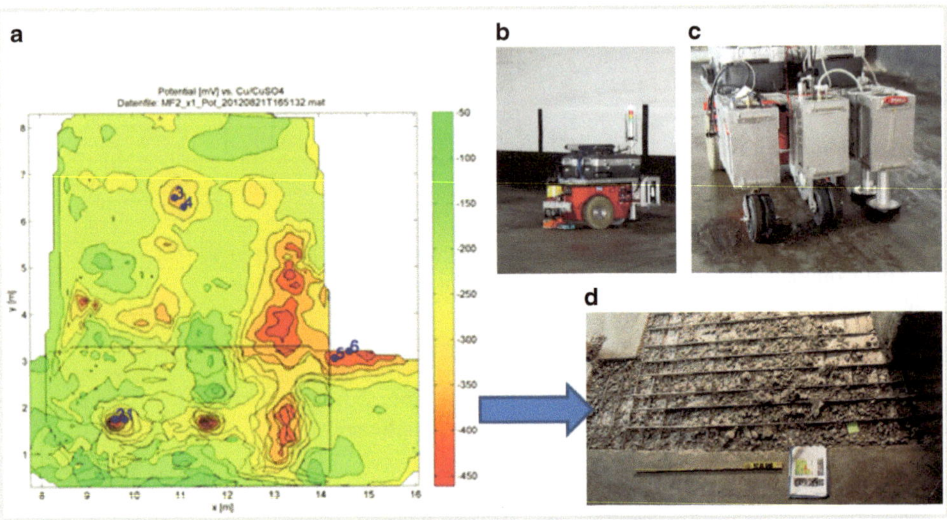

Abb. 14.9 Automatisierung der Datenerfassung mittels selbstnavigierender Plattform Betoscan zum parallelen zerstörungsfreien Erfassen von Zustandsdaten z. B. der Korrosionswahrscheinlichkeit in Parkhäusern, Schädigungsnachweis durch Öffnen der untersuchten Fläche (**d**)

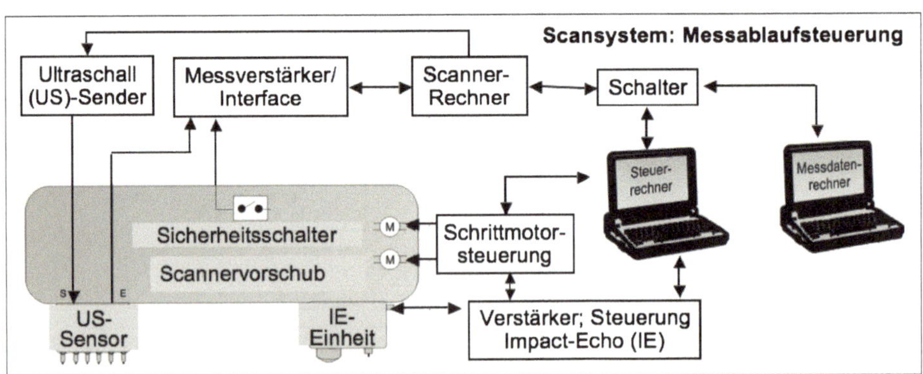

Abb. 14.10 Messablaufsteuerung für mechatronische Bauwerksuntersuchungen

Durch die Kombination von Scanner/Sensor-Modulen mit der elektronischen Messablaufsteuerung und Daten/Bildverarbeitung ergibt sich eine aussagekräftige mechatronische Mess-, Prüf- und Überwachungstechnik für bauliche Anlagen. Abb. 14.11 illustriert dies für das Beispiel von Brückenbauwerken.

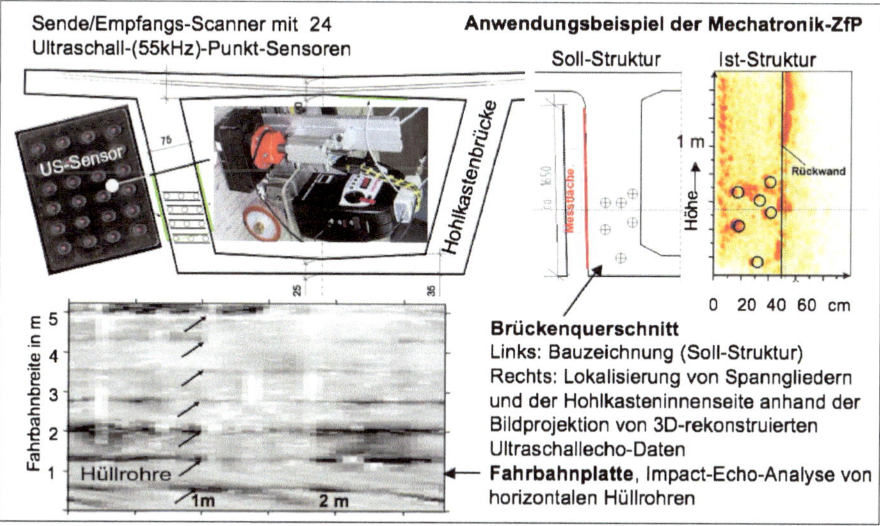

Abb. 14.11 Ergebnisse der Sensorik baulicher Anlagen: Beispiel Brückenbauwerke

14.2.3 Anwendungsbeispiel Hauptbahnhof Berlin

Die Bauwerksüberwachung mit zerstörungsfreier Prüfung, Sensorik und Aktorik ist in neuartiger Weise in den Hauptbahnhof Berlins integriert worden, siehe Abb. 14.12. Aufgrund der großen allgemeinen Bedeutung des neuen Hauptbahnhofs Berlin informierte das Fernsehen (3sat, 09.11.2001) die Öffentlichkeit über diese Innovation der Zustandsüberwachung der baulichen Infrastruktur unter folgendem Titel:

Ingenieure konstruieren ein System zur Kontrolle von Bauwerken An allen statisch relevanten Stellen des Bahnhofs – eines der kompliziertesten und komplexesten Bauwerke Europas – wurden von den Experten der Bundesanstalt für Materialforschung und -prüfung (BAM) insgesamt über 200 verschiedenartige Sensoren angebracht. Diese Sensoren beruhen auf ganz verschiedenen Prinzipien. Sie messen Dehnungen, Verformungen und Setzungen und verwenden dabei ganz verschiedene physikalische Prinzipien wie elektrische, optische und mechanische Aufnehmer. So stellen sie sicher, dass saubere Messsignale vorliegen. Die Dehnungssensoren beispielsweise werden direkt am Baukörper angebracht, wo sie jede noch so feine Verformung durch Änderung ihres elektrischen Widerstandes registrieren. Zum Schutz vor Witterungseinflüssen werden sie mit einer Kunststoffschicht bestrichen. Anschließend müssen alle Sensoren verkabelt werden. Über 3000 m Kabel werden in Kabelschächte und durch Hohlräume verlegt, um

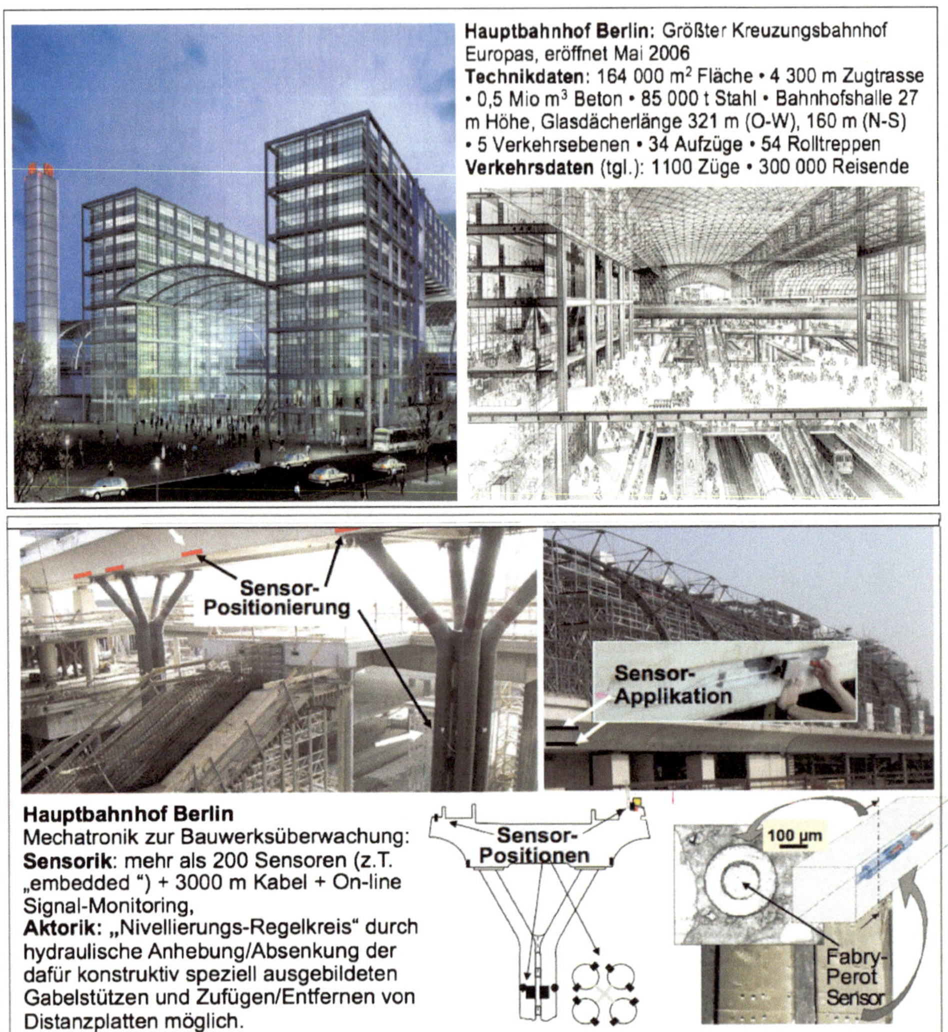

Abb. 14.12 Der Hauptbahnhof Berlin als Beispiel der Bauwerksüberwachung

die Messergebnisse aller Sensoren zusammenzuführen und das Online-Monitoring der gesamten Konstruktion möglich zu machen. Monitoring bedeutet in diesem Zusammenhang, dass man ein Bauwerk von Baubeginn an mit Sensoren bestückt und dann verfolgt, wie sich die Konstruktion verhält. Man kann aber auch andere Größen wie die Temperaturentwicklung eruieren. Am neuen Bahnhof misst jeder Sensor irreguläre Kräfte und liefert Informationen über den Zustand des Bauwerks in Form elektrischer Signale. Die gesammelten Signale werden in physikalische Einheiten umgerechnet und weiter verarbeitet. Die Visualisierung erfolgt auf dem Gelände der Bundesanstalt für

Abb. 14.12 (Fortsetzung)

Materialforschung und -prüfung. Ein speziell entwickeltes Computerprogramm wertet die Zustandsdaten aus. So ist ein aktuelles Zustandsbild des Bahnhofs an besonders belasteten Stellen jederzeit abrufbar. Diese neue Dimension in der Tragwerkssicherheit kommt am neuen Hauptbahnhof Berlins zum ersten Mal zum „Tragen".

9/11/2001 

14.3 Bauwerksmonitoring

Langzeitüberwachung von Infrastrukturbauwerken mit der wiederholten Erfassung ein und derselben ausgewählten Parameter am Bauwerk wird international als Bauwerksmonitoring bezeichnet. Die Langzeitüberwachung kann entweder lokal in ausgewählten kritischen Bereichen oder global am Bauwerk zum Bestimmen bauwerksspezifischer Parameter erfolgen. Lokal überwachte Parameter sind Dehnungen, Durchbiegungen, Rissöffnungen oder Risswachstum, aber auch von außen auf das Bauwerk einwirkende Faktoren wie Umweltfaktoren (Feuchtigkeit, Temperatur, Windgeschwindigkeiten) oder Betriebsbeanspruchungen (Verkehrslasten, statische Lasten, Lastkollektive). Zerstörungsfreie Prüfmethoden erfassen in der Regel lokale Inhomogenitäten oder die lokale innere Struktur von Baukonstruktionen. Für dynamisch belastete Konstruktionen ist sicherzustellen, dass durch im Nutzungszustand auftretende Schwingungen nicht die Eigenfrequenz des Bauwerks angeregt wird. Daher ist es von besonderer Bedeutung die modalen Parameter eines Bauwerks zu kennen und im Entwurfsprozess mithilfe numerischer dynamischer Modelle zu berücksichtigen.

Kennzeichnend für dynamisch beanspruchte Bauwerke ist häufig ein System von lokalen Beschleunigungen. Sie sind in der Auswirkung beschreibbar durch dynamische Parameter wie Eigenschwingungen, Eigenformen, bauwerkstypische Frequenzen. Die Eigenformen von Bauwerken sind sehr empfindlich auf Veränderungen der Steifigkeit und können zur Identifizierung von Schädigungen herangezogen werden. Dynamische Beschleunigungsmessungen am Bauwerk können sowohl am unbelasteten Bauwerk infolge ambienter Belastung durch Umweltgeräusche oder experimentell mit Impuls-Anregung mittels Impulshammer, servohydraulischer oder elektrodynamischer Anregung bzw. auch durch eine angehängte und abgekoppelte Entlastung durchgeführt werden.

14.3.1 Verkehrsbauwerke

Bei Verkehrsbauwerken von besonderer Bedeutung sind Schwingungsbeanspruchungen mit ihren Einflüssen auf die gesetzlich geforderte Standsicherheit und die Bauwerksdynamik. Einige Anwendungsbeispiele des Monitoring von Verkehrsbauwerken zeigt Abb. 14.13.

Das Instrumentarium für bauwerksdynamische Untersuchungen ist im *ZfPBau-Kompendium* (www.bam.de/zfpbau-kompendium.htm) zusammengestellt, Stichworte nennt Abb. 14.14.

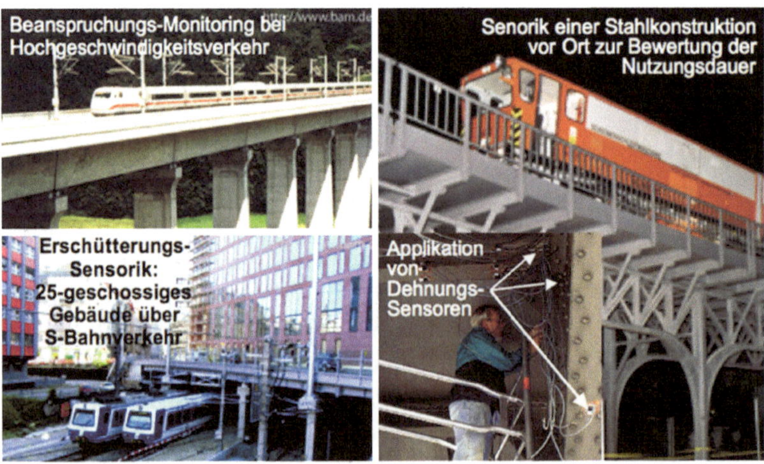

Abb. 14.13 Anwendungsbeispiele des Monitoring von Verkehrsbauwerken

Stichworte zur Methodik:
Baudynamik – Monitoring – Bauwerksbewegung - Verformungsmessung – Schwingungsmessung - Dynamische Methoden – FFT: Fast Fourier Transformation – Frequenzanalyse – Geophon - Piezoelektrische Folie – Seismische Sensorik.
Schwingungsanalyse am Bauwerk:
Schwingungsanalysen zur Zustandskontrolle, Schadensdetektion, Tragfähigkeitsbewertung, Langzeitüberwachung, Nutzungsdauer.

Abb. 14.14 Methodik bauwerksdynamischer Untersuchungen

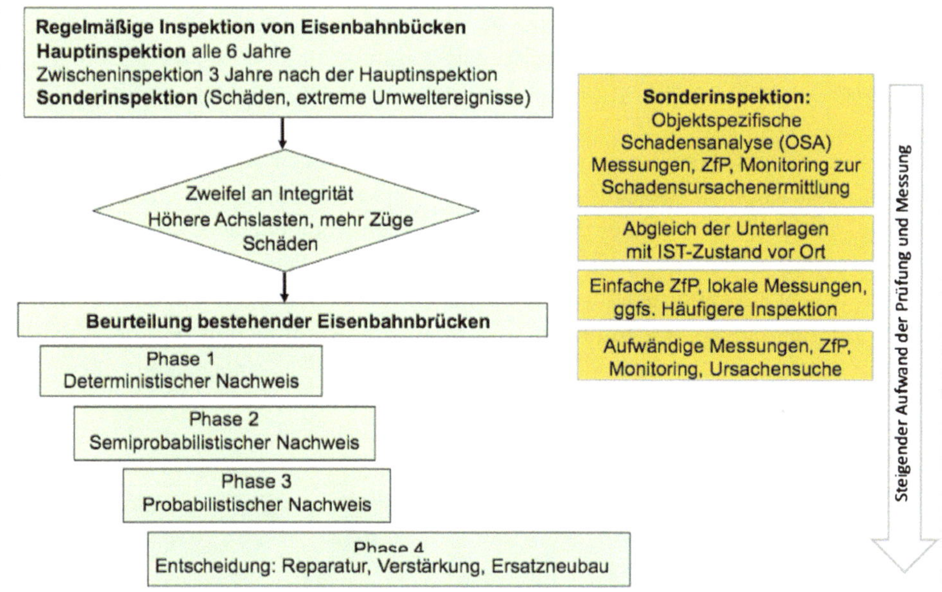

Abb. 14.15 Neubewertung bestehender Eisenbahnbrücken (Sustainable Bridges, EU FP6 2003–2007)

Die Inspektion und Überwachung der Verkehrsinfrastruktur basiert in Deutschland im Allgemeinen auf den technischen Regelwerken der Bauwerkseigner. Die Inspektionen von Straßen und Wegen sind allgemein in der DIN 1076 festgelegt. Vielfach werden die Regelwerke der Bundesanstalt für Straßenwesen (BASt) für das Netzwerk der Bundesautobahnen oder auch von Städten und Gemeinden für lokale Verkehrsbauwerke übernommen. Die Deutsche Bahn regelt ihre Bauwerksüberwachung traditionell in der Richtlinie 803 und weiteren bahnspezifischen Regelwerken. Für die Nachweisführung von bestehender Eisenbahninfrastruktur steht die Richtlinie 805 der Deutschen Bahn AG zur Verfügung. Regeln für die Inspektion von Eisenbahnbrücken nennt Abb. 14.15.

14.3.2 Windenergieanlagen

Eine Windenergieanlage ist ein mechatronisches System mit Mechanik-Komponenten (ca. 50 % Kostenanteil) und Elektrik-Komponenten (ca. 25 % Kostenanteil). Es ist aus drei hauptsächlichen Baugruppen aufgebaut:

1. Rotor mit zwei, drei oder vier Blättern aus faserverstärkten Kunststoffen. Die Rotoren müssen strömungstechnisch so gestaltet sein, dass möglichst eine laminare Umströmung möglich wird, da durch sie mehr Windenergie auf die Rotorblätter übertragen wird als bei turbulenter Umströmung.
2. Maschinenhaus mit Generator und einem Getriebe, das die Drehzahl des Rotors so weit heraufgesetzt, dass der Generator die benötigte Drehzahl erhält.
3. Turm, dessen erste Biegeeigenfrequenz bei kurzer Bauform oberhalb der Rotordrehzahl („unterkritischer Turm") oder bei langer Bauform („überkritischer Turm") unterhalb der Rotordrehzahl liegt, wobei Resonanzfrequenzen zu vermeiden sind.

Turm, Rotor und Rotorblätter sind sehr hohen dynamischen Kräften, die Bauteile und Gesamtkonstruktion zu Bewegungen anregen, ausgesetzt. Erforderlich sind daher sensorgestützte Überwachungssysteme für alle wesentlichen Komponenten (Turm, Rotorblätter, Antriebsstrang) insbesondere bei Offshore-Windenergieanlagen. Dabei sind numerische und experimentelle Untersuchungen an baulichen Komponenten zu kombinieren mit Verfahren zur Beurteilung der Ermüdungssicherheit von Rotorblättern und der Erprobung strukturintegrierbarer Sensorik für die On-line-Bewertung der Anlagenkomponenten. Ein Beispiel für die Anwendung faseroptischer Sensorik (vgl. Abschn. 5.4.2) zeigt Abb. 14.16.

Abb. 14.16 Mechatronisches System Windenergieanlage

14.3.3 Aktive Bauwerke

In Analogie zu den im vorhergehenden Kapitel behandelten „aktiven Fahrwerken" können durch die Kombination von Sensorik und Aktorik bauliche Anlagen als „aktive Bauwerke" modelliert werden. In Abb. 14.17 ist das bekannte allgemeine „Zweimassenschwinger-Modell" zusammen Federelementen, die als „Schwingungstilger" eingesetzt werden können, dargestellt.

Die Anwendbarkeit derartiger Modelle auf „immobile" bauliche Anlagen ist natürlich unter Berücksichtigung der bauwerksspezifischen Definitionen der Masse-Feder-Dämpfer-Komponenten und ihrer relevanten Parameter genau zu prüfen. Die Modellierung einer baulichen Anlage als mechatronisches System zeigt Abb. 14.18.

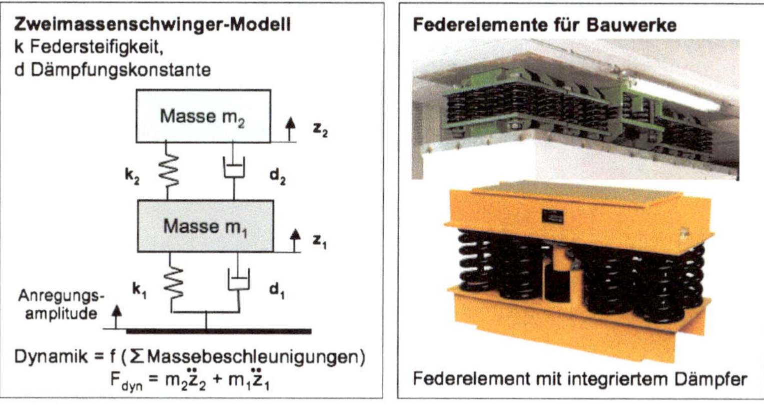

Abb. 14.17 Dynamikmodell und industrielle Federelemente für bauliche Anlagen

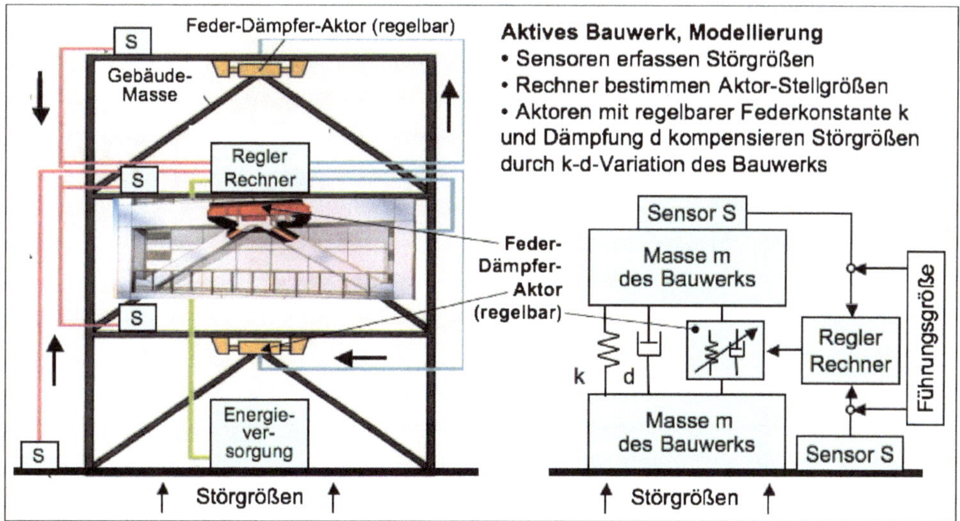

Abb. 14.18 Mechatronik baulicher Anlagen: Modellierungsmodell eines aktiven Bauwerks

14.4 Sensorik historischer Baustrukturen

Die Methoden der Sensorik und der *Zerstörungsfreien Prüfung ZfP (Non-Destructive Testing, NDT)* können natürlich auch auf historische Bauwerke angewandt werden. Die Europäische Union (EU) fördert diese Technologien im EU-Forschungsprogramm *Die Stadt von Morgen und das Kulturelle Erbe* mit folgendem Projekt:

On-site investigation techniques for the structural evaluation of historic masonry buildings

- The research project will provide improved methodologies for the evaluation of the structure of historic masonry Cultural Heritages.
- The approach will be to mature a diagnostic methodology based on Non-Destructive Testing (NDT) techniques.
- The technological goals are to develop:
  - positioning sensors for effective data acquisition,
  - software for combined data analysis and reconstruction, and
  - to improve existing and to develop new models for structural evaluation.

Die Weiterentwicklung der Sensorik zur Diagnostik historischer Baustrukturen des europäischen Kulturerbes wurde 2001–2004 in einer interdisziplinären Kooperation von Institutionen aus Deutschland, Italien, Schweden, Slowenien, Spanien und Tschechien unter Federführung der BAM, Berlin, mit Fallstudien an ausgewählten Bauwerken durchgeführt, siehe Abb. 14.19.

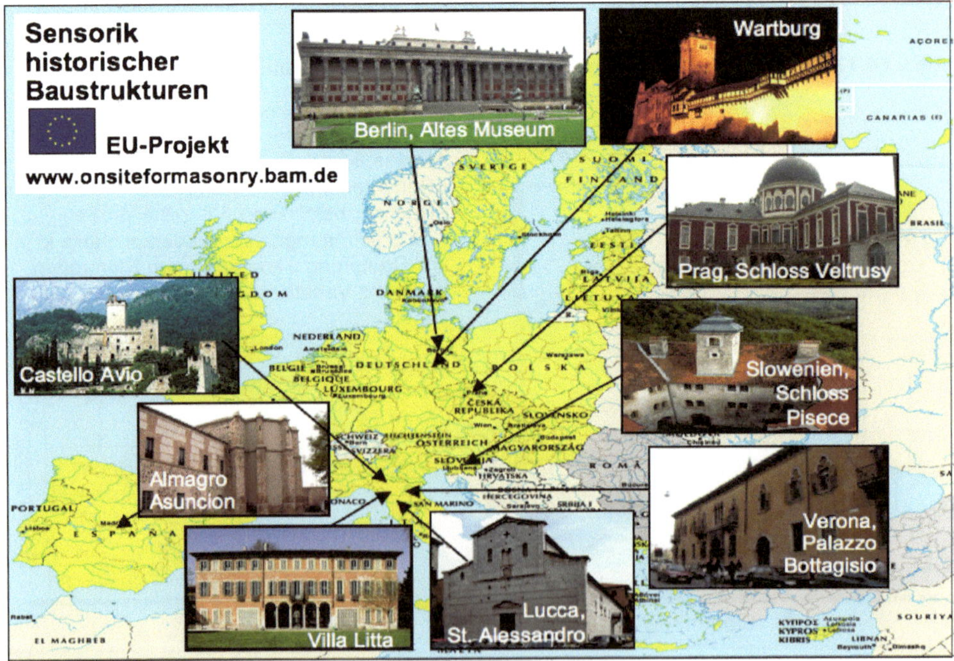

Abb. 14.19 Bauwerke des kulturellen Erbes in Europa, untersucht mit Sensorik und ZfP

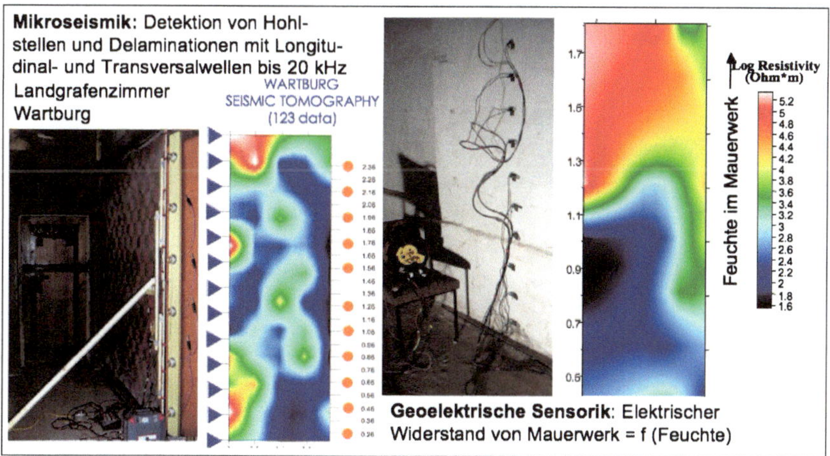

Abb. 14.20 Übersicht über die Methoden der Mikroseismik und der Geoelektrischen Sensorik

Bei dem europäischen Sensorik-Projekt wurden neben Akustischen Verfahren, Mikrowellenverfahren und der Thermografie auch Methoden der Mikroseismik und der Geoelektrischen Sensorik weiterentwickelt, siehe Abb. 14.20.

Sensorik von Bauwerken des Weltkulturerbes
Beim Alten Museum auf der Museumsinsel in Berlin konnten mittels Ultraschall-Tomografie, Radar und Thermografie detaillierte Analysen für die historische Rekonstruktion der weltberühmten Säulenstrukturen der Außenfassade und der Rotunde durchgeführt werden, siehe Abb. 14.21.

Durch die Kombination von Thermografie, Radar und Mikroseismik ließen sich bei der Wartburg in Eisenach – ältestes Burg-Wohngebäude in Deutschland und Weltkulturerbe der UNESCO – historische Baustrukturen exakt bestimmen, siehe Abb. 14.22.

14.5 Mechatronik in der Gebäudetechnik

Die heutige Gebäudetechnik hat eine Vielzahl technischer Funktionen zu erfüllen, die von der Heizungs-, Lüftungs- und Versorgungstechnik bis zur Sicherheitstechnik reichen. Eine systemtechnische Übersicht über die Gebäudetechnik zeigt Abb. 14.23.

Da die Mechatronik in der Gebäudetechnik auf „Immobilien" anzuwenden ist, sind „lokale Systemlösungen" – bezogen auf die Eigenschaften und Kenndaten des jeweiligen Gebäudes und seiner Umwelt – erforderlich. Abb. 14.24 zeigt eine Übersicht allein über die vielfältigen Aspekte der Haus-Teilfunktionen *Heizung, Lüftung, Klima.*

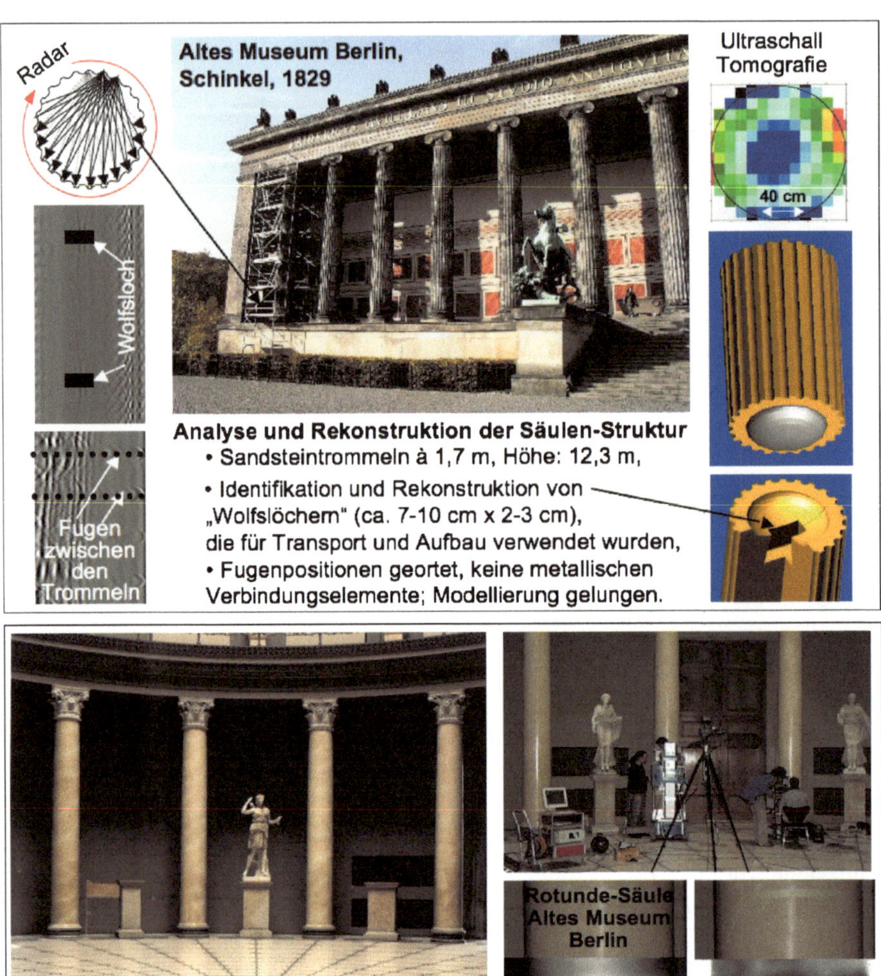

Abb. 14.21 Anwendung der Sensorik auf historische Bauwerke: Schinkels Altes Museum, Berlin

Zur systematischen Erforschung und Weiterentwicklung der Sensorik und Aktorik für die Gebäudetechnik wurde ein „Versuchslabor für das Intelligente Haus" mit über 250 Sensoren und 80 Aktoren entwickelt, siehe www.smarthome.unibw-muenchen.de. Abb. 14.25 gibt eine Übersicht über die Instrumentierung zur Untersuchung von Heizung. Lüftung und Klima, einschließlich einer „Outdoor-Wetterstation" für die sensortechnische Erfassung von Temperatur und Feuchte (Sensorprinzipien siehe Abschn. 5.6) sowie von Wind und Strahlung.

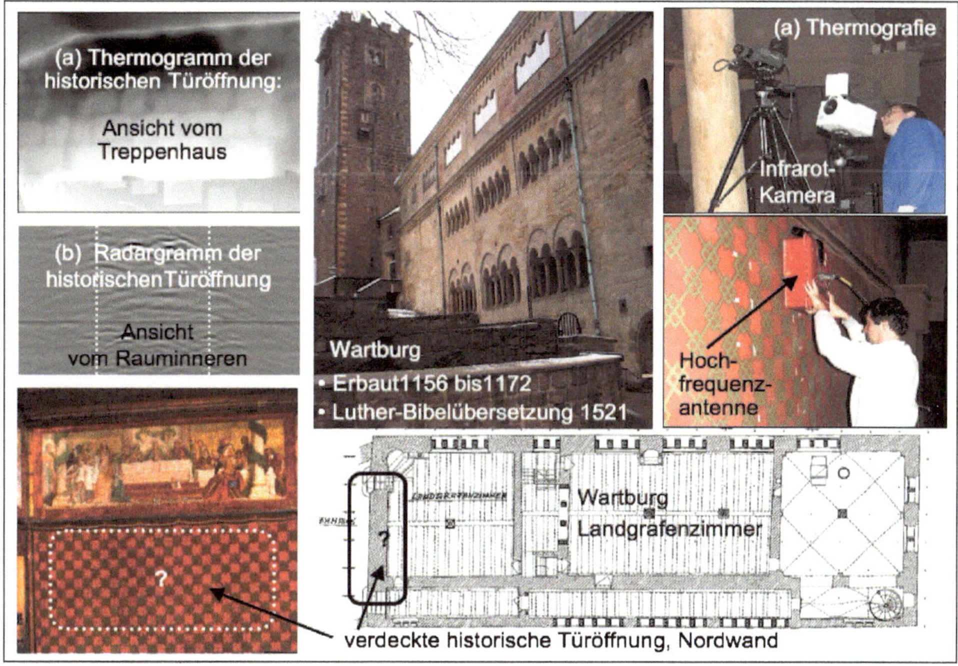

Abb. 14.22 Anwendung der Sensorik auf historische Bauwerke: Wartburg, Eisenach

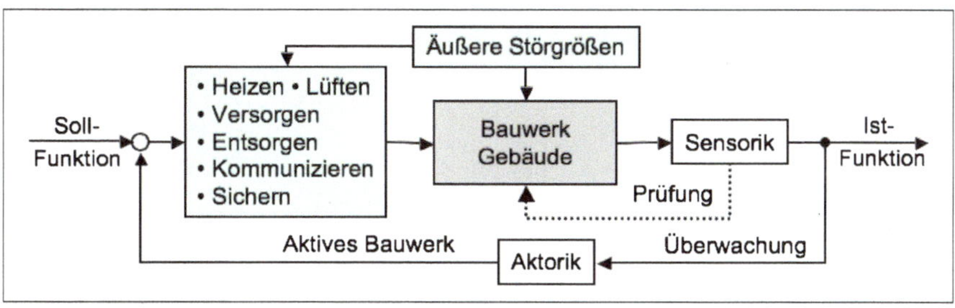

Abb. 14.23 Abstrakte Systemdarstellung der Gebäudetechnik

Abb. 14.26 zeigt einen Versuchsraum mit Sensorik und Aktormodulen sowie Versorgungsaggregaten. In Abb. 14.27 ist die Mechatronik-Instrumentierung an einem Gebäudeaußenwand-Versuchsmodul dargestellt.

Die Anwendung mechatronischer Systeme ermöglicht neue technische Lösungen für die Gebäudefunktionen Heizung und Lüftung. Für ein mechatronisches Regelsystem der Raumtemperierung (Prinzipdarstellung siehe Abb. 4.4) muss der Temperatur-Fühler (meist ein PTC- oder NTC-Sensor, vgl. Abschn. 5.6.1) mit einer Regeleinrichtung, d. h. einem Aktor kombiniert werden. Ein neuartiges mechatronisches System der energiesparenden Heizungsregelung mit einem ECA-Heizventil-Aktor zeigt Abb. 14.28.

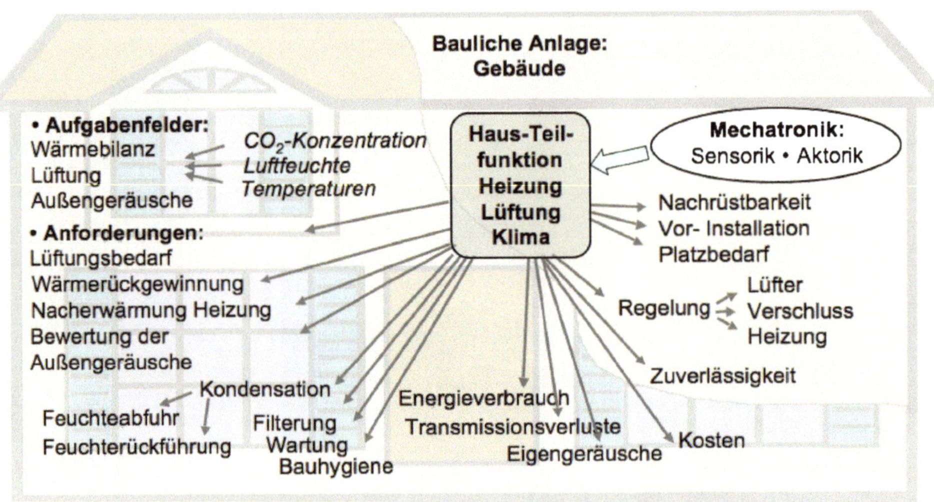

Abb. 14.24 Charakteristika der Haus-Teilfunktionen Heizung, Lüftung. Klima

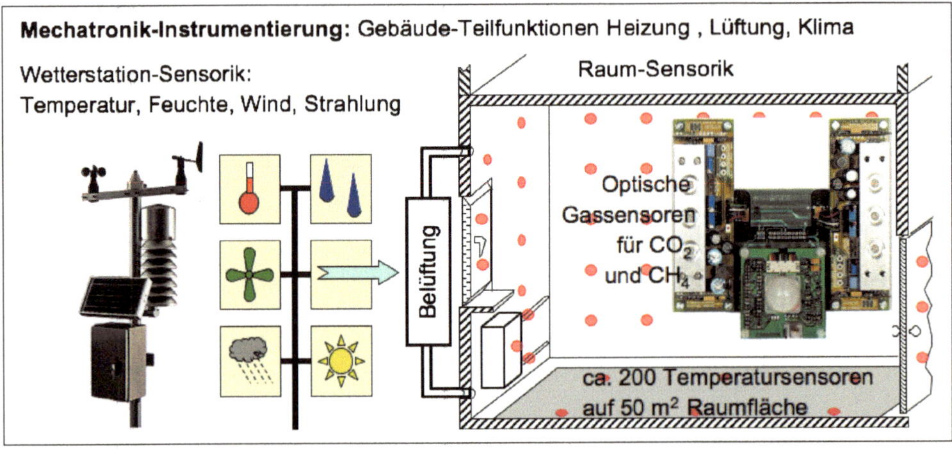

Abb. 14.25 „Outdoor- und Indoor-Sensorik" für haustechnische Untersuchungen

Durch ein abgestimmtes Zusammenwirken von Sensorik, Aktorik und Regelung können die operativen Variablen für Heizung und Lüftung geregelt und die Temperatur-Feuchte-Werte der *Thermischen Behaglichkeit* eingestellt werden, siehe Abb. 14.29.

Abb. 14.30 zeigt abschließend – mit der symbolischen Darstellung des Menschen als Nutzer – die schematische Darstellung eines Gebäudes als technisches System. Stichwortartig genannt sind die äußeren Beanspruchungen, die erforderliche Hausversorgung und die Haustechnik sowie die generellen Aufgaben der Mechatronik in der Gebäudetechnik.

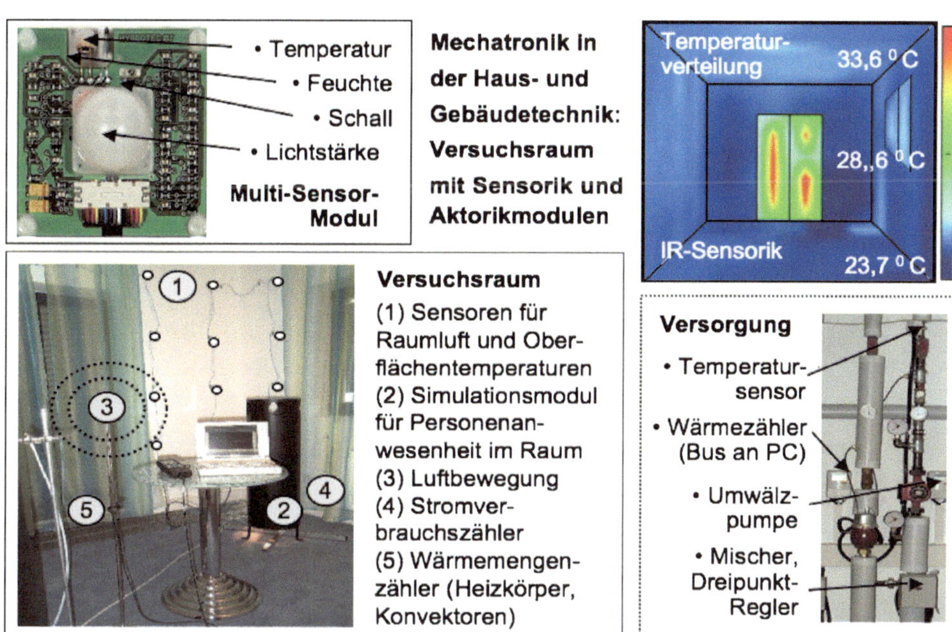

Abb. 14.26 Versuchsraum und Instrumentierung für haustechnische Untersuchungen

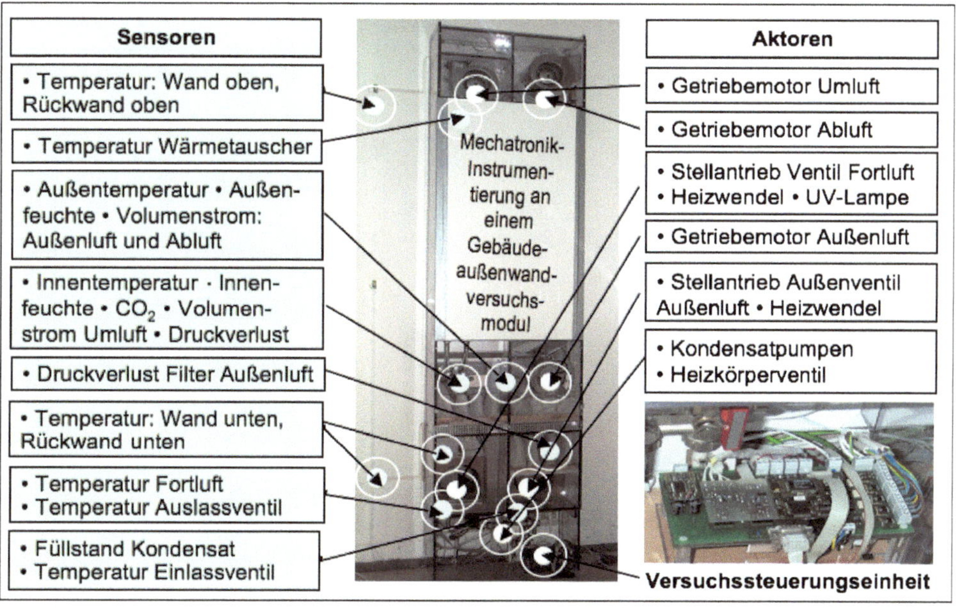

Abb. 14.27 Sensoren und Aktoren für Gebäudeaußenwand-Untersuchungen

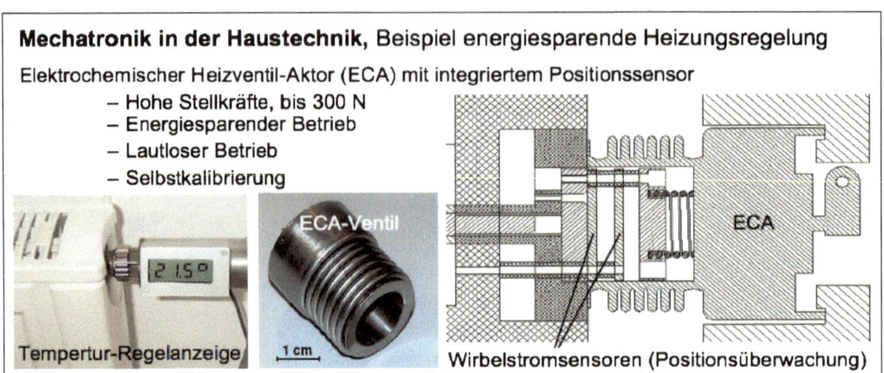

Abb. 14.28 Aktormodul für die Heizungsregelung in der Gebäudetechnik

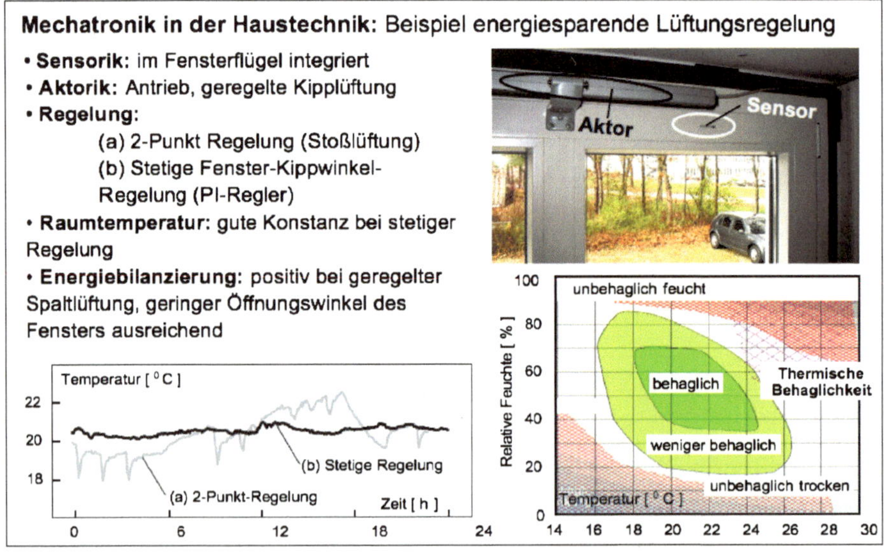

Abb. 14.29 Mechatronik-Anwendungen in der Haus- und Gebäudetechnik

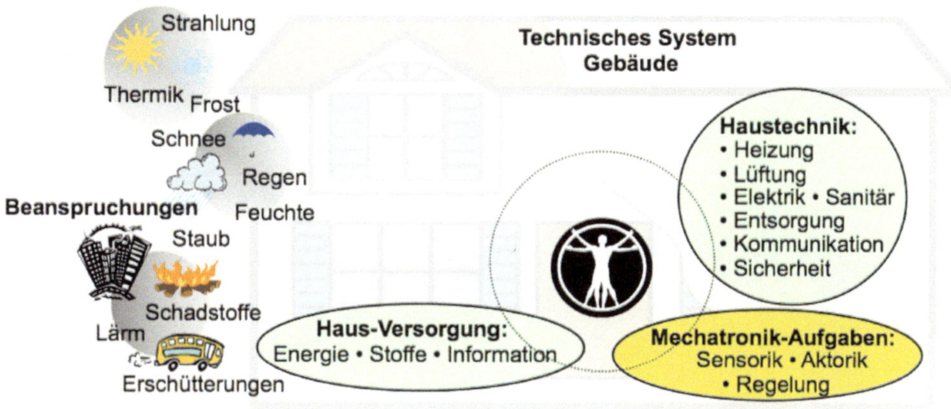

Abb. 14.30 Mechatronik im Gesamtsystem Mensch – Gebäude – Umwelt

Medizintechnik 15

Medizintechnik ist die Anwendung der Prinzipien, Methoden und Verfahren der Ingenieurwissenschaften auf die Medizin. Der technische Gegenstand der Medizintechnik sind *Medizinprodukte.* Sie sind nach der für die Medizintechnik geltenden *Europäischen Medizinprodukterichtlinie* (93/42/EWG, April 1993) wie folgt definiert:

> Medizinprodukte: Instrumente, Apparate, Vorrichtungen, Stoffe oder andere Gegenstände, die zur Erkennung (Diagnostik), Verhütung (Prävention), Überwachung (Monitoring) und Behandlung (Therapie) von Erkrankungen beim Menschen oder zur Wiederherstellung der Gesundheit (Rehabilitation) bestimmt sind.

Medizinprodukte sind *Mechatronische Systeme,* wenn sie aus Mechanik/Elektronik/Informatik-Komponenten bestehen und mit Sensorik/Prozessorik/Aktorik-Funktionselementen arbeiten. In ihren medizintechnischen Anwendungen durch den Arzt stehen sie in Wechselwirkung mit dem Mensch als Patient – insbesondere bei Diagnostik, Monitoring und Rehabilitation. Grundlage für die Anwendungen der Mechatronik in der Medizintechnik sind die sensortechnisch erfassbaren und ggf. aktorisch zu beeinflussenden *Körperfunktionen* und *Biosignaledes Menschen. S*ie sind in Abb. 15.1 in einer Übersicht mit charakteristischen Beispielen dargestellt.

15.1 Biosignale und Biosensorik

Biosignale sind allgemein als Phänomene zur Beschreibung eines lebenden Organismus oder seiner Teile definiert und werden mit Methoden der Biosensorik bestimmt. Sie kennzeichnen, wie in Abb. 15.1 in exemplarischer Form dargestellt, medizintechnisch relevante Körperfunktionen des Menschen und können in systemtechnischer Betrachtung in *Funktionsgrößen* (wie z. B. Druck, Strömungsgeschwindigkeit, akustische Geräusche,

H. Czichos, *Mechatronik,* https://doi.org/10.1007/978-3-658-26294-5_15

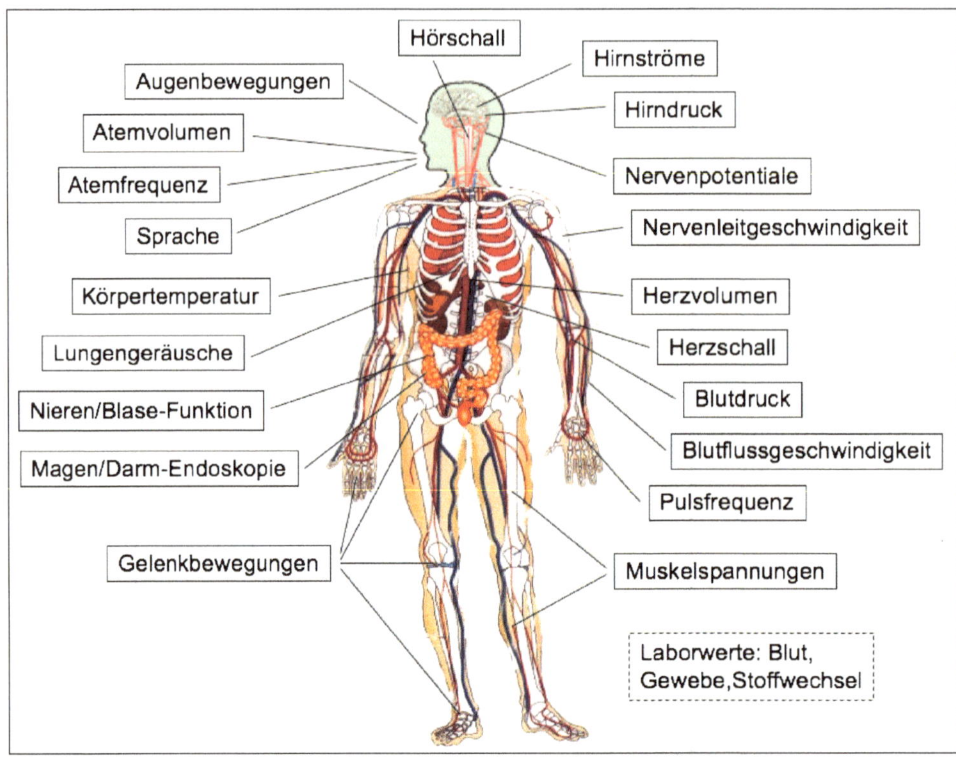

Abb. 15.1 Körperfunktionen des Menschen und die sie kennzeichnenden Biosignale, Beispiele

Temperatur, elektrische Potentiale) und *Strukturgrößen* (wie z. B. Organabmaße, Volumina, Elastizität, Viskosität) eingeteilt werden, Beispiele nennt Tab. 15.1.

Biosignale werden beschrieben – wie auch allgemein die Signalfunktionen in Physik und Technik – durch Signalform, Frequenz, Amplitude und den Zeitpunkt ihres Auftretens. Ihr Zeitverhalten kann stationär, dynamisch, periodisch, diskret oder stochastisch sein. Je nach betrachteter Körperfunktion unterscheidet man unterschiedliche Kategorien von Biosignalen. Die folgende Zusammenstellung gibt dazu eine Übersicht und nennt sensortechnische Möglichkeiten ihrer Erfassung.

- *Biomechanische Signale* kennzeichnen die mechanischen Eigenschaften des biologischen Systems in den folgenden wesentlichen Aspekten.
  - *Bewegung (Weg, Geschwindigkeit, Beschleunigung):* Bewegungsabläufe des menschlichen Bewegungsapparates (oder von Prothetik) können mit Leuchtpunkten markiert und mit Videokameras dargestellt werden. Augenbewegungen lassen sich optoelektronisch erfassen und daraus Geschwindigkeit und Beschleunigung ableiten (vgl. die Messkettendarstellung, Abb. 5.20). Nervenleitgeschwindigkeiten werden durch Nervenstimulation an zwei Orten und Laufzeitanalysen bestimmt.

Tab. 15.1 Beispiele charakteristischer Biosignale des Menschen (K.-P. Hoffmann: Biosignale erfassen und verarbeiten. In: Medizintechnik, R. Kramme (Hrsg.), Springer, 2006)

	Biosignalart	Frequenz	Amplitude
Biomechanische Signale	Atmung	5–60 min^{-1}	
	Atmungsströmungsgeschw.		20–120 cm/s
	Atemzugvolumen		200–2000 ml
	Augeninnendruck		0–7 kPa
	Blutdruck, arteriell, Systole		8–33 kPa
	Blutdruck, arteriell, Diastole		5–20 kPa
	Blutdruck, venös		0–4 kPa
	Blutfluss		0,05–5 l/min
	Blutströmungsgeschwindigkeit		0,05–40 cm/s
	Blutvolumen		7000 ml
	Harnmenge		1500 ml/Tag
	Muskelleistung		10–500 W
	Nervenleitgeschwindigkeit		50–60 m/s
	Puls	20–200 min^{-1}	
Bioakustische Signale	Herzschall	15–1000 Hz	
	Lungengeräusche	0,2–10 Hz	
Bioelektrische Signale	Auge: Elektroretinografie ERG	0,2–200 Hz	0,005–10 mV
	Herz: Elektrokardiogramm EKG	0,2–200 Hz	0,1–10 mV
	Hirn: Elektroencephalografie EEG	0,5–100 Hz	2–100 μV
	Magen: Elektrogastrografie EGG	0,02–0,2 Hz	0,2–1 mV
	Muskel: Elektromyografie EMG	0,01–10 kHz	0,05–1 mV

  - *Volumenstrom:* Atemflüsse können indirekt mittels Thermistoren (siehe Abschn. 5.6.1) aus Temperaturdifferenzmessungen zwischen Ein- und Ausatemluftbestimmt werden. Für Blutstrommessungen kommt die magnetisch-induktive Durchflussmethode und das Ultraschall-Dopplerverfahren (vgl. Abschn. 5.2.1) zur medizintechnischen Anwendung.
  - *Kraft:* dynamische Muskelkontraktionen werden beispielsweise mit piezoelektrischen Kraftsensoren verfolgt (siehe Abb. 5.61).
  - *Druck:* medizintechnisch relevante Druckkenngrößen (siehe Abschn. 5.5.3) werden z. B. als Augeninnendruck, Hirndruck, Wehendruck gemessen. Die sehr häufig angewendete Blutdrucksensorik wird im nächsten Abschnitt beschrieben.
- *Bioakustische Signale,* wie beispielsweise Herzschall, Lungengeräusche oder Atemweggeräusche (Sprache, Schnarchen) können aus Oszillationen von Gefäßwänden mit Stethoskop und Mikrophonsensorik bestimmt werden.
- *Bioelektrische Signale* resultieren aus Differenzen der Ruhe- und Aktionspotentiale (Erregungen) von Nerven und Muskelzellen und lassen sich mittels Elektroden

ableiten: Elektroretinografie, ERG (Auge); Elektrokardiogramm, EKG (Herz); Elektroencephalografie, EEG (Hirn); Elektrogastrografie, EGG (Magen); Elektromyografie, EMG (Muskel).
- *Biomagnetische Signale* resultieren aus Magnetfeldern, die elektrische Biosignale begleiten und können mittels hochempfindlicher SQUID-Sensoren (Superconducting Quantum Interference Device) detektiert werden.
- *Biothermische Signale* kennzeichnen die mit Thermoelementen, Thermistoren, Infrarotthermometern und -kameras (siehe Abschn. 5.6.1) bestimmbare Körpertemperatur und -verteilungen; sie geben auch Auskünfte über andere (gestörte) Körperfunktionen, wie z. B. Durchblutungsstörungen oder Tumoraktivitäten.
- *Biooptische Signale* ermöglichen mittels optischer Spektralphotometer (Optoden-Sensoren) und bioaktiver Farb-/Fluoreszenz-Indikatoren die Bestimmung körperfunktioneller pH-Werte, die Erfassung der O_2-Sättigung im Blut-Hämoglobin und die Unterscheidung von gesundem Gewebe und Tumorgewebe während einer Operation.
- *Biochemische Signale* lassen sich im Körperinneren *(in vivo)* und im Labor *(in vitro)* direkt oder durch Reaktion mit Enzymen, Antikörpern oder Zellen bestimmen. Chemoelektrische Wandler sind z. B. potentiometrische Sensoren (Messung der Zellspannung) und amperometrische Sensoren (Messung des Zellenstroms). Zur chemischen Analyse von Biostrukturen (Köperflüssigkeiten, Knochen, Gewebe) kann prinzipiell das gesamte Instrumentarium der Analytischen Chemie (z. B. Infrarotspektrometrie, Massenspektroskopie, Gaschromatographie) und der Oberflächenanalytik (z. B. Auger-Elektronenspektroskopie) eingesetzt werden.

Biosensoren

Sie wenden vielfach die in Kap. 5 beschriebenen physikalischen Prinzipien der *Sensorik* auf Biosignale an, insbesondere auf nichtelektrische Größen:

- *Sensorik geometrischer Größen:* Längen, Dehnungen, Abschn. 5.4,
- *Sensorik kinematischer Größen:* Position (Weg, Winkel), Translation, Rotation, Geschwindigkeit, Beschleunigung, Abschn. 5.5,
- *Sensorik dynamischer Größen*: Kraft, Drehmoment, Druck, Abschn. 5.6,
- *Sensorik von Einflussgrößen*. Abschn. 5.7.

Für die medizintechnische Sensortechnik sind auch *Embedded Sensors* (siehe Abschn. 5.8) und die Mikrosensorik (siehe Abschn. 5.9) von Bedeutung.

In medizintechnischen Anwendungen werden Biosensoren mit messtechnischen Komponenten der Signalverarbeitung zusammengeschaltet – wie in allen sensortechnischen Anwendungen (vgl. Abschn. 5.3) – sie bilden damit eine *biologische Messkette*, siehe Abb. 15.2.

Bei der Signalverarbeitung und Darstellung der elektrischen Ausgangssignale von Biosensoren werden in der Medizintechnik neben den allgemeinen Methoden der Sensorsignal-Prozessorik (siehe Abschn. 6.6) insbesondere folgende Methoden eingesetzt:

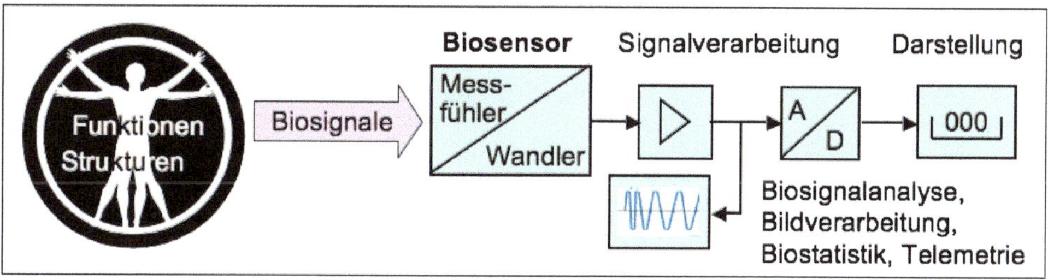

Abb. 15.2 Prinzipdarstellung eines Biosensors in einer biologischen Messkette

- *Biosignalanalyse:* Die Biosignalanalyse im *Zeitbereich* (Originalbereich, vgl. Abschn. 3.5.2) umfasst im Wesentlichen die Signalverbesserung zur Funktionsdiagnostik, die Mustererkennung, die Signalvermessung, die Ähnlichkeitsanalyse (Kreuzkorrelation) und das Signalmapping. Die Biosignalanalyse im *Frequenzbereich* (vgl. Abschn. 3.5.3) dient der Ermittlung der in Biosignalen enthaltenen Frequenzen (Amplitudenspektren, Leistungsspektren).
- *Bildverarbeitung* dient der Erkennung, Verbesserung, Aufbereitung, Segmentierung zweidimensionaler Biosignale von bildgebenden Verfahren der Medizintechnik. Sie soll mit Methoden der Filterung, Faltung, Drehung oder Transformation Bildschärfe, Kontrast und Rauschen verbessern.
- Biostatistik verwendet Methoden der Diskriminanz-, Multivarianz-, Clusteranalyse.

15.2 Medizinische Gerätetechnik

Die Bedeutung der Medizintechnik wird im Technologieführer (Springer 2006) wie folgt gekennzeichnet: *Die medizinische Gerätetechnik spielt im heutigen Gesundheitswesen eine zentrale Rolle. Dies gilt sowohl bei der Diagnose und Therapie von Krankheiten als auch bei der Überwachung des Krankheits- bzw. Behandlungsverlaufes. Der eigentliche diagnostische Befund wird zwar immer noch vom verantwortlichen Arzt gestellt, doch dabei unterstützt ihn eine Vielzahl technologischer Verfahren und Geräte.*

Technologisch ist die medizinische Gerätetechnik außerordentlich vielfältig. Nach der Gliederung medizintechnischer Produkte in der Produktionsstatistik (GP) des Statistischen Bundesamtes lassen sich die folgenden Hauptgruppen unterscheiden:

- **Medizintechnische Geräte allgemein** (Wirtschaftszweig(WZ)-Nr. 33.10.2):
  - Katheter,
  - Endoskope,
  - Anästhesiegeräte,
  - Künstliche Nieren,
  - Chirurgische Instrumente,

  - Infusions- und Transfusionsgeräte,
  - Augenärztliche (ophthalmologische) Geräte,
  - Zahnärztliche Dental- und Modellierinstrumente,
  - Geräte für Mechanotherapie und Psychotechnik,
  - Geräte zur Atmungstherapie, Beatmungs-/Wiederbelebungs-Apparate.
- **Elektromedizinische Geräte** (Wirtschaftszweig(WZ)-Nr. 33.10.1):
  - Elektronische Blutdruckmessgeräte,
  - Ultraschallgeräte: Diagnose/Therapie-Geräte (z. B. Nierensteinzertrümmerer),
  - Röntgengeräte, Computertomografen,
  - Elektrodiagnosegeräte, z. B. Kernspintomografie, Magnetresonanzgeräte,
  - Elektrokardiographen (EKG),
  - Nuklearmedizinische Geräte mit Alpha-, Beta- oder Gammastrahlen,
  - Ultraviolett/Infrarot-Bestrahlungsgeräte (Wellenlängenbereiche, siehe Abb. 3.11),
  - Elektrische Vibrations-/Massage-Geräte,
  - Dentalbohrmaschinen,
  - Schwerhörigengeräte,
  - Herzschrittmacher.

Die Vielfalt der medizinischen Gerätetechnik lässt sich gemäß Technologieführer in zwei große Bereiche gliedern:

- *Körpersensorik* für die in Abb. 15.1 exemplarisch dargestellten Körperfunktionen, z. B. elektrophysikalische Messungen von Herz- oder Hirnfunktionen, EKG, Blutdrucksensorik,
- *Bildgebende Verfahren,* z. B. Röntgendiagnostik, Kernspintomografie, Ultraschalldiagnostik (Sonografie), Computertomografie.

Die Mechatronik wird heute – häufig in Weiterentwicklung der feinwerktechnischen elektromedizinischen Gerätetechnik – in vielfältiger Weise in der Medizintechnik angewendet. Dies wird im Folgenden für mechatronische Systeme aus dem Bereich der Körpersensorik (Beispiel *Blutdrucksensorik*) und dem Bereich der Bildgebenden Verfahren (Beispiele *Sonografie, Tomografie*) illustriert.

15.2.1 Blutdrucksensorik

Blutdruck ist der durch die Herztätigkeit erzeugte, durch Gehirn, Nieren, Rückenmark und Adernelastizität geregelte Druck des strömenden Blutes im Blutgefäßsystem – traditionell angegeben in Millimeter Quecksilbersäule (1 mmHg = 133,322 Pa). Der Blutkreislauf des Menschen in drei Bereiche eingeteilt werden:

- *Körperkreislauf:* Im „Hochdrucksystem" gehen vom Herz über die Aorta die Arterien (Schlagadern) in den Körper, wo sie sich in Kapillaren (feinste Haargefäße) aufspalten und im „Niederdrucksystem" wieder zu größeren Gefäßen (Venen) sammeln, die das Blut zum Herzen zurückleiten. Durch die Haargefäßwände vollzieht sich der Stoff- und Gasaustausch mit Gewebezellen und Gewebeflüssigkeit.
- *Lungenkreislauf:* Vom rechten Vorhof strömt das Blut in die rechte Kammer, die das Blut durch die Lungenflügel treibt. In der Lunge wird das Blut von Kohlendioxid befreit und mit Sauerstoff neu beladen.
- *Pfortaderkreislauf:* Venöses Blut aus dem Magen-Darm-Kanal und benachbarten Organen fließt durch die Pfortader der Leber zu, durchströmt dort ein weiteres Kapillargebiet und mündet dann in die untere Hohlvene.

Das Herz arbeitet nach dem physikalischen Prinzip einer Druck- und Saugpumpe mit folgenden Kenndaten für gesunde Menschen im Ruhezustand:

- Blutmenge pro Herzschlag (Schlagvolumen): ca. 70 ml,
- Herzfrequenz (Ruhepuls f_H) ca. 70 Schläge je Minute,
- Herz-Zeit-Volumen $= f_H \cdot$ Schlagvolumen: ca. 5 l/min, steigerbar auf ca. 30 l/min,
- Blutströmungsgeschwindigkeit (m/s): 0,4 (Aorta), 0,06 (Arterie), 0,02 (Vene),
- Blutdruck: erz-Kontraktion (Systole) 120 mmHg, -Dilatation (Diastole) 80 mmHg.

Grundlage der nichtinvasiven Blutdrucksensorik ist das mit Blutdruckmanschette und Pumpe sowie Stethoskop und Manometer arbeitende Blutdruckmessverfahren nach Riva-Rocci-Korotkoff. Abb. 15.3 veranschaulicht das Prinzip des Verfahrens.

Durch einen manuell erzeugten Manschettendruck wird der Blutstrom in einer Arterie abgedrosselt, bis der Pulsschlag durch ein Stethoskop nicht mehr wahrnehmbar ist. Durch langsame Reduzierung des mit einem Manometer erfassten Manschettendrucks wird der Blutstrom wieder freigegeben. Das Auftreten der ersten, mit dem Schallaufnehmer detektierten Blutströmungsgeräusche (Korotkoff-Geräusche) indiziert den systolischen Blutdruck und das Verschwinden des pulssynchronen Geräusches den diastolischen Blutdruck.

Das klassische manuell-akustische Verfahren von Riva-Rocci-Korotkoff ist durch Anwendung von Modulen der Fluidtronik, Elektronik und Datenverarbeitung automatisiert worden. Es gibt heute sowohl halbautomatische, anwenderkontrollierte Geräte mit Blutdruckanzeige als auch Vollautomaten mit komplett automatischer Blutdruckmessung und Display-Anzeige.

Abb. 15.4 skizziert die Prinzipschaltung eines vollautomatischen Blutdruckmessgerätes, das auf dem Verfahren von Riva-Rocci-Korotkoff aufbaut. Ein in die Blutdruckmanschette integriertes Mikrophon wandelt die akustischen Blutdruckpulse in elektrische Signale. Diese werden verstärkt und durch eine Hoch/Tiefpass-Filterschaltung für die weitere Verarbeitung konditioniert. Die Signale werden dann durch einen monostabilen Multivibrator in zeitlich konstante digitale Pulse umgeformt, welche nun als Messgröße

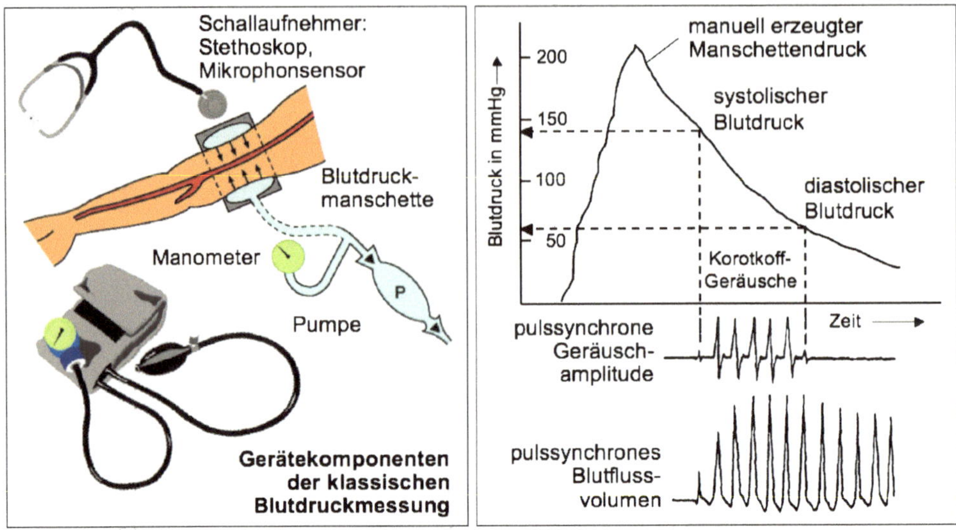

Abb. 15.3 Das klassische Verfahren der nichtinvasiven Blutdruckmesstechnik

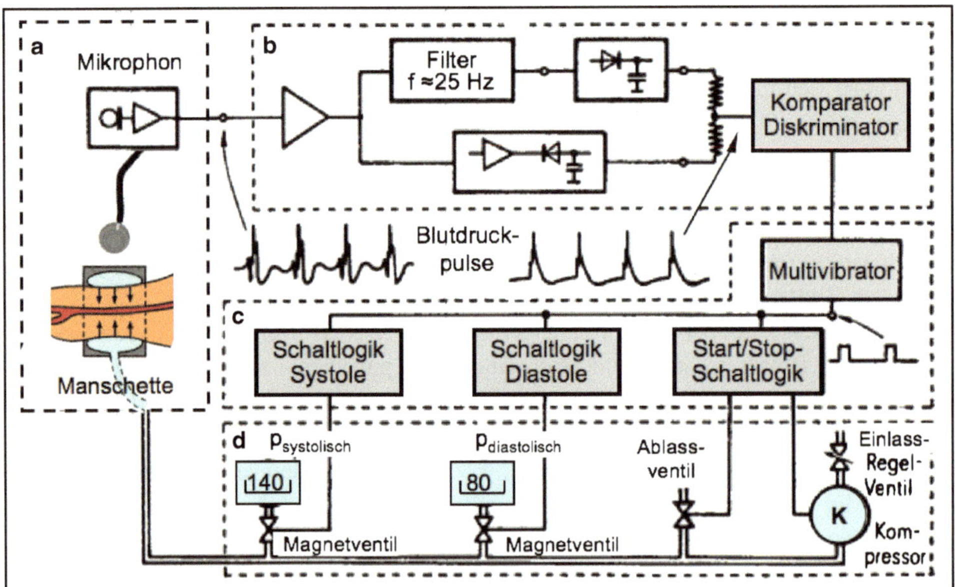

Abb. 15.4 Blockschaltbild eines Blutdruckmessgerätes mit mechatronischen Modulen. **a** Blutdruckmanschette mit integriertem Mikrophon, **b** elektronische Filtermodule, **c** Mess- und Regelungseinheit, **d** Steuerungsmodule für Manschettendruck, Messwertausgabe und Displays

verwendet werden. Durch die jeweilige Schaltlogik können systolischer und diastolischer Blutdruckwert ermittelt werden. Ebenso besitzt jede Schaltlogik noch eine Steuerleitung zu den Steuerungsventilen des Manschettendrucks. Damit wird es bei ermittelten Messfehlern möglich, bestimmte Messschritte automatisch zu wiederholen. Die Datenausgabe erfolgt mit den heute üblichen Methoden der digitalen Speicher- und Displaytechnik.

15.2.2 Bildgebende Verfahren: Sonografie, Tomografie

Sonografie

Die Sonografie ist ein bildgebendes Verfahren zur Darstellung morphologischer Verhältnisse des menschlichen Körpers; sie hat ihren technischen Ursprung in der zerstörungsfreien Materialprüfung (ZfP) mit Ultraschall. Ultraschallwellen sind an Materie gebunden, ihre Ausbreitung ist durch eine intermittierende periodische Kompression und Dekompression charakterisiert. Der Frequenzbereich des Ultraschalls liegt oberhalb der vom Menschen wahrnehmbaren Frequenzen von einigen Hertz (Hz) bis maximal 20 kHz.

In der Sonografie erhält man medizinisch relevante Informationen durch Absorption, Reflexion und Brechung sowie durch den *Doppler-Effekt* von Ultraschallwellen, die durch Ultraschallsender (*Piezoschwinger,* siehe Abschn. 6.2) in den Körper eingestrahlt werden. Die Piezoelemente dienen als Schallquellen und Schallwellenempfänger. Ein Ultraschallwandler, der auch als Schallkopf bezeichnet wird, wirkt wie ein hin- und herschwingender Kolben. Er komprimiert und dilatiert abwechselnd das angekoppelte Medium. Die so entstehenden Dichteänderungen setzen sich als longitudinale Wellen im Medium fort. Bei bekannter Schallgeschwindigkeit in den einzelnen Organbestandteilen, z. B. Fett (1450 m/s), Muskeln (1585 m/s), Knochen (4080 m/s), kann nach dem Echolot-Prinzip die Tiefe reflektierender Grenzflächen detektiert werden.

Über Elektronikmodule wird die Zeit zwischen Aussendung und Rückkehr des Schalls als Maß für die Tiefenlage von Grenzflächen im Körper gemessen. Durch Richtungsänderung des ausgesendeten Schallstrahls und Aneinanderreihen der „Echolot-Punkte" zu Linien können auf diese Weise Schnittbilder erstellt werden. An menschlichen Organen lassen sich so Größe, Form, Lage und Strukturen darstellen, ebenso ihre Bewegungen und die Blutströmung, ohne dass biologische Schädigungen durch Ultraschall hervorgerufen werden. Abb. 15.5 zeigt den prinzipiellen Aufbau eines mit Ultraschalltechnik arbeitenden Sonografen.

Die in Abb. 15.5 dargestellten Module eines Sonografen haben folgende Aufgaben:

- *Pulsgenerator:* Er erzeugt elektrische Pulse einer vorgegebenen Sendefrequenz und gibt sie an den Schallkopf weiter.
- *Schallkopf:* Der Schallkopf enthält Sender/Empfänger-Piezoelement-Arrays zur Wandlung elektrischer Signale in akustische Impulse und Rückwandlung akustischer Echo-Impulse in elektrische Empfangssignale.

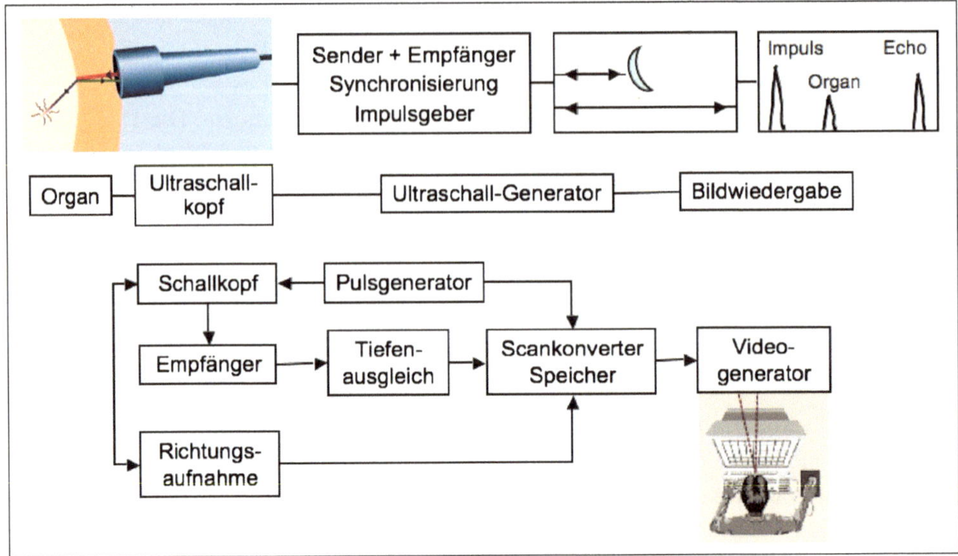

Abb. 15.5 Blockschaltbilddarstellung eines Sonografen mit Ultraschalltechnik

- *Empfänger:* Die elektrischen Signale werden im Empfänger laufzeitabhängig verstärkt, da die Schallintensität exponentiell abnimmt (bei Weichteilen ca. 1 dB je 1 MHz und je 1 cm Eindringtiefe).
- *Tiefenausgleich:* Die „Echo-Tiefen-Werte" werden aus den Zeitdifferenzen zwischen Senden und Echoempfang bestimmt, digitalisiert und den Speicheradressen des Scankonverters zugeführt, wo eine Bildtransformation vorgenommen wird.
- *Scankonverter:* Er verknüpft Informationen über die geometrischen Verhältnisse von Sendeimpuls und Echo mit den Bildkoordinaten der Bildpunkte. Die Bildinformationen werden digitalisiert und in den dazugehörenden Bildspeicheradressen abgelegt.
- *Videogenerator:* Im Videogenerator werden die Bildinformationen analogisiert und in ein Videosignal umgewandelt sowie an den Monitor weitergeleitet.

Die medizintechnischen Anwendungen der Ultraschalldiagnostik verwenden im Wesentlichen die in Abb. 15.6 illustrierten Verfahren.

Für die medizinische Sonografie kommen im Wesentlichen folgende Techniken zum Einsatz:

- *A-Bildverfahren:* Die Amplitude der Echosignale wird als Funktion der Tiefe dargestellt. Sich bewegende Grenzflächen im Körper erkennt man im A-Bild an der Hin- und Herbewegung der entsprechenden Echoamplitude.
- *TM(Time Motion)-Bildverfahren:* Das TM-Bild wird wie das A-Bild mit ortsfestem Ultraschallwandler gewonnen. Durch Aneinanderreihen zeitlich aufeinander folgender

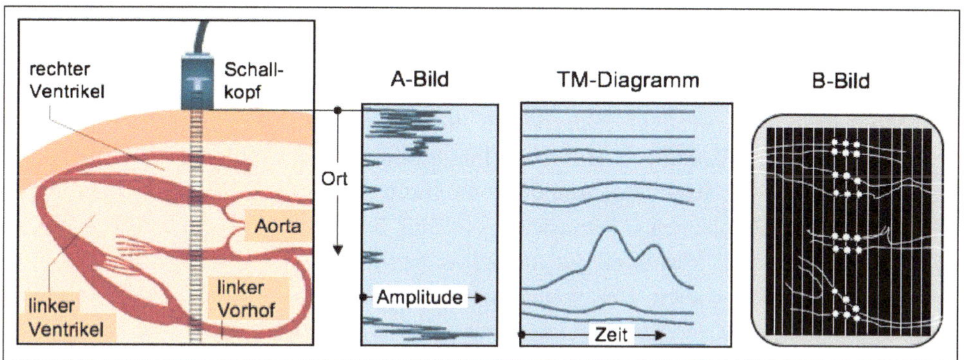

Abb. 15.6 Die grundlegenden Verfahren der Sonografie, dargestellt am Beispiel der Ultraschalldiagnostik des Herzens mit einem auf die Brust aufgesetzten Schallkopf

Echozeilen wird der zeitliche Verlauf von Bewegungen im durchschallten Objekt erkennbar. Die Zeit-Positions-Kurven zeigen beispielsweise das Verhalten von Bewegungsabläufen im Herzen an.

- *B(Brightness)-Bildverfahren:* Im zweidimensionalen B-Verfahren wird der Körper zeilenweise abgetastet. Die gewonnenen Echosignale werden als zweidimensionales Schnittbild sichtbar gemacht. Bei parallelem und sektorförmigem Abtasten werden häufig Ultraschallbilder in Echtzeit (Real-Time-Bilder) mit Bildfolgefrequenzen zwischen 10 und 50 Hz gewonnen. Dagegen ist der Compound-Scan ein statisches Verfahren, das für den Bildaufbau mehrere Sekunden benötigt.

Die Ultraschalldiagnostik hat heute in der Medizin eine sehr große Anwendungsbreite. So wird das A-Bildverfahren beispielsweise zum Feststellen raumverändernder Prozesse im Bereich der Gehirnsphären eingesetzt. Es ermöglicht die Diagnose von Hirntumoren, Schädel-Hirn-Verletzungen, Hämatomen etc. Ebenfalls mit dem A-Bildverfahren können Augenkrankheiten wie Netzhautablösungen, Tumore, Glaskörpertrübungen erkannt und die Geometrie von Augenabschnitten (Tiefe der Vorkammer, Dicke der Linse, Länge der optischen Achse) vermessen werden. Aufgrund der kleinen Untersuchungsbereiche kann eine hohe axiale und laterale Auflösung erzielt werden.

Die Sonografie findet Anwendung in der Geburtshilfe und Gynäkologie, z. B. zur Lagebestimmung des Kindes, zum Ausmessen des kindlichen Schädels und des mütterlichen Beckendurchmessers. In der Inneren Medizin und Chirurgie dient die Ultraschalltechnik zur Schilddrüsendiagnostik, zur Herzdiagnostik, zur Lagebestimmung von Tumoren für die Bestrahlungslokalisation, zur Untersuchung der Bauchorgane Leber, Milz, Gallenblase, Bauchspeicheldrüse. In der Urologie hilft die Sonografie bei der Untersuchung von Nieren, Harnblase, Prostata und in der Orthopädie bei Untersuchungen des Gelenk- und Bewegungsapparates.

Tomografie in der Medizintechnik

Tomografie ist die Technik der Erzeugung von Schnittbildern. In der medizinischen Diagnostik werden verschiedene physikalische Erscheinungen herangezogen, um das Körperinnere ohne operativen Eingriff mit bildgebenden Verfahren darzustellen. Während die Sonografie-Bilder mit Hilfe von longitudinalen Ultraschallwellen erzeugt werden, verwendet die Röntgen-Computertomografie (CT) dazu Röntgenstrahlen. Die Grundlagen der technischen CT wurden in Abschn. 5.3.1 behandelt (vgl. Abb. 5.28). Ein weiteres bildgebendes Verfahren der medizinischen Diagnostik ist die Magnetresonanztomografie (MRT) – auch Kernspintomographie oder Nuclear Magnetic Resonance (NMR) genannt – bei der zur Bilderzeugung elektromagnetische Radiowellen eingesetzt werden. Die elementaren physikalischen Grundlagen von CT und MRT sind in Abb. 15.7 illustriert.

Computertomografie

Die Gerätetechnik eines Computertomografen (Nobelpreis 1979) erweitert die klassische Röntgenstrahltechnik durch Mechanik, Elektronik und Informatik zu einem mechatronischen System. Wie in Abb. 15.7a dargestellt, besteht ein Computertomograf aus einer Röntgenquelle, die um die Achse des Patienten rotiert. Deren Strahl ist durch Blenden bis auf eine dünne Schicht, in der das Schnittbild erstellt wird, ausgeblendet. Der Röhre gegenüber befindet sich – montiert auf dem gleichen rotierenden Rahmen

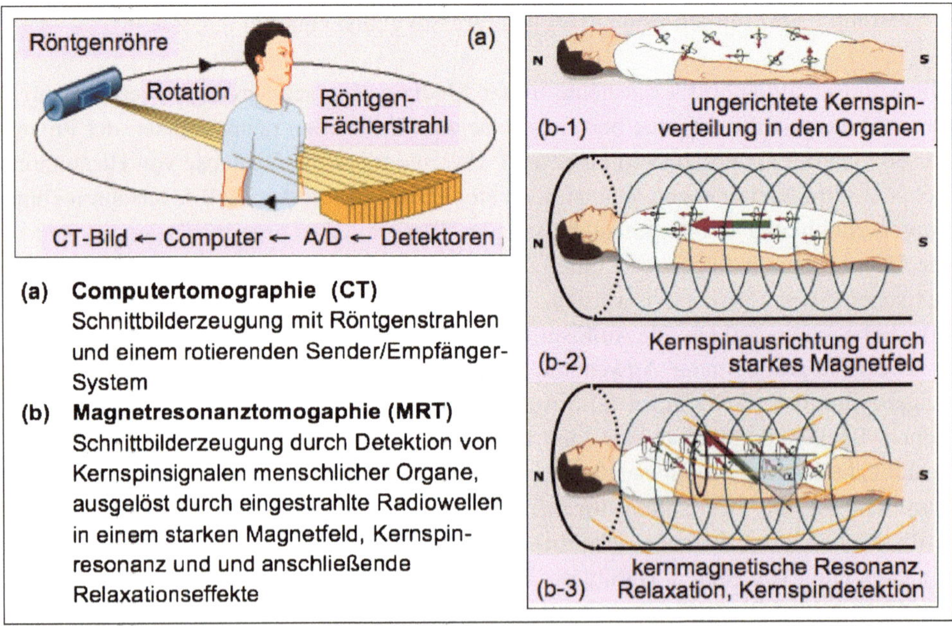

Abb. 15.7 Physikalische Prinzipien von Tomografieverfahren medizintechnischer Geräte

(Gantry) – eine Zeile von Röntgendetektoren. Diese registrieren die durch den Körper nicht absorbierte Strahlung. Während der Rotation werden die Messdaten jeder Projektion digitalisiert (A/D-Wandler) und von einem Computer gespeichert. Für eine Schicht werden bei einem 360-Grad-Umlauf der Röhre etwa 1000 Projektionen aufgenommen. Aus den Projektionsdaten wird dann im Computer das Schnittbild berechnet. Es entspricht in jedem Graustufen-Bildpunkt der Stärke der Röntgenabsorption. Hohe Absorption wird hell, geringe Absorption dunkel dargestellt.

Ein CT-Bild stellt damit die Graustufenverteilung der Gewebe- bzw. Körperteildichte des Probanden dar. Da die Computertomografie Schnittbilder des menschlichen Körpers aufgrund der unterschiedlichen Eigenschaften des Gewebes für Röntgenstrahlung, darstellt, lassen sich Knochen mit diesem Verfahren sehr gut darstellen. Verschiedene Weichteilgewebe können dagegen schwer unterschieden werden, da sie alle etwa die gleiche Dichte haben. Ein weiterer Nachteil ist die mögliche Strahlenbelastung des Patienten.

Magnetresonanztomografie

Die Magnetresonanztomographie (MRT) nutzt die Kernspinresonanz von Atomen zur Darstellung von Organen im menschlichen Körper. Die MRT ergibt einen sehr guten „Weichteilkontrast“ und verwendet im Unterschied zur Röntgendiagnostik keine ionisierende Strahlung. Abb. 15.7b zeigt eine stark vereinfachte Darstellung der komplexen Vorgänge bei der Magnetresonanztomografie. Die wichtigsten Module eines Magnetresonanztomografen sind

- ein kräftiger Magnet, der ein homogenes (gleichförmiges), zeitlich konstantes magnetisches Grundfeld (bis zu etwa 3 Tesla, etwa 30.000 · Erdfeld) erzeugt,
- ein schaltbares Magnetfeld mit Radiowellenfrequenzen, die so variiert werden können, dass ein Resonanzeffekt mit der Eigenfrequenz (Larmor-Frequenz) des Spindrehimpulses von Atomen im menschlichen Körper erzeugt werden kann,
- ein Empfängerspulensystem für die Detektion der Körpersignale.

Bei der MRT wird der Proband in den Hohlraum (ø ca. 55 cm, Länge ca. 2 m) des Magneten eingebracht (Abb. 15.7b-1). In dem starken Magnetfeld orientieren sich die meisten Kernspins der Atome des menschlichen Körper in Richtung des Grundfeldes (Abb. 15.7b-2). Bei Einschalten des zusätzlichen magnetischen Wechselfelds wird die Ausrichtung des Kernspins unter Aufnahme der eingestrahlten Energie verändert (Abb. 15.7b-3). Wenn das Wechselfeld wieder ausgeschaltet wird, kehren die Kernspins in ihre Ausgangslage zurück (Relaxation), wobei sie die aufgenommene Energie wieder abstrahlen. Diese Signale werden von der Empfangsspule detektiert, wobei Wasserstoffkerne für die MRT die stärksten Signale erzeugen. Da die Verteilung der Wasserstoffkernanteile in den Organen des menschlichen Körpers unterschiedlich ist, lassen sich mit mathematischen Verfahren aus den detektierten MTR-Signalen Organ-Schnittbilder errechnen und mit Methoden der Bildverarbeitung darstellen.

Tab. 15.2 Charakteristika der behandelten bildgebenden Verfahren der Medizintechnik

Verfahren	Prinzip	Typische Parameter	Technische Trends
Sonografie	Reflexion, Absorption, Transmission, Doppler-Effekt von Ultraschallwellen	Auflösung 0,1–1 mm, Aufnahmezeiten ≈ sec	Echtzeit, 3D + Zeit, miniaturisierte Systeme für intravaskuläre Bildgebung
Röntgen-Computer-Tomografie (CT)	Radiale Messung von Röntgenprojektionen und Rückprojektionen zu 2D-Schnittbildern	Auflösung 0,5–1 mm, Aufnahmezeiten < 30 s (Ganzkörperscan)	Multi-Schichtsysteme, Fotodioden/Verstärker-Integration
Magnetresonanztomografie (MRT)	Messung der Kernspinresonanz von Wasserstoffatomen, Organen und Gewebe, Rekonstruktion von 2D-Schnittbildern. Keine Strahlungsdosis für Patienten	Auflösung 250 µm–1 mm, Aufnahmezeiten ≈ Minuten	Offene Magnetsysteme, schnelle Aufnahmetechniken und Bewegungskompensation

Die Anwendungsgebiete der Magnetresonanztomografie in der Medizin sind breit und erweitern sich noch ständig. Neben der reinen Darstellung der Gefäße und Organe gewinnt die *funktionelle MRT,* die Untersuchung der Funktionsweise von Organen, durch die Entwicklung „schneller Biosensoren" zunehmend an Bedeutung. So können mit MRT beispielsweise in den kapillaren Blutgefäßen (vgl. Abb. 15.3) Blutflussgeschwindigkeit und Organdurchblutung (Blutmenge pro Zeit und Volumen) gemessen und die Gefährlichkeit einer Gefäßverengung bestimmt werden. Durch MRT kann auch die Diffusion des Wassers in den Organen verfolgt und Veränderungen, z. B. infolge Tumorwachstum oder Minderdurchblutung, zum Aufspüren von Krankheitszeichen verwendet werden. Mittels MRT-Aufnahmen können auch die Gehirnareale sichtbar gemacht werden, die bei bestimmten geistigen Tätigkeiten wie Lesen, Rechnen oder Musikhören besonders aktiv sind.

Eine kurze zusammenfassende Übersicht über die behandelten bildgebenden Verfahren der medizinischen Gerätetechnik gibt Tab. 15.2.

15.3 Bioaktorik

Die Anwendung der Medizintechnik durch den Arzt ist häufig mit einer *Bioaktorik,* d. h. der Applikation von Reizen, Strahlen, Wellen oder medizinischen Substanzen auf menschliche Probanden und der Bestimmung der dadurch ausgelösten Biosignale in einer biosensorischen Symptomanalyse verbunden. Diese *Biostimulation* dient dazu, die Funktionsfähigkeit menschlicher Sinnesorgane aus der Reaktion auf mechanische,

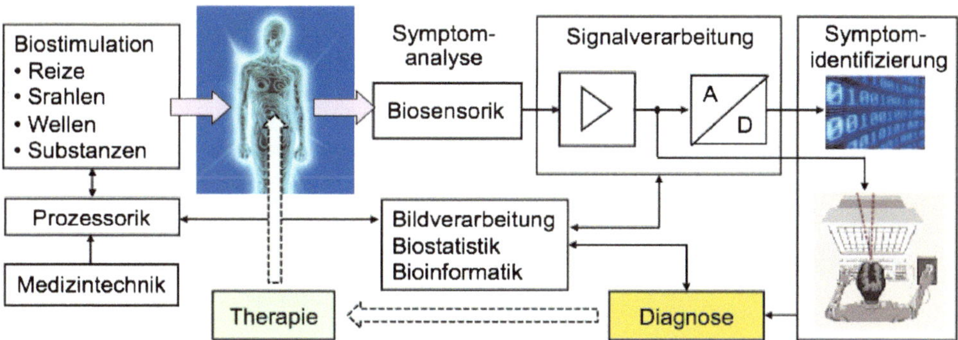

Abb. 15.8 Die Kombination von Bioaktorik und Biosensorik in der Medizintechnik

akustische, elektrische, magnetische oder optische Reize zu beurteilen. Die Kombination von Bioaktorik und Biosensorik eröffnet z. B. folgende Möglichkeiten:

- Die Sonografie ermöglicht die Analyse von Ultraschall-Reflexen im menschlichen Körper, die Darstellung von Bewegungsabläufen von Herzklappen sowie die Messung der Blutflussgeschwindigkeit.
- Röntgenstrahlabsorptionsmessungen erlauben die Vermessung anatomischer Strukturen.
- Mittels radioaktiv markierter Substanzen lassen sich Stoffwechselphänomene sowie die Transportgeschwindigkeit, der Anreicherungsort und die Dynamik von Ausscheidungsprozessen bestimmen.
- Aus ergonomischen Messungen kann auf die physische Belastbarkeit geschlossen werden.

Die Kombination von Bioaktorik und Biosensensorik als Grundlage für die medizinische Diagnose und Therapie ist in Abb. 15.8 in Form einer biologischen Messkette dargestellt.

Teil III
Mechatronik und Internetkommunikation

16 Cyber-physische Systeme

Der Begriff *Cyber-physische Systeme* (griechisch *kybernesis:* Steuerung) wird von der Deutschen Akademie der Technikwissenschaften ACATECH, (www.achatech.de) wie folgt definiert:

- *Cyber-physische Systeme (CPS) sind gekennzeichnet durch eine Verknüpfung von realen (physischen) Objekten und Prozessen mit informationsverarbeitenden (virtuellen) Objekten und Prozessen über offene, teilweise globale und jederzeit miteinander verbundene Informationsnetze.*

Cyber-physische Systeme (CPS) können als Mechatronische Systeme mit Internet-Kommunikation angesehen werden. CPS benutzen Sensoren, die Funktionsgrößen technischer Systeme oder Prozesse erfassen und über digitale Netze mittels Aktoren auf Produktions-, Logistik- und Engineeringprozesse einwirken wobei sie über multimodale Mensch-Maschine-Schnittstellen verfügen. Die Objektidentifikation erlogt mit RFID-(radio-frequency identification) Technologien. Der Datenaustausch zwischen den über das Internet verbundenen Rechnern wird durch technisch normierte Internetprotokolle (IP) und das World Wide Web (www) vorgenommen. Die Infrastruktur der Informations- und Kommunikationstechnik (IT) von Cyber-physischen Systemen wird als *Cloud* bezeichnet. Sie umfasst Speicherplatz, Rechenleistung und Anwendungssoftware als Dienstleistung.

16.1 Das Prinzip Cyber-physischer Systeme

Das Prinzip Cyber-physischer Systeme im Zusammenwirken von Mechatronik, Internet-Kommunikation und der Cloud ist in Abb. 16.1 in vereinfachter Form dargestellt.

H. Czichos, *Mechatronik*, https://doi.org/10.1007/978-3-658-26294-5_16

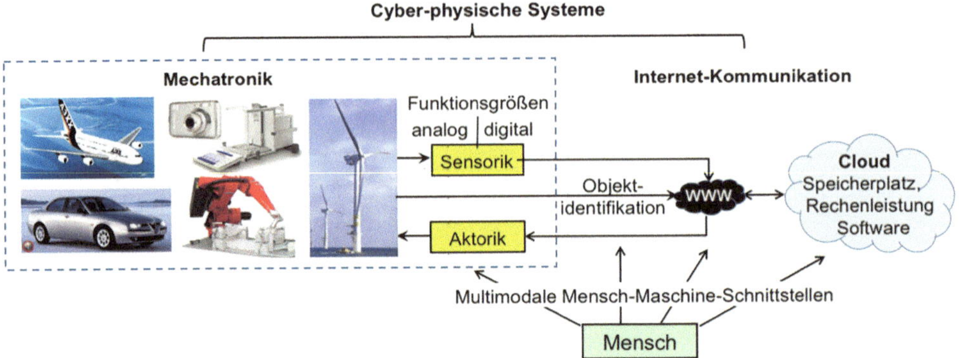

Abb. 16.1 Das Prinzip Cyber-physischer Systeme: Zusammenwirken von Mechatronik und Internet-Kommunikation

Für die Erweiterung Mechatronischer Systeme zu Cyber-physischen Systemen sind die Kommunikation mit dem Internet und die Nutzung des World Wide Web (www) von zentraler Bedeutung.

- Das *Web 0,* erlaubt weltweit die direkte Adressierung „one to one" einzelner Computer.
- Das *Web 1.0* ermöglicht als Geschäftsinfrastruktur die Vernetzung von Unternehmen „one to many". Technisch unterstützt wurde dies durch Computersprachen (z. B. Java) für den plattform- und implementationsunabhängigen Austausch von Programmen und Daten zwischen Computersystemen.
- Das *Web 2.0* vernetzt über Internetnetze als „Social Media" Menschen, also „many to many". Jeder kann mit jedem in Echtzeit kommunizieren.
- Fügt man in dieses Netzwerk nun auch noch technische Objekte (things) als autonome Internetteilnehmer ein, entsteht das *Web 3.0,* das *Internet der Dinge und Dienste.* Die Technik dafür ist im Grundsatz verfügbar. Neben Verfahren zur „Maschine zu Maschine (M2M)" – Kommunikation sind dies vor allem semantische Technologien, die es Computern ermöglichen, die inhaltliche Bedeutung von Informationen zu erkennen und einzuordnen. Dies wird plakativ als „Künstliche Intelligenz" (KI) bezeichnet, z. B. die „Manipulative Intelligenz" von Robotern.

Das Cloud Computing stellt für Cyber-physische Systeme IT-Infrastrukturen über ein Rechnernetz zur Verfügung, ohne dass diese auf dem lokalen Rechner installiert sein müssen. Dienstleistungen aus der Cloud werden in drei Ebenen unterteilt:

- IT-Basis Infrastruktur. Dies umfasst IT-Ressourcen wie z. B. Rechenleistung, Datenspeicher oder Netze, die als Dienst angeboten werden. Ein Cloud-Nutzer kauft diese standardisierten Services und baut darauf eigene Services zum internen oder externen Gebrauch auf.

- Technische Frameworks. Ein Provider stellt eine komplette Plattform bereit und bietet dem Kunden auf der Plattform standardisierte Schnittstellen an, die von Diensten des Kunden genutzt werden. So kann die Plattform z. B. Datenbankzugriffe, Zugriffskontrolle, Skalierbarkeit, etc. als Service zur Verfügung stellen.
- Software als Dienst. In diese Kategorie fallen sämtliche Angebote von Anwendungen, die den Kriterien des Cloud Computing entsprechen. Als Beispiele können Kontaktdatenmanagement, Textverarbeitung oder Kollaborationsanwendungen genannt werden.

Die Nutzung der Cloud-Ressourcen (z. B. Rechenleistung, Speicher) läuft automatisch ohne Interaktion mit dem Anbieter ab. Die Dienste sind mit Standard-Mechanismen über das Netz verfügbar und nicht an einen bestimmten Client gebunden. Der Speicherort, also z. B. Region, Land oder Rechenzentrum, kann vertraglich festgelegt werden Die Ressourcen des Anbieters liegen in einem Pool vor, aus dem sich viele Anwender bedienen können (Multi-Tenant-Modell). Die Ressourcennutzung der Cloud kann gemessen und überwacht werden und auch den Cloud-Anwendern zur Verfügung gestellt werden. Die Nutzung der Cloud in CPS hat bietet insbesondere folgende Möglichkeiten:

- Verlagerung von Industriesteuerungen in eine Cloud und die Nutzung von Dienstleistungen für Steuerungen bzw. von Steuerungsprogrammen,
- Nutzung von Cloud Computing zur Realisierung von Automatisierungsfunktionen in mehreren Ebenen und deren Ausführung, Verteilung und Management,
- BigData-Analyse von Echtzeit-Prozessdaten, die bei der Automatisierung industrieller Prozesse in allen Automatisierungsebenen, aber insbesondere in den prozessnahen Ebenen in großen Datenmengen anfallen und deren Analyse zu einer Verbesserung der Effizienz eines gesamten Automatisierungssystems führen kann.

Die Erweiterung Mechatronischer Systeme zu Cyber-physischen Systemen ist insbesondere für die folgenden Technikbereiche von Bedeutung:

- Maschinenbau (Kap. 7)
- Positionierungstechnik und Robotik (Kap. 8)
- Produktionstechnik (Kap. 9)
- Gerätetechnik (Kap. 10)
- Fahrzeugtechnik (Kap. 13)
- Medizintechnik (Kap. 15).

16.2 Objektidentifikation durch RFID-Technologie

RFID (radio-frequency identification) ist eine Technologie zur automatischen Identifikation von Objekten mittels Radiowellen. Ein RFID-System besteht auf der Seite des zu kennzeichnenden Objektes aus einem Datenträger (RFID-Transponder oder

RFID-Tag genannt) und auf der anderen Seite aus einem Schreib-/Lesegerät (Reader) mit Antenne. Das Lesegerät enthält ein Mikroprogramm, das mit einer Software den eigentlichen Leseprozess steuert sowie Schnittstellen zu weiteren DV-Systemen und Datenbanken bildet. Passive RFID-Tags haben keine eigene Spannungsversorgung und beziehen ihre Energie direkt aus dem Energiefeld des Schreib-/Lesegerätes. Aktive RFID-Tags sind im Vergleich zu passiven wesentlich komplexer aufgebaut und haben eine integrierte Spannungsversorgung (Batterie), die es ermöglicht größere Lesereichweiten zu erzielen.

Die Übertragung der Information erfolgt folgendermaßen (ISO 18000): Das Lesegerät, das je nach Typ ggf. auch Daten schreiben kann, erzeugt ein hochfrequentes elektromagnetisches Wechselfeld, dem der RFID-Transponder ausgesetzt wird. Der so aktivierte Mikrochip im Transponder decodiert die vom Lesegerät gesendeten Befehle. Der Transponder codiert und moduliert durch gegenphasige Reflexion das vom Lesegerät ausgesendete Feld. Damit überträgt der RFID-Transponder seine eigene unveränderliche Seriennummer, weitere Daten des gekennzeichneten Objekts oder andere vom Lesegerät abgefragte Information. Der RFID-Transponder erzeugt selbst also kein Feld, sondern beeinflusst das elektromagnetische Sendefeld des Readers. Die Kopplung geschieht durch vom Lesegerät erzeugte magnetische Wechselfelder in geringer Reichweite oder durch hochfrequente Radiowellen. Zur Erreichung größerer Reichweiten werden aktive Transponder mit eigener Stromversorgung eingesetzt. In Abb. 16.2 sind die charakteristischen Wellenlängen und Frequenzen von RFID-Tags und typische Anwendungsbereiche der RFID-Technologie zusammengestellt.

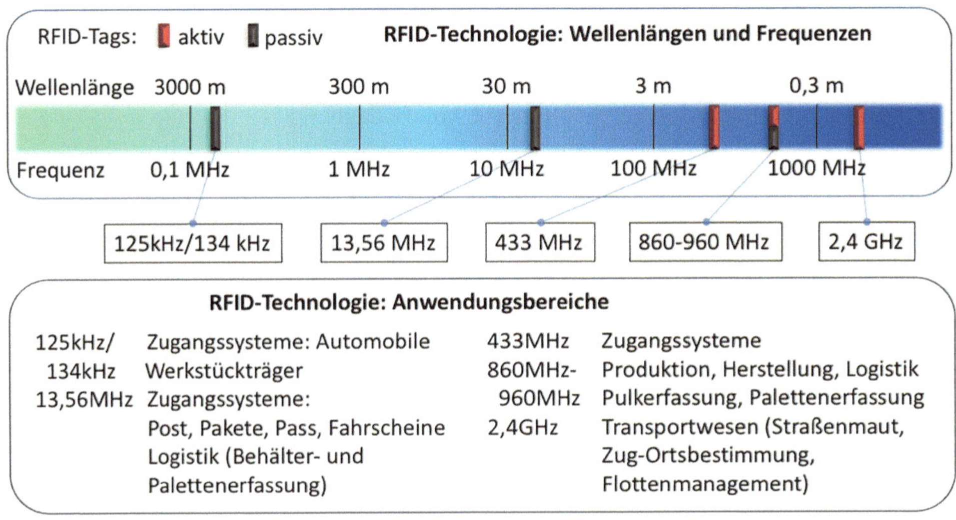

Abb. 16.2 Kennzeichen der RFID-Technologie

16.3 Sensorik und Digitalisierung

Sensoren in Cyber-physischen Systemen haben die Aufgabe – wie generell in Mechatronischen Systemen – Funktionsgrößen technischer Systeme oder Prozesse zu erfassen und in elektrische Signale umzusetzen. Die Grundlagen der Sensorik sowie die zugehörige Messtechnik sind im Kap. 5 dargestellt, Abb. 16.3 erläutert das Sensorprinzip.

16.3.1 Sensorauswahl

Eine Übersicht über die Sensorik für Cyber-physische Systeme lässt sich nach den nichtelektrischen Funktionsgrößen der Technik gliedern, die einzelnen Sensoren sind in Kap. 5 beschrieben.

- Sensorik geometrischer Größen (Abschn. 5.3)
  - Längenmesstechnik
  - Form- und Maßsensorik
  - Dehnungsmessstreifentechnik mechanisch oder thermisch beanspruchter Bauteile
- Sensorik kinematischer Größen (Abschn. 5.4)
  - Positionssensorik (Wege, Winkel)
  - Geschwindigkeitssensorik
  - Drehzahlsensorik
  - Beschleunigungssensorik
- Sensorik dynamischer Größen (Abschn. 5.5)
  - Kraftsensorik
  - Drehmomentsensorik
  - Drucksensorik
- Sensorik von Einflussgrößen (Abschn. 5.6)
  - Temperatursensorik
  - Feuchtesensorik.

Tab. 16.1 gibt eine Auswahlmatrix für Sensoren mit wichtigen technischen Funktionsgrößen (In x) und elektrischen Ausgangssignalen (Out y).

Sensoren sind Messaufnehmer zur Umwandlung einer Messgröße x (Sensor-Eingangsgröße) in ein elektrisches Sensor-Ausgangssignal y.
Die **Sensor-Kennlinie**: ist die grafische Darstellung des Zusammenhangs von Messgröße x und Sensor-Ausgangssignal y im stationären Zustand.

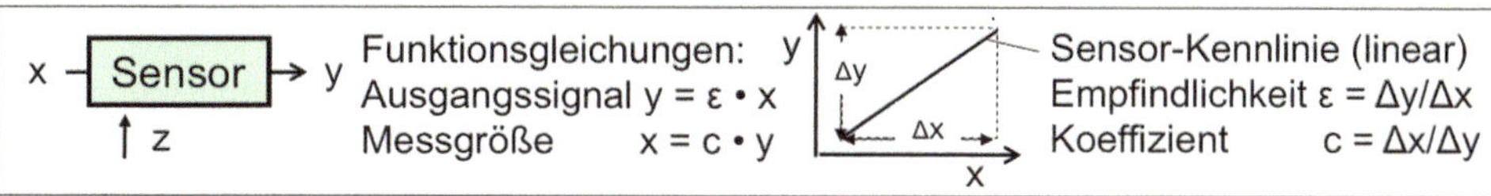

Abb. 16.3 Das Prinzip von Sensoren

Tab. 16.1 Auswahlmatrix für Sensoren

Out y / In x	Elektrischer Widerstand: resistiv R	induktiv L	kapazitiv C	Spannung U	Strom I	Ladung Q
Position: **Länge** l, **Weg** s **Winkel** φ	Potentiometer, Magnetoresistiver Sensor, Gauß-Feldplatte	Differenzial-Transformator, Tauchanker-Wegsensor	Kapazitiver Wegsensor	Hall-Sensor, Optoelektronischer Lichtschranken-Sensor	Wirbelstrom-Sensor	
Dehnung $\varepsilon=\Delta l/l_0$	Dehnungsmessstreifen (DMS)				Faser-optische Sensoren	
Geschwindigkeit v=ds/dt	Magnetoresist. Drehwinkel-S.	Indukt. Drehwinkel-S.		Magnetpol-Drehzahl-S.	Optoelektron. Drehzahl-S.	Gyrometer/Piezo-Sensor
Beschleunigung a=dv/dt	Seismische Masse-Dämpfer-Feder-Systeme, Rückführung auf Wegmessung: resistiv, induktiv, kapazitiv, optoelektronisch, piezoresistiv ; Hall/Gauß-Sensorik oder Dehnungsmessung (DMS)					
Kraft F **Moment** F• l	Piezoresistiver Sensor, Dehnstoffe	Magneto-elastischer Sensor	Kraftkompensations-Sensor	Federelemente oder DMS, Rückführung auf s-, ε-Messung		Piezoelektrischer Sensor
Druck p = Kraft/Fläche	Piezoresistiver Sensor Dehnstoffsen	Magnetoelastischer Sensor	Kapazitiver Drucksensor	Federelemente oder DMS:Rückführung auf s-, ε-Messung		Piezoelektrischer Sensor
Temperatur T	NTC/ PTC-Widerstände			Thermo-elemente	Optoelektron. Pyrometer	
Feuchte f_{abs}, f_{rel}	Resistives Hygrometer		Kondensator Hygrometer			

16.3.2 Die Methodik der Digitalisierung

Unter Digitalisierung versteht man allgemein die Aufbereitung von Informationen zur Verarbeitung oder Speicherung in einem digitaltechnischen System. Die Information liegt dabei zunächst in beliebiger analoger Form vor und wird dann in ein digitales Signal umgewandelt, das nur aus diskreten Werten besteht. Die in der Praxis bedeutsamste Form stellt die binäre Digitaltechnik dar, die nur zwei diskrete Signalzustände umfasst. Diese werden üblicherweise als logisch null *(0)* und als logisch eins *(1)* bezeichnet. Da durch die Digitalisierung nur zwischen zwei Signalzuständen unterschieden werden muss, ist prinzipiell eine fehlerfreie Informationsübertragung auf einen Computer und Datenspeicherung möglich.

Die von einem Sensor erfasste Funktionsgröße wird zunächst als wert- und zeitanaloges elektrisches Signal (Sensor-Output y) ausgegeben und von einem Analog-Digital-(A/D) Umsetzer in ein Digitalsignal umgesetzt, Analog-Digital-Umsetzer müssen gewährleisten, dass auch die höchste im Signal vorkommende Frequenz f_{max} erfasst und das Shannon'sche Theorem erfüllt wird: Abtastfrequenz$>2f_{max}$. (siehe Abschn. 6.6.1). Das Digitalsignal kann dann von einem geeigneten digitaltechnischen System, z. B. PC, USB-Speicherstick (Universal Serial Bus), weiterverarbeitet und gespeichert werden. Die Informationsübertragung erfolgt meist in verschlüsselten, kryptographisch sicheren Informations-Datenblöcken (*block chains*). Die Methodik der Digitalisierung der Funktionsgrößen technischer Objekte ist in Abb. 16.4 in vereinfachter Form dargestellt.

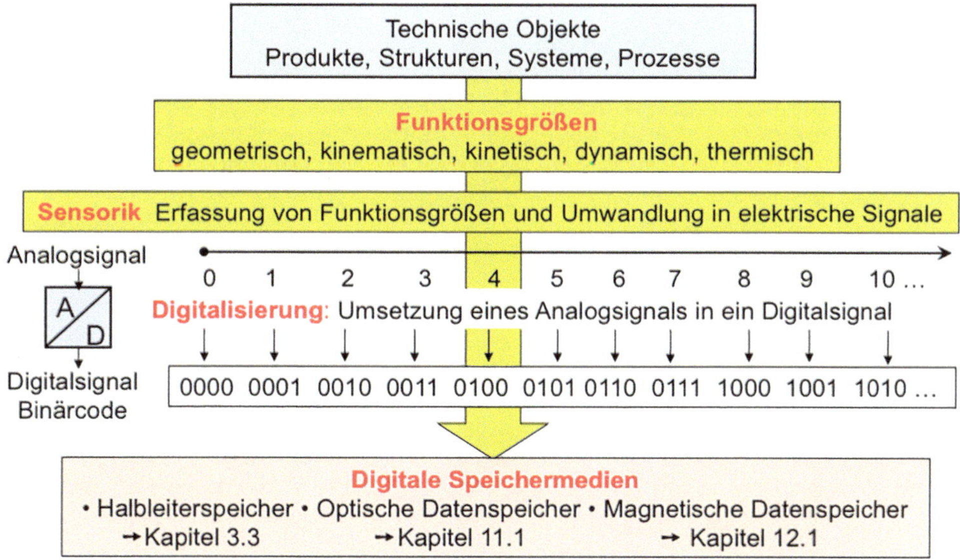

Abb. 16.4 Die Methodik der Digitalisierung von Funktionsgrößen technischer Objekte

16.3.3 Sensormodule (Smart Sensors)

Die Funktionsabläufe in Cyber-physischen Systemen erfordern ein aufgabenorientiertes Zusammenwirken von Sensorik, Prozessorik und Aktorik. Das Prinzip eines dafür verwendeten Sensormoduls mit zwei Sensorinputs zeigt Abb. 16.5. Die von einem Sensor erfasste Information x wird zunächst als wert- und zeitanaloges elektrisches Signal (Sensor-Output y) ausgegeben. Die Sensorsignale werden verstärkt, gefiltert und impedanzangepasst bevor sie, wie in Abb. 16.4 dargestellt, digitalisiert werden. Der von dem A/D Umsetzer erzeugte digitale Code wird einem Prozessor mit einem Mikrocomputer (μC) für Rechenoperationen (z. B. Skalierung) zugeführt. Wenn das Sensorsignal eine metrologische Messgröße ist, können metrologische Referenzdaten, die in einem Speicher abgelegt sind, zur Kalibrierung des Sensorsignals verwendet werden. Die Methodik der Kalibrierung ist in Abschn. 5.1.5 beschrieben. Auf dem Speicher können auch korrekte Modellparameter abgelegt sein. Das Prinzip eines Korrekturmoduls für „Smarte Sensoren" ist in Abb. 16.6 dargestellt.

16.3.4 Berührungslose Sensorik: Wellenausbreitungssensoren

In Cyber-physischen Systemen werden zur Erfassung der Position (Weg, Winkel) und der Geschwindigkeit von Objekten neben den in Abschn. 16.3.1 genannten Sensoren auch berührungslos arbeitende *Wellenausbreitungssensoren* verwendet. Die Sensoren basieren auf verschiedenen physikalischen Prinzipien und haben unterschiedliche Arbeitsbereiche:

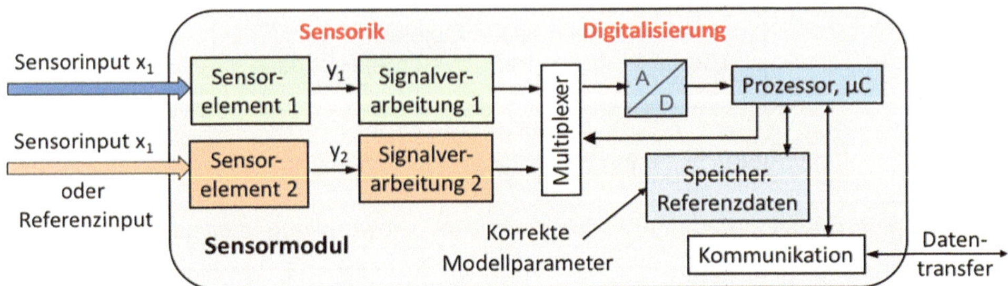

Abb. 16.5 Aufbau eines Sensormoduls

Korrekturmodule für die Sensorik: Treten bei der Sensorik Störgrößen auf, so können Korrekturmodule eingesetzt werden. Hierzu werden korrekte Modellparameter (Sollgrößen) in einem programmierbaren Speicher (PROM) gespeichert. Unter Verwendung eines Mikrorechners (µC) lassen sich durch Soll/Ist-Vergleiche korrigierte Messsignale gewinnen.

Korrekturmodul (*Smart Sensor*)

Messsignal (unkorrigiert)
Einflussgrößensignal
A
D
Prozessor
µC
digital
korrigiertes
Messsignal
Kommunikation
Datentransfer
Korrekte
Modellparameter
Speicher
Referenzdaten
D
A
analog

Abb. 16.6 Prinzip eines Sensor-Korrekturmoduls

- Ultraschall (US)-Sensoren arbeiten im Nahbereich von 0,3 bis 5 m.
- Sensoren mit gepulsten LASER-Strahlen (LIDAR) und Infrarotstrahlung (IR) operieren in einem mittleren Distanzbereich bis etwa 50 m,
- Elektromagnetische RADAR-Sensoren reichen in den Fernbereich bis etwa 150 m.

Radar-Sensorik

RADAR (radio detection and ranging) ist eine Technik zur Geschwindigkeits- und Abstandssensorik auf der Basis elektromagnetischer Wellen im Radiofrequenzbereich.

Ein Radarsystem besteht aus einem Sender (transmitter), einer Sendeantenne, einem Empfänger (receiver) und einem Prozessor zur Signalauswertung. Das Radargerät sendet ein Primärsignal als gebündelte elektromagnetische Welle der Frequenz f_0 aus und empfängt die von einem Objekt reflektierten Echos als Sekundärsignal, das nach verschiedenen Kriterien ausgewertet wird. Aus den empfangenen, vom Objekt reflektierten Wellen können u. a. folgende Informationen gewonnen werden:

- der Winkel bzw. die Richtung zum Objekt,
- der Abstand zwischen Sender und Objekt, bestimmt aus der Zeitverschiebung zwischen Sender- und Empfängersignal (Time of Flight Sensor, TOF), die zugehörige Frequenzdifferenz $\Delta f(s)$ ist ein Maß für den Abstand s,
- die Relativgeschwindigkeit v zwischen Sender und Objekt kann durch den Dopplereffekt aus der Verschiebung der Frequenz $\Delta f(v)$ des reflektierten Signals berechnet werden.

LIDAR-Sensorik

LIDAR (light detection and ranging) ist eine dem RADAR ähnelnde Methode zur optischen Abstands- und Geschwindigkeitsmessung eines Objektes mit Laserstrahlen. Bei der Methode der Laufzeitmessung (Time of Flight Sensor TOF) wird von einem Sender ein Laserimpuls ausgesandt. Durch Messung der Pulslaufzeit 2 t zwischen Sender und Objekt kann über die Lichtgeschwindigkeit $c = s/t$ der Abstand s zwischen Sender und Objekt bestimmt werden; $s = 0{,}5 \cdot c \cdot t$.

Ultraschall-Sensorik

Schall bezeichnet mechanische Schwingungen in einem elastischen Medium, die sich in Form von Schallwellen als Druck- und Dichteschwankungen ausbreiten, Ultraschallfrequenzen liegen oberhalb des Hörfrequenzbereichs des Menschen (>20 kHz). Ultraschall (US)- Sensoren basieren auf dem inversen piezoelektrischen Effekt (siehe Abschn. 6.2). Der Ultraschallsensor strahlt zyklisch einen Impuls mit Schallgeschwindigkeit v_{Schall} aus, der vom Objekt reflektiert wird. Aus der Zeitspanne 2 t zwischen dem Senden und dem Empfangen des reflektierten Schallimpulses wird der Abstand zum Objekt berechnet: $s = 0{,}5 \cdot v_{Schall} \cdot t$.

Anwendungsbeispiele von Wellenausbreitungssensoren in der Fahrzeugtechnik sind im Abschn. 13.4 dargestellt.

Eine Übersicht über die physikalischen Prinzipien von Wellenausbreitungssensoren und ihre Funktionsweise gibt Abb. 16.7. Eine Übersicht über die erforderliche Sensorik zur Fahrzeug-Rundumsicht ist in Abb. 16.8 dargestellt.

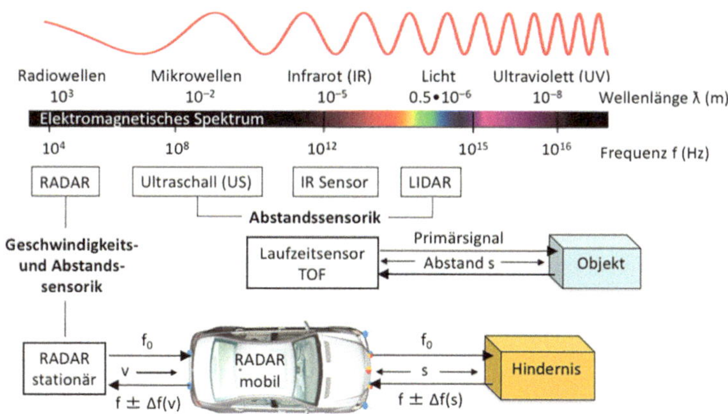

Abb. 16.7 Wellenausbreitungssensoren und ihr Funktionsprinzip

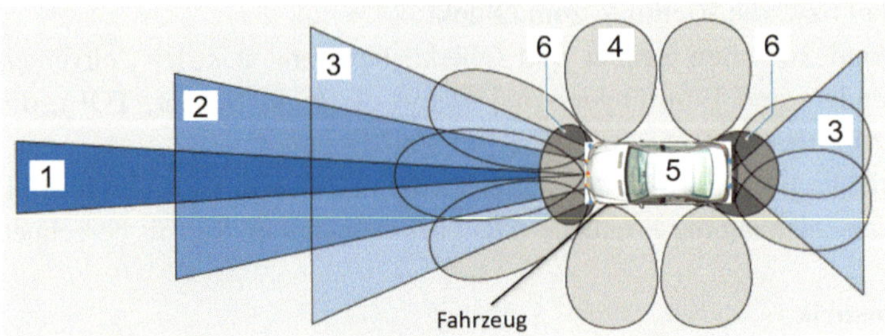

1 RADAR (Radio Detection And Ranging), 77 GHZ, Reichweite bis150 m
2 Fern/Nahbereichs-Infrarotsichtgerät (Nachtsicht)
3 Außenbereich-Video (Nachtsicht, mittlerer Bereich bis 40 m)
4 Nahbereichs-RADAR, 24 GHZ, Reichweite bis15 m
5 Innenraum–Video
6 Ultraschall-Nahbereich, Reichweite bis 5 m

Abb. 16.8 Sensorik zur Fahrzeug-Rundumsicht

16.4 Beispiel: CPS in der Gefahrgutlogistik

Als Beispiel für die Anwendung Cyber-physischer Systeme wird ein sensorbasiertes System der Gefahrgutlogistik dargestellt. Ziel ist, den Umgang mit Gefahrgütern durch den Einsatz von Sensoren, Identifikationstechniken und Telematikanwendungen einfacher, sicherer und wirtschaftlicher zu gestalten.

Das Logistikkonzept sieht vor, siehe Abb. 16.9, dass Gefahrgutbehälter mit einem aktiven Sensor-RFID-Tag ausgestattet sind, auf dem alle verpackungsrelevanten Daten abgelegt sind: Zulassungscode, Füllgüter, Werkstoff, Gewicht, Füllvolumen, Herstellungs- und Inspektionsdatum. Der Sensor-RFID-Tag kann über UHF-RFID, aber auch über WLAN (wireless local area network) kommunizieren. Alle Daten werden zusätzlich in einer Datenbank des Herstellers gespeichert, auf die auch über das Internet zugegriffen werden kann.

Bei der Beladung eines Transportfahrzeugs mit Gefahrgut werden die Stoff- und Verpackungsdaten an den Fahrzeugrechner in der Fahrerkabine übermittelt. Der Fahrzeugrechner ist über eine Internetverbindung mit der Datenbank GEFAHRGUT der BAM, Bundesanstalt für Materialforschung und -prüfung, verbunden. Die Datenbank GEFAHRGUT kann eine Überprüfung der Zusammenladeverbote und der Mengenbegrenzungen durchführen. Sollte die Ladung gegen Beförderungsvorschriften verstoßen, wird ein Fehlerbericht an den Fahrzeugrechner gesendet. Ansonsten erhält der Fahrer die zu berücksichtigenden Tunnelbeschränkungscodes und das Beförderungspapier. Als Datenformate stehen derzeit XML (extensible markup language) und PDF (portable document format) zur Verfügung. Die gesamte Kommunikation mit der Datenbank GEFAHRGUT findet über eine XML-Schnittstelle statt.

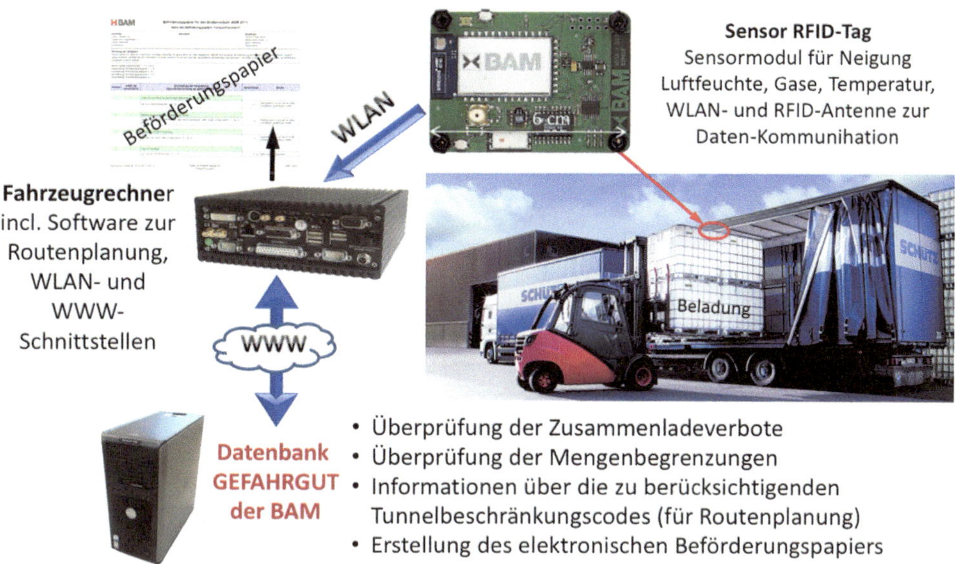

Abb. 16.9 Logistikkonzept des Gefahrguttransports

Während des Transports übermitteln Sensoren die aktuellen Messwerte für Temperatur, Luftfeuchte sowie Sauerstoffgehalt und das Brandgas Kohlenmonoxid an den Fahrzeugrechner, der über das Mobilfunknetz mit einem Zentralrechner verbunden ist. Bei einem Unfall, einer Überschreitung der Grenzwerte oder dem Verlassen einer vorher angegebenen Route wird eine Alarmmeldung an den Zentralrechner geschickt.

Einen Systemüberblick über das sensorbasierte System der Gefahrgut-Transportlogistik gibt Abb. 16.10. Der Fahrzeugrechner stellt mit einem robusten Industrie-PC die Kommunikationszentrale auf dem Lkw dar. Zu den wesentlichen Funktionen des Fahrzeugrechners zählt die Erfassung der aktuellen Position mittels GPS, die Navigation, die Bereitstellung der Beförderungspapiere, die Datenkommunikation über die Mobilfunknetze, die Überwachung des Laderaums über Videokamera und Sensoren sowie die Bereitstellung einer WLAN-Schnittstelle für die Erfassung von Ladungs- und Sensordaten, aber auch für die Information von Einsatzkräften.

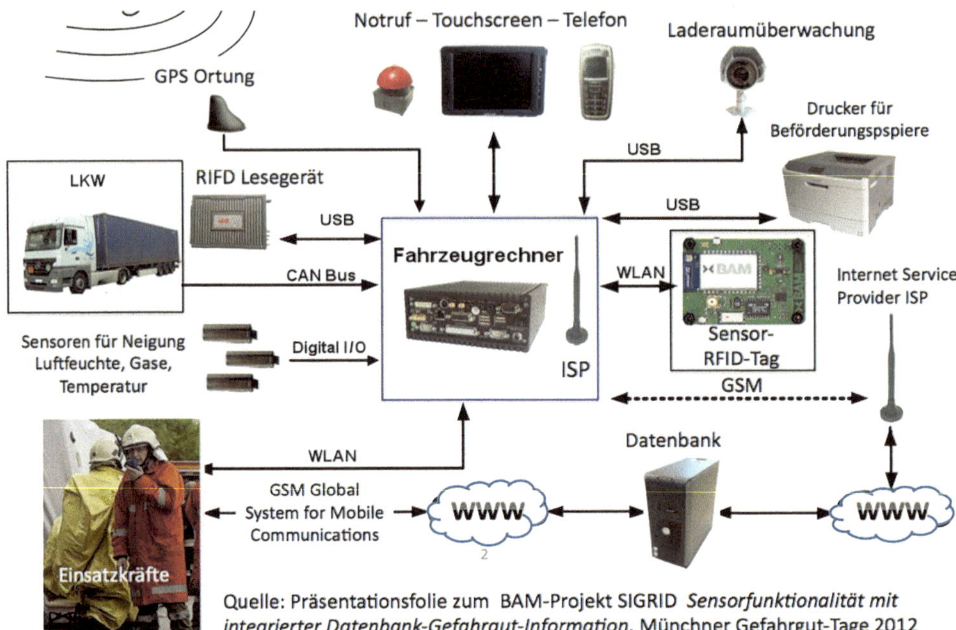

Abb. 16.10 Systemüberblick über das sensorbasierte CPS-System der Gefahrgut-Transportlogistik

Industrie 4.0 17

Industrie 4.0 ist ein Entwicklungsprojekt zur umfassenden Digitalisierung der industriellen Technik. Der Lenkungskreis der Plattform Industrie 4.0 hat folgende Definition und Vision von Industrie 4.0 formuliert (www.plattform-i40.de):

- *Der Begriff Industrie 4.0 steht für eine neue Stufe der Organisation und Steuerung der gesamten Wertschöpfungskette über den Lebenszyklus von Produkten. Basis ist die Digitalisierung und Verfügbarkeit aller relevanten Informationen in Echtzeit durch Vernetzung aller an der Wertschöpfung beteiligten Instanzen. Durch die Verbindung von Menschen, Objekten und Systemen entstehen dynamische, echtzeitoptimierte und selbst organisierende, unternehmensübergreifende Wertschöpfungsnetzwerke, die sich nach unterschiedlichen Kriterien wie beispielsweise Kosten, Verfügbarkeit und Ressourcenverbrauch optimieren lassen.*

17.1 Die technologische Konzeption von Industrie 4.0

Die Konzeption des Entwicklungsprojektes Industrie 4.0 basiert in technologischer Hinsicht auf der industriellen Anwendung Cyber-physischer Systeme (CPS). Wie in Kap. 16 beschrieben und in Abb. 17.1 nochmals dargestellt sind CPS durch die Erfassung von Funktionsgrößen technischer Objekte durch Sensorik und Digitalisierung sowie www-Internet-Kommunikation mit der Cloud gekennzeichnet.

Durch die digitalisierte Informations- und Kommunikationstechnik von Cyber-physischen Systemen können Menschen, Maschinen, Anlagen, Logistik und Produkte über die Konnektivität des Internets direkt miteinander kommunizieren. Die Vernetzung macht es möglich, nicht mehr nur einen Produktionsschritt, sondern eine ganze Wertschöpfungskette zu optimieren. Das Entwicklungsprojekt Industrie 4.0 soll zudem alle Phasen des Lebenszyklus des Produktes einschließen – von der Idee eines Produkts über die Entwicklung, Fertigung,

H. Czichos, *Mechatronik,* https://doi.org/10.1007/978-3-658-26294-5_17

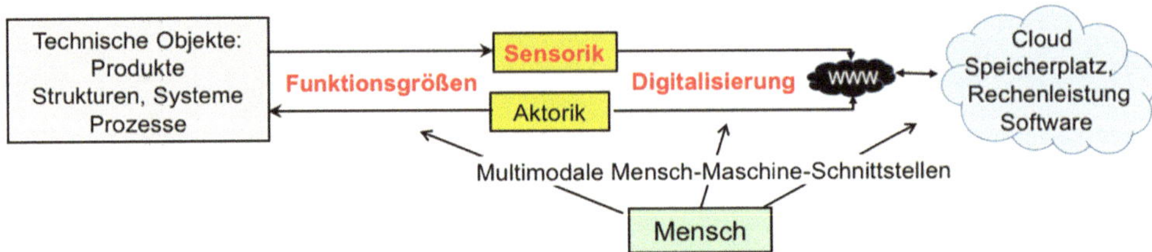

Abb. 17.1 Das Prinzip Cyber-physischer Systeme als technologische Grundlage für Industrie 4.0

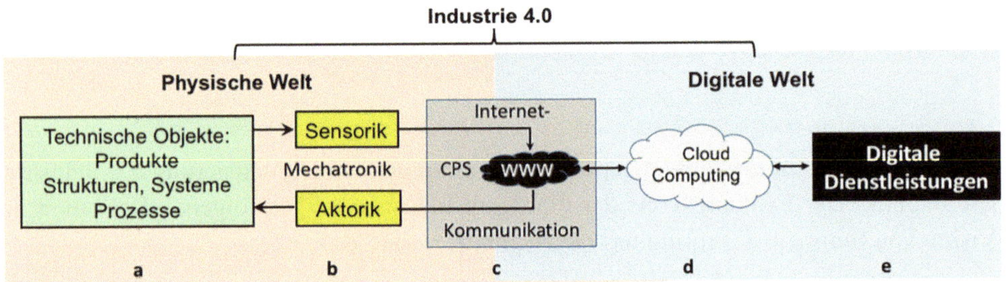

Abb. 17.2 Die Wertschöpfungsstufen von Industrie 4.0

Nutzung und Wartung bis zum Recycling. Industrie 4.0 verbindet also die Physische Welt (Produkte, Strukturen, Prozesse) mit der Digitalen Welt (Cloud Computing, Digitale Dienstleistungen) durch die Konnektivität des Internets (www). Die Wertschöpfungsstufen der Konzeption von Industrie 4.0 sind stichwortartig in Abb. 17.2 beschrieben:

a) Produkte, Strukturen, Systeme, Prozesse als physische Elemente von Industrie 4.0
b) Sensorik und Aktorik zur systemtechnischen Kombination der physischen Elemente zu Mechatronischen Systemen mit Steuerungs- und Regelungstechnik
c) Erweiterung Mechatronischer Systeme zu Cyber-physischen Systemen (CPS) durch die Konnektivität mit dem World Wide Web (www)
d) Nutzung von Speicherplatz, Rechenleistung und Software in der Cloud
e) digitale Dienstleistungen durch Webservice oder mobile Applikation.

17.2 Anwendungsbereiche

Grundlegend für das Entwicklungsprojekt 4.0 ist der in Abb. 17.2 dargestellte Verbund von Mechatronik (Sensorik, Aktorik), CPS und die Internet-Kommunikation (www) mit der Cloud. Ein besonderes Anwendungspotenzial wird in den folgenden Technikbereichen gesehen:

- **Produktionstechnik**
Produktion ist die Gesamtheit wirtschaftlicher, technologischer und organisatorischer Maßnahmen, die unmittelbar mit der Be- und Verarbeitung von Stoffen zusammenhängen (siehe Kap. 9). Aufgabe der Produktionstechnik ist die Anwendung geeigneter Produktionsverfahren und Produktionsmittel zur Durchführung von Produktionsprozessen bei möglichst hoher Produktivität. In *Cyber-physischen Produktionssystemen* (CPPS) werden Daten, Dienste und Funktionen dort gehalten, abgerufen und ausgeführt, wo es im Sinne einer flexiblen, effizienten Entwicklung und Produktion den größten Vorteil bringt. Dies ermöglicht die rasche Produktion nach kundenindividuellen Vorgaben. Auch der Produktionsablauf innerhalb von Unternehmen kann über ein Netz weltweit kooperierender, adaptiver, evolutionärer und sich selbst organisierender Produktionseinheiten unterschiedlicher Betreiber optimiert werden.
- **Energietechnik**
Die Energietechnik befasst sich als interdisziplinäre Ingenieurwissenschaft mit Technologien zur Gewinnung, Umwandlung, Speicherung und Nutzung von Energie. Dabei wird der Energieinhalt von Energieträgern entweder als Wärme für Haushalt und Industrie genutzt oder durch mechanische, thermische, chemische Transformation als elektrische Energie (Stromproduktion) für Technik, Wirtschaft und Gesellschaft verfügbar gemacht. Die Anwendung von CPS-Technologien in der Energietechnik dient der Verknüpfung dezentraler Erzeugung und Verteilung von elektrischer Energie um eine optimale, bedarfsgerechte und stabile Funktion der Energienetze zu gewährleisten. Mit dem Begriff *Smart Grid* wird die kommunikative Vernetzung und Steuerung von Stromerzeugern, Speichertechnologien, Netzbetriebsmittel und Verbrauchern elektrischer Energie bezeichnet. Ziel ist die Sicherstellung der Energieversorgung auf Basis eines effizienten und zuverlässigen Systembetriebs.
- **Verkehrstechnik**
Die Mechatronik in der Fahrzeugtechnik ist im Kap. 13 dargestellt, Abb. 16.7 illustriert die Sensorik für die Fahrzeug-Rundumsicht. Mit CPS und der IuK-Kommunikation von Fahrzeugen („Car-to-X“) suchen Fahrzeuge selbstständig ihren Weg zum Lagerplatz, aber auch zum entsprechenden Montageplatz. Sie vernetzen sich über die Cloud und nutzen beispielsweise sogenannte *Ameisenalgorithmen*. Mit Ameisenalgorithmen lassen sich vor allem kombinatorische Optimierungsprobleme lösen, z. B. Routenoptimierung zur Nachschubversorgung von Fertigungslinien mit minimalem Transportmitteleinsatz. In der zukünftigen Elektromobilität nehmen Cyber-physische Systeme eine Schlüsselrolle ein, da sie die Grundlage für das Energie-, Batterie- und Lademanagement liefern.
- **Medizintechnik**
CPS erweitern die Möglichkeiten der Mechatronik in der Medizintechnik (Kap. 15) z. B. durch körpernahe Sensorik und medizinische Informationssysteme zur Fernüberwachung von Patienten über das Internet. Die Erfassung medizinischer Daten durch geeignete Sensorik sowie ihre Verarbeitung und Auswertung in Echtzeit ermöglichen

eine individuelle medizinische Betreuung. Durch Telemedizin, d. h. durch Analyse von Krankheitsbildern, Behandlungsmustern und Behandlungserfolgen vieler Patienten können auf den einzelnen Patienten zugeschnittene optimierte Behandlungsvorschläge generiert und so die Qualität der Behandlung wesentlich gesteigert werden

Der kritischste Erfolgsfaktor für die Einführung von Cyber-physischen Systemen in technische Anwendungsbereiche ist die Daten-, Informations- und Kommunikationssicherheit (Security). Die CPS-Vernetzung schafft Security-Gefährdungen mit potenziellen Auswirkungen auf Aspekte der funktionalen Sicherheit (Safety). Die Realisierung von Industrie 4.0 unter Anwendung Cyber-physischer Technologien erfordert daher geeignete Methoden für die Informationssicherheit, sie sind in der internationalen Norm ISO/IEC 27000 – Information security management systems beschrieben.

Bildnachweis

Die Abbildungen dieses Buches wurden gemäß der im Vorwort dargestellten Konzeption meist als„Wort-Bild-Graphik-Kombinationen“ gestaltet. Dabei wurden Vorlagen aus folgenden Quellen, sowie bei Collagen partiell auch aus dem Internet, verwendet.

- Apple: 1.3, 5.44
- BAM: 5.29, 5.30, 5.31, 5.35, 5.83, 5.84, 5.85, 5.91, 5.92, 6.10, 7.7, 14.4–14.24
- Beuth Hochschule für Technik Berlin, Labor für Gerätetechnik, Optik und Sensorik: 6.18, 8.13, 10.15, 11.3, 11.8, 11.10, 11.13, 12.1
- BOSCH: 5.43, 5.47–5.51, 5.56, 5.58, 5.59, 5.62, 5.63, 5.64, 5.69, 5.71, 5.74, 5.76, 5.77, 5.79, 5.86, 5.87, 5.88, 5.89, 6.23, 6.24, 9.10, 13.9, 13.10, 13.12, 13.13, 13.14, 13.19, 13.20, 13.21
- Brockhaus Office-Bibliothek 2004: 1.2, 6.32, 7.6, 7.10, 8.10, 10.14, 13.12, 13.13, 13.14, 15.5, 15.6, 15.7
- Canon: 10.13, 10.15, 10.18
- Center for Magnetic Recording Research, University of California, San Diego: 12.2–12.10
- DaimlerChrysler: 7.11, 7.12, 7.13, 13.1–13.5, 13.11, 13.18
- Institut für Mess- u. Automatisierungstechnik, UniBW München: 14.1, 14.27, 14.28, 14.29, 14.30
- Leitz: 10.13, 10.14
- Mettler-Toledo: 1.3, 10.11
- Minolta: 10.13
- Opel: 13.22
- Pentax: 10.19
- PTB: 5.23, 5.24, 5.25, 5.26, 5.35, 5.68, 5.5.10.3 … 10.8.12,5.73
- Reiss: 1.3, 8.7, 8.8, 8.16
- Sandia: 1.3, 7.2, 8.4
- Sartorius: 10.11
- VDI-TZ, Präsentation*Reise in den Nanokosmos:* 1.3, 5.68, 9.6

H. Czichos, *Mechatronik,* https://doi.org/10.1007/978-3-658-26294-5

Anmerkungen zur Literatur

Die Literatur zur Mechatronik ist infolge ihrer interdisziplinären fachlichen Struktur sehr vielfältig und breit gestreut. Eine allgemeine *Informationsplattform* zum Thema Mechatronik und eine Literaturübersicht mit Kurzreferaten zu einzelnen Mechatronikbüchern vermittelt das Internet unter der Adresse www.mechatronik-portal.de. Auch fachspezifische Details, die in einem Kompendium naturgemäß nicht vertiefend behandelt werden können, lassen sich mittels fachlicher Stichworte über das Internet erschließen.

Eine gute Darstellung der Elemente der Mechatronik aus den Bereichen Mechanik, Elektronik und Informatik gibt dasfolgende englischsprachige Lehrbuch

- Alciatore, D. G.; Histand, M. B.: Introduction to Mechatronics and Measurement Systems. New York: McGraw-Hill, 2003.

Die Zielsetzung dieses Buches kennzeichnen die Autoren wie folgt: *The purpose of this course inmechatronics is to provide a focused interdisciplinary experience for undergraduates. The interdisciplinary approach isvaluable to students because virtually every newly designed engineering product is a mechatronic system.*

Das Werk behandelt die Mechatronik anhand der folgenden Übersichtsdarstellung mechatronischer Systeme, die jedem der Buchkapitel zur Einordnung der einzelnen Kapitelthemen in den Systemzusammenhang vorangestellt ist.

H. Czichos, *Mechatronik*, https://doi.org/10.1007/978-3-658-26294-5

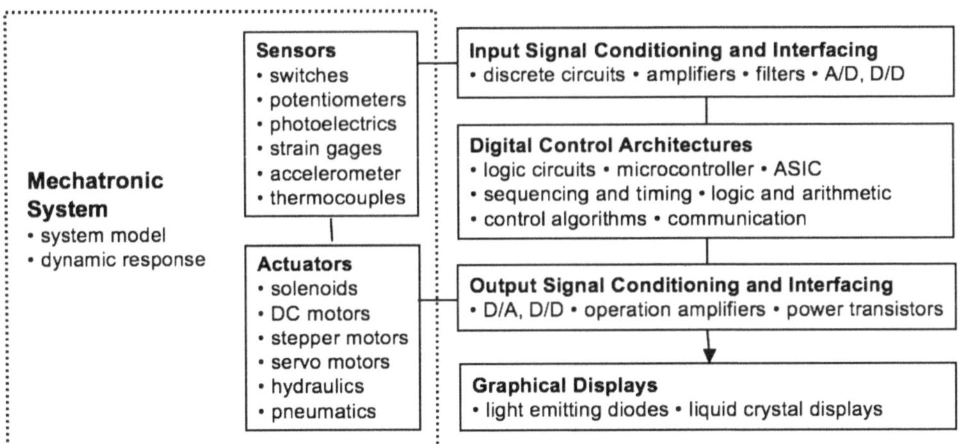

Für das vorliegende Buch diente die *HÜTTE, Das Ingenieurwissen (Springer, 2012)* als Literaturquelle für die in der Mechatronik zusammenfließenden Disziplinen, die sämtlich mit ihren Grundlagen in der HÜTTE dargestellt sind.

- *Technische Mechanik*
- *Elektrotechnik*
- *Technische Informatik Messtechnik*
- *Regelungstechnik*
- *Steuerungstechnik*
- *Konstruktion*
- *Produktion*

Neben diesen Grundlagen und den im Vorwort genannten Unterlagen wurden in den Buchtext zahlreiche Fachdetails ohnepunktuell-fachspezifischen Literaturhinweise integriert, um gemäß der im Vorwort erläuterten Konzeption eine „ganzheitliche Textgestaltung“ zu erzielen. Die bei der Erarbeitung dieses Kompendiums insgesamt verwendeten Bücher sind in der folgendenÜbersicht zusammengestellt.

Literatur

A Mechatronik-Bücher

Bertsche, B., Göhner, P., Jensen, U., Schinköthe, W., Wunderlich, H.-J.: Zuverlässigkeit mechatronischer Systeme. Springer, Berlin (2009)

Bolton, W.: Bausteine mechatronischer Systeme. Pearson, München (2004)

Flegel, G., Bimstiel, K., Nerreter, W.: Elektrotechnik für Maschinenbau und Mechatronik. Hanser, München (2016)

Heimann, B., Gerth, W., Popp, K.: Mechatronik. Fachbuchverlag Leipzig im Carl Hanser Verlag, München (2003)

Heimann, B., Amos, A.: Mechatronik: Komponenten – Beispiele – Methoden. Hanser, München (2015)

Isermann, R.: Mechatronische Systeme. Springer, Berlin (2002)

Janschek, K.: Systementwurf mechatronischer Systeme. Springer, Berlin (2010)

Kaltenbacher, M.: Numerical Simulation of Mechatronic Sensors and Actuators. Springer, Berlin (2015)

Nordmann, R., Birkhofer, H.: Maschinenelemente und Mechatronik. Shaker-Verlag, Aachen (2002)

Rinderknecht, S., Nordmann, R., Birkhofer, H.: Einführung in die Mechatronik für den Maschinenbau. Shaker-Verlag, Aachen (2018)

Risse, A.: Fertigungsverfahren der Mechatronik, Feinwerk- und Präzisionsgerätetechnik. Springer Vieweg, Wiesbaden (2012)

Roddeck, W.: Einführung in die Mechatronik. Vieweg +Teubner Verlag, Wiesbaden (2012)

Roddeck, W.: Einführung in die Mechatronik, 5. Aufl. Springer Vieweg, Wiesbaden (2016)

Schiessle, E. (Hrsg.): Mechatronik 1 und 2. Vogel, Würzburg (2002)

Siciliano, B., Khatib, O. (Hrsg.): Springer Handbook of Robotics. Springer, Berlin (2016)

Wagner, F.E., Bähnck, F. (Hrsg.): European Workshop on Education in Mechatronics. FH Kiel, Kiel (2001)

B Fachbücher

Bhushan, B. (Hrsg.): Springer Handbook of Nanotechnology. Springer, Berlin (2004)

Breuer, B., Bill, K.H. (Hrsg.): Bremsenhandbuch. Springer Vieweg, Wiesbaden (2013)

Bullinger, H.-J. (Hrsg.): Technologieführer. Springer, Heidelberg (2007)

H. Czichos, *Mechatronik,* https://doi.org/10.1007/978-3-658-26294-5

Czichos, H. (Hrsg.): Handbook of Technical Diagnostics. Springer, Berlin (2011)
Czichos, H., Saito, T., Smith, L. (Hrsg.): Springer Handbook of Metrology and Testing. Springer, Berlin (2011)
Czichos, H., Daum, W.: Messtechnik und Sensorik. In: Grote, K.-H., Feldhusen, J. (Hrsg.) DUBBEL Taschenbuch für den Maschinenbau, 24. Aufl. Springer, Berlin (2014)
Czichos, H.; Daum, W.: Messtechnik und Sensorik. In: Grote, K.-H., Bender, B., Göhlich, D. (Hrsg.) DUBBEL Taschenbuch für den Maschinenbau, 25. Aufl. Springer Vieweg, Heidelberg (2018)
Czichos, H., Habig, K.-H.: Tribologie-Handbuch, 4. Aufl. Springer Vieweg, Wiesbaden (2015)
Czichos, H., Hennecke, M. (Hrsg.): HÜTTE Das Ingenieurwissen, 34. Aufl. Springer, Berlin (2012)
Feynman, R.P., Leighton, R.B., Sands, M.: The Feynman Lectures on Physics. Addison-Wesley, Reading (1963)
Findeisen, D.: System Dynamics and Mechanical Vibrations. Springer, Berlin (2000)
Gevatter, H.J., Grünhaupt, U.: Handbuch der Mess- und Automatisierungstechnik in der Produktion. Springer, Berlin (2006)
Grote, K.-H., Feldhusen, J. (Hrsg.): DUBBEL Taschenbuch für den Maschinenbau, 24. Aufl. Springer, Berlin (2014)
Grote, K.-H., Bender, B., Göhlich, D. (Hrsg.): DUBBEL Taschenbuch für den Maschinenbau, 25. Aufl. Springer Vieweg, Heidelberg (2018)
Helmerich, R.: Alte Stähle undStahlkonstruktionen. Materialuntersuchungen, Ermüdungsversuche an originalen Brückenträgern und Messungen von 1990 bis2003 BAM Forschungsbericht, Bd. 271. Wirtschaftsverlag NW, Bremerhaven (2005)
Hoffmann, J. (Hrsg.): Handbuch der Messtechnik. Hanser, München (1999)
Howarth, P., Redgrave, F.: Metrology – in short. EU Metrotrade Project, Brussels (2003)
Kramme, R. (Hrsg.): Medizintechnik. Springer, Heidelberg (2007)
Niedrig, H. (Hrsg.): Optik, Bergmann Schaefer Lehrbuch der Experimentalphysik Bd. 3. Walter de Gruyter, Berlin (2004)
Nordmann, R., Birkhofer, H.: Maschinenelemente und Mechatronik. Shaker-Verlag, Aachen (2002)
Reinheimer, S. (Hrsg): Industrie 4.0 – Herausforderungen, Konzepte und Praxisbeispiele. Springer Vieweg, Wiesbaden (2017)
Reti, L. (Hrsg.): The Unknown Leonardo. McGraw-Hill, London (1974)
Richard, H.A., Sander, M.: Technische Mechanik. Festigkeitslehre. Vieweg, Wiesbaden (2006)
Robert Bosch (Hrsg.): Sensoren im Kraftfahrzeug. Robert Bosch GmbH, Stuttgart (2001)
Robert Bosch (Hrsg.): Fahrstabilisierungssysteme. Stuttgart (2004)
Robert Bosch (Hrsg.): Autoelektrik Autoelektronik. Vieweg, Wiesbaden (2007)
Robert Bosch (Hrsg.): Kraftfahrtechnisches Taschenbuch. Springer Vieweg, Wiesbaden (2014)
VDI-Technologiezentrum: Nanotechnologie, Präsentationsfolien. Düsseldorf (2005)
Vogel-Heuser, B., Bauernhansl, T., ten Hompel, M.: Handbuch Industrie 4.0, Bd. 1: Produktion, Bd. 2: Automatisierung, Bd. 3: Logistik, Bd. 4: Allgemeine Grundlagen. Springer Vieweg, Berlin (2017)
Völklein, F., Zetterer, T.: Praxiswissen Mikrosystemtechnik. Vieweg, Wiesbaden (2006)
Weck, M.: Werkzeugmaschinen. Springer, Berlin (2001)
Wolf, A., Steinmann, R.: Greifer in Bewegung. Hanser, München (2004)
Zacher, S.: Übungsbuch Regelungstechnik. Vieweg, Wiesbaden (2007)

Sachverzeichnis

H. Czichos, *Mechatronik,* https://doi.org/10.1007/978-3-658-26294-5

C

D

E

F

N

S

W

Z